21世纪高职高专规划教材

计算机应用系列

网络应用案例教程

吴献文 主编

言海燕 谭爱平 王建平 副主编

清华大学出版社

北 京

内容简介

本书遵循“以学生为中心”的理念，按照“以应用为目的”的指导思想，通过12个项目，从“接入网络”、“网络应用”和“应用安全”3个层次，由浅入深、由易到难地介绍了使用网络的常用技术。主要内容包括：单机配置、单机上网配置、IE浏览器的使用、信息检索、资源共享、FTP文件传输的应用、电子邮件服务的应用、Telnet与BBS服务应用、域名系统服务配置与应用、动态主机配置服务应用、即时通信、网络安全设置。全书每个项目都按照“项目描述—项目分解—任务实施—课外拓展”的顺序组织教学内容，与实际工作过程相吻合，体现了完整的教学环节，强化了实践动手的技能训练，符合“学中做、做中学”的思路。巧妙地将理论知识嵌入教材中，适合项目驱动、理论实践一体化教学模式。

本书可作为高职高专院校各专业学生学习网络知识的基础教材，也可供计算机爱好者参考。

图书在版编目(CIP)数据

网络应用案例教程/吴献文主编. —北京：清华大学出版社，2011.3
(21世纪高职高专规划教材. 计算机应用系列)
ISBN 978-7-302-24680-0

Ⅰ. ①网… Ⅱ. ①吴… Ⅲ. ①计算机网络－高等学校：技术学校－教材 Ⅳ. ①TP393

中国版本图书馆CIP数据核字(2011)第006336号

责任编辑：张龙卿(sdzlq123@163.com)
责任校对：李 梅
责任印制：杨 艳

出版发行：清华大学出版社　　地 址：北京清华大学学研大厦A座
http://www.tup.com.cn　　邮 编：100084
社 总 机：010-62770175　　邮 购：010-62786544
投稿与读者服务：010-62776969，c-service@tup.tsinghua.edu.cn
质 量 反 馈：010-62772015，zhiliang@tup.tsinghua.edu.cn

印 刷 者：北京市人民文学印刷厂
装 订 者：三河市新茂装订有限公司
经 销：全国新华书店
开 本：185×260　印 张：19.75　字 数：478千字
版 次：2011年3月第1版　印 次：2011年3月第1次印刷
印 数：1～3000
定 价：35.00元

产品编号：037162-01

前　言

本书是湖南省职业院校教育教学改革研究项目的研究成果（项目编号：ZJGB2009014），是国家示范性建设院校重点建设专业群内专业的建设成果，是实践教学中项目驱动教学设计的实验成果。

本书是作者在总结了多年教学过程中获得的经验和心得的基础上编写的。全书以应用为目的，通过12个项目，遵循认知规律和技能形成规律，按照“接入网络”、“网络应用”和“应用安全”3个层次，由浅入深、由易到难地介绍了使用网络的常用技术。通过本书的学习，读者可以快速、全面地掌握网络应用的知识与技能。

作为“项目驱动、案例教学、理论实践一体化”教学的载体，本书主要具有以下特色。

(1) 组织结构新颖，层次清晰。本书采用项目式写法，每个项目都设置了8个教学环节：教学导航→项目描述→项目分解→任务实施→知识链接→疑难解析→课外拓展→课后练习，从项目准备到项目实施到效果检查，过程完整，具体的每一个任务实施过程又包括“任务布置”和“任务实施”环节，让学生明白“做什么”、“怎么做”，以及让部分优秀的学生有思考、拓展的空间，解决优秀学生“吃不饱”的问题。

(2) 教材“立体化”。本教材以操作为主体，但并不是摒弃原理、概念，采用“知识链接”的方式作为补充，安排比较灵活。而且，本教材除了介绍相应的知识和技能外，还融入了大量的职业态度的培养，在知识的学习过程中积累就业所需的经验和能力。

(3) 注重实践技能培养。本书注重培养学生动手能力，以实践为主体，理论知识遵循“必需、够用”的原则，加强学生自己动手实践的能力，通过任务实施、任务拓展层层递进，让学生“会做、能懂”，以达到知其然并知其所以然的效果。

(4) 采用“项目导向、任务驱动”教学法讲解知识与训练技能，体现了“在做中学、学以致用”的教学理念，适用于理论、实践一体化教学，融“教、学、做、导”四者于一体。首先教师演示操作过程，在必要的时候讲解理论，让学生先有感性认识，然后学生动手实践，亲身体验并思考“这样做了会是什么效果，不这样做会怎样，为什么要这样做”，由感性认识升华到理性思维。

本书由湖南铁道职业技术学院吴献文担任主编，言海燕、谭爱平（湖南工业职业技术学

院)、王建平(长沙航空职业技术学院)担任副主编,陈承欢、刘志成、谢树新、吴廷焰(湖南铁路科技职业技术学院)、薛志良、颜珍平、林东升、林宝康、王煜煜等参与了部分章节的编写和文字校对工作。

由于编者水平有限,书中难免存在疏漏之处,欢迎广大读者提出宝贵的意见和建议。

编　者

2010.10

目　录

项目1　单机配置 ………………………………………………………… 1

教学导航…………………………………………………………………… 1
项目描述…………………………………………………………………… 2
项目分解…………………………………………………………………… 2
任务实施…………………………………………………………………… 2
　　任务1-1　硬盘分区 ……………………………………………………… 2
　　任务1-2　安装操作系统 ………………………………………………… 6
　　任务1-3　安装网络适配器 ……………………………………………… 15
知识链接 …………………………………………………………………… 17
疑难解析 …………………………………………………………………… 18
课外拓展 …………………………………………………………………… 20
课后练习 …………………………………………………………………… 22

项目2　单机上网配置 ……………………………………………………… 23

教学导航 …………………………………………………………………… 23
项目描述 …………………………………………………………………… 24
项目分解 …………………………………………………………………… 24
任务实施 …………………………………………………………………… 24
　　任务2-1　安装与配置TCP/IP协议 …………………………………… 24
　　　　任务2-1-1　安装TCP/IP协议 …………………………………… 24
　　　　任务2-1-2　配置TCP/IP协议 …………………………………… 26
　　任务2-2　制作网线 ……………………………………………………… 27
　　　　任务2-2-1　制作直通电缆 ………………………………………… 27
　　　　任务2-2-2　制作交叉电缆 ………………………………………… 29
　　任务2-3　制作信息模块 ………………………………………………… 29
　　　　任务2-3-1　准备工具和材料 ……………………………………… 29
　　　　任务2-3-2　制作和安装信息模块 ………………………………… 32
　　任务2-4　接入Internet ………………………………………………… 33

知识链接 …… 38
疑难解析 …… 40
课外拓展 …… 41
课后练习 …… 42

项目3 IE浏览器的使用 …… 44

教学导航 …… 44
项目描述 …… 45
项目分解 …… 45
任务实施 …… 45
任务3-1 认识IE浏览器 …… 45
任务3-1-1 打开浏览器窗口 …… 46
任务3-1-2 认识IE浏览器窗口 …… 46
任务3-2 设置IE浏览器属性 …… 47
任务3-2-1 IE浏览器常规属性设置 …… 47
任务3-2-2 IE浏览器“安全”选项设置 …… 51
任务3-3 使用收藏夹 …… 53
任务3-3-1 将网址添加到收藏夹 …… 53
任务3-3-2 在收藏夹中创建新文件夹 …… 54
任务3-3-3 访问保存在收藏夹中的网址 …… 55
任务3-3-4 整理收藏夹 …… 55
任务3-3-5 导入/导出收藏夹 …… 56
任务3-4 保存网页 …… 56
任务3-4-1 保存浏览器中的当前页 …… 56
任务3-4-2 保存超链接指向的网页或图片 …… 57
任务3-4-3 保存网页中的图像、动画 …… 57
任务3-4-4 保存网页中的文本 …… 57
任务3-5 脱机浏览 …… 57
任务3-5-1 利用脱机工作方式脱机浏览 …… 57
任务3-5-2 利用历史记录脱机浏览 …… 58
知识链接 …… 58
疑难解析 …… 60
课外拓展 …… 61
课后练习 …… 66

项目4 信息检索 …… 68

教学导航 …… 68
项目描述 …… 69
项目分解 …… 69

任务实施 ……………………………………………………………………………………… 69
任务 4-1 认识搜索引擎 ……………………………………………………………… 69
任务 4-2 使用搜索引擎 ……………………………………………………………… 73
任务 4-3 使用搜索技巧 ……………………………………………………………… 78
任务 4-3-1 利用搜索引擎搜索 ………………………………………………… 78
任务 4-3-2 通过关键词搜索网页 ……………………………………………… 79
知识链接 ……………………………………………………………………………………… 80
疑难解析 ……………………………………………………………………………………… 82
课外拓展 ……………………………………………………………………………………… 83
课后练习 ……………………………………………………………………………………… 83

项目 5 资源共享 ………………………………………………………………………… 86

教学导航 ……………………………………………………………………………………… 86
项目描述 ……………………………………………………………………………………… 87
项目分解 ……………………………………………………………………………………… 87
任务实施 ……………………………………………………………………………………… 87
任务 5-1 文件和文件夹的共享及其安全设置 ……………………………………… 87
任务 5-1-1 认识文件系统 ……………………………………………………… 87
任务 5-1-2 Windows XP 下文件夹的共享设置 ……………………………… 88
任务 5-1-3 文件夹的安全设置 ………………………………………………… 92
任务 5-1-4 取消文件夹共享 …………………………………………………… 96
任务 5-2 打印机的共享与安全设置 ………………………………………………… 96
任务 5-2-1 打印机安装与共享 ………………………………………………… 97
任务 5-2-2 共享打印机的安全设置 …………………………………………… 103
任务 5-2-3 取消打印机共享 …………………………………………………… 104
知识链接……………………………………………………………………………………… 104
疑难解析……………………………………………………………………………………… 105
课外拓展……………………………………………………………………………………… 106
课后练习……………………………………………………………………………………… 108

项目 6 FTP 文件传输的应用 ………………………………………………………… 111

教学导航……………………………………………………………………………………… 111
项目描述……………………………………………………………………………………… 112
项目分解……………………………………………………………………………………… 112
任务实施……………………………………………………………………………………… 112
任务 6-1 安装 IIS ……………………………………………………………………… 112
任务 6-2 架设和配置 FTP 服务器 …………………………………………………… 118
任务 6-2-1 新建一个 FTP 站点 ………………………………………………… 118
任务 6-2-2 配置多个 FTP 站点 ………………………………………………… 123

任务 6-2-3　查看和修改 FTP 站点属性 …… 124
任务 6-2-4　创建虚拟目录 …… 129
任务 6-2-5　使用 Serv-U 构建 FTP 服务器 …… 130
任务 6-3　访问 FTP 站点 …… 138
任务 6-3-1　利用 Web 浏览器访问 FTP 站点 …… 138
任务 6-3-2　利用 FTP 客户端软件访问 FTP 站点 …… 139
任务 6-4　FTP 的命令方式 …… 142
任务 6-4-1　启动 FTP 并熟悉 FTP 命令 …… 142
任务 6-4-2　利用 FTP 命令方式上传和下载文件 …… 143
知识链接 …… 144
疑难解析 …… 146
课外拓展 …… 147
课后练习 …… 149

项目 7　电子邮件服务的应用 …… 151

教学导航 …… 151
项目描述 …… 152
项目分解 …… 152
任务实施 …… 152
任务 7-1　以 Web 方式使用免费电子邮箱收发邮件 …… 152
任务 7-1-1　申请免费电子邮箱 …… 152
任务 7-1-2　使用免费电子邮箱收发邮件 …… 155
任务 7-2　以专用邮箱工具方式收发邮件 …… 159
任务 7-2-1　配置邮件服务器 …… 159
任务 7-2-2　配置邮件客户端软件 …… 164
任务 7-3　处理垃圾邮件及安全防范 …… 175
知识链接 …… 176
疑难解析 …… 179
课后练习 …… 181

项目 8　Telnet 与 BBS 服务应用 …… 183

教学导航 …… 183
项目描述 …… 184
项目分解 …… 184
任务实施 …… 184
任务 8-1　Telnet 的应用 …… 184
任务 8-1-1　Telnet 简单应用 …… 184
任务 8-1-2　Telnet 工具应用 …… 187
任务 8-2　BBS 的应用 …… 189

知识链接……………………………………………………………………………………… 194
疑难解析……………………………………………………………………………………… 197
课外拓展……………………………………………………………………………………… 197
课后练习……………………………………………………………………………………… 198

项目9 域名系统服务配置与应用 ……………………………………………………… 199

教学导航……………………………………………………………………………………… 199
项目描述……………………………………………………………………………………… 200
项目分解……………………………………………………………………………………… 200
任务实施……………………………………………………………………………………… 200
任务 9-1 安装 DNS 服务器 …………………………………………………………… 200
任务 9-1-1 准备安装 DNS 服务 ………………………………………………… 201
任务 9-1-2 安装 DNS 服务 ……………………………………………………… 202
任务 9-2 配置和管理 DNS 服务 ……………………………………………………… 206
任务 9-2-1 创建区域 ……………………………………………………………… 206
任务 9-2-2 配置资源记录 ………………………………………………………… 212
任务 9-3 设置 DNS 客户端 …………………………………………………………… 215
任务 9-4 检测 DNS 设置 ……………………………………………………………… 216
知识链接……………………………………………………………………………………… 217
疑难解析……………………………………………………………………………………… 220
课外拓展……………………………………………………………………………………… 221
课后练习……………………………………………………………………………………… 221

项目10 动态主机配置服务应用 ……………………………………………………… 224

教学导航……………………………………………………………………………………… 224
项目描述……………………………………………………………………………………… 225
项目分解……………………………………………………………………………………… 225
任务实施……………………………………………………………………………………… 225
任务 10-1 安装 DHCP 服务器 ………………………………………………………… 226
任务 10-2 配置和管理 DHCP 服务器 ………………………………………………… 228
任务 10-2-1 添加 DHCP 服务器 ………………………………………………… 228
任务 10-2-2 DHCP 服务基本配置 ……………………………………………… 229
任务 10-2-3 DHCP 服务高级配置 ……………………………………………… 232
任务 10-2-4 备份和还原 DHCP ………………………………………………… 235
任务 10-3 配置 DHCP 客户端 ………………………………………………………… 236
知识链接……………………………………………………………………………………… 238
疑难解析……………………………………………………………………………………… 241
课外拓展……………………………………………………………………………………… 241
课后练习……………………………………………………………………………………… 243

项目 11　即时通信 ………………………………………………………… 245

教学导航…………………………………………………………………………… 245
项目描述…………………………………………………………………………… 246
项目分解…………………………………………………………………………… 246
任务实施…………………………………………………………………………… 246
　任务 11-1　腾讯 QQ 即时通信工具的应用 …………………………………… 246
　　任务 11-1-1　QQ 应用准备…………………………………………………… 246
　　任务 11-1-2　登录并设置 QQ ……………………………………………… 250
　任务 11-2　微软 MSN 即时通信工具的应用………………………………… 254
　　任务 11-2-1　MSN 应用准备 ……………………………………………… 255
　　任务 11-2-2　登录并设置 MSN …………………………………………… 259
知识链接…………………………………………………………………………… 261
疑难解析…………………………………………………………………………… 263
课外拓展…………………………………………………………………………… 264
课后练习…………………………………………………………………………… 264

项目 12　网络安全设置 …………………………………………………… 266

教学导航…………………………………………………………………………… 266
项目描述…………………………………………………………………………… 267
项目分解…………………………………………………………………………… 267
任务实施…………………………………………………………………………… 267
　任务 12-1　IE 浏览器的安全设置 …………………………………………… 268
　　任务 12-1-1　安全区域安全级别设置 ……………………………………… 268
　　任务 12-1-2　隐私策略设置 ………………………………………………… 270
　任务 12-2　电子邮件安全设置 ……………………………………………… 272
　　任务 12-2-1　电子邮件安全设置方法 ……………………………………… 272
　　任务 12-2-2　电子邮件安全应用 …………………………………………… 277
　任务 12-3　防病毒软件的使用 ……………………………………………… 285
　　任务 12-3-1　单机版杀毒软件的使用 ……………………………………… 285
　　任务 12-3-2　网络版杀毒软件的使用 ……………………………………… 288
知识链接…………………………………………………………………………… 298
疑难解析…………………………………………………………………………… 300
课外拓展…………………………………………………………………………… 302
课后练习…………………………………………………………………………… 303

参考文献 ………………………………………………………………………… 305

项目1 单机配置

计算机网络是指分布在不同地理位置上的具有独立功能的多个计算机系统，通过通信设备和通信线路相互连接起来，在网络软件的管理下实现数据传输和资源共享的系统。

要使用计算机网络，首先要保证单台的计算机工作正常，单台计算机（简称单机）配置包括硬件组装和软件安装，硬件组装在“计算机组装与维护”课程中详细介绍，本部分内容主要阐述单机软件方面的安装、配置。

教学导航

【内容提要】

单机配置项目重点在于软件部分的安装和配置。软件包括系统软件和应用软件，本部分主要介绍系统软件的安装和配置，而应用软件部分相对比较简单，没有介绍。

本项目主要完成 3 个任务，分别是硬盘分区、操作系统安装和网络适配器安装。

【知识目标】

- 了解网卡的作用和特点。
- 了解分区、主分区、扩展分区的概念。
- 掌握操作系统的安装。

【技能目标】

- 熟练掌握使用常用工具进行硬盘分区的方法。
- 熟练安装操作系统和相应的驱动程序。
- 能完成系统备份，保证系统安全。

【教学组织】

- 每人一台计算机，各自独立完成所布置的任务（包括课堂实践和课外拓展任务）。

【考核要点】

- 利用适当的分区工具进行分区，分区要合理。
- 安装操作系统要熟练，不出现故障。
- 网卡安装正确，并能判断网卡是否正常工作。

【准备工作】

Partition Magic\Ghost 软件；Windows Server 2003 操作系统安装盘；网卡。

【参考学时】

4 学时（含实践教学）。

学生李勇暑假到电脑城新叶电脑公司开展假期实践，公司老板知道他是学计算机的，就安排他为顾客组装和配置计算机，顾客提出需求后，李勇同学根据其需求选择合适的配件，如机箱、主板、电源、硬盘、显卡、声卡、网卡、光驱等，同顾客协商、确定后，将设备组装好，然后再配置好必要的软件。客户搬回家就能进行正常工作。

项目分解

李勇同学对硬件的组装非常熟练，轻而易举就能安装好，组装成功的计算机这样还是不能运行的，还需要操作系统的支持，根据应用需求的不同还需要一些应用软件。某个叫量子的顾客要求要能够上网，可以进行 Office 文档处理，计算机需要存储电影、系统驱动、工作文档等内容。李勇分析其需求后，需要完成的任务如表 1-1 所示。

表 1-1　执行任务情况表

任务序号	任务描述
任务 1-1	硬盘分区
任务 1-2	安装操作系统
任务 1-3	安装网络适配器

任务 1-1　硬盘分区

硬盘分区：实质上是对硬盘的一种格式化，硬盘分区后才能使用硬盘保存各种信息。没有分区之前不管硬盘空间多大，都是一个分区，这样不利于资料分门别类地保存。如果存储的资料与操作系统文件处于同一分区，操作系统出了问题，重装系统后会丢失所有的资料。另外操作系统文件所在分区存储内容过多还会使启动速度变慢。

组装好的计算机还只是“裸机”，需要安装操作系统才能正常使用，在安装操作系统之前还要进行硬盘分区和格式化。

注意：对硬盘进行分区时，要先建立主分区，再建立扩展分区，然后在扩展分区中划分逻辑分区，各分区容量的大小依据用户的需要而定。最后再设置活动分区。

硬盘分区的工具很多，常用的有 DOS、Windows 自带的分区软件 FDISK、硬盘分区魔法师、Partition Magic 等。下面以 Partition Magic 为例进行介绍。

1. 用 Partition Magic 分区

(1) 在 CMOS 中的 Boot Sequence 项中设置 CD ROM 为第一启动设备。

（2）启动 Partition Magic 进入主界面，如图 1-1 所示。

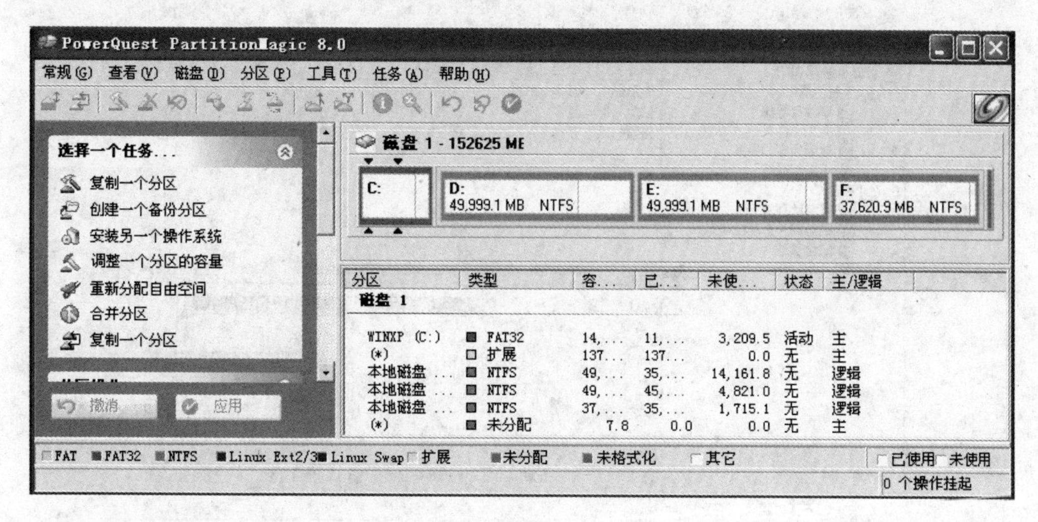

图 1-1　Partition Magic 主界面

工具栏中各按钮功能如图 1-2 所示。

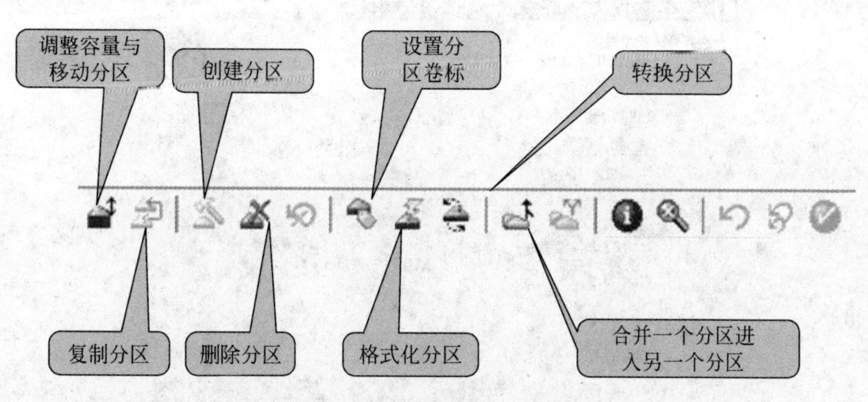

图 1-2　工具栏各项功能图

（3）创建主分区。在“分区操作”列表中单击“创建分区”按钮，弹出“创建分区”对话框，在该对话框的“创建为”中选择“主分区”，在“分区类型”中选择分区的文件格式，如 FAT32 或 NTFS，然后再选择卷标，即可创建主分区。

（4）创建扩展分区和逻辑分区。按照创建向导提示操作就可完成。

2. 用 Windows 自带的工具创建分区

（1）选择“开始”菜单，依次单击“设置”→“控制面板”→“管理工具”→“计算机管理”→“磁盘管理”命令，弹出窗口如图 1-3 所示。

（2）在未分配的磁盘空间上右击，在弹出的快捷菜单中选择“新建磁盘分区”命令，打开“新建磁盘分区向导”对话框，选择“主磁盘分区”单选按钮，如图 1-4 所示。

（3）单击“下一步”按钮，指派驱动器号和路径，如图 1-5 所示。

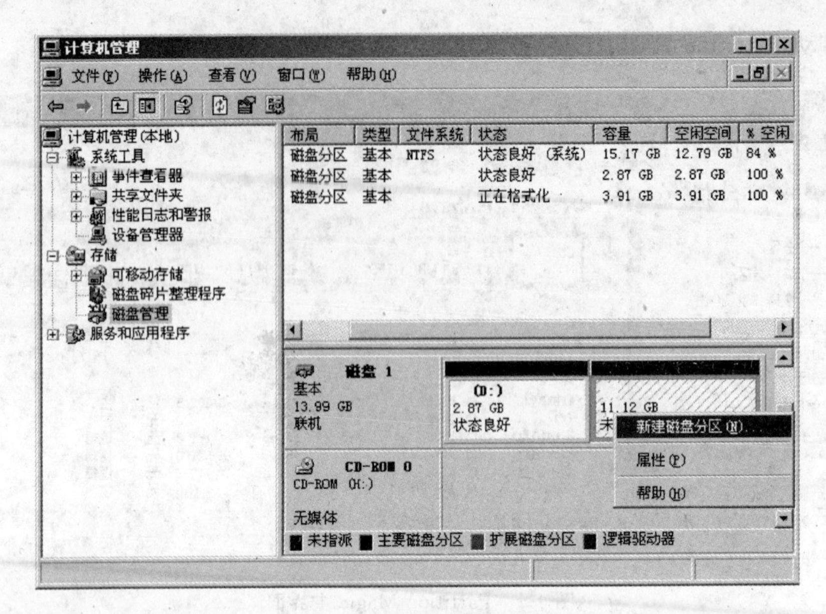

图 1-3 磁盘管理界面

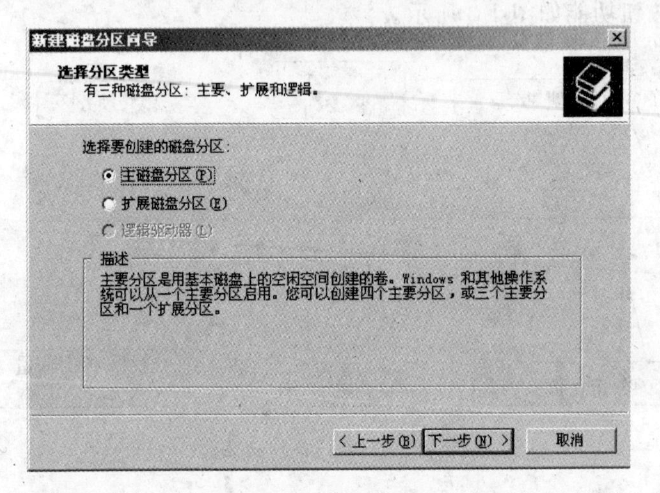

图 1-4 选择分区类型

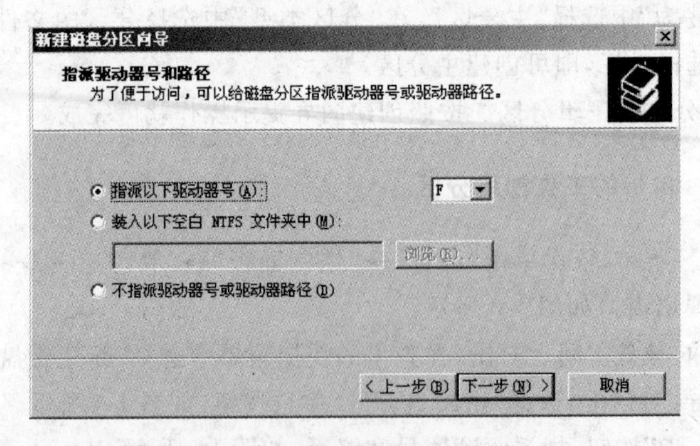

图 1-5 指派驱动器号和路径

(4) 单击"下一步"按钮,格式化分区,如图1-6所示,则完成主分区的创建。

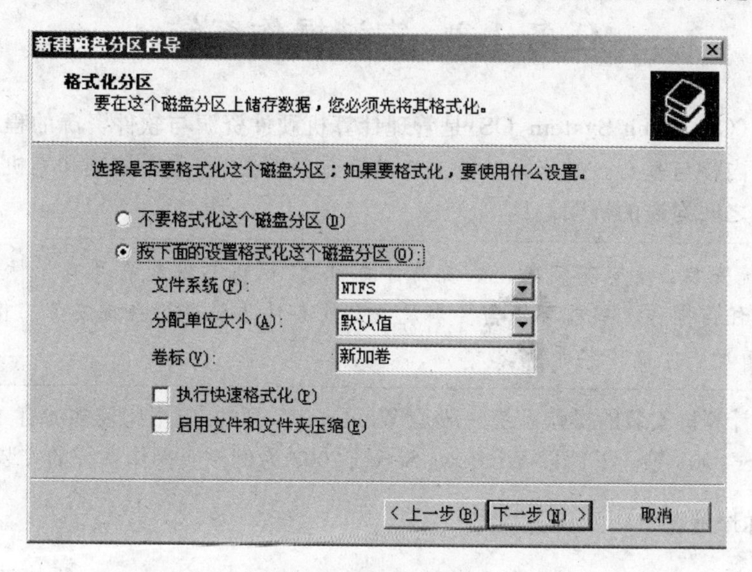

图1-6　格式化分区

(5) 继续创建扩展分区。

(6) 创建逻辑分区。右击一个未分配的磁盘分区,在弹出的快捷菜单中选择"新建逻辑驱动器"命令,如图1-7所示,根据创建向导完成即可。

(7) 设置活动分区。

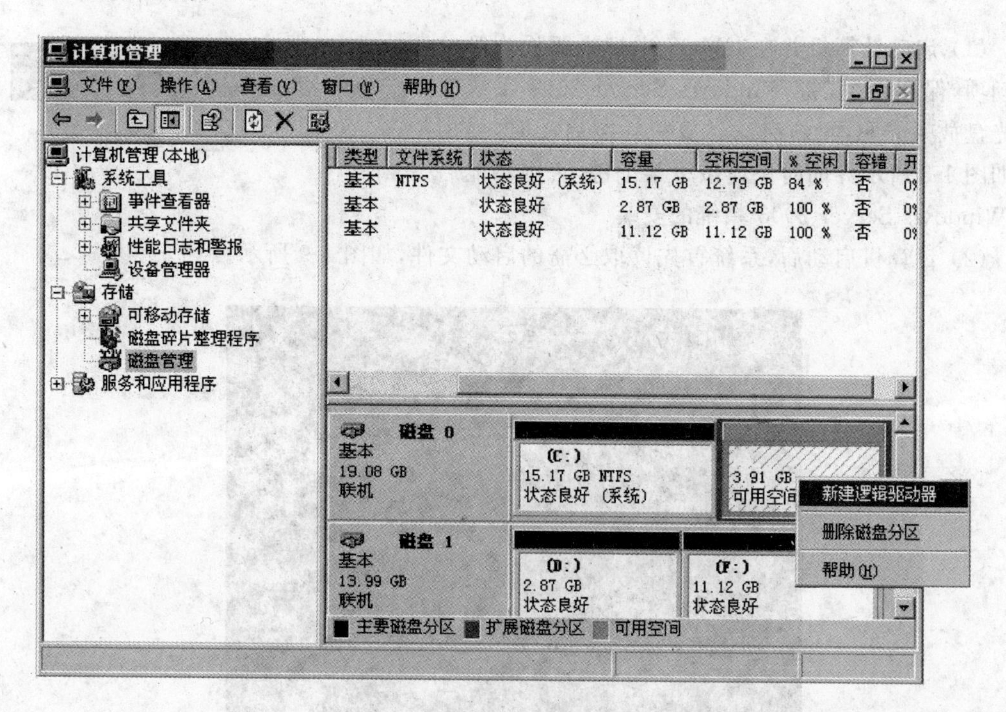

图1-7　创建逻辑分区

任务 1-2　安装操作系统

操作系统(Operating System,OS)是管理计算机硬件资源与软件资源的程序,同时也是计算机系统的内核与基石。操作系统的主要功能是资源管理、程序控制和人机交互等,是底层硬件与用户之间沟通的桥梁。

> 操作系统安装：没有安装操作系统的计算机是“裸机”,仅能看到有光标闪动的黑屏幕,不能进行任何操作。当前环境需要满足一定的条件才能进行系统安装工作,下面主要讨论在什么情况下才能安装系统。

目前个人计算机安装的操作系统一般是 Windows 系列的,应用比较多的有 Windows XP、Windows Server 2003 等。下面以 Windows Server 2003 为例说明操作系统的安装过程。

1. 安装环境准备

(1) Pentium 122Hz 以上的 CPU。

(2) 建议至少 256MB 的内存。

(3) 建议硬盘存储空间至少 3GB,其中 1GB 作为空闲空间。

(4) Windows Server 2003 系统安装盘一张。

2. 安装 Windows Server 2003 操作系统

(1) 启动计算机并在 CMOS 中把光驱设为第一启动项,保存设置,将 Windows Server 2003 系统安装光盘放入光驱,重新启动计算机。刚启动时,当出现如图 1-8 所示界面时快速按下某个键,否则不能启动 Windows Server 2003 系统的安装。

Press any key to boot from CD.._

图 1-8　光盘启动界面

(2) 计算机启动后,系统首先读取必需的启动文件,如图 1-9 所示。

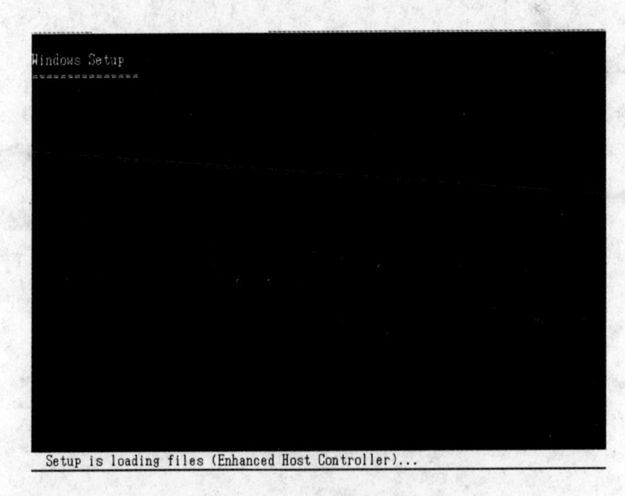

图 1-9　系统读取启动文件

(3) 当出现软件的 Windows“许可协议”对话框时，选择“我接受这个协议(A)”单选按钮，如图 1-10 所示，然后单击“下一步”按钮。

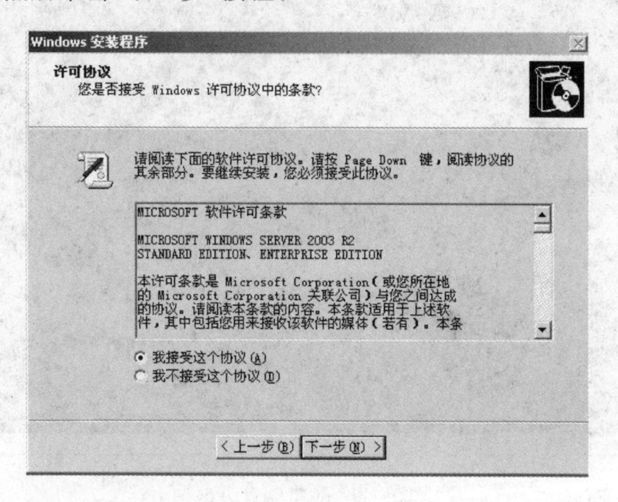

图 1-10　设置许可协议

注意：在 Windows“许可协议”对话框中，虽然有可选项，但只有选择“我接受这个协议(A)”单选按钮才能进行安装，否则不能进行安装。

接下来询问用户是否安装此操作系统，按 Enter 键确定安装，按 R 键进行修复，按 F2 键退出安装。此处按下 Enter 键，开始进行文件复制。

(4) 选择分区。如图 1-11 所示，硬盘并没有分区，根据前面的知识可以知道，没有分区是不能安装操作系统的。我们可以采用前面介绍的方式来进行分区，也可以在安装操作系统时进行分区设置。

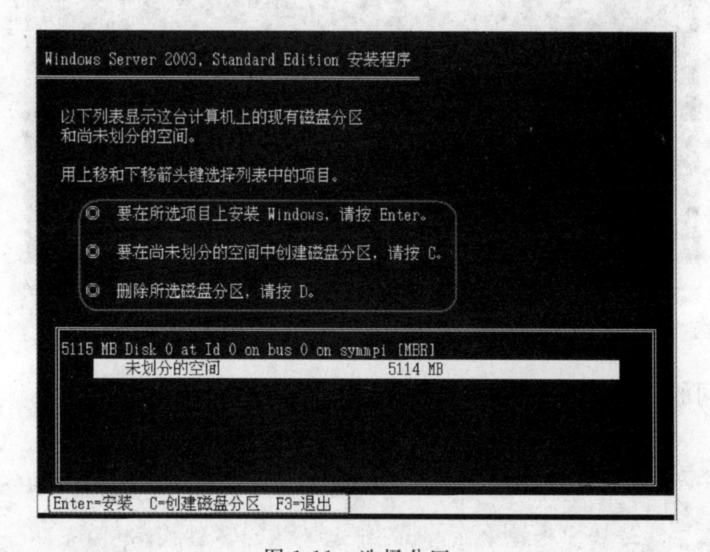

图 1-11　选择分区

① 根据图 1-11 中的提示，按 C 键，在尚未划分的空间中创建磁盘分区，如图 1-12 所示。

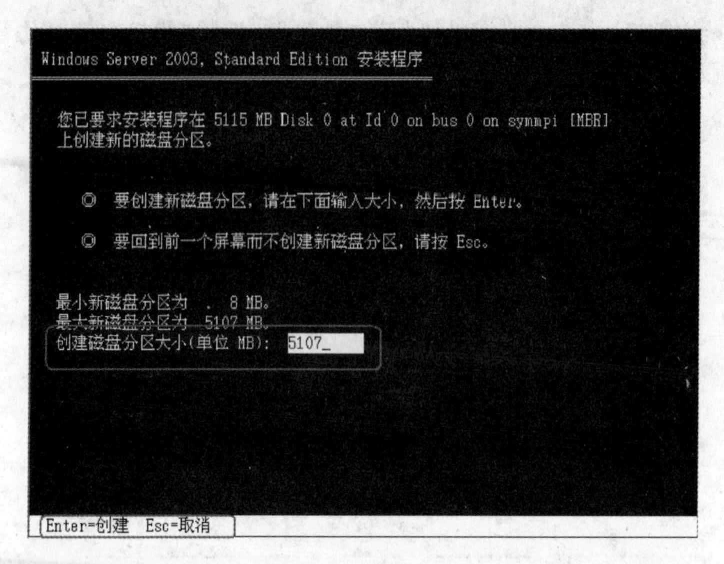

图 1-12　创建磁盘分区

② 在“创建磁盘分区大小”选项中输入合适的磁盘大小，如 5107MB，按 Enter 键，则创建了一个大小为 5107MB 的磁盘分区，如图 1-13 所示。

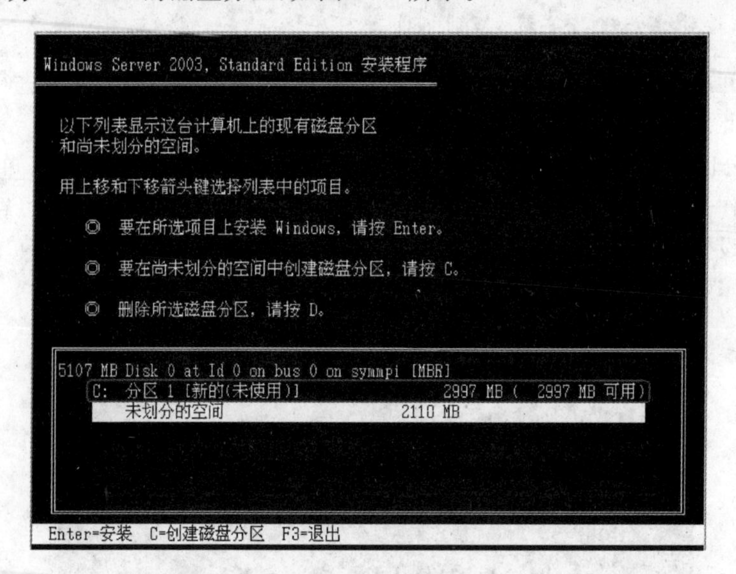

图 1-13　成功创建磁盘分区

③ 采用相同的办法可以创建更多的分区，如图 1-14 所示。

(5) 接着格式化磁盘分区(图 1-15)。

按 Enter 键，对选择的 C 磁盘用 NTFS 文件系统格式化，然后再按 Enter 键。

注意：在安装过程中选择分区时，最好选择 NTFS 格式，如果采用 FAT 或 FAT32 格式，则有些服务器的功能不能实现，并有可能出现不安全的因素。

(6) 分区完成后，安装程序把安装文件从光盘复制到硬盘上，如图 1-16 所示。

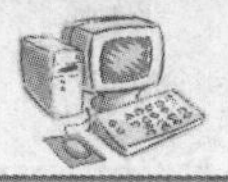

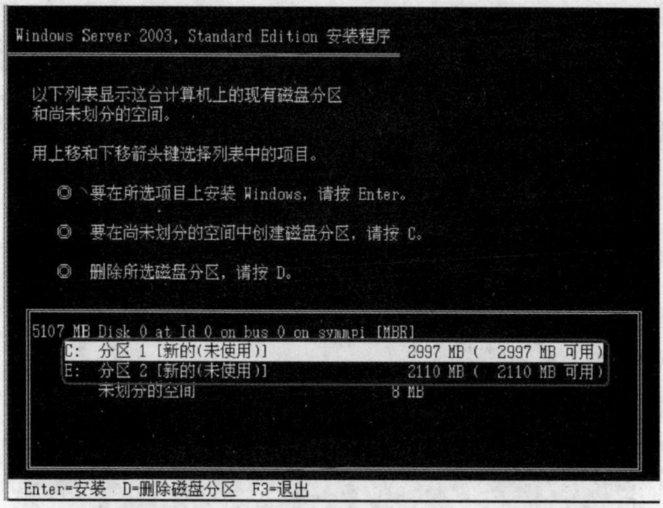

Windows Server 2003, Standard Edition 安装程序
以下列表显示这台计算机上的现有磁盘分区
和尚未划分的空间。
用上移和下移箭头键选择列表中的项目。
◎ 要在所选项目上安装 Windows，请按 Enter。
◎ 要在尚未划分的空间中创建磁盘分区，请按 C。
◎ 删除所选磁盘分区，请按 D。
5107 MB Disk 0 at Id 0 on bus 0 on symmpi [MBR]
C: 分区 1 [新的(未使用)] 2997 MB (2997 MB 可用)
E: 分区 2 [新的(未使用)] 2110 MB (2110 MB 可用)
未划分的空间 8 MB
Enter=安装 D=删除磁盘分区 F3=退出

图 1-14 创建多个磁盘分区

Windows Server 2003, Standard Edition 安装程序
选择的磁盘分区没有经过格式化。安装程序
将立即格式化这个磁盘分区。
使用上移和下移箭头键选择所需的文件系统，然后请按 Enter。
如果要为 Windows 选择不同的磁盘分区，请按 Esc。
用 NTFS 文件系统格式化磁盘分区（快）
用 FAT 文件系统格式化磁盘分区（快）
用 NTFS 文件系统格式化磁盘分区
用 FAT 文件系统格式化磁盘分区
Enter=继续 Esc=取消

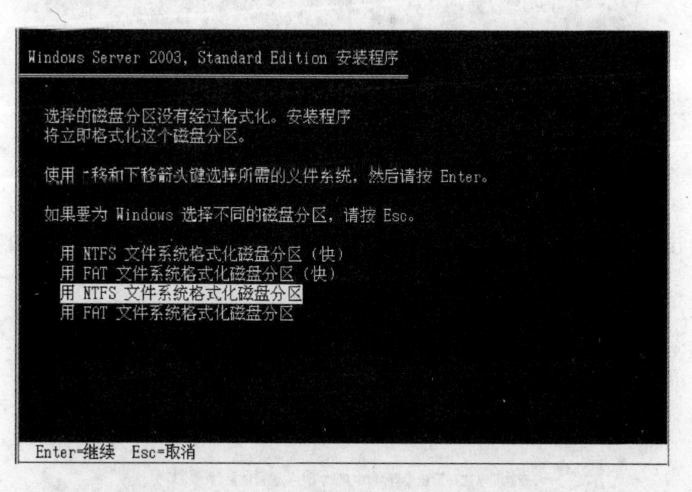

图 1-15 “格式化磁盘分区”方式选择

Windows Server 2003, Standard Edition 安装程序
安装程序正在将文件复制到 Windows 安装文件夹，
请稍候。这可能要花几分钟的时间。
安装程序正在复制文件...
1%
正在复制: msgpc.sys

图 1-16 复制文件

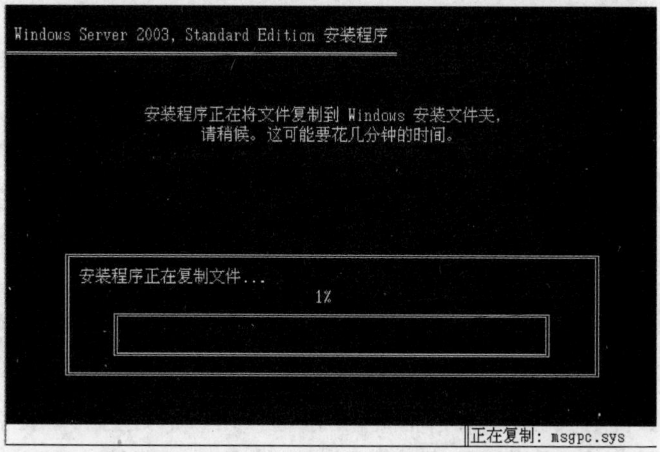

注意：将安装文件从光盘复制到硬盘上是为了加快后期的安装速度，因为直接从硬盘上调用文件比从光盘上调用要快。

(7) 计算机重新启动后，将出现 Windows Server 2003 的启动界面，进入系统安装界面，如图 1-17 所示。

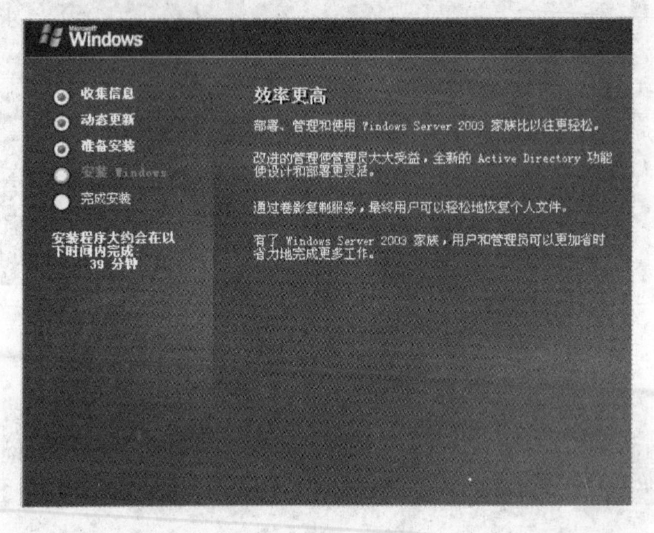

图 1-17　系统安装

(8) 接着会出现“区域和语言选项”对话框，输入需要的区域和语言，如图 1-18 所示。

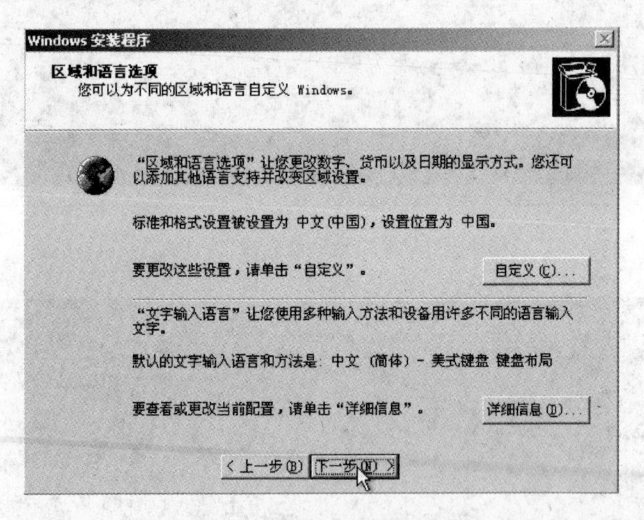

图 1-18　设置区域和语言选项

注意：默认区域设置为“中国”，如需要修改，单击“自定义”按钮；如不需要修改，可直接单击“下一步”按钮。

(9) 在出现的“自定义软件”对话框中，要求输入用户的姓名和单位名称。分别在“姓名”和“单位”文本框中输入 w，单击“下一步”按钮，如图 1-19 所示。

图 1-19　输入姓名和单位

(10) 接着出现“产品密钥”对话框，要求输入操作系统的密钥。在“产品密钥”文本框中输入产品密钥，单击“下一步”按钮。

注意：产品密钥为 5 组 5 位的字符，在购买软件时产品自带，一般在软件的包装盒上可查到“安装序列号”。序列号没有或错误，系统安装时都提示不准安装。

(11) 接着出现“授权模式”对话框，单击所需的授权模式。单击“下一步”按钮，如图 1-20 所示。

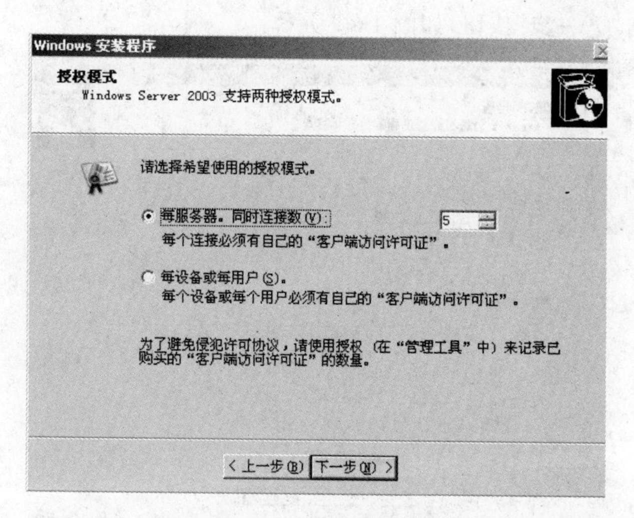

图 1-20　选择授权模式

注意：“每服务器。同时连接数”表示如果客户机有访问许可证时可同时连接的客户机数。该连接数默认为“5”，以购买的正版软件中的注明为准。如注明授权用户数为 10，则可在“每服务器。同时连接数”选项后的数值框中输入 10。

(12) 接着出现“计算机名称和管理员密码”对话框，设置好计算机的名称和本机系统管理员的密码后，单击“下一步”按钮，如图 1-21 所示。

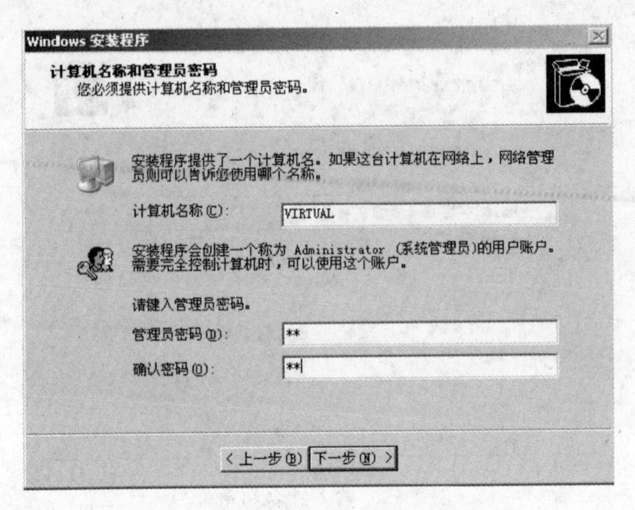

图 1-21　输入计算机名称和管理员密码

注意：计算机的名称不能与局域网内其他计算机的名称相同，管理员的密码设置要符合安全要求，最好是数字、大写字母、小写字母、特殊字符相结合。如果不符合密码设置的要求，系统会提示密码不符合，要求重设密码。“管理员密码”与“确认密码”必须一致，否则会提示密码不一致。

(13) 接着出现“日期和时间设置”对话框，根据实际情况对“日期和时间”、“时区”选项进行修改，然后单击“下一步”按钮，如图 1-22 所示。

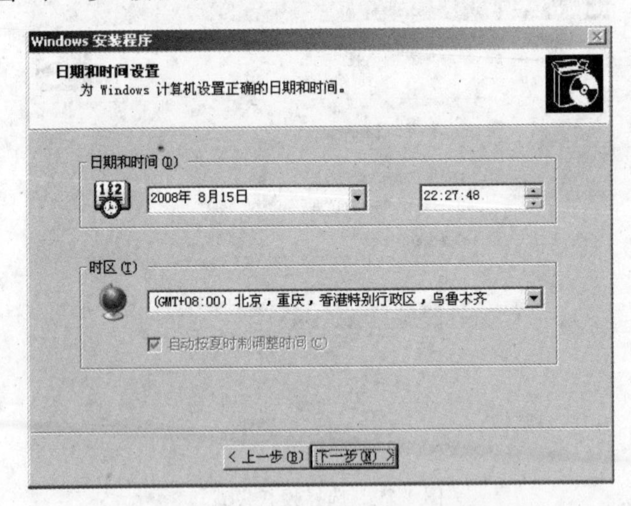

图 1-22　“日期和时间”和“时区”的设置

(14) 接着出现“网络设置”对话框，如果没有特殊连接要求，一般选择“典型设置”单选按钮，单击“下一步”按钮，如图 1-23 所示。

注意：“典型设置”表示典型设备可使用“Microsoft 网络客户端”、“Microsoft 网络的文件和打印机共享”、“自动寻址的 TCP/IP 传输协议”来创建网络连接。

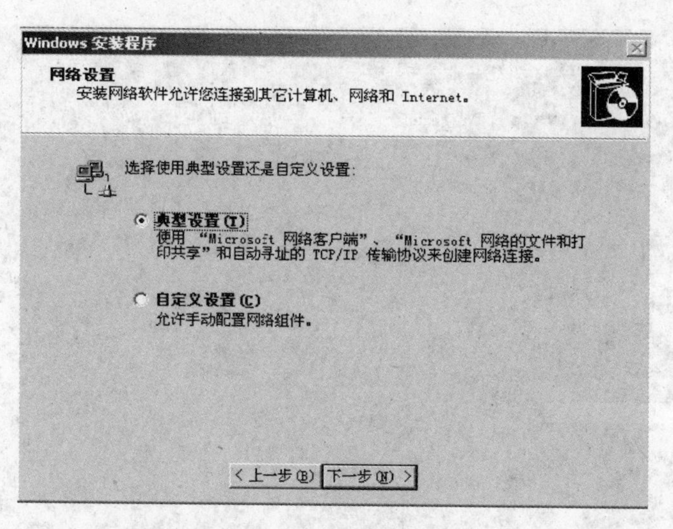

图 1-23　"网络设置"对话框

(15) 接着出现"工作组或计算机域"对话框，可以进行工作组或计算机域的设置。不论是单机还是局域网服务器，最好是选中第一个单选按钮并使用默认的工作组，将来把系统安装完毕后再进行详细的设置。单击"下一步"按钮，如图 1-24 所示。

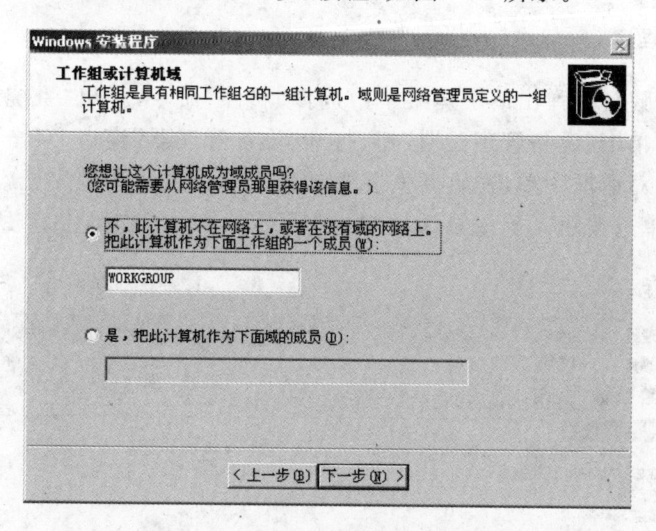

图 1-24　设置工作组或计算机域

注意：网络中只有一台服务器或网络中没有域控制器时，应在图 1-24 所示对话框中选择"不，此计算机不在网络上，或者在没有域的网络上。把此计算机作为下面工作组的一个成员"单选按钮。

(16) 再次进入 Windows Server 2003 安装程序界面进行安装，如图 1-25 所示。

接着计算机会自动复制文件，直到安装完成。然后计算机又会重新启动，出现 Windows Server 2003 的启动界面，按下 Ctrl＋Alt＋Delete 组合键，进入"登录到 Windows"对话框，输入安装系统时设置的管理员用户名和密码，单击"确定"按钮即可进入系统。

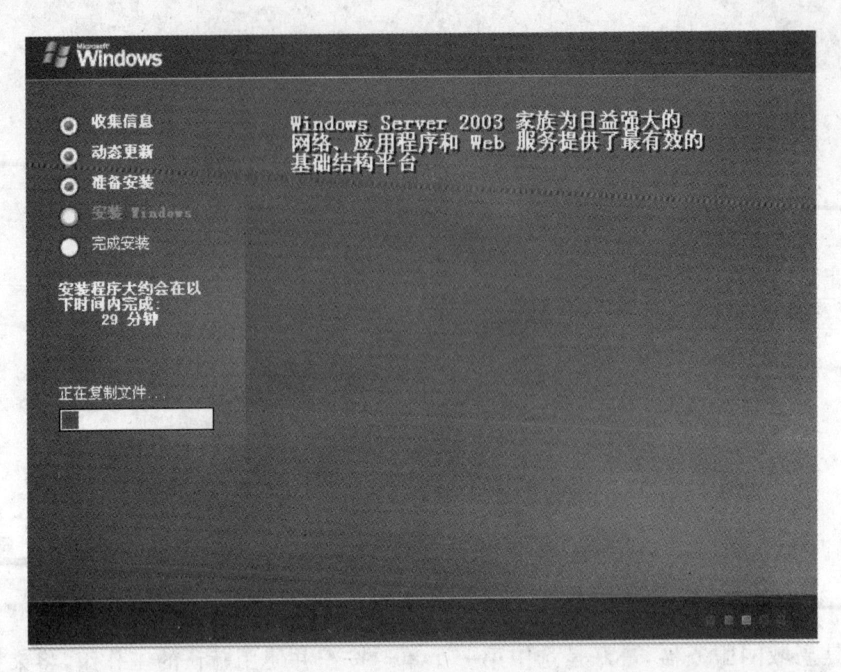

图 1-25　再次进入系统安装界面

3. 安装驱动程序

右击“我的电脑”，在弹出的快捷菜单中选择“属性”命令，弹出“系统属性”对话框，选择“硬件”选项卡，单击“设备管理器”按钮，打开“设备管理器”窗口，双击带有“黄色问号”的选项，在打开的对话框中单击“重新安装驱动程序”，插入驱动程序光盘(随机)，再单击“自动安装软件”单选按钮。等该对话框中没有了黄色问号，如图 1-26 所示，这个系统就安装完成了。

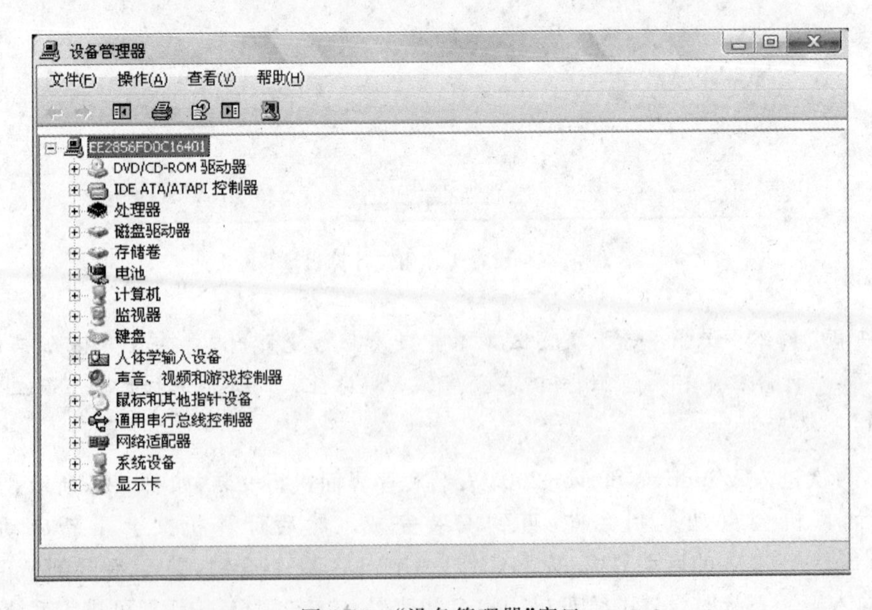

图 1-26　“设备管理器”窗口

注意：驱动程序最好先解压到本地磁盘(非系统磁盘)中,然后再安装。也可以直接插入驱动程序光盘进行直接安装,但在安装过程中会重启。

任务 1-3　安装网络适配器

网络适配器也叫网卡,操作系统安装完成后就能进行基本操作,但如果需要连接Internet,网卡是不可缺少的部件。网卡正确安装与否直接影响到能否成功连接到网络。

首先查看计算机是集成网卡还是独立网卡,如果是集成网卡,则其已经与主板一起安装,不需另外安装了,只需安装驱动程序即可;如果是独立网卡,则硬件和驱动程序都需要安装。

1. 安装网络适配器步骤

(1) 切断计算机的电源,保证无电工作;
(2) 用手触摸一下金属物体,释放静电;
(3) 打开计算机机箱,选择一个空闲的 PCI 插槽,并卸掉对应的挡板;
(4) 将所要安装的网卡插入 PCI 插槽中;
(5) 将网卡通过螺钉固定紧,以保证其正常工作;
(6) 盖好机箱,把网线插入网卡的 RJ-45 接口中。

注意:(1) 所选 PCI 插槽的位置尽量与其他硬件卡保持一定距离,以保持良好的散热特性,同时也方便安装过程中的操作。

(2) 安装网卡过程中,不要触及主机内部其他连线头、板卡或电缆,以防因松动而造成开机故障。

(3) 扩展槽总线类型要与网卡一致。如 PCI 总线插槽(一般为白色)只能插入 PCI 总线网卡,ISA 总线插槽(一般为黑色)只能插入 ISA 总线网卡。目前大多数都用 PCI 总线网卡。

(4) 网卡插入计算机插槽时,应保证网卡的金手指与插槽紧密结合,不能出现偏离和松动,否则会损伤网卡。

2. 安装驱动程序

下面以 Windows 2000/XP 系统为例,介绍网卡驱动程序的安装。

注意:如果以前安装过网卡驱动程序,但有问题的,应先卸载原驱动程序,然后再安装新的。另外,驱动程序要与网卡一致,应该是网卡附带的原装驱动程序。

(1) 在成功完成网卡安装、打开计算机电源后,系统会自动发现网卡硬件,报告“发现新硬件”。

(2) 接着自动进入“硬件更新向导”对话框,从中选择“从列表或指定位置安装(高级)”单选按钮,如图 1-27 所示,然后单击“下一步”按钮。

(3) 在“请选择您的搜索和安装选项”对话框中,单击“浏览”按钮,如图 1-28 所示,进入“浏览文件夹”对话框。

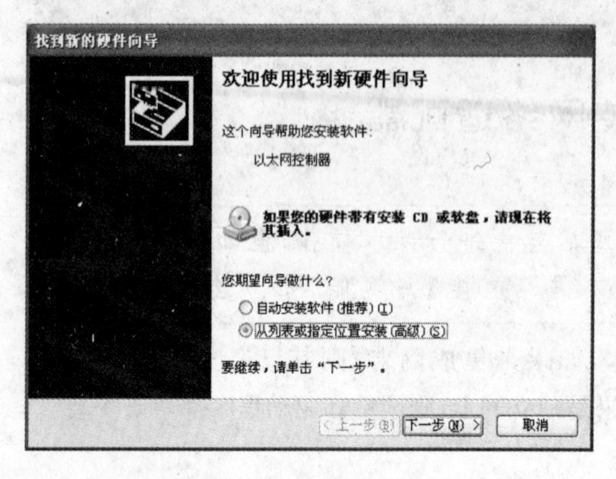

图 1-27　使用硬件向导对话框

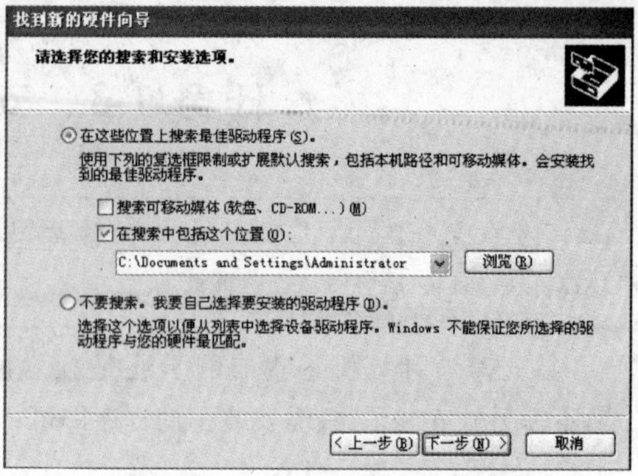

图 1-28　选择搜索与安装选项

(4) 在“浏览文件夹”对话框中,选择包含有网卡驱动程序的目录,然后单击“确定”按钮。如果已知驱动程序位置,则选择“不要搜索,我要自己选择要安装的驱动程序”单选按钮,然后单击“下一步”按钮。

(5) 系统开始安装网卡驱动程序,给出“向导正在安装软件,请稍候”的提示信息。

(6) 驱动程序安装完成后,进入“完成找到新硬件向导”对话框,单击“完成”按钮。

(7) 在正确完成网卡和网卡驱动程序的安装后,就可以查看网卡是否安装成功,如图 1-29 和图 1-30 所示。

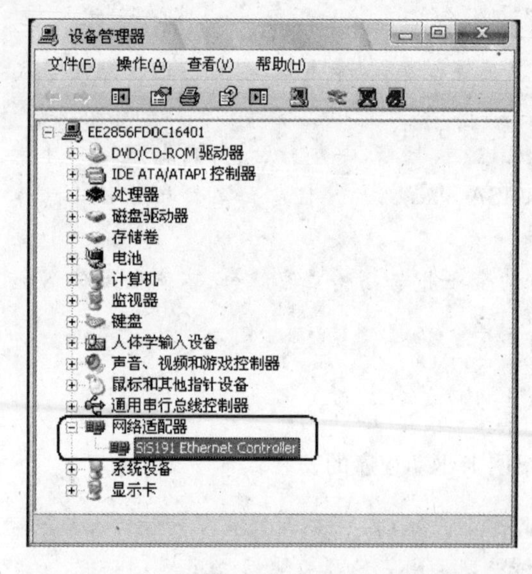

图 1-29　在“设备管理器”窗口中查看网卡是否安装成功

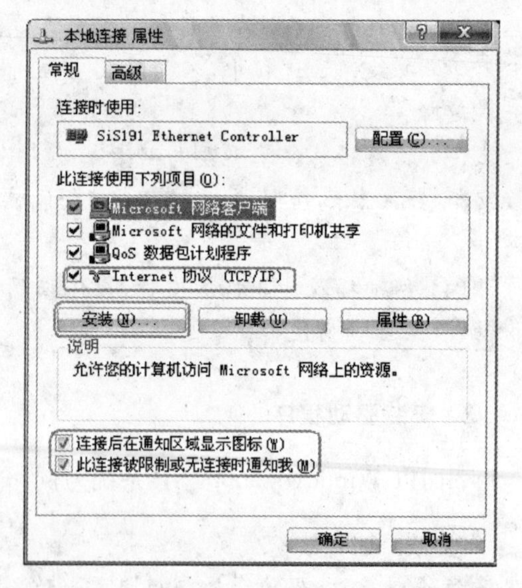

图 1-30　在“本地连接 属性”对话框中查看网卡

注意:图 1-29 所示表示网卡已经成功安装,可以使用了。如果网络适配器前有问号或者感叹号,说明网卡驱动程序没有安装好,应重装网卡驱动。

知识链接

【知识链接 1】 格式化

格式化是把一张空白的盘划分成若干个小的区域并编号，供计算机储存、读取数据。如果没有格式化，计算机就不知道在哪里写，从哪里读。

格式化分低级格式化和高级格式化两种。低级格式化是将空白的磁盘划分出柱面和磁道，再将磁道划分为若干个扇区，每个扇区又划分出标识(ID)部分、间隔区(GAP)和数据区(DATA)等。低级格式化一般在硬盘出厂时已经完成，硬盘使用过程中一般不进行低级格式化，否则有可能会损害硬盘。低级格式化过程需要很长时间，会彻底破坏硬盘上的数据。

高级格式化用于清除硬盘上的数据、生成引导区信息、初始化 FAT 表、标注逻辑坏道等，其可以使用的参数如表 1-2 所示。

表 1-2　格式化参数表

参　数	功　能
/u	无条件格式化，格式化后所有的数据都会丢失，并且永远无法恢复
/s	格式化为一个可以启动计算机的系统盘
/c	格式化硬盘的同时会检查硬盘扇区并修复坏扇区，这种修复并不十分可靠，会影响格式化的速度
/v [label]	格式化后给硬盘加上[ ]内的卷标(名字)
/q	快速格式化

【知识链接 2】 Partition Magic 工具

Partition Magic 由 PowerQuest 公司提供，是目前最好的硬盘分区及多操作系统启动管理工具之一，是实现大容量硬盘动态分区和无损分区的最佳选择，可以不破坏硬盘现有数据而重新改变分区大小，支持 FAT16、FAT32 和 NTFS 之间进行互相转换，可以隐藏现有的分区，支持多操作系统多重启动。其主要功能包括：

(1) 调整硬盘分区大小。

(2) 无损合并硬盘分区。

(3) 创建一个新分区。

(4) 转换分区。

(5) 删除分区。

(6) 合并分区。

(7) 创建一个备份分区。

(8) 复制一个分区。

【知识链接 3】 主分区与扩展分区、逻辑分区的关系

主分区与扩展分区、逻辑分区的关系如图 1-31 所示。

【知识链接 4】 文件系统类型

文件系统类型是指文件在磁盘上的存放方式，如图 1-32 所示。

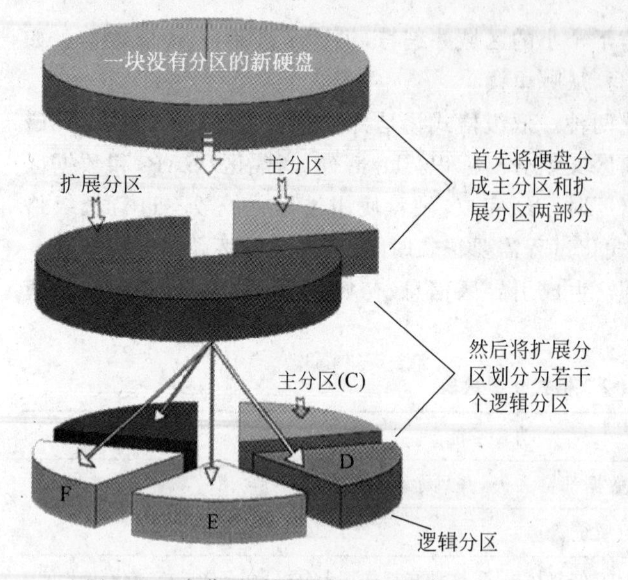

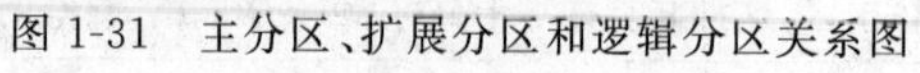

图 1-31 主分区、扩展分区和逻辑分区关系图

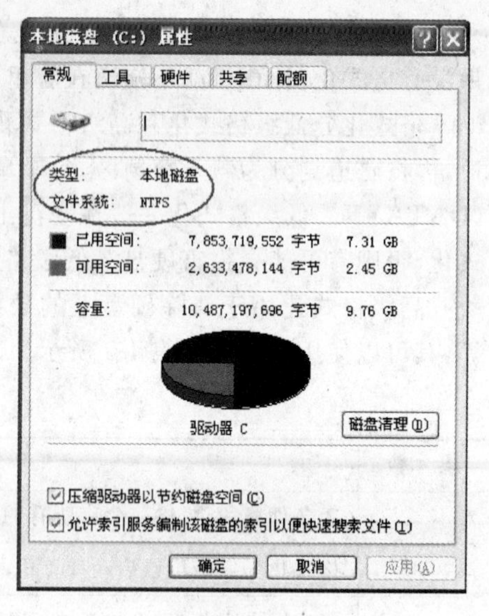

图 1-32 显示文件系统类型

目前常用的文件系统类型主要有 NTFS 和 FAT32 两种，NTFS 格式在 FAT32 的基础上增加了安全性能，具体区别如图 1-33 和图 1-34 所示。

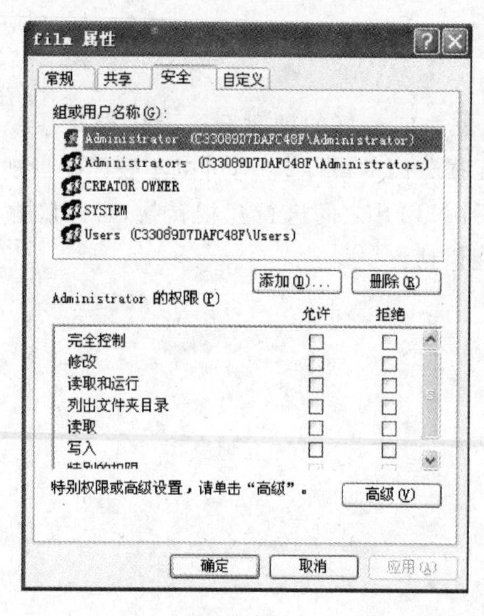

图 1-33 NTFS 格式的文件属性

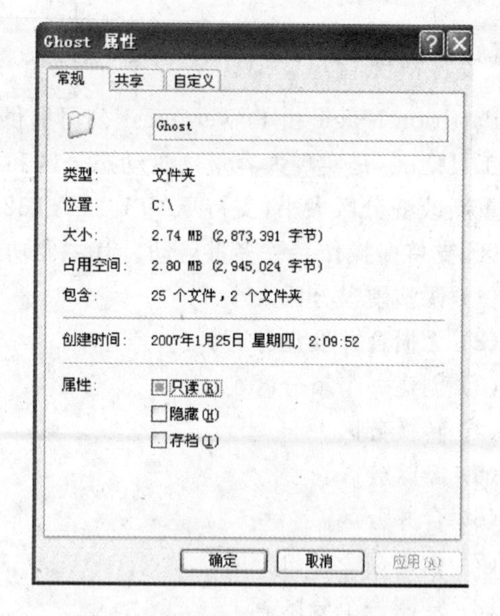

图 1-34 FAT32 格式的文件属性

疑难 1：Windows Server 2003 操作系统安装好以后，每次启动系统时都会出现“管理您

的服务器”对话框，很烦琐，怎么去掉这一个显示界面？

答：出现“管理您的服务器”对话框(图 1-35)后，选中该界面中左下角“在登录时不要显示此页”复选框，单击右上角的“关闭”按钮 ☒ ，关闭该界面。正常启动系统，就不会出现该对话框了。

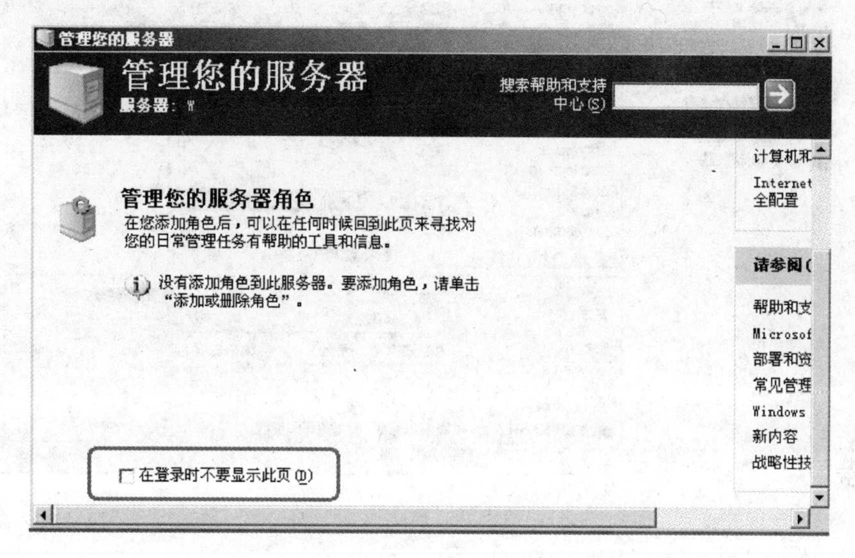

图 1-35　“管理您的服务器”对话框

疑难 2：Windows Server 2003 操作系统安装好以后，关机时都需选择关闭计算机的原因，怎样避免这些烦琐的操作？

答：避免这种麻烦的操作方法如下：

(1) 打开“控制面板”窗口，双击“电源选项”图标，在“电源属性”窗口中进入“高级”选项卡。在“电源按钮”选项处，将“在按下计算机电源按钮时”设置为“关机”，单击“确定”按钮，退出对话框。以后关机时就可按下电源按键，直接关闭计算机了。

(2) 启用休眠功能实现快速关机和开机。如果系统中没有启用休眠模式，在“控制面板”窗口中，打开“电源”选项，进入到“休眠”选项卡，并在其中将“启用休眠”选项选中就可以了。

疑难 3：安装好 Windows Server 2003 后，如需使用 USB 硬盘，计算机上能看到 USB 硬盘的绿色图标，而在“我的电脑”中却怎么也显示不了，怎么办？

答：依次打开“管理工具”→“计算机管理”→“磁盘管理”，在 USB 磁盘图标上右击并在弹出的快捷菜单中选择“更改驱动器号和路径”命令，如图 1-36 所示，然后分配盘符。

分配完盘符后，USB 硬盘的图标就会出现在“我的电脑”中。

疑难 4：Windows Server 2003 企业版在默认情况下是禁用声卡的，怎样手动开启？

答：在“控制面板”窗口中打开“声音和音频设备属性”(也可以在“设备管理器”窗口中找到相应的设置对话框)，按图 1-37 所示设置“启用 Windows 音频”即可。

也可以选择“管理工具”→“服务”，将 Windows Audio 服务设置为“自动”。标准版中该服务默认为启动，无须进行这项操作。设置完毕需要重启系统，打开“声音和音频设备”设置选项，选中“在任务栏显示声音图标”选项，从而将声音图标放置到任务栏上。

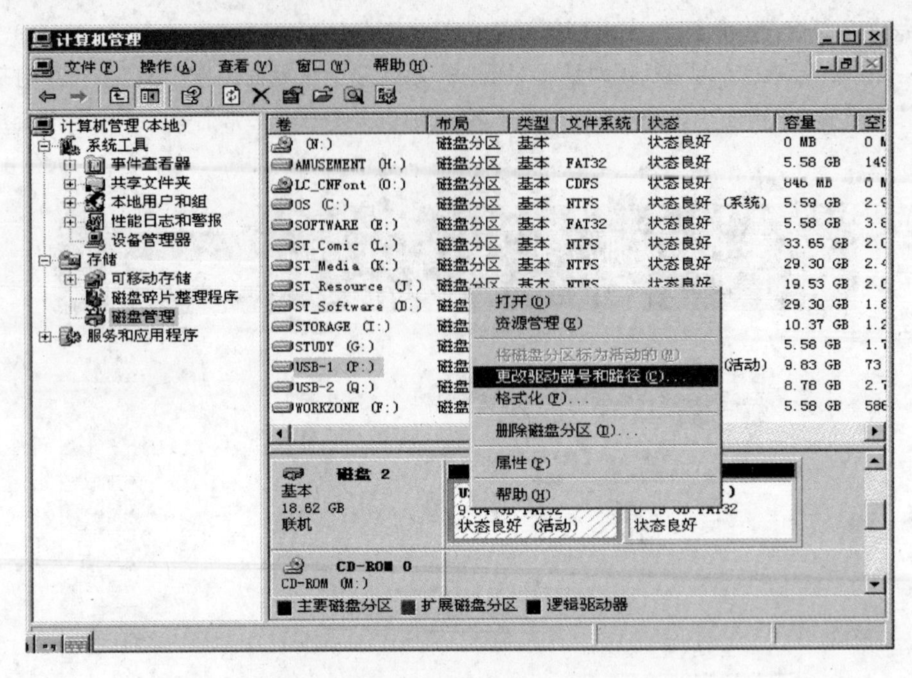

图 1-36 磁盘管理

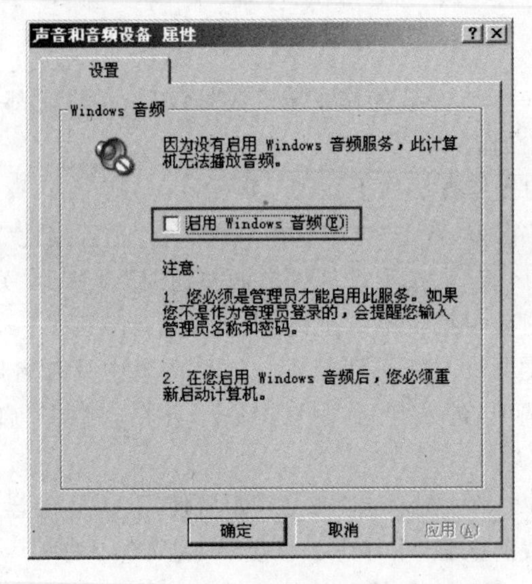

图 1-37 “声音和音频设备 属性”对话框

【拓展任务 1】 文件格式转换

在安装操作系统时使用的格式是 FAT32，但后来在使用过程中出于安全考虑，需要将 FAT32 格式转变为 NTFS 格式。

文件格式有 NTFS 和 FAT32 两种格式，NTFS 格式的安全性较高，但有时也需要 FAT32 格式。将 FAT32 转为 NTFS 格式非常容易，但反过来则有些困难。下面实现 FAT32 格式转为 NTFS 格式。

启动 Partition Magic 软件，单击"转换分区"按钮，在出现的对话框中的"转换为"列表中选择要转换成的文件系统，此处选择 NTFS，单击"确定"按钮完成操作，如图 1-38 所示。当然还可以从菜单栏的分区中选择转换功能来完成此操作。

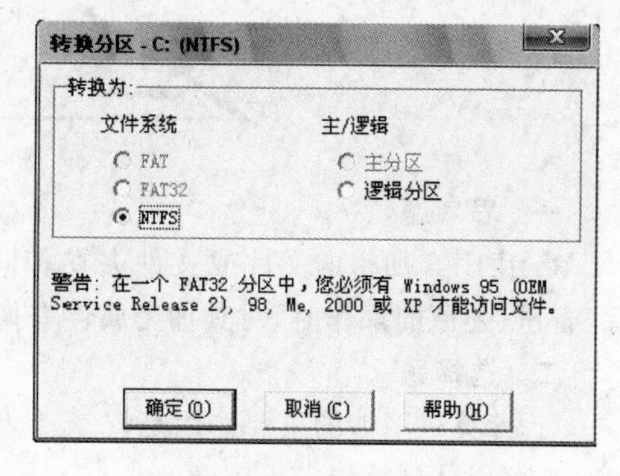

图 1-38　"转换分区"对话框

【拓展任务 2】　网络服务选择

> 网络操作系统提供的服务有很多，但并不是每次都需要应用所有的服务，那么当需要这些服务时该怎么选择呢？

Windows Server 2003 集成了网络防火墙功能。在"本地连接 属性"对话框的"高级"选项卡中，选择"通过限制或阻止来自 Internet 的对此计算机的访问来保护我的计算机和网络"复选框，这时原先为灰色的"设置"按钮变为可用。单击它打开"高级设置"对话框，在"服务"列表框中选择需要的服务即可，如图 1-39 所示。

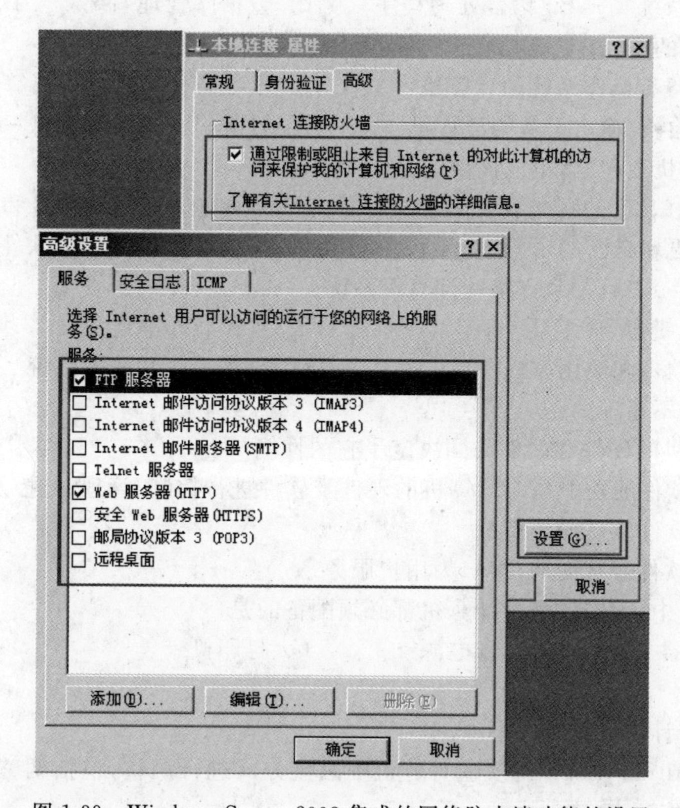

图 1-39　Windows Server 2003 集成的网络防火墙功能的设置

课后练习

一、思考题

采用EFS加密的文件或文件夹在相同格式、不同格式磁盘分区间执行移动、复制、删除、备份、还原的操作时,对其加密属性有何影响?

二、选择题

1. 计算机网卡的主要作用是(　　)。

A. 使计算机发出声音　　B. 与网络连接并通信

C. 连接扫描仪　　D. 让显示器能显示信息

2. 微机配置中,“赛扬”、“奔驰”信息的含义是指(　　)。

A. 主存容量的大小　　B. 软盘容量的大小

C. CPU名称　　D. 显示器档次

3. 操作系统是(　　)的接口。

A. 软件和硬件　　B. 计算机与外围设备

C. 用户和计算机　　D. 高级语言和机器语言

4. (　　)是直接运行在“裸机”上的最基本的系统软件,负责对各类资源进行统一控制、管理、调度和监督。

A. 操作系统　　B. 语言处理程序　　C. 数据库管理系统　　D. 工具软件

5. “裸机”指的是(　　)。

A. 只装备有操作系统的计算机　　B. 未装备任何软件的计算机

C. 不带输入/输出设备的计算机　　D. 计算机主机暴露在外

6. 使用计算机上网时,不应该做的是(　　)。

A. 保管好自己的账号和密码　　B. 告诉他人自己的账号和密码

C. 定期更新自己的密码　　D. 安装防火墙和反黑软件

7. 下列(　　)表示一个完整的计算机系统。

A. 主机、键盘、显示器　　B. 主机和外围设备

C. 系统软件和应用软件　　D. 硬件系统和软件系统

8. 下列说法不正确的是(　　)。

A. 计算机的硬件和软件共同决定了它的性能

B. 系统软件的功能是对计算机的硬件及软件进行控制、管理、监控及服务

C. 系统软件就是操作系统

D. 应用软件直接面向用户,为用户服务

9. 下列设备中,大多数微型计算机都必须配备的是(　　)。

A. 显示器　　B. UPS电源　　C. 打印机　　D. 扫描仪

三、操作题

1. 备份当前计算机系统并还原。

2. 使用Partition Magic对实验计算机中磁盘分区进行调整,包括调整容量、合并分区和新建分区等操作。

项目2　单机上网配置

网络使许多计算机连接起来共享硬件和软件资源，单台计算机就是整个网络的基础节点，单台计算机上网就是对整个网络资源共享配置的浓缩。

项目1已经完成了单台计算机的基本配置，能够保证计算机正常运行。为了能让单台计算机更方便快捷地与外界联络，本项目介绍如何选用上网所需要的硬件和如何实现软件配置。单机上网包括硬件组装和软件的安装，硬件组装在计算机组装与维护的课程中详细介绍，这里只简单说明。本项目主要介绍软件方面的安装、配置和构建。

教学导航

【内容提要】

本项目中设计了4个工作任务，可以采用多人一组的分组方式完成任务，最好为2人一组。具体过程为教师任务布置和引导、学生自己阅读和查找相关知识、学生动手实践（安装和配置TCP/IP协议、制作网线、制作信息模块）、教师逐个任务进行检查，在引导学生解决第一个任务所遇到的问题，并且学生正确完成第一个任务后，再允许学生进入第二个任务的训练；然后布置课外拓展任务，或在宿舍、实训室进一步熟练前面的实践任务。

【知识目标】

- 了解网线制作标准和常见的传输介质。
- 掌握TCP/IP协议的内容和作用。
- 掌握ADSL的设置和安装。

【技能目标】

- 熟练掌握网线、信息模块的制作。
- 熟练掌握TCP/IP协议及网络配置方法，能满足上网要求。
- 学会测试网络连通性方法。

【教学组织】

- 每人一台计算机。
- 2人一组。

【考核要点】

- TCP/IP协议的理解、配置是否正确。
- 网线制作是否通畅，是否能恰当使用制作工具，是否出现受伤现象。
- 信息模块是否制作成功。
- 单机上网连接、配置是否成功。

💻【准备工作】

- 电信网络信息点如宿舍或实验室，开通网络的账号和密码。
- ADSL 设备、网线、网线钳、网线测试仪、水晶头、信息模块。

💻【参考学时】

- 8 学时(含实践教学)。

项目描述

李勇回学校后，想在宿舍内上网。于是买回计算机，安装好网卡、操作系统等，迫不及待就想上网。宿舍开通了电信的宽带业务，李勇怎样才能顺利实现他的目标呢？

项目分解

从描述信息可发现，李勇同学的计算机硬件设备已基本齐备，但是上网肯定需要网线、通信协议，但目前没有网线，通信协议不知道是否已经安装；另外，由于电信的接口已经连接到了宿舍，属于 ADSL 接入，还需要购买一个宽带 Modem。

分析后发现需要执行的任务具体如表 2-1 所示。

表 2-1　执行任务情况表

任务序号	任 务 描 述
任务 2-1	安装与配置 TCP/IP 协议
任务 2-2	制作网线
任务 2-3	制作信息模块
任务 2-4	接入 Internet

任务实施

任务 2-1　安装与配置 TCP/IP 协议

任务 2-1-1　安装 TCP/IP 协议

> TCP/IP 协议是如今广泛应用的通信协议，没有安装或者安装不正确计算机都不能实现正常通信，因此，首先需要正确安装该协议。

步骤 1：判断是否安装有 TCP/IP 协议

(1) 右击桌面上的“网上邻居”图标，单击“属性”命令，双击“本地连接”图标，单击“属性”按钮(或者双击右下角的▣，单击“属性”按钮)，弹出“本地连接属性”对话框如图 2-1 所示，查看 TCP/IP 协议是否已经添加。

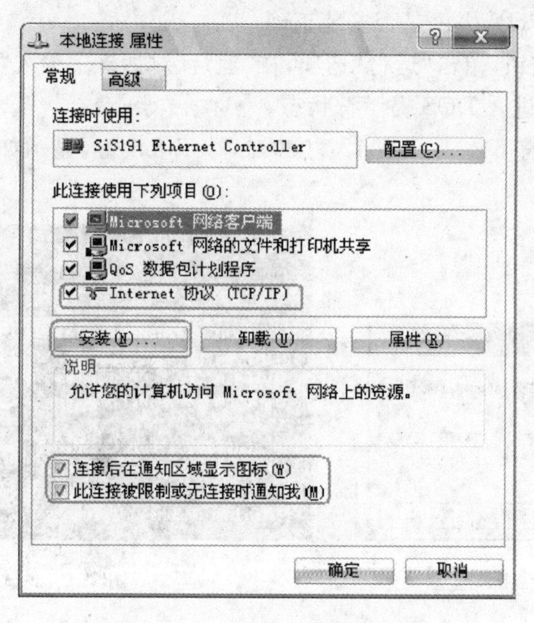

图 2-1 “本地连接 属性”对话框

如果在“此连接使用下列项目”中没有“Internet 协议(TCP/IP)”选项,则说明没有安装;如果有,则说明已经安装好了。

注意:一般情况,Windows Server 2000、Windows XP、Windows Server 2003 系统都在系统安装时自动安装该协议。在图 2-1 最下方的两个复选框,选中则在桌面右下角显示网络连接的状况,如。

(2) 如果没有安装,则单击“本地连接 属性”对话框中的“安装”按钮,弹出“选择网络组件类型”对话框,如图 2-2 所示。

(3) 选中“协议”选项,单击“添加”按钮,弹出“选择网络协议”对话框,如图 2-3 所示,然后选择需要添加的协议,单击“从磁盘安装”按钮,在光驱中插入相应的光盘,就可以完成相应的操作。

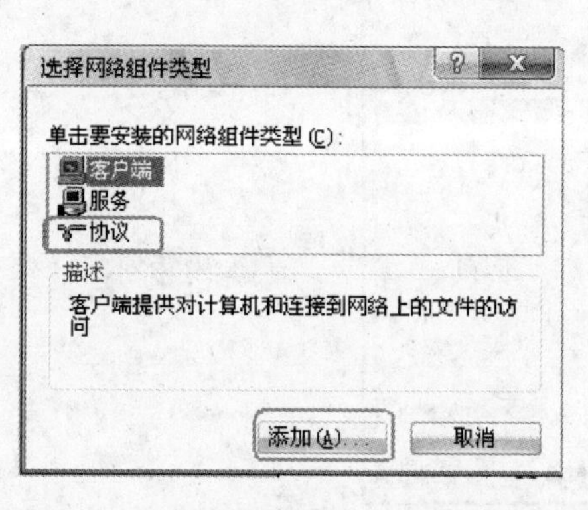

图 2-2 “选择网络组件类型”对话框

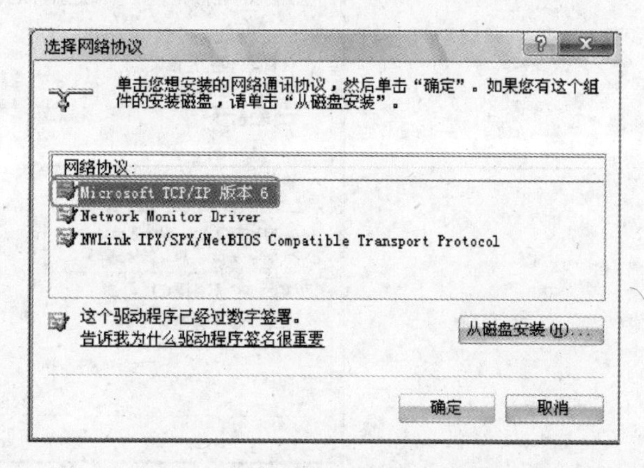

图 2-3 “选择网络协议”对话框

步骤 2：判断 TCP/IP 协议是否安装正确

(1) 单击“开始”按钮，单击“运行”选项，在“运行”对话框中输入“cmd”命令，如图 2-4 所示。单击“确定”按钮，进入 DOS 提示符状态。

(2) 在 DOS 提示符下输入 ping 127.0.0.1，按 Enter 键，显示如图 2-5 所示信息，表明 TCP/IP 协议安装成功。

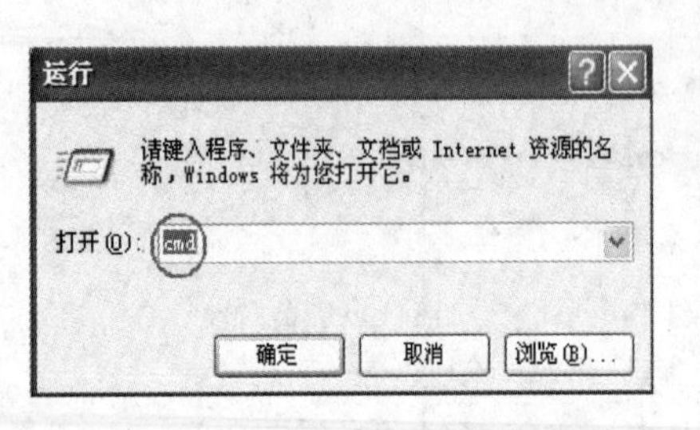

图 2-4 “运行”对话框

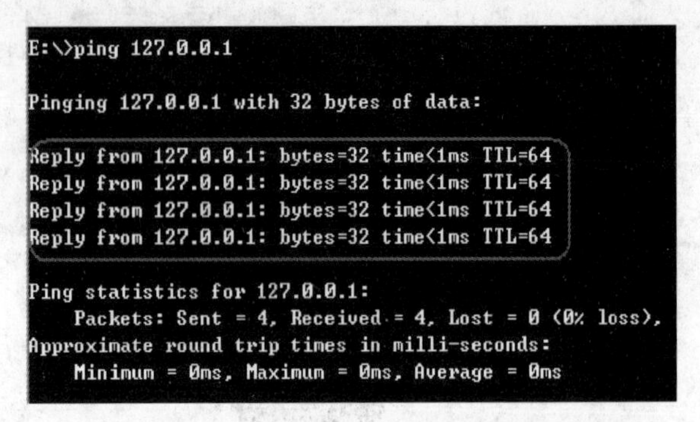

图 2-5 测试结果

任务 2-1-2 配置 TCP/IP 协议

> TCP/IP 协议正确安装成功后，需要正确配置才能使协议生效。如何正确配置该协议是本任务的主要内容。

步骤 1：鼠标右击桌面的“网上邻居”图标，单击“属性”选项，双击“本地连接”图标，单击“属性”按钮(或者双击右下角的 ，单击“属性”按钮)，弹出“本地连接 属性”对话框。

步骤 2：选中“在此连接使用下列项目”下的“Internet 协议(TCP/IP)”项，单击“属性”按钮，弹出“Internet 协议(TCP/IP)属性”对话框，如图 2-6 所示。

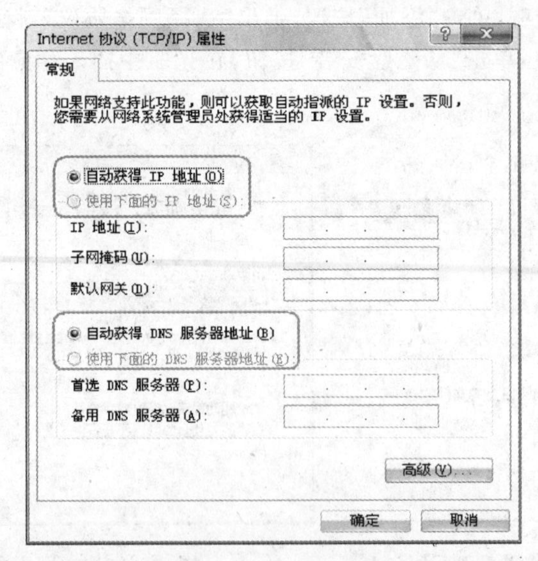

图 2-6 “Internet 协议(TCP/IP)属性”对话框

根据实际情况选择相应的参数对IP地址和DNS服务器地址做好参数设置。李勇同学的宿舍采用的是电信接口，因此选择“自动获得IP地址”和“自动获得DNS服务器地址”（DNS服务器将在后面项目中详细介绍）。

任务2-2　制作网线

TCP/IP协议设置好后，就可以进行网络连接了。计算机连接到网络上需要使用传输介质，可以采用有线的形式或无线的形式。本项目采用的是有线方式进行连接。有线连接的传输介质主要有双绞线、同轴电缆和光纤等。终端设备的连接一般都采用双绞线这种传输介质。

根据连接要求，并不是随便找根双绞线连接就行，需要与计算机接口相匹配。若没有做好了的网线，只有UTP五类双绞线、水晶头、网线钳、测线仪这些设备，那么就需要动手制作网线。

根据需要连接的设备不同，则所需要的网线也有区别，分为直通电缆和交叉电缆两类，制作的标准也就不同。

任务2-2-1　制作直通电缆

> 制作直通电缆：双绞线制作的电缆在网络连接中使用广泛。连接相同设备时需要采用直通方式，需要直通电缆。

直通电缆如图2-7所示，具体制作步骤如下。

步骤1：剥线

准备一段符合布线长度要求的网线，用双绞线网线钳把五类双绞线的一端剪齐，然后把剪齐的一端插入到网线钳用于剥线的缺口中，直到顶住网线钳后面的挡位，稍微握紧网线钳慢慢旋转一圈，让刀口划开双绞线的保护胶皮，拔下胶皮（也可用专门的剥线工具来剥皮线）。剥线的长度为12～15mm，如图2-8所示。

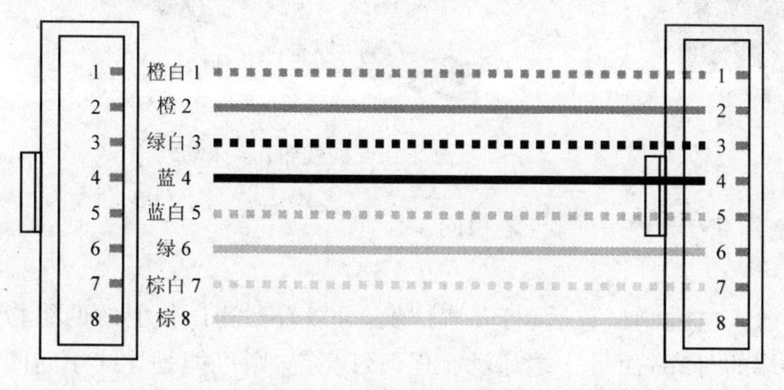

图2-7　直通电缆示意图

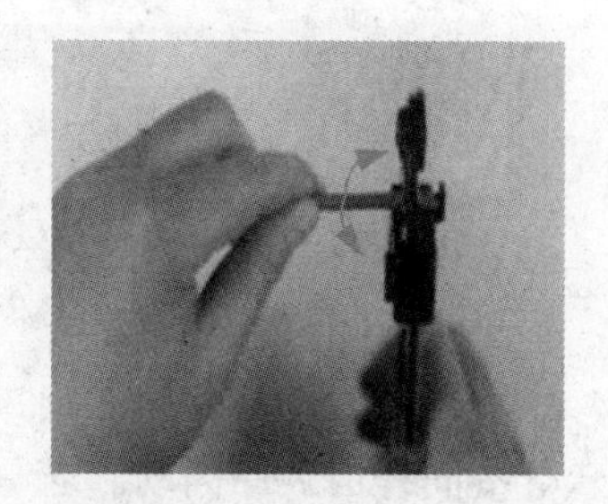

图2-8　用网线钳剥线示意图

注意：网线钳挡位离剥线刀口长度通常恰好为水晶头长度时，能有效避免剥线过长或过短。剥线过长一方面不美观；另一方面网线不能被水晶头卡住，容易松动；剥线过短，因有包皮存在，太厚，不能完全插到水晶头的底部，致使水晶头插针不能与网线芯线完好接触，网线就制作不成功。

步骤 2：理线

先把 4 对芯线一字并排排列，然后再把每对芯线分开（此时注意不能跨线排列，也就是说每对芯线都相邻排列），并按统一的排列顺序（如左边统一为主颜色芯线，右边统一为相应颜色的花白芯线）排列。

注意：每条芯线都要拉直，并且要相互分开并列排列，不能重叠。

步骤 3：剪线

4 对线都捋直按顺序排列好后，手压紧不要松动，使用网线钳的剪线口剪掉多余的部分，并将线剪齐，如图 2-9 所示。

注意：网线钳的剪线刀口应垂直于芯线，一定要剪齐，否则会产生有的线与水晶头的金属片接触不到，引起信号不通。

步骤 4：插线

用手水平握住水晶头（有弹片一侧向下），然后把剪齐、并列排列的 8 条芯线对准水晶头开口并排插入水晶头中，注意一定要使各条芯线都插到水晶头的底部，不能弯曲。

步骤 5：压线

确认所有芯线都插到水晶头底部后，即可将插入网线的水晶头直接放入网线钳夹槽中，水晶头放好后，使劲压下网线钳手柄，使水晶头的插针都能插入到网线芯线之中，与之接触良好。然后再用手轻轻拉一下网线与水晶头，看是否压紧，最好多压一次，最重要的是要注意所压位置一定要正确。压线钳压线口示意如图 2-10 所示。

图 2-9　剪线示意图

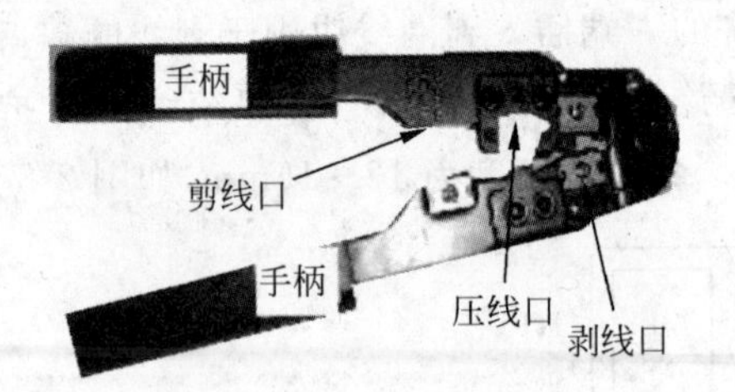

图 2-10　网线钳压线口示意图

这样，网线的一端就已经制作完毕。另一端与之相同。

步骤 6：检测双绞线

把网线两端的 RJ-45 接口插入电缆测试仪后，打开测试仪，可以看到测试仪上的两组指示灯按同样的顺序闪动。若一端的灯亮，而另一端却没有任何灯亮起，则可能是导线中间断了，或是电缆测试仪两端至少有一个金属片未接触该条芯线。

任务 2-2-2　制作交叉电缆

制作交叉电缆：不同设备连接一般会采用交叉电缆，交叉电缆在网络连接中应用很多。除了会做直通电缆外，也要会做交叉电缆。

交叉电缆如图 2-11 所示。

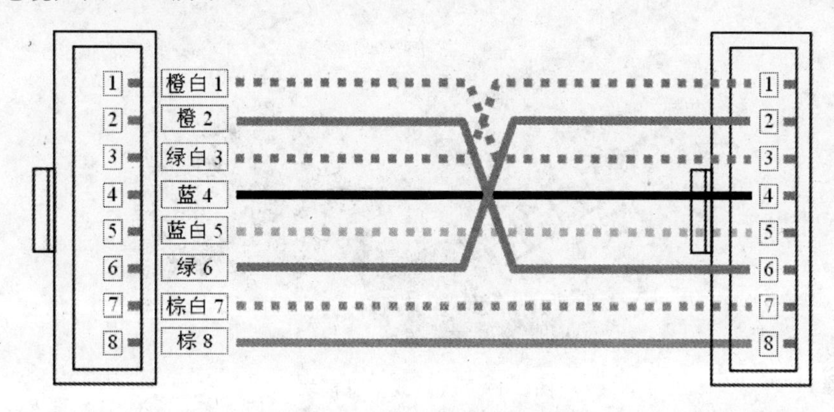

图 2-11　交叉电缆示意图

交叉电缆的一端制作与直通线相同，不同的地方在于另一端的线序排列方式：1、3 的线序要交换，2、6 的线序要交换。

使用电缆测试仪进行检测时，其中一端按 1,2,3,4,5,6,7,8 的顺序闪动绿灯，而另外一侧则会按 3,6,1,4,5,2,7,8 的顺序闪动绿灯。这表示网线制作成功，可以进行数据的发送和接收了。

如果出现红灯或黄灯，说明存在接触不良等现象。此时最好先用网线钳压制两端水晶头一次，然后再测。如果故障依旧存在，则需检查芯线的排列顺序是否正确。如仍显示红色灯或黄色灯，则表明其中肯定存在对应芯线接触不好的情况。此时就需要重做了。

本项目需要用到的是直通电缆。

任务 2-3　制作信息模块

李勇网线制作完成后，准备将计算机接入 Internet，却发现宿舍的墙壁上没有信息接口，只留了一个洞在那儿，信息线露在外面。

任务 2-3-1　准备工具和材料

购买材料：信息模块制作需要购买的材料包括信息面板、底盒、模块等。

李勇没有气馁，赶紧去购买网络信息插座的制作原材料：信息模块、面板、底盒。另外还借了打线工具。

1. 信息模块

信息模块有两种：一种是传统的，需要手工打线，制作比较麻烦，下面将以此为例进行详细介绍；另一种是免打线的信息模块（见图 2-12），不需要手工打线，只需把双绞线按色标卡入相应卡槽，用手轻轻一按就完成了，制作简单，在此不再进行详细介绍。

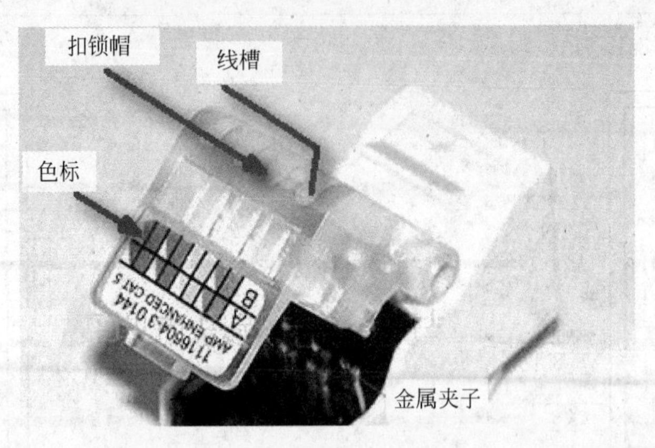

图 2-12　免打线信息模块

信息模块要安装在墙面或桌面上，还需要一些配套用的组件。信息模块有单口和双口两种，双口的如图 2-13 所示。

图 2-13　三种常用的双口信息模块

单口信息模块如图 2-14～图 2-16 所示。

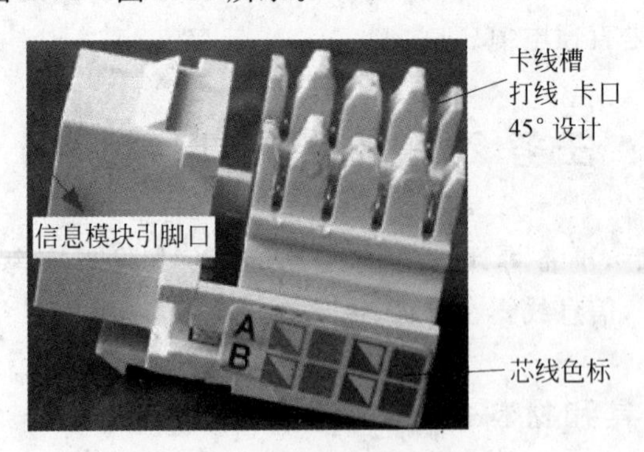

图 2-14　网线模块正面

2. 信息面板

信息面板由遮罩板（见图 2-17）和面板（见图 2-18）两部分组成，遮罩板主要是为了美观，用来遮住固定用的螺钉位置。

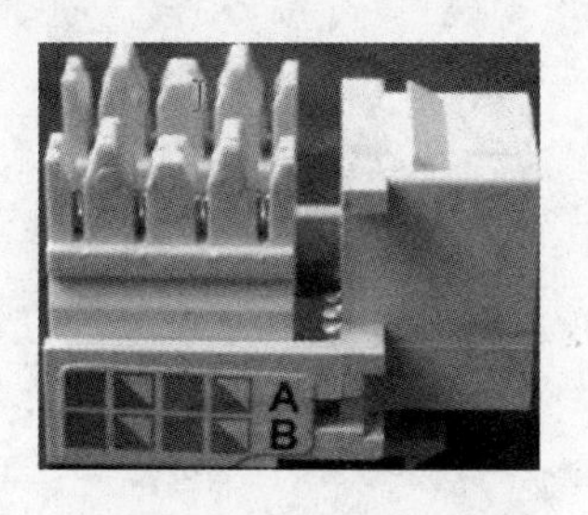

图 2-15　网线模块反面

图 2-16　网线模块引脚口

图 2-17　信息面板的遮罩板

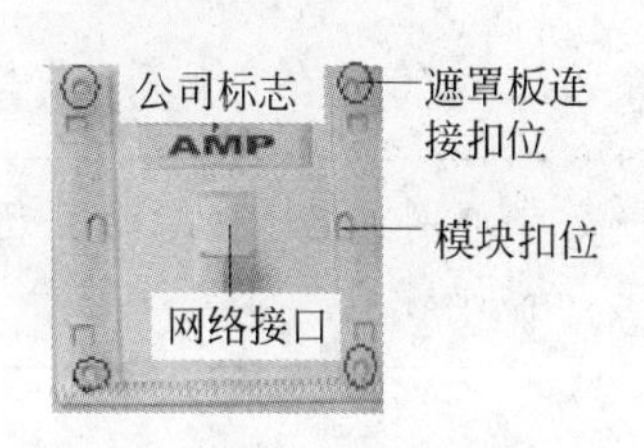

图 2-18　面板

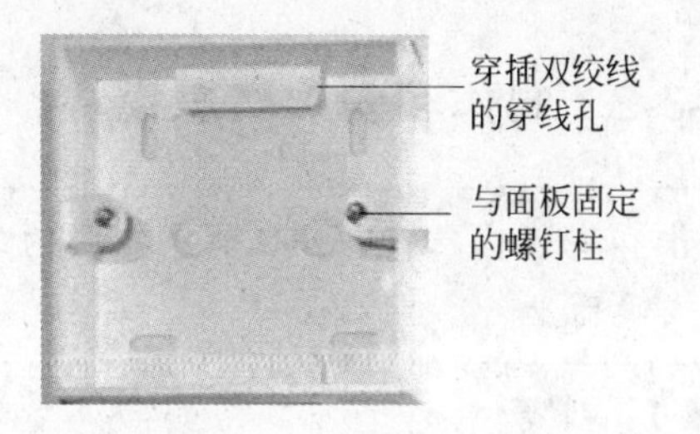

图 2-19　信息面板底盒

3. 底盒

信息模块底盒如图 2-19 所示，用于固定信息面板。

4. 打线工具

网线的卡入需用一种专用的卡线工具，称为打线钳。打线钳分单线打线钳和多对打线钳。多对打线钳通常用于配线架、网线、芯线的安装。

(1) 单线打线钳如图 2-20 所示。

(2) 多对打线钳如图 2-21 所示。

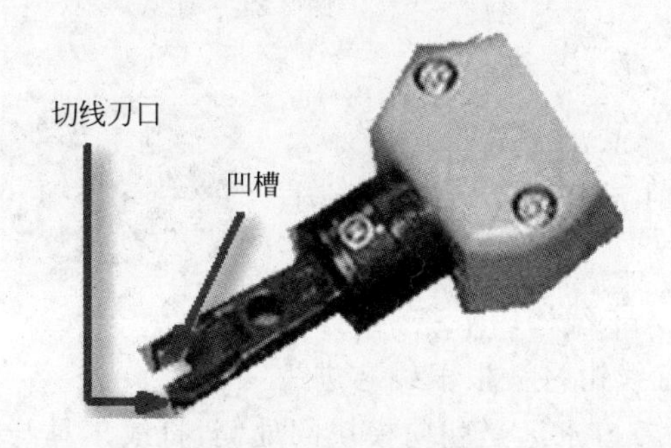

图 2-20　单线打线钳

图 2-21　多对打线钳

5. 打线保护装置

因为把网线的 4 对芯线卡入到信息模块的过程比较费劲，且信息模块容易划伤手，于是有公司专门开发了一种打线保护装置。这种装置一方面方便把网线卡入到信息模块中；另一方面可起到隔离手掌，保护手的作用。图 2-22 所示的是某公司的掌上防护装置(注意：

上面嵌套的是信息模块，下面部分才是保护装置)。

图 2-22　打线保护装置

任务 2-3-2　制作和安装信息模块

制作和安装信息模块：在商店购买的信息模块是没有与网线连接的，而且还需要固定到墙或桌面上。

步骤 1：剥线

这里一般不再采用网线钳剥线，因为网线钳剥线口有一个挡位，只适用于制作水晶头长度的双绞线，超过这个长度的都必须使用专用的剥线工具。

常用的剥线工具如图 2-23 所示。

用剥线钳剥除双绞线外包皮(见图 2-24)，将双绞线从头部开始将外部套层去掉 20mm 左右，并将剥了外皮的双绞线线芯按线对分开，但先不要拆开各线对(见图 2-25)。

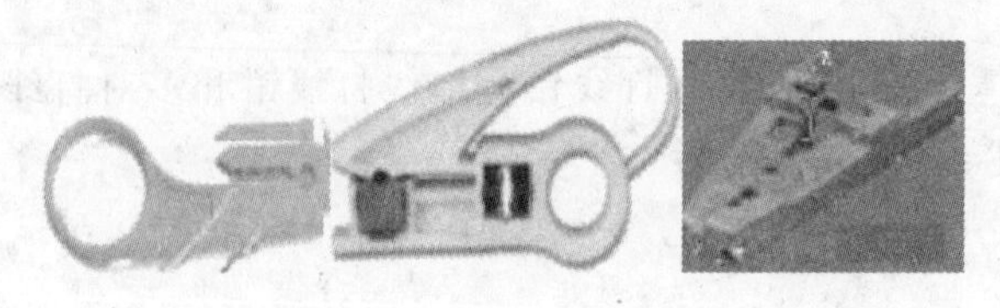

图 2-23　专用的剥线工具

图 2-24　剥线

步骤 2：制作网线模块

(1) 看清楚网线模块外面和里面的芯线色标。

(2) 把剥除外包皮的双绞线放入网线模块中间的空位，使剥皮处与模块后端面平行，两手稍旋开绞线对。

图 2-25　线对

(3) 对照芯线色标的标识将双绞线用手卡入卡线槽内卡稳。

(4) 全部线对都压入各槽位后，就用单线打线钳将一根根线芯进一步压入线槽中。单线打线钳的使用方法：切线刀口永远是朝向模块的处侧，打线工具与模块垂直插入槽位(见图 2-26)，垂直用力冲击，听到“咔嗒”一声，说明工具的凹槽已经将线芯压到位，已经嵌入金属夹子里，金属夹子已经切入结缘皮并咬合铜线芯形成通路。

注意：刀口向外——若失误变成向内，压入的同时也切断了本来应该连接的铜线；垂直插入——打斜了的话，将使金属夹子的口撑开，金属夹子再也没有咬合的能力，并且打线柱也会歪掉，难以修复，这个模块就报废了。

（5）全部打完后检查一下压线是否与色标标志相符，是否已全部卡到底。

（6）检测无误后，用网线钳的切线刀口切除网线模块卡线槽两侧多余的芯线。

（7）将网线模块卡入信息模块面板的模块扣位中。用一根已制作好的网线，插入信息模块面板的 RJ-45 口，看看是否能插入，能合适插入即为正确。

图 2-26　打线工具与网线模块的位置关系图

（8）测试连接示意图如图 2-27 所示。

观察测线仪指示灯的闪烁情况，确定连接是否正确。

制作好的信息模块如图 2-28 所示。

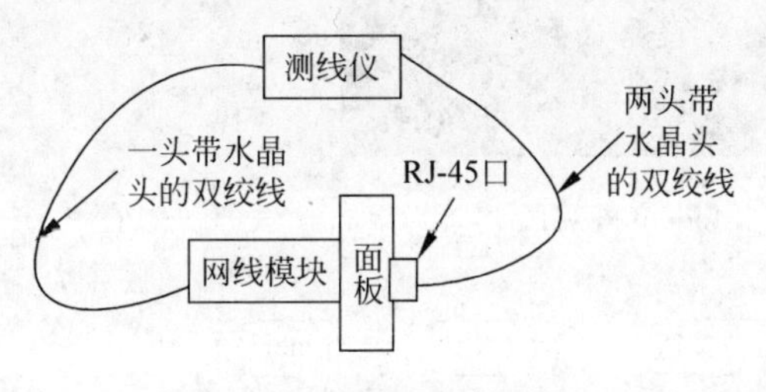

图 2-27　测试连接示意图

图 2-28　制作好的信息模块

注意：在双绞线压接处不能拧、撕，防止造成断线的伤痕；使用压线工具压接时，要压实，不能有松动。

在一个布线系统中最好只采用一种线序模式，否则接乱了，不仅网络不通且很难查找原因。

步骤 3：固定面板与底盒

（1）将两端带水晶头的双绞线从底盒的穿线孔中穿过，把面板的遮罩板取下来，把面板与底盒的孔位对齐，用螺钉把底盒与面板紧固好。

（2）盖上遮罩板。

步骤 4：安装

把信息模块安装在墙上或桌面上。

整个信息模块制作完毕，就可以投入使用了。如今新型的新息模块不需要手工打线，比较简单，这里就不再多说。

任务 2-4　接入 Internet

已经在电信部门申请好了ADSL业务，而且宿舍里的电信接口已经安装好。现在需要将计算机正确连接到宿舍的电信接口。

接入 Internet：前面做好了准备工作后，只需要连接到 Internet 了，一般用户都是通过电信部门连接到网络上，本任务也是通过电信 ADSL 接入网络的。

在该任务中需要一个关键设备，即调制解调器（Modem），也就是通常所说的“猫”。因为没有Modem，这台计算机就不能连接到Internet。在电信部门申请ADSL业务时，电信部门赠送了一个Modem，Modem的外观与接口如图2-29和图2-30所示。与Modem一起附赠的还有一根电话线、一个语音分离器和一根成品网线（如果没有，则要制作）。

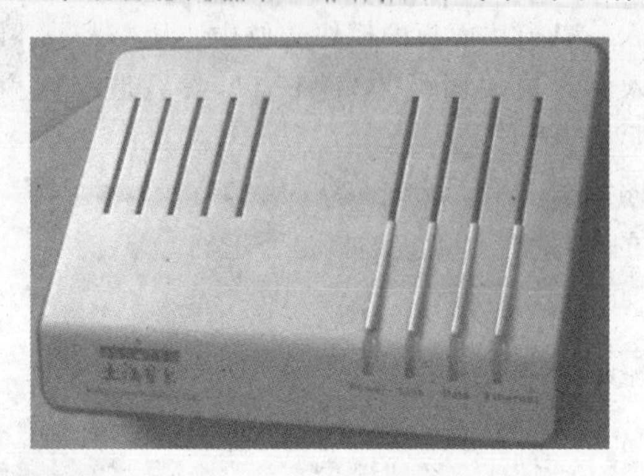

图2-29　Modem外观图

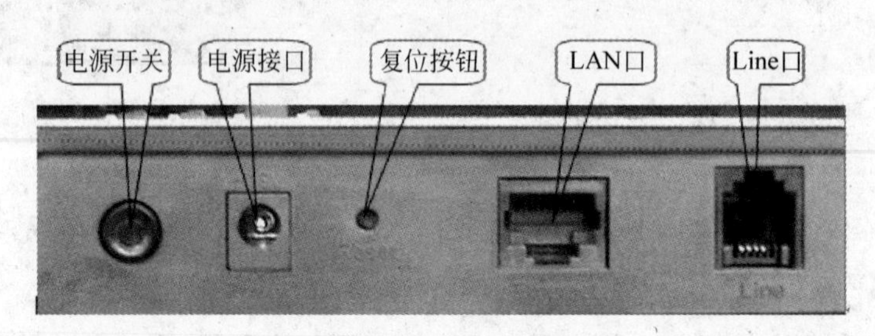

图2-30　Modem接口图

具体连接步骤如下所示。

步骤1：硬件连接（见图2-31）

使用成品网线（或制作的网线）把计算机网卡与Modem的“Ethernet”口连接起来，用Modem自带的线连接Modem的“Line”口和宿舍内的电信接口，启动电源开关。

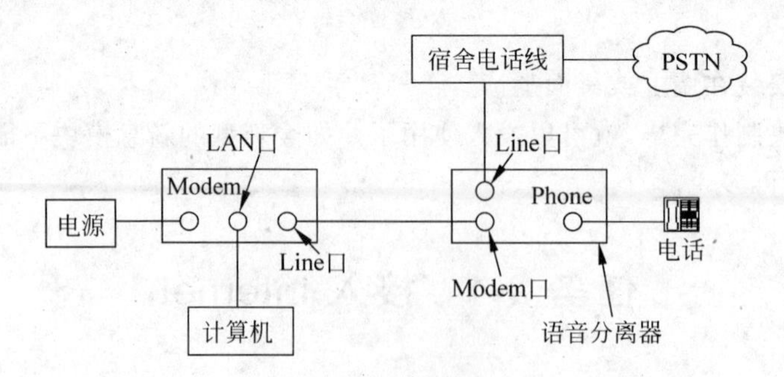

图2-31　硬件连接示意图

步骤2：安装拨号软件

可利用Windows XP自身携带的拨号软件，也可以下载拨号软件。本处以Windows XP自带的软件为例。

(1) 右击“网上邻居”图标，单击左侧任务栏内的“创建一个新的连接”选项，打开“新建连接向导”对话框，单击“下一步”按钮，弹出如图 2-32 所示对话框。

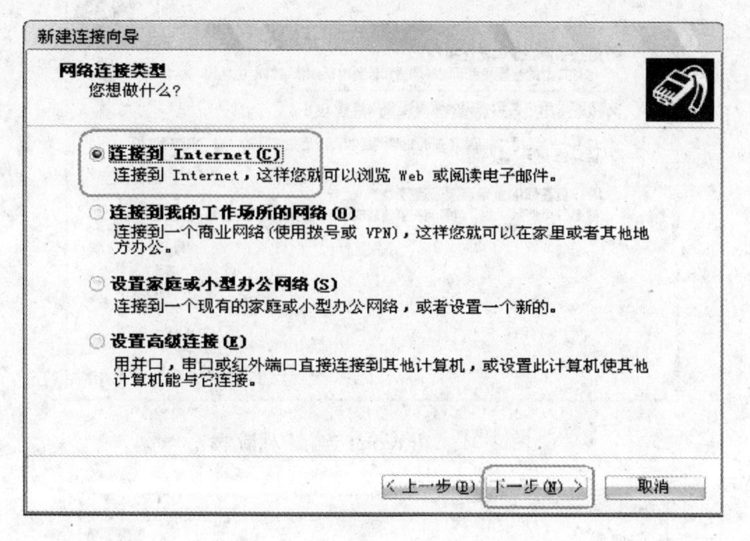

图 2-32　“网络连接类型”对话框

(2) 选中“连接到 Internet”单选按钮，单击“下一步”按钮，弹出如图 2-33 所示对话框。

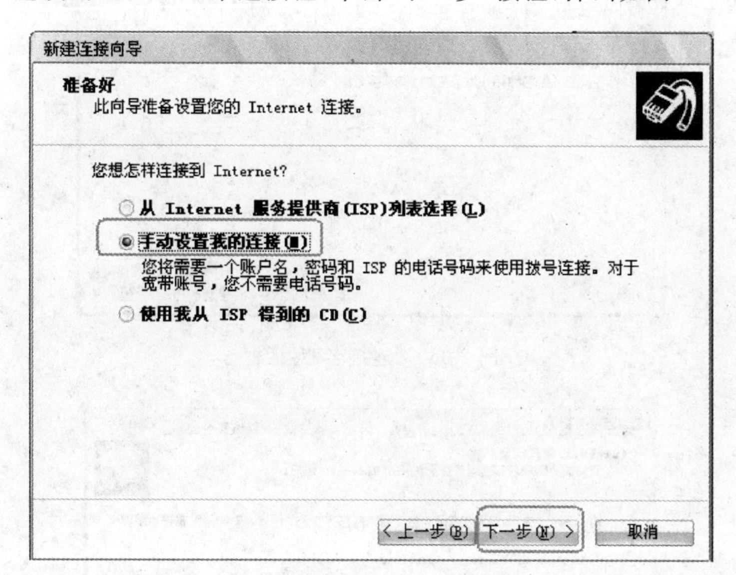

图 2-33　“准备好”对话框

(3) 选中“手动设置我的连接”单选按钮，单击“下一步”按钮，弹出如图 2-34 所示对话框。

(4) 选中“用要求用户名和密码的宽带连接来连接”单选按钮，单击“下一步”按钮，弹出如图 2-35 所示对话框。

(5) 在“ISP 名称”文本框中任意输入一个名称，该名称是用户创建的连接名称，单击“下一步”按钮，弹出如图 2-36 所示对话框。

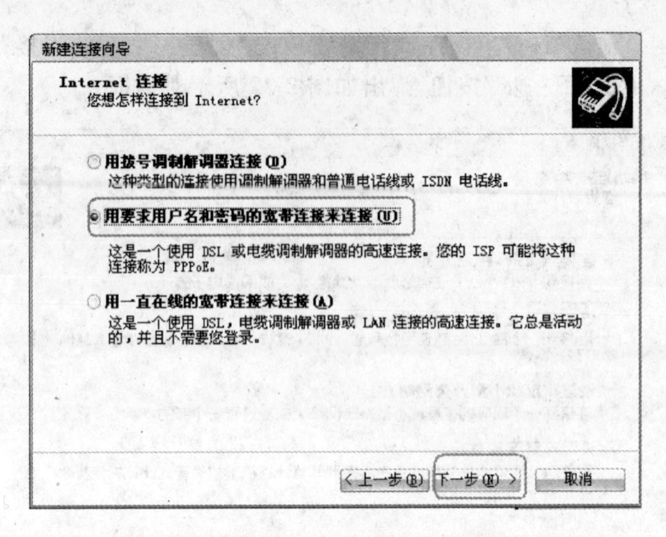

图 2-34 “Internet 连接”对话框

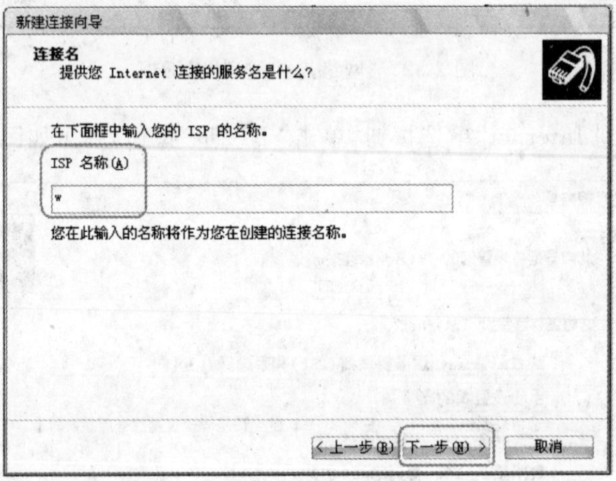

新建连接向导

连接名

提供您 Internet 连接的服务名是什么?

在下面框中输入您的 ISP 的名称。

ISP 名称(A)

w

您在此输入的名称将作为您在创建的连接名称。

<上一步(B) 下一步(N)> 取消

图 2-35 “连接名”对话框

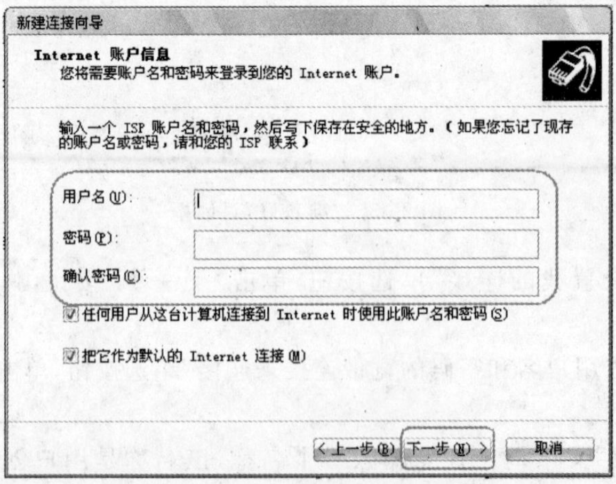

新建连接向导

Internet 账户信息

您将需要账户名和密码来登录到您的 Internet 账户。

输入一个 ISP 账户名和密码,然后写下保存在安全的地方。(如果您忘记了现存的账户名或密码,请和您的 ISP 联系)

用户名(U):

密码(P):

确认密码(C):

☑ 任何用户从这台计算机连接到 Internet 时使用此账户名和密码(S)

☑ 把它作为默认的 Internet 连接(M)

<上一步(B) 下一步(N)> 取消

图 2-36 “Internet 账户信息”对话框

(6) 在此文本框中输入用户在电信公司申请宽带时所获得的真实的用户名和密码，下面的复选框根据具体情况来选择。单击“下一步”按钮，弹出连接创建汇总的对话框，连接成功建立。

步骤 3：查看连接(见图 2-37)

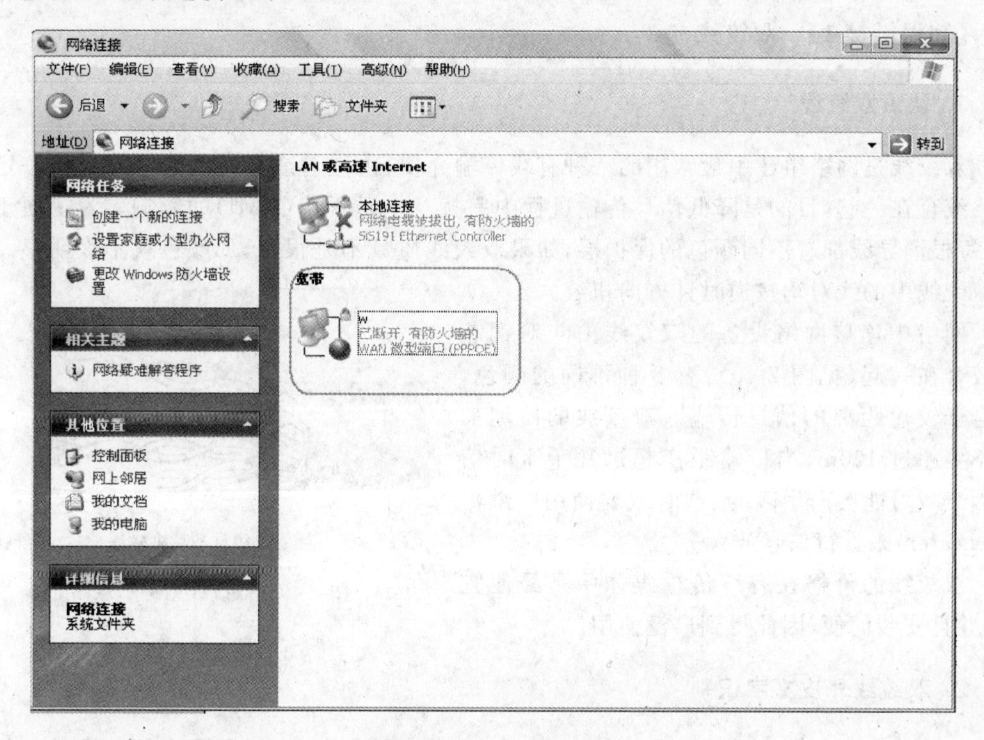

图 2-37　查看连接界面

步骤 4：连接网络

(1) 右击所创建的宽带连接图标，在弹出的快捷菜单中选择“连接”命令，如图 2-38 所示。

(2) 进行用户名和密码确认，如图 2-39 所示。

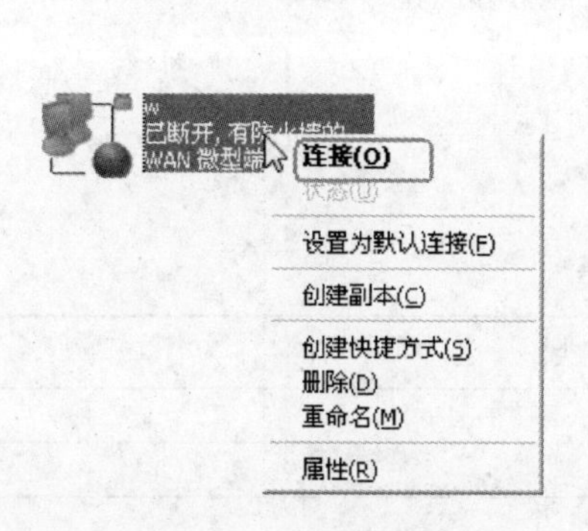

图 2-38　“连接”选项

图 2-39　“用户名和密码设置”对话框

(3) 单击“连接”按钮,进行拨号,在右下角显示连接成功示意图,即可上网。李勇同学抑制不住心中的激动,马上上网测试,连接成功。整个任务到此结束。

【知识链接 1】 双绞线

1. 认识双绞线

双绞线是网络组建中最常用的一种有线传输介质,由一对或多对绝缘铜导线按一定的规格绞合在一起,目的是降低信号传输过程中串扰及电磁干扰(EMI)的影响。为了便于区分,每根铜导线都有不同颜色的保护层,如果双绞线质量不是很好,那颜色就不太明显。标准双绞线中的线对均按逆时针方向扭绞。

网络中连接网络设备的双绞线由 4 对铜芯线绞合在一起(见图 2-40),有 8 种不同的颜色,适合于较短距离的信息传输。双绞线的使用长度不要超过 100m,当传输距离超过几千米时信号因衰减可能会产生畸变,这时就要使用中继器(Repeater)来进行信号放大。

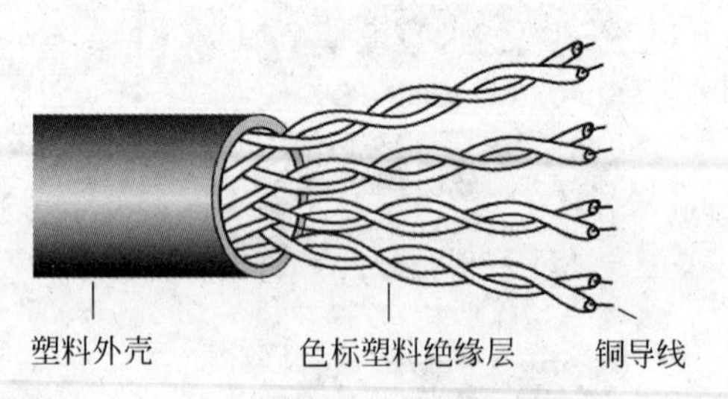

图 2-40 双绞线结构示意图

双绞线的价格在有线传输媒体中是最便宜的,并且安装简便,因此得到广泛使用。

2. 双绞线外皮文字识别

双绞线一般每隔 2ft(英尺,1ft=0.3048m)就有一段文字,它解释了有关此线缆的相关信息,以 AMP 公司的线缆为例,其文字为:“AMP SYSTEMS CABLEE138034 0100 24 AWG(UL)CMR/MPR OR C(UL) PCC FT4 VERIFIED ETL CAT5 O44766 FT 9907”,其中的具体含义如表 2-2 所示。

表 2-2 双绞线外皮标识

文字	AMP	0100	24	AWG	UL	FT4	CAT5	044766	9907
含义	公司名称	100Ω	线芯是24号	美国线缆规格标准	通过的认证标准	4 对线	五类线	线缆当前处在的英尺数	生产年月

3. 双绞线分类

双绞线的分类情况如表 2-3 所示。

表 2-3 双绞线分类

分类依据	类型
绞线对数	2 对(用于电话)
	4 对(用于网络传输)
	25 对(用于电信通信)

续表

分类依据	类　型
是否有屏蔽层	屏蔽双绞线(Shielded Twisted Pair,STP)
	非屏蔽双绞线(Unshielded Twisted Pair,UTP)
频率和信噪比	3类(用于语音、数据传输)
	4类(用于语音、数据传输)
	5类(用于语音、数据传输)
	超5类(用于语音、数据传输)
	6类(用于语音、数据、视频、多媒体网络)
	7类(用于高速网络)

目前在局域网中常见的是五类、超五类和六类非屏蔽双绞线,超五类线是网络布线中最常用的。三类、四类、五类、六类、七类双缆线中,随着数字越大,版本就越新,带宽就越大,技术就越先进,价格也越来越贵。三类、四类双缆线目前在市场上几乎已经没有了,即使有也是以假的五类、超五类出售。

【知识链接2】 水晶头

1. 认识水晶头

水晶头又称RJ-45连接器,如图2-41所示。水晶头个头虽然小,但是很重要,每条双绞线两端都要通过安装水晶头才能实现与网卡和集线器、交换机或路由器的连接。

一般情况下,双绞线要通过RJ-45水晶头接入网卡等网络设备。RJ-45水晶头由金属片和塑料构成,制作网线所需要的RJ-45水晶头前端有8个凹槽,简称8P(Position,位置),凹槽内的金属触点共有8个,简称8C(Contact,触点)。

RJ-45连接器包括一个插头和一个插孔(或插座)。插孔安装在机器上,插头和连接导线(最常用的就是采用无屏蔽双绞线的5类双缆线)相连。EIA/TIA制定的布线标准规定了8根引脚的编号。

水晶头的塑料弹片向下,引脚接触点在上方,8个金属引脚,从左到右依次称为第1脚、第2脚……第8脚,如图2-42所示。

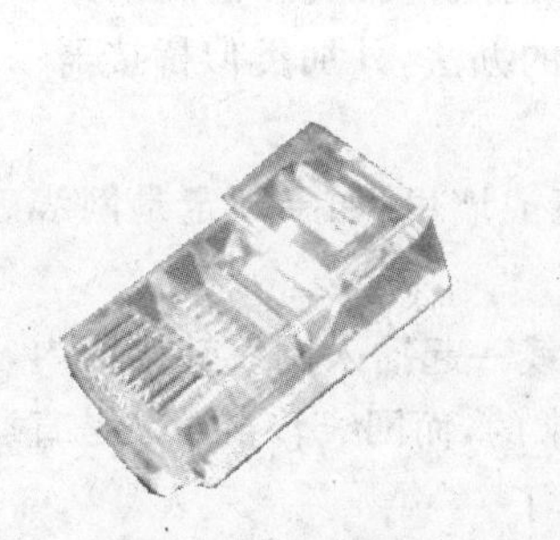

图2-41 水晶头

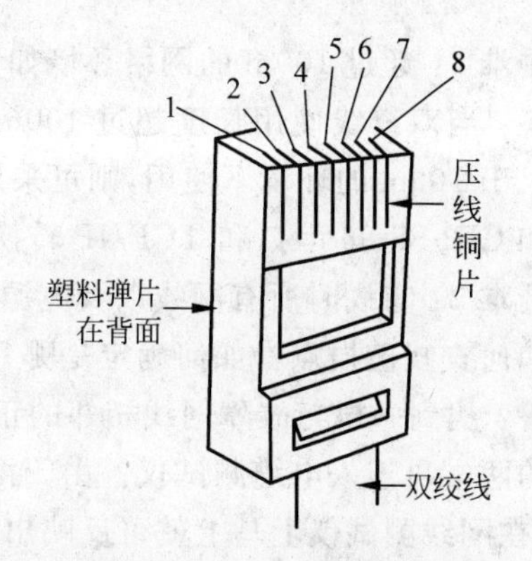

图2-42 水晶头引脚示意图

2. 水晶头的选择

水晶头非常普通却非常重要,质量不好会引起网络故障。判别水晶头的好坏可从以下几方面着手。

(1) 查标注:好的水晶头在弹片上都有厂商的标注。

(2) 看成色:好的水晶头都晶莹透亮。

(3) 听声音:好的水晶头用手指拨动弹片会听到铮铮的声音;另外,将做好的水晶头插入网卡中时,能听到清脆的响声。

(4) 辨弹性:好的水晶头将弹片向前拨动到90°也不会折断,而且会恢复原状并且弹性不会改变;可塑性差的水晶头用网线钳压制时会发生碎裂。

【知识链接3】 网线制作标准

网线的制作标准很多,最常用的有美国电子工业协会(EIA)和电信工业协会(TIA)1991年公布的EIA/TIA 568规范,包括EIA/TIA 568A和EIA/TIA 568B,是超五类双绞线为达到性能指标和统一接线规范而制定的两种国际标准线序,如表2-4所示。

表2-4 标准线序

线序 568标准	1	2	3	4	5	6	7	8
EIA/TIA 568A	绿白	绿	橙白	蓝	蓝白	橙	棕白	棕
EIA/TIA 568B	橙白	橙	绿白	蓝	蓝白	绿	棕白	棕

根据标准规定只使用表2-5中的4根针脚(1,2,3和6),1和2用于发送,3和4用于接收。

表2-5 针脚列表

针脚	1	2	3	4	5	6	7	8
功用	发送+	发送−	接收+	不使用	不使用	接收−	不使用	不使用

疑难1:超过100m的网络环境如何使用双绞线连接?

答:当双绞线使用长度超过100m时,会影响信号的传输质量。实际情况下如果一定要在大于100m的环境下使用,则可采用目前业界比较成熟的办法,外加类似桥接器一类的设备如CIP-SS-96串口和TCP/IP转换服务器。

疑难2:布线时所有网线以及电源线捆在一起埋在地下或墙里,如果断定是网线破损,那么如何查找破损点?如何确定是哪几根线断了?

答:找到一根与故障网线相邻的正常网线,再和故障网线一起插入网线转接头内,两条网线的两端再连入电缆测试仪。由于两根网线有一根是正常的,而网线转接头又是直通的,因此,在网线测试仪上马上就可反映出断裂的到底是哪一根了。

疑难3:上网时总出现"网络电缆未准备好"的提示,可是并没有动过网线,这是为什么?

答:首先检查是否因为网卡出现了问题或是网线存在破损的痕迹,如果都没有则可能

是水晶头跟网线接触不良。因为网线是通过 8 个触点和水晶头的接口相连，水晶头又通过触片的弹性和触点相连，长时间频繁插拔、扯拉网线，可能会导致触片弹性降低，发生接触不良的现象。另外某些劣质的水晶头触片本身弹力就不够，更容易发生此类故障。重做一根网线再连接好就可以了。

课外拓展

【拓展任务】　互联设备连接

在局域网中，当计算机数量较多时，需要采用多台交换机或集线器来连接，该怎样进行交换机与交换机之间的连接呢？

拓展任务实施

当交换机、集线器所能够提供的端口数量不足以满足网络计算机的需求时，必须要有两个或两个以上的交换机来提供相应数量的端口，这就涉及交换机之间连接的问题。交换机的连接有两种方式：堆叠和级联。本部分内容主要涉及交换机的级联。

级联可以应用在交换机与交换机（不管是不是相同的品牌）之间，也可以应用在交换机与集线器之间。

根据交换机或集线器的端口配置情况（见图 2-43），级联有两种方式：一种是普通口与普通口相连；另一种是普通口与级联口相连，如图 2-44 所示。

图 2-43　带级联端口的交换机

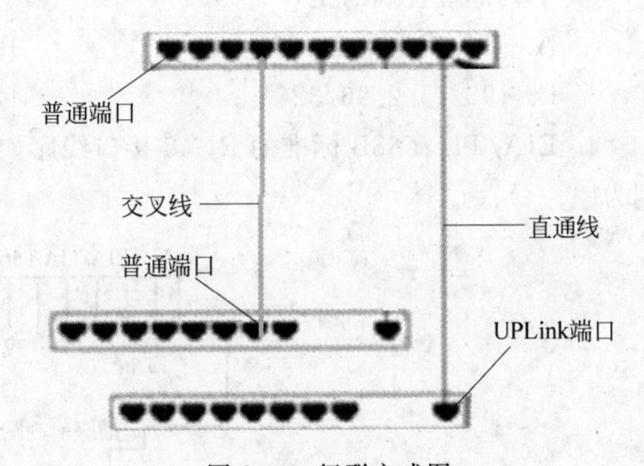

图 2-44　级联方式图

级联既可使用普通端口也可使用特殊的 MDI-II 端口。当级联的两个端口不同时，如普通端口与级联端口相连，应当使用直通电缆。当相互级联的两个端口均为普通端口时，应当使用交叉电缆。级联交换机所使用的电缆长度均可达到 100m。

当交换机间要求的数据传输速率比较高时，如核心交换机与骨干交换机相连时，则应采用光纤。一般交换机有两个光纤端口，该端口没有堆叠能力，只能进行级联。

交换机的 2 个光纤端口分别用来一收一发，当交换机通过光纤端口级联时，必须将光纤跳线两端的收发对调，当一端接“收”时；另一端接“发”，如图 2-45 所示。

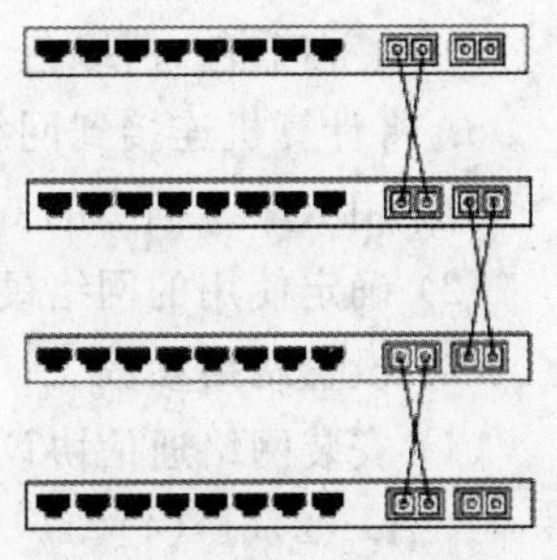

图 2-45　光纤端口级联

注意：Cisco GBIC(GigaStack Gigabit Interface Converter)光纤模块都标记有收发标志，如果光纤跳线的两端均连接"收"或"发"，则该端口的LED指示灯不亮，表示该连接失败。当LED指示灯为绿色时，表明连接成功。

课后练习

一、思考题

1. 如何提高主机的安全性?
2. TCP/IP协议的作用是什么?

二、选择题

1. 双绞线绞合的目的是(　　)。

   A. 增大抗拉强度　　B. 提高传送速度
   C. 减少干扰　　D. 增大传输距离

2. (　　)双绞线最适合高速网络通信。

   A. 七类　　B. 三类　　C. 四类　　D. 五类

3. 下列地址正确的是(　　)。

   A. 192.315.2.64/26　　B. 192.15.256.128/26
   C. 192.15.2.96/32　　D. 192.15.2.192/26

4. EIA/TIA 568B标准的RJ-45接口线序如图2-46所示，3、4、5、6四个引脚的颜色分别为(　　)。

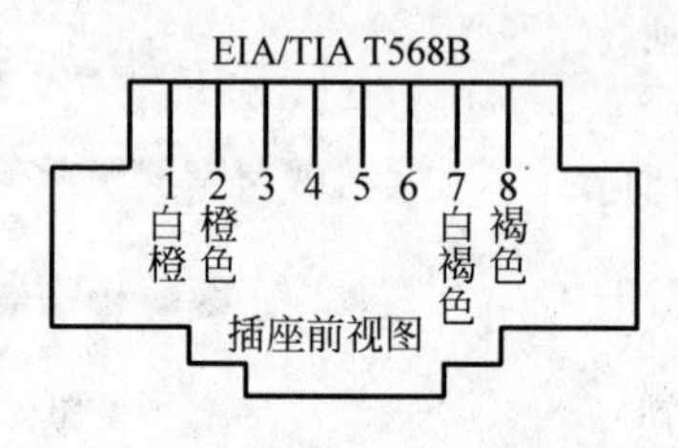

图2-46　接口线序图

   A. 白绿色、蓝色、白蓝色、绿色　　B. 蓝色、白蓝色、绿色、白绿色
   C. 白蓝色、白绿色、蓝色、绿色　　D. 蓝色、绿色、白蓝色、白绿色

5. 将计算机连接到网络的基本过程是(　　)。

(1) 用RJ-45插头的双绞线和网络集线器把计算机连接起来
(2) 确定使用的网络硬件设备
(3) 设置网络参数
(4) 安装网络通信协议

   A. (2)(1)(4)(3)　　B. (1)(2)(4)(3)
   C. (2)(1)(3)(4)　　D. (1)(3)(2)(4)

6. 下列关于各种无屏蔽双绞线(UTP)的描述中,正确的是(　　)。

A. 三类双绞线中包含 3 对导线

B. 五类双绞线的特性阻抗为 500Ω

C. 超五类双绞线的带宽可以达到 100MHz

D. 六类双绞线与 RJ-45 接头不兼容

7. 在 TCP/IP 协议族中,(　　)协议属于网络层的无连接协议。

A. IP　　B. SMTP　　C. SNMP　　D. TCP

8. 目前家庭中计算机采用拨号方式嵌入 Internet,硬件上除了需要电话线外还需要有(　　)。

A. Internet Explorer　　B. Modem

C. Outlook Express　　D. WWW

9. 网络中计算机之间的通信是通过(　　)实现的,它们是通信双方必须遵守的约定。

A. 网卡　　B. 通信协议　　C. 磁盘　　D. 电话交换设备

三、操作题

小明家有两台台式计算机,均安装了 Windows XP 操作系统,在电信公司申请了一个 ADSL 账号,但两台计算机都需要上网,请问小明该如何操作?写出配置方案和具体的操作步骤。

项目3　IE浏览器的使用

已经独立完成了单台计算机的硬件配置和上网设置，那么上网怎么显示网页，如何完成客户的存储网址、保存网页等需求呢？

浏览器是专用于查看 Web 页的软件工具。Internet Explorer（简称 IE）是由微软公司基于 Mosaic 开发的网络浏览器，专门用于定位和访问 Web 信息的浏览器工具，现在最高版本为 7.0。IE 是计算机网络使用时必备的重要工具软件之一，在互联网应用领域甚至是必不可少的。Internet Explorer 与 Netscape 类似，也内置了一些应用程序，具有浏览、发信、下载软件等多种网络功能。

教学导航

【内容提要】

本项目以 IE 浏览器为例，首先从最基本的内容——认识 IE 浏览器入手，建立直观印象；然后通过 IE 浏览器属性设置、收藏夹使用、网页保存等实际操作任务的完成，使大家掌握 IE 浏览器的基本应用，完成日常工作处理，为浏览网页、保存网页等提供方便。

【知识目标】

- 了解、认识浏览器的作用和类型。
- 掌握浏览器的使用方法。
- 掌握浏览器的设置方法。

【技能目标】

- 学会使用浏览器。
- 熟悉浏览器的设置和安装。
- 能处理浏览器的一些小故障。

【教学组织】

- 每人一台已经安装好操作系统并带有 IE 浏览器的计算机，各自独立完成所布置的任务。

【考核要点】

- 了解浏览器窗口各部分名称。
- 设置 IE 浏览器常规属性和安全性。
- 能熟练完成收藏夹的整理、导入/导出、将网址添加到收藏夹等操作。
- 能根据需要保存网页。

🖫【准备工作】

网卡；能连接到互联网络。

🖫【参考学时】

4学时(含实践教学)。

项目描述

李勇紧张忙碌地配置完成以后，通过IP地址的ping测试，发现网络连接畅通。于是迫不及待地准备上网。虽然学习了基本的网络知识，但由自己独立完成整个过程还属于第一次尝试，因此他非常小心谨慎地进行。首先去查看了一些与浏览器相关的资料，认识浏览器、了解浏览器；然后在使用过程中突然发现一个他一直想找的网站地址，想保存下来以方便下次再使用。他想把www.net130.com设置为自己的主页，方便路由器和交换机的学习，一些网页和动画也希望能被保存下来，在没有联网的情况也可以使用。工作开始，很多东西都让他非常好奇。李勇同学该怎样做才能顺利实现他的这些愿望呢？

项目分解

仔细分析该项目后，发现李勇同学所面临的问题是：

(1) 对IE浏览器不熟悉；

(2) 设置一个网页为浏览器默认主页；

(3) 保存感兴趣的网页、动画、超链接等；

(4) 网页脱机浏览。

分析后发现需要具体执行的任务如表3-1所示。

表3-1　执行任务情况表

任务序号	任务描述
任务3-1	认识IE浏览器
任务3-2	设置IE浏览器属性
任务3-3	使用收藏夹
任务3-4	保存网页
任务3-5	脱机浏览

任务实施

任务3-1　认识IE浏览器

浏览网页上的信息就是阅读网站上存放的网页，就像看电视节目要用到电视机一样，要阅读网页必须使用浏览器。

浏览器软件的种类很多，其中 Internet Explorer 是目前比较流行的一种。IE 浏览器一般都作为操作系统的一个附带软件在安装 Windows 操作系统时一并安装在计算机中，因此并不需要单独安装，当操作系统安装完成以后，在桌面上会显示 IE 浏览器的图标。

任务 3-1-1 打开浏览器窗口

看电视首先要打开电视机，那么浏览网上的信息则需要先打开浏览器。

打开浏览器窗口的方法有很多种，主要有如下 4 种。

(1) 右击“Internet Explorer”图标，在弹出的快捷菜单中选择“打开主页”命令(见图 3-1)。

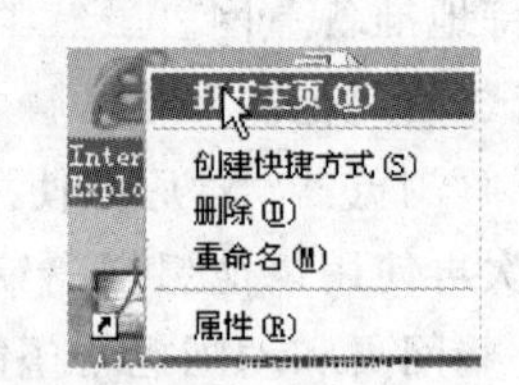

图 3-1 打开浏览器窗口的方法

(2) 单击“开始” 按钮，单击“所有程序”按钮，单击“Internet Explorer”按钮。

(3) 双击桌面上的“Internet Explorer”图标。

(4) 在“开始”按钮旁边的快速启动栏中，单击“Internet Explorer”图标。

注意：快速启动栏中是否显示 Internet Explorer 图标与安装时的选项有关，如果选中了“在快速启动栏中显示”复选框，则会在快速启动栏中显示该图标，否则就不会显示。

任务 3-1-2 认识 IE 浏览器窗口

打开浏览器后发现有许多的菜单和按钮，这些按钮分别叫什么，有什么作用，是必须要了解的，否则无法进行交互和使用。

1. 认识 IE 浏览器窗口

打开 IE 浏览器窗口，各部分的名称如图 3-2 所示。

2. 工具栏常用按钮认识

(1)“前进”和“后退”按钮

前进和后退操作能在同一个 IE 窗口中任意跳转到以前浏览过的网页。“后退”按钮，退到上一个浏览过的网页，如果单击“后退”右侧的小三角按钮，会弹出一个下拉列表(见图 3-3)，罗列出所有以前浏览过的网页，可以直接从列表中选择一个，就能够转到相应网页。

如果前面通过“后退”按钮回退过，工具栏的“前进”按钮就可以使用了，否则是灰色的。单击工具栏的“前进”按钮可以前进一个网页。同样的，如果单击“前进”右侧的小三角按钮，会弹出一个下拉列表，罗列出所有访问当前网页后又访问过的网页，可以从列表中直接选择一个，转到该网页。

(2)“停止”按钮

单击工具栏中的“停止”按钮，可以中止当前正在进行的操作，停止与网站服务器的联系。

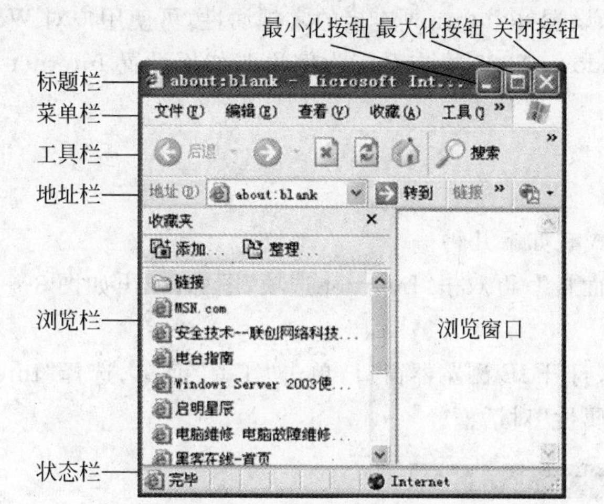

图 3-2　IE 浏览器窗口

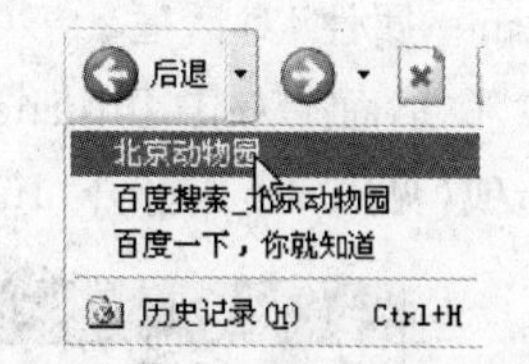

图 3-3　"后退"按钮的使用

(3)"刷新"按钮

单击工具栏的"刷新"按钮,浏览器会与服务器重新取得联系,并显示当前网页的内容。

(4) 总结

工具栏常用按钮有 ,各工具按钮功能如表 3-2 所示。

表 3-2　工具栏按钮

按钮	说　明
后退	跳转到上次查看过的 Web 页
前进	跳转到下一个浏览过的 Web 页
停止	停止当前 Web 页的下载
刷新	更新当前显示的 Web 页(重新下载当前显示的页面)
主页	跳转到主页
搜索	打开列出有效搜索引擎的 Web 页
收藏夹	显示常用的 Web 页列表
历史	显示最近访问过的列表
邮件	打开 Outlook Express 或 Foxmail
编辑	打开 FrontPage,编辑 Web 页

任务 3-2　设置 IE 浏览器属性

任务 3-2-1　IE 浏览器常规属性设置

通过认识 IE 浏览器窗口,对 IE 浏览器有了大致的了解,但网页内容繁多,如何能随心所欲地进行查看呢?这就需要进行常规设置。

Internet 常规属性的内容比较多，设置好 Internet 连接的常规属性，可使用户对 Web 页的查看和处理更加随心所欲。以 Windows 2000 操作系统为例说明如何设置 Internet 连接常规属性，具体操作步骤如下。

1．“Internet 属性”对话框

打开“Internet 属性”对话框的方式有如下几种。

（1）单击“开始”按钮，单击“控制面板”，再双击“Internet 选项”图标，弹出如图 3-4 所示的“Internet 属性”对话框。

（2）在桌面上双击 Internet 图标，打开 IE 浏览器窗口，单击“工具”菜单，选择“Internet 选项”选项(见图 3-5)，打开“Internet 属性”对话框。

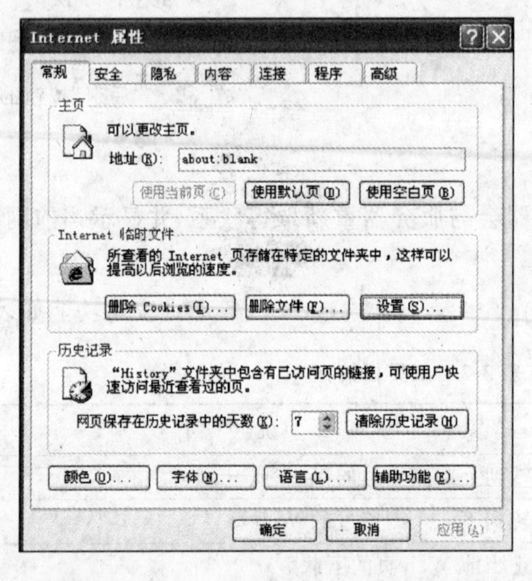

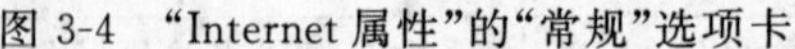
图 3-4 “Internet 属性”的“常规”选项卡

图 3-5 “工具”菜单

（3）在桌面上右击 Internet 图标，在弹出的快捷菜单中选择“属性”命令，打开“Internet 属性”对话框，如图 3-4 所示。

2．选择“常规”选项卡

在打开的“Internet 属性”对话框中，选择“常规”选项卡，分别对“主页”、“临时文件”、“历史记录”等内容进行设置。

（1）主页。单击“使用默认页”按钮，Internet Explorer 将把默认 Web 页作为主页。单击“使用空白页”按钮，将以空白页作为主页。如果单击“使用当前页”按钮，则将当前 IE 窗口中打开的 Web 页作为主页。当用户再次打开 IE 浏览器时，就直接打开用户所设定的主页。

（2）Internet 临时文件。Internet Explorer 可在用户上网时建立临时文件，把所有查看过的 Web 页存储在特定的文件夹中，这可以大大提高以后浏览的速度。

① 设置 Internet 临时文件。在“Internet 属性”对话框中，单击“Internet 临时文件”选项区域中的“设置”按钮，打开如图 3-6 所示“设置”对话框，在此对话框中可进行“查看文件”、“移动文件夹”和“检查所存网页的较新版本”等的临时文件项的管理操作，还可以查看

Internet 临时文件夹的当前位置，通过移动“使用的磁盘空间”标签来调整临时文件夹使用空间的大小。

查看文件：在“设置”对话框中，单击“查看文件”按钮，弹出“Temporary Internet Files”窗口，在窗口中，显示所有的临时文件。

移动文件夹：在“设置”对话框中，单击“移动文件夹”按钮，弹出“浏览文件夹”对话框(见图 3-7)，选择放置 Internet 临时文件的位置，如 D 盘下的“Temporary”临时文件夹，然后单击“确定”按钮即可。

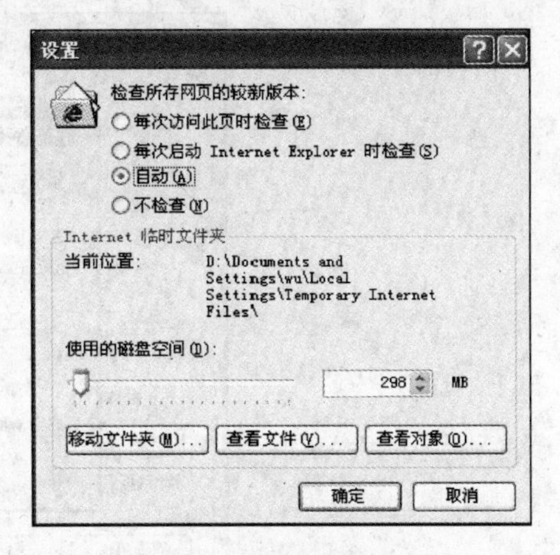

图 3-6　“设置”对话框

② 删除文件操作。在“常规”选项卡中，单击“删除文件”按钮，打开如图 3-8 所示的“删除文件”对话框，不选中“删除所有脱机内容”复选框，单击“确定”按钮，则可删除临时文件夹中所有的文件内容。选中“删除所有脱机内容”复选框，单击“确定”按钮，则还可删除本地存储的所有脱机内容。

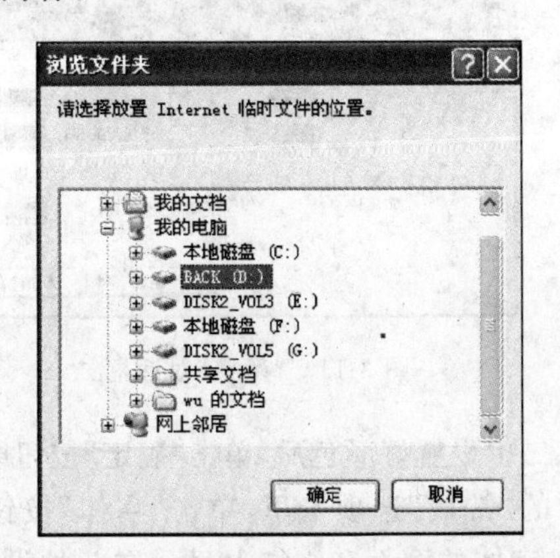

图 3-7　“浏览文件夹”对话框

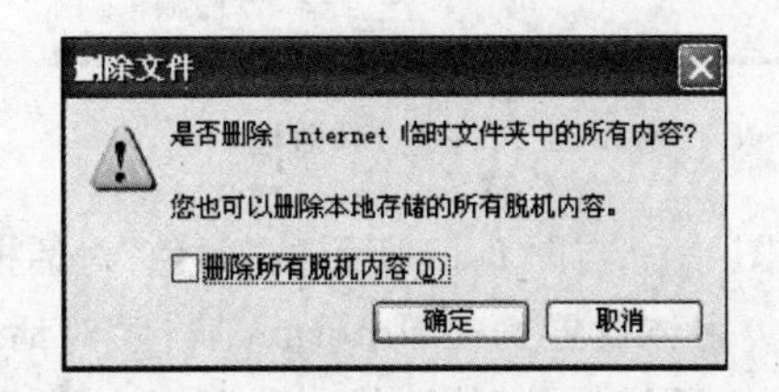

图 3-8　“删除文件”对话框

(3) 历史记录操作。在“历史记录”选项区域中(见图 3-4)，调整“历史记录”选项区域中的微调器，可改变网页保存在历史记录中的天数，例如将其值调整为 10，网页将在历史记录中保存 10 天，10 天后将被自动删除。单击“清除历史记录”按钮，可将记录的 URL 地址清除，节省磁盘空间。

(4) 语言设置。单击“语言”按钮，打开如图 3-9 所示的“语言首选项”对话框，单击“添加”按钮，打开对话框后选择自己查看 Web 页时经常使用的语言，Internet Explorer 系统会自动根据优先级对语言进行处理，以便用户查看 Web 页的内容。

(5) 颜色设置。在“Internet 属性”对话框中的“常规”选项卡里，单击“颜色”按钮，打开如图 3-10 所示的“颜色”对话框一。

① 选中“使用 Windows 颜色”复选框，表示使用 Windows 默认的颜色，如图 3-10 所示。

② 不选中“使用 Windows 颜色”复选框，则可调整显示网页的背景色和文字颜色，如图 3-11 所示。

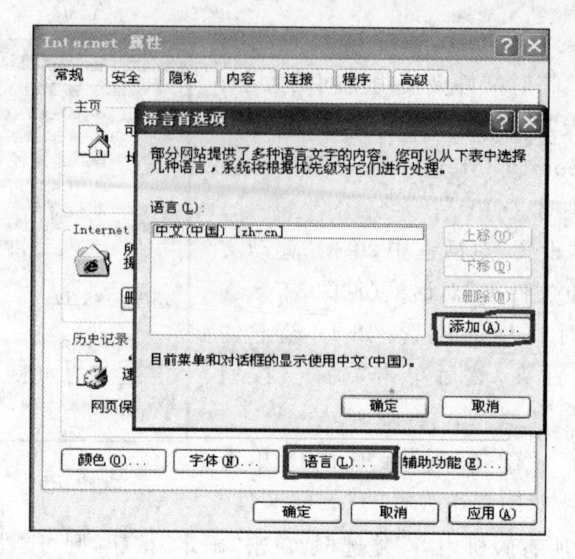

图 3-9 “语言首选项”对话框

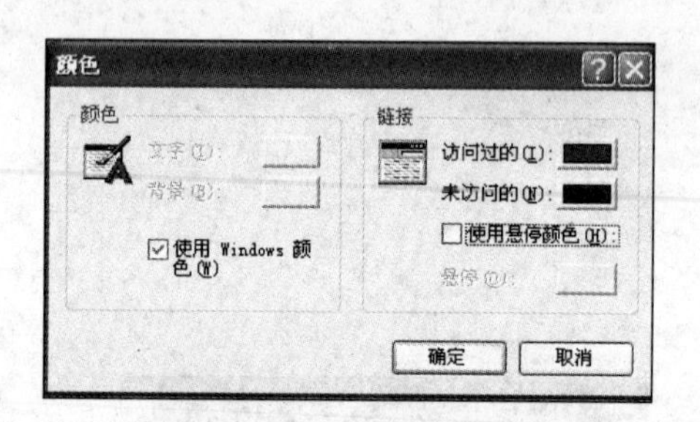

图 3-10 “颜色”对话框一

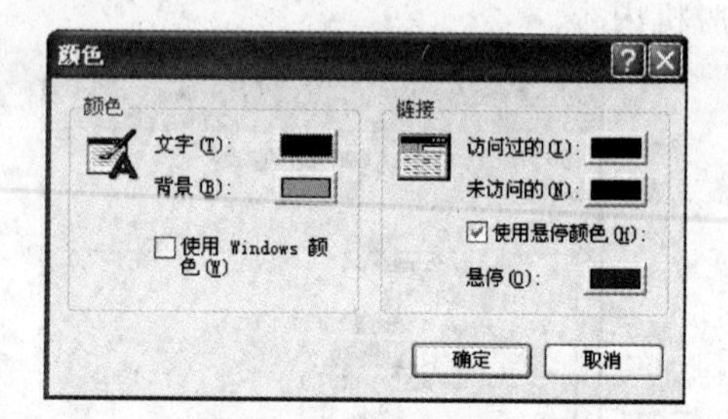

图 3-11 “颜色”对话框二

在图 3-10 与图 3-11 所示的“颜色”对话框一、二中设置好颜色后，单击“确定”按钮即可。

(6) 字体设置。在“Internet 属性”对话框中的“常规”选项卡里，单击“字体”按钮，打开如图 3-12 所示的“字体”对话框，可以在没有指定字体的网页和文档上显示在此处设定的字体，设置好字体后，单击“确定”按钮即可。

(7) 辅助功能设置。在“Internet 属性”对话框中的“常规”选项卡里，单击“辅助功能”按钮，打开如图 3-13 所示的“辅助功能”对话框，在此可对格式和用户样式表等方面进行设置，设置好辅助功能后，单击“确定”按钮即可。

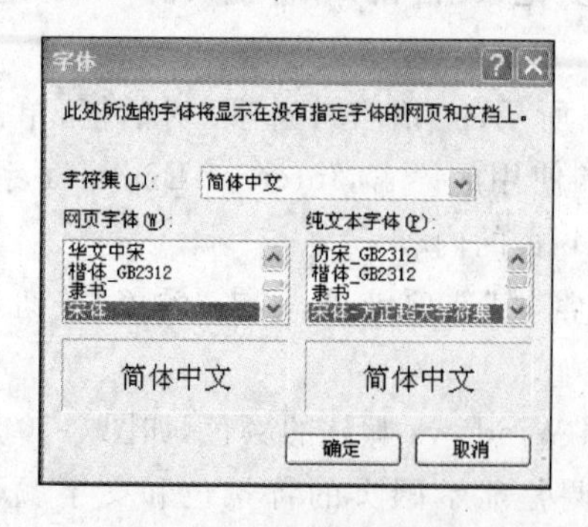

图 3-12 “字体”对话框

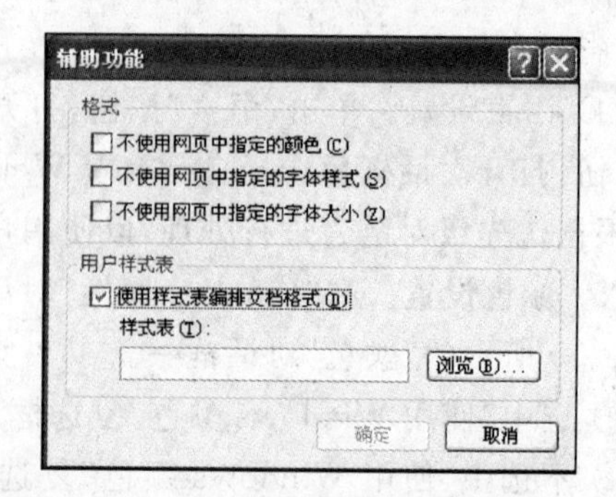

图 3-13 “辅助功能”对话框

任务 3-2-2 IE 浏览器"安全"选项设置

> 网络上存在许多不安全因素，需用时刻注意网络访问安全，为了能保证正常上网，可提高浏览器的安全性能。

1. 默认安全级别设置

在打开的"Internet 属性"对话框中，选择"安全"选项卡，在"请为不同区域的 Web 内容指定安全设置"区域中设置 Internet 的安全性。选中 Internet，单击"默认级别"按钮，在如图 3-14 所示的"该区域的安全级别"区域中显示设置安全级别的移动滑块（该区域为 Internet 区域），移动"移动滑块"则可设置 Internet 的安全级别。

如需设置本地 Intranet 的安全性，则先要选择"本地 Intranet"图标。

2. 个性化安全设置

在打开的"Internet 属性"对话框中的"安全"选项卡里，单击"自定义级别"按钮，弹出如图 3-15 所示的"安全设置"对话框。

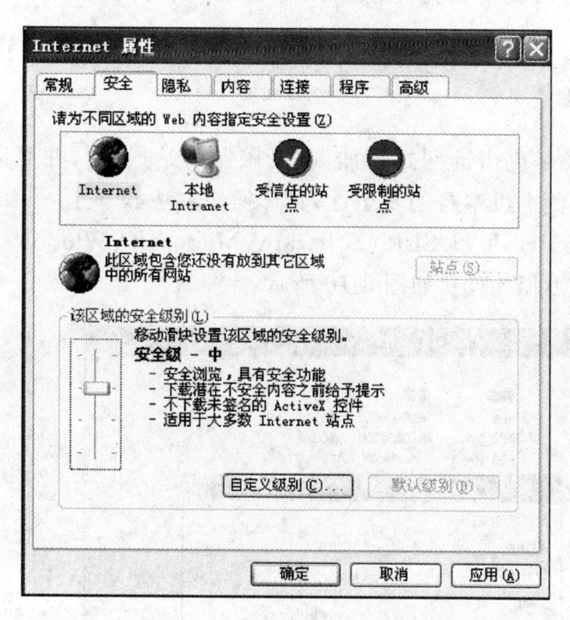

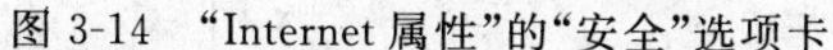
图 3-14 "Internet 属性"的"安全"选项卡

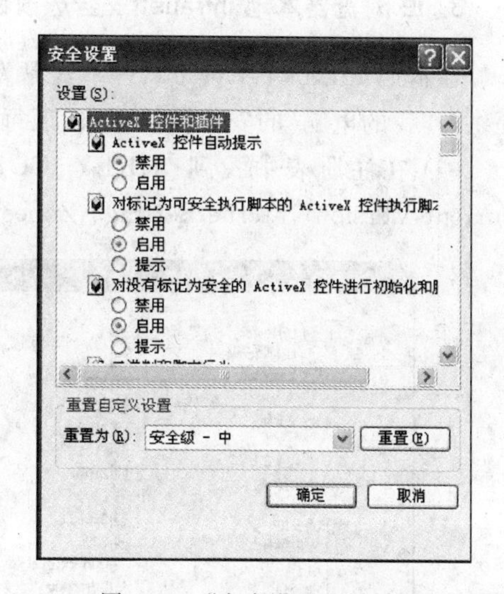

图 3-15 "安全设置"对话框

(1) 选项设置。如图 3-15 所示，对话框中的选项非常多，与恶意代码相关的选项主要包括如表 3-3 所示内容。

"运行 ActiveX 控件和插件"如果全部选择禁用，则在打开一些包含 ActiveX 控件和插件的网页时，会弹出"当前安全设置禁止运行该页中的 ActiveX 控件，因此，该页可能无法正常显示"对话框。

"活动脚本"如果禁用，有些网页就不能正常显示其中的内容了。

表 3-3 选项设置表

选项名称	设置建议
ActiveX 控件和插件	禁用
对标记为可安全执行脚本的 ActiveX 控件执行脚本	启用
对没有标记为安全的 ActiveX 控件进行初始化和脚本运行	禁用
二进制位和脚本行为	禁用
下载未签名的 ActiveX 控件	禁用
下载已签名的 ActiveX 控件	提示
运行 ActiveX 控件和插件	管理员认可
Java 小程序脚本	禁用
活动脚本	启用
运行通过脚本进行粘贴操作	禁用

注意：当禁用设置影响到正常显示或运行网页时，可临时启动某项内容，等使用完毕再重新设置为禁用或提示。

(2) 安全级别重置。在"重置为"下拉列表中选择"安全级-高"选项，然后依次单击"重置"、"确定"按钮使其设置生效。

3. IE 浏览器本地 Intranet 安全选项设置

在本地 Intranet 中可以将一些经常发生攻击的网站添加到"受限制的站点"中，并可以提供对"我的电脑"的安全性设置，保证每台主机本身的安全性，具体操作方法如下。

(1) 在注册表中找到[HKEY_CURRENT_USER\Software\Microsoft\Windows\Current-Version\InternetSettings\Zones\0]键值项，如图 3-16 所示。

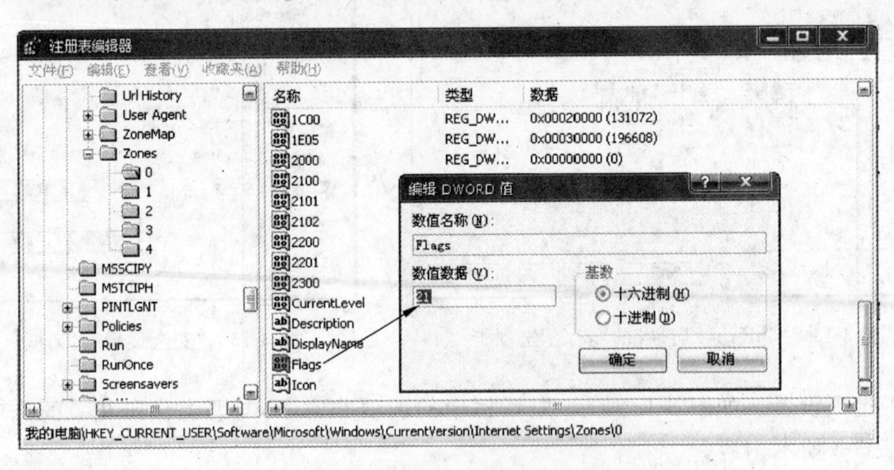

图 3-16 添加安全选项的"注册表编辑器"窗口

(2) 双击"Flags"，弹出如图 3-16 所示的"编辑 DWORD 值"对话框，将"数值数据"的默认键值 21 修改为"1"，单击"确定"按钮。

(3) 关闭“注册表编辑器”窗口，重新开启 IE，在“安全”选项卡中的“请为不同区域的 Web 内容指定安全设置”选项区域中就会显示“我的电脑”选项，如图 3-17 所示。

(4) 在上图的“请为不同区域的 Web 内容指定安全设置”选项区域中选择“我的电脑”选项，单击“自定义级别”按钮，打开“我的电脑”的“安全设置”对话框，如图 3-18 所示。将“重置自定义设置”重置为“安全级-高”，然后单击“确定”按钮，能提高安全防范作用。

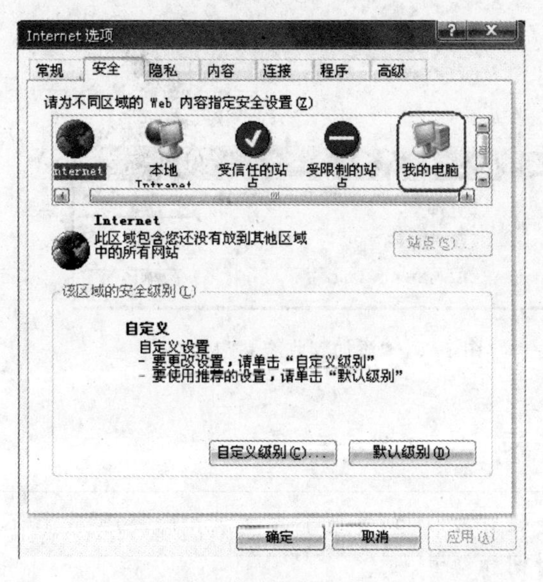

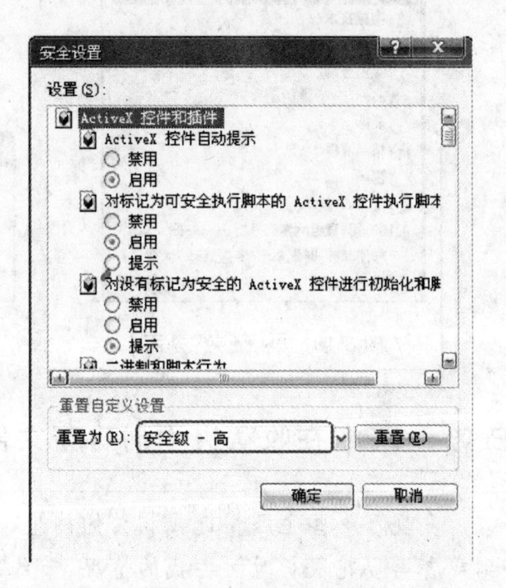

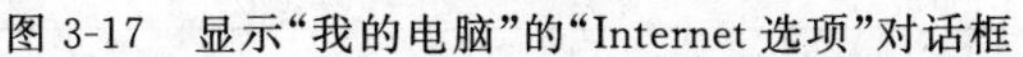

图 3-17　显示“我的电脑”的“Internet 选项”对话框　　图 3-18　“我的电脑”的“安全设置”对话框

任务 3-3　使用收藏夹

浏览网页时常常会发现一些非常有用的站点，有时候不方便写下来，即使写下来了也不一定经常带在身边，需要站点地址的时候又用不了，还容易丢失。其实，在 IE 浏览器中，有一个简单快捷的功能——用“收藏夹”来存储和管理用户感兴趣的网址，把经常浏览的网址存储起来，每次使用计算机的时候都可以使用。

任务 3-3-1　将网址添加到收藏夹

> 在信息搜索中发现了一个很不错的网址，想下次或多次浏览，怎样把网址保存下来，如果用笔记在纸上那就需要经常把纸带在身边，如果能直接保存在浏览器中则每次使用都非常方便了。

在信息搜索中发现了一个很不错的网址，想下次或多次浏览，最好将其添加到收藏夹中，又方便又快捷，具体操作步骤如下所示。

(1) 打开要收藏的网页或网站，单击工具栏中的“收藏夹”工具按钮，打开如图 3-19 所示收藏夹界面。

(2) 单击“添加”选项，弹出如图 3-20 所示的“添加到收藏夹”对话框。

(3) 在如图3-20所示的“名称”文本框中输入要保存的名称，单击“确定”按钮，即可将当前网页保存到收藏夹中。如果要将网页保存到本地硬盘中以便于离线后再阅读，则须选中“允许脱机使用”复选框。

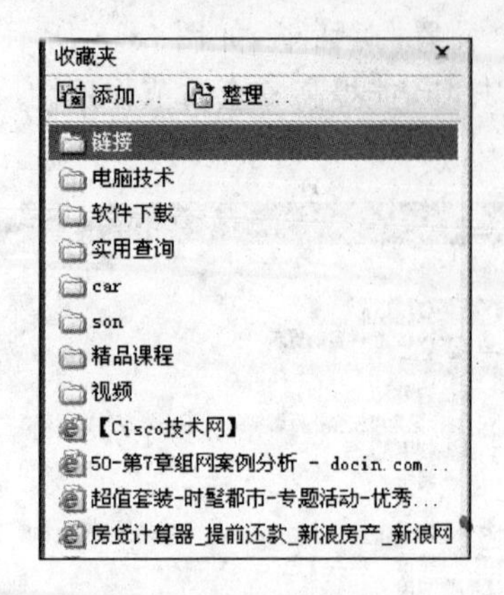

图3-19 “收藏夹”界面

图3-20 “添加到收藏夹”对话框

任务3-3-2 在收藏夹中创建新文件夹

发现了一些主题相近或相关的网址，想保存在一起，方便下次查阅和比较，避免找不到或者需要花很长时间去找的情况，节约时间和精力。

感兴趣的网页或站点的主题相近，为了下次使用方便和便于查找，把同类型的网页或站点都存放到一个文件夹中，但收藏夹中的文件夹数目有限，因此需要根据个人的喜好建立新的文件夹。

下面介绍在收藏夹中创建新文件夹的方法，主要有如下两种。

(1) 在图3-21所示的“添加到收藏夹”对话框中，单击“创建到”按钮，在“创建到”窗口中选择一个文件夹即可。

如果在“创建到”窗口中不存在合适的文件夹，则单击图3-21所示的 新建文件夹(W)... 按钮，打开如图3-22所示的“新建文件夹”对话框，在“文件夹名”的文本框中输入文件夹名称，单击“确定”按钮，就会在“创建到”窗口中显示新建的文件夹。

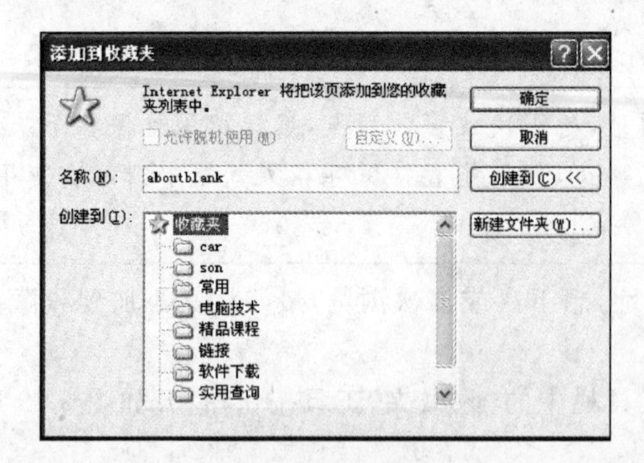

图3-21 “添加到收藏夹”对话框

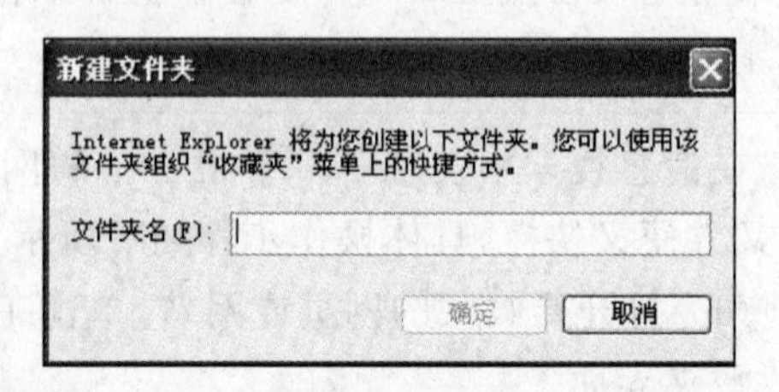

图3-22 “新建文件夹”对话框

（2）图 3-19 所示收藏夹界面中，单击“整理”选项，打开如图 3-23 所示的“整理收藏夹”对话框，在该对话框中单击“创建文件夹”按钮，在该对话框的右侧窗格中会显示名为“新建文件夹”的文件夹，输入文件夹的名字即可。

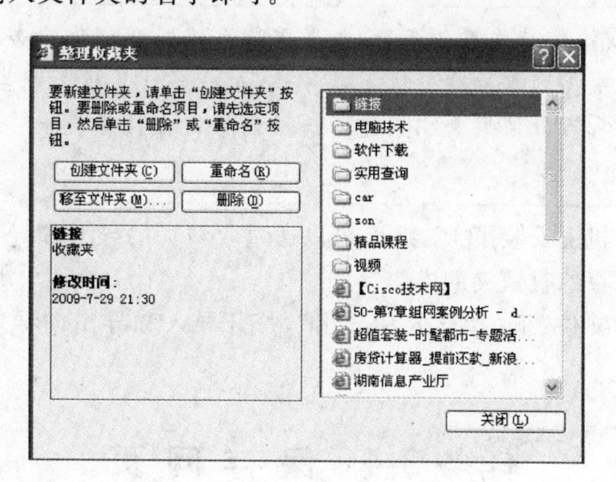

图 3-23　“整理收藏夹”对话框

任务 3-3-3　访问保存在收藏夹中的网址

通过一段时间的积累，在收藏夹中收藏了许多有用的网址，怎样能够快速有效地浏览这些网址呢？

链接栏中的按钮相当于快捷方式，单击后可以直接转到它指向的网页。可以向链接栏中添加一些网址，快速浏览网页。

有以下几种方式可将链接加入链接栏。

（1）将网页图标从地址栏拖曳到(按下鼠标左键不放)链接栏，可以将当前网页的地址加入链接栏。

（2）将 Web 页中的链接拖到链接栏，可以将网页中的超链接加入链接栏。

（3）单击工具栏中的“收藏”按钮，显示收藏窗口，将收藏窗口中的链接拖到其中的“链接”文件夹中。

任务 3-3-4　整理收藏夹

收藏的网址越来越多，各种类型的都有，要在众多的网址中找到需要的网址需要花费很长的时间，令人心情烦躁。如果能定期对收藏夹进行整理，则可以加快浏览速度，有利于快速访问。

收藏夹也是树形结构。定期地整理收藏夹的内容，保持比较好的树形结构，有利于快速访问。具体步骤如下：

（1）选择“收藏夹”菜单下的“整理收藏夹”，打开“整理收藏夹”对话框。

（2）使用“整理收藏夹”对话框中的“重命名”、“移至文件夹”、“删除”按钮完成相应的操作。

任务 3-3-5　导入/导出收藏夹

收藏夹一般情况会安装在系统盘下，如果重装系统则会让你辛苦积累的网址付诸东流，不过可以把收藏夹搬到其他的分区上。另外，在一台计算机上积累的网址，如果换台计算机也就没有了，也可以把原来积累的网址搬到另一台计算机上。以上这些都需要移动收藏夹的内容。

如果在多台计算机上安装了 IE，那么可以通过收藏夹的导入和导出功能，在这些计算机上可以共享已经保存的收藏夹的内容。

单击 IE 菜单的"文件"下的"导入和导出"，打开导入和导出向导对话框，按提示操作即可。

任务 3-4　保存网页

任务 3-4-1　保存浏览器中的当前页

看到 www.net130.com 的网页，上面的内容非常多，希望能全部保存下来，以方便下次查阅，该如何操作？

1. 保存整个网页

保存浏览器当前整个网页，包括文本、图片等所有的内容。

（1）在"文件"菜单上，单击"另存为"菜单项。

（2）在弹出的保存文件对话框中，选择准备用于保存网页的文件夹。在"文件名"文本框中，输入该页的名称。

（3）在"保存类型"下拉列表中的多种保存类型中，选择一种保存类型，单击"保存"按钮，如图 3-24 所示。

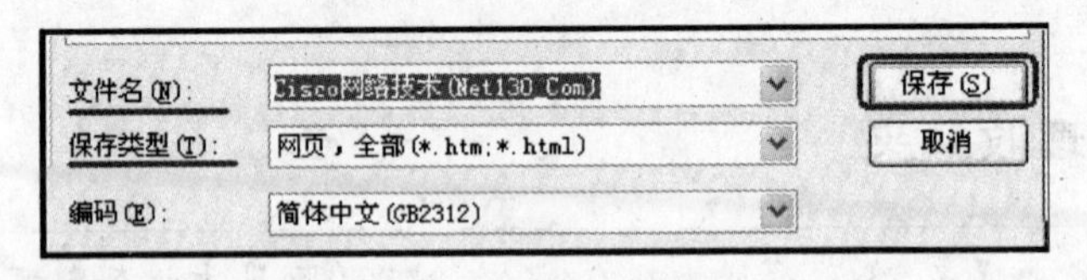

图 3-24　"保存"对话框

2. 打开保存的网页

打开保存网页的文件夹或盘符，除了一个 HTML 文档外，还有一个文件夹，其中保存了网页上的所有图片等其他文件。只要双击 HTML 文档就可以打开网页，同时启动 IE 浏览器。

任务 3-4-2 保存超链接指向的网页或图片

在网页中存在许多超链接,有时需要把网页中超链接指向的网页和图像也保存下来,如果能保存下来则可以减去打开超链接的麻烦。

如果想在不打开超链接的情况下,直接保存网页中超链接指向的网页或图像,具体操作步骤如下:

(1) 右击所需项目的链接。

(2) 在弹出的快捷菜单中选择"目标另存为"命令,弹出 Windows 保存文件标准对话框。

(3) 在"保存文件"对话框中选择准备保存网页的文件夹,在"文件名"文本框中,输入这一项的名称,然后单击"保存"按钮。

任务 3-4-3 保存网页中的图像、动画

在网页中发现了一些非常感兴趣的图像和动画,希望能单独保存这些图像和动画,而不需要网页。

(1) 右击网页中的图像或动画。

(2) 在弹出的快捷菜单中选择"图片另存为"命令,弹出 Windows 保存图片标准对话框。

(3) 在"保存图片"对话框中选择合适的文件夹,并在"文件名"文本框中输入图片名称,然后单击"保存"按钮。

任务 3-4-4 保存网页中的文本

在浏览网页过程中,只需要保存网页中的文本信息,不需要图像和动画等内容。

用鼠标拖动来选择要保存的文本部分,鼠标放在选择区域内,右击,在弹出的快捷菜单中选择"复制"命令。

打开 Word,将选定的网页文本粘贴到 Word 文档,然后进行保存。

任务 3-5 脱机浏览

任务 3-5-1 利用脱机工作方式脱机浏览

保存下来的网页,如果在网络不通畅的情形下也能继续浏览。这样则会给工作带来很大的方便。可是应该怎样实现脱机浏览呢?

步骤 1：进入脱机工作方式

在“文件”菜单上，单击“脱机工作”选中其复选标识（见图 3-25），进入脱机工作方式。再次选择此菜单选项，就除去了“脱机工作”前的复选标识，结束脱机工作方式。

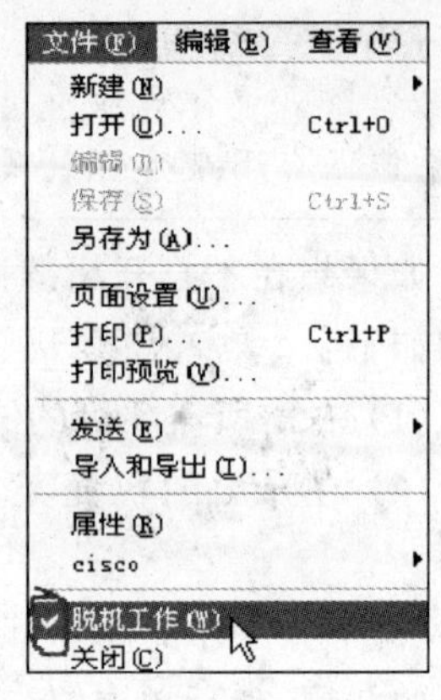

图 3-25 “文件”菜单

步骤 2：同步

使用同步功能能让 IE 浏览器按照安排检查收藏夹中的站点是否有内容更新，并可选择在有更新时通知你，或者自动将更新内容下载到本地硬盘上（例如计算机空闲时）以便以后浏览。

同步设置步骤如下。

(1) 打开要同步的 Web 页；

(2) 在“收藏”菜单中，单击“添加到收藏夹”菜单项；

(3) 在“添加到收藏夹”对话框中，选中“允许脱机使用”复选框

(4) 单击“自定义”按钮，弹出“脱机收藏夹向导”对话框，然后按“向导”提示选择相应选项，直至完成。

完成了同步设置，便可以看到你所选择相应网站内容的更新。

任务 3-5-2 利用历史记录脱机浏览

> 在脱机工作方式下进行脱机浏览需要与网站信息同步，则花费的时间比较长，也没有更方便快捷的方式保证能进行脱机浏览。

除了脱机浏览预订的 Web 站点或页面外，还可以查看存储在“历史记录”文件夹或 C:\Windows\Local Settings\Temporary Internet Files 文件夹中的任何 Web 页面，具体方法如下。

(1) 选中“文件”菜单中的“脱机工作”，进入脱机工作方式。

(2) 单击浏览器工具栏中的“历史”按钮，浏览器的客户区会分成左右两部分，左边是以前访问的主页的地址记录，右边显示的是在左边选中的主页内容。

(3) 单击“查看”，在下拉列表的排列方式中（按日期、按站点、按访问次数、按今天的访问顺序）选中习惯的排列方式。

(4) 逐级选中想要浏览的网页，或直接单击左边窗格中历史记录下面的“搜索”，然后输入想要浏览的网址。

【知识链接 1】 浏览器的种类

浏览器的种类非常多，下面简单介绍几个常用的浏览器，如表 3-4 所示。

【知识链接 2】 域名

打开 IE 浏览器窗口后，发现该窗口与原来学过的 Word 窗口非常相似，但多了一个“地

表 3-4 浏览器种类列表

浏览器种类	浏览器特点
Microsoft Internet Explorer	IE 浏览器是随 Windows 操作系统一起发布的浏览器，所以是使用人数最多的浏览器。新的弹出广告拦截器功能比其他浏览器的拦截功能工作得更好。IE 浏览器能够区分出不需要的弹出窗口和需要的窗口。默认情况下，弹出拦截敏感性设置为中级，当你访问包含强制性广告的站点时可以将它设置得更高
Deepnet Explorer	Deepnet Explorer 浏览器集 Web 浏览、对等网络文件下载和 RSS/Atom 新闻阅读于一身。它是基于 IE 的，所以多数用户对它的界面并不陌生。它最明显的区别在于分页窗口结构和支持水平与垂直分列浏览器窗口
Avant Browser	Avant Browser 浏览器采用了和 IE 浏览器相同的基础架构，它包括地址别名，用户可以在地址栏中输入自定义的短语，而不是完整的 URL。例如输入 bd 将进入 www.baidu.com
Mozilla Firefox	默认情况下，Firefox 浏览器只显示最需要的导航图标：后退、前进、刷新、停止和主页。Firefox 浏览器以分页浏览为特色。和 Deepnet Explorer 浏览器不一样的是，已经打开的分页可以转向新的站点
Netscape Navigator	Navigator 7.2 基于 Firefox 软件，可以自定义安装过程，排除诸如桌面天气预报软件、集成的邮件客户端和 AOL Instant Messenger 类似的多余组件。它有优秀的弹出广告拦截器，并且允许分页浏览
Opera	Opera 7.54 最大的特点就是“重绕”和“快速前进”按钮。“重绕”按钮会帮助你在浏览网页路径太深的情况下回到访问的 Web 站点的首页；“快速前进”按钮会迅速指定站点上将要访问的下一个页面

址栏”。地址栏是输入需要登录网站的网址的。就如每家每户都有地址，我要到朋友去玩，就可以靠地址找到。同样，在 Internet 上的每个网站也都有自己的名称和唯一的地址，通常称为网址（域名），如，www.cctv.com，www.baidu.com，www.google.com.hk 等。

目前互联网上域名体系中存在如下的顶级域名：

(1) 地理顶级域名

地理顶级域名是国家和地区的代码。例如，.cn 代表中国，.jp 代表日本，.uk 代表英国等。

(2) 类别顶级域名

类别顶级域名是根据不同的类别来区分的，如，.com（公司），.net（网络机构），.org（组织机构），.edu（美国教育），.gov（政府部门），.info（信息行业），.int（国际组织）等。

网址（域名）采用树状的层次型结构，域名全称是从子域名向上直到根的所有标记组成的串，标记间用“.”分隔，如 www.baidu.com（见图 3-26）。域名由“主机名.[本地名].组名.网点名”组成。

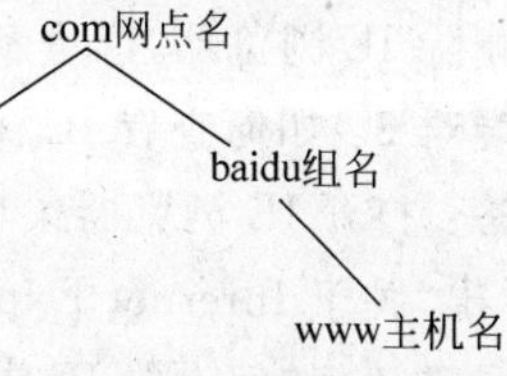

图 3-26 域名组成示意图

【知识链接 3】 统一资源定位器

在地址栏中输入网址进行信息资源标记的方式称为 URL。URL 由 3 部分构成，即“信息服务方式://信息资源地址[：端口号]/资源路径”。

(1) 信息服务方式

在 WWW(World Wide Web)系统中编入 URL 的基本服务连接方式主要有：

① HTTP(HyperText Transport Protocol)：超文本传输服务。

② FTP(File Transport Protocol)：文件传输服务。

③ File：使用本地 HTTP 提供超级文本信息服务的 WWW 信息资源空间。

④ Telnet：远程登录信息服务。

(2) 信息资源地址

信息资源地址是指提供信息服务的主机在 Internet 上的域名。当一些特殊情况下，信息服务使用的端口为非标准端口时，就需要用端口号加以说明。例如，采用 HTTP 信息服务方式时默认的端口号为 80，可写可不写。如果由于特殊应用，采用的端口为 88 号，则一定要标出。即 http://www.sina.com/index.htm 与 http://www.sina.com:80/index.htm 是一样的，但与 http://www.sina.com:88/index.htm 是不同的。

(3) 资源路径

资源路径是指资源在主机中存放的具体位置。例如，资源存放的路径和文件名为"/wangluo/index.htm"，信息资源地址为 www.sina.com 则在地址栏中输入 http://www.sina.com/wangluo/index.htm/。

疑难 1：IE 浏览器打开后不能最大化了，只能显示标题栏，每次浏览都要手工最大化，非常麻烦，请问如何使它自动最大化？

答：因为 IE 浏览器具有记忆功能，所以只要把鼠标放到窗口边框上，然后把它拉到最大，最后关闭浏览器，下次你再打开 IE 浏览器时 IE 浏览器就会是上次关闭时的最大化状态了。但要注意的是拉大的窗口必须是最后一个关闭的 IE 浏览器窗口，这样记忆功能才能生效。

疑难 2：IE 浏览器是否能从操作系统中删除？

答：因为 IE 浏览器和 Windows 有着紧密联系，删除了 IE 浏览器会对操作系统产生很大的影响，所以微软并没有提供删除 IE 的方法。如果一定要删除则可使用专门删除 IE 浏览器的软件 IEradicator，运行时软件会提示是否确实要删除 IE 浏览器，单击 OK 按钮后，软件将删除 IE 浏览器，待重新启动后 IE 浏览器就完全删除了。

疑难 3：如何查看 IE 浏览器的版本信息？

答：打开 IE 浏览器菜单栏上"帮助"菜单(见图 3-27)，选择"关于 Internet Explorer"命令，弹出"关于 Internet Explorer"选项对话框，即可查看 IE 浏览器版本信息了(见图 3-27)。

疑难 4：如何设置 IE 浏览器，禁止用户访问所有可能含有暴力内容的网站，并设置监督人密码？

答：依次单击"开始"→"设置"→"控制面板"→"网络和 Internet 连接"→"Internet 选项"，选择"内容"标签，在"分级审查"项目中单击"启用"按钮，进入"内容审查程序"对话框，"级别"标签中"暴力"设置为 4 级，再选择"常规"标签中"监督人密码"项目中的"创建密码"按钮，输入监督人密码，单击"确定"按钮，如图 3-28 所示。

图 3-27 “关于 Internet Explorer”对话框

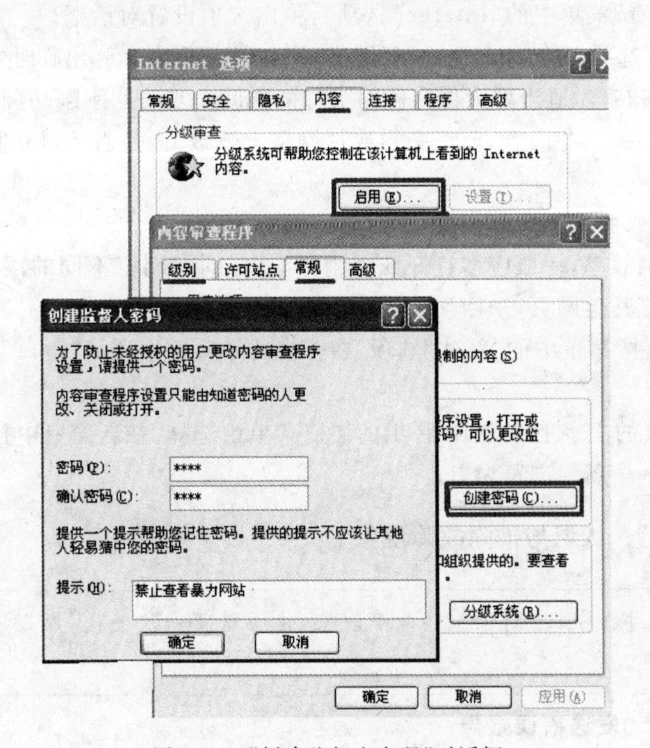

图 3-28 “创建监督人密码”对话框

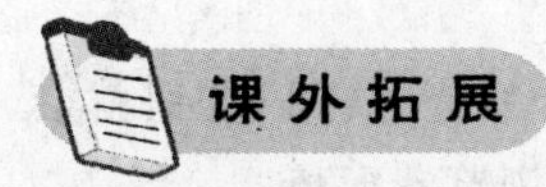

课外拓展

【拓展任务 1】 提高浏览速度

李勇在使用过程中，希望提高浏览器速度。另外，在每次开启网页都要等待一段时间，李勇希望统筹利用时间，想同时开启多个窗口。

拓展任务 1-1　快速浏览网页

（1）单击“查看”菜单中的“Internet 选项”，弹出“Internet 选项”对话框。

（2）单击“高级”选项卡。

（3）在“多媒体”选项区域中，清除“显示图片”、“播放网页中的动画”、“播放网页中的视频”和“播放网页中的声音”等全部或部分多媒体选项复选框的选中状态（见图 3-29）。

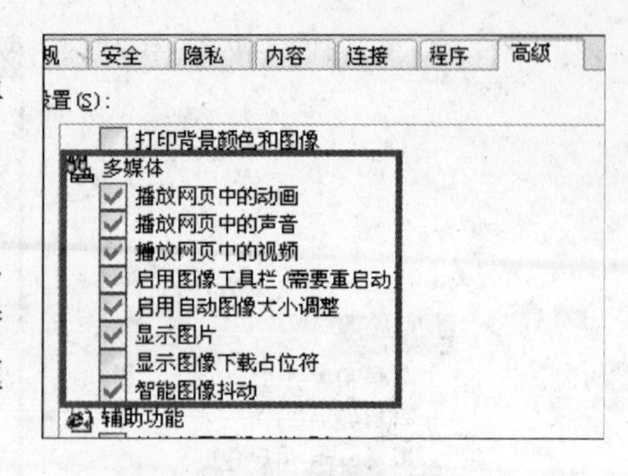

图 3-29　“多媒体”选项区域

设置好以后，在下载和显示主页时，就只显示文本内容，而不下载数据量很大的图像、声音、视频等文件，加快了显示速度。

拓展任务 1-2　快速显示以前浏览过的网页

（1）单击“查看”菜单中的“Internet 选项”，弹出选项设置对话框。

（2）在“常规”选项卡的“临时文件”区域中，单击“设置”按钮，弹出临时文件设置对话框。

（3）将滑块向右移，适当增大保存临时文件的空间。当访问刚刚访问过的网页时，如果临时文件夹中保存有这些内容，就不必再次从网络上下载，而是直接显示临时文件夹中保存的内容。

拓展任务 1-3　打开多个浏览窗口

为了提高上网效率，一般应多打开几个浏览窗口，同时浏览不同的网页，可以在等待一个网页的同时浏览其他网页，来回切换浏览窗口，充分利用网络带宽。

（1）选择“文件”菜单中的“新建”选项，在弹出的子菜单中选择“窗口”，就会打开一个新的浏览器窗口 。

（2）在超链接的文字上右击，在弹出的快捷菜单中选择“在新窗口中打开链接”命令，IE 浏览器就会打开一个新的浏览窗口。

【拓展任务 2】　认识与排除故障现象

李勇在使用过程中，碰到了一些故障现象，由于是第一次使用，所以不会解决，迫切寻求解决办法。

拓展任务 2-1　发送错误报告

【故障现象】　在使用 IE 6.0 浏览器浏览网页的过程中，出现“Microsoft Internet Explorer 遇到问题需要关闭”的信息提示（见图 3-30）。

如果单击“发送错误报告”按钮，则会创建错误报告（见图 3-31），单击“关闭”按钮就会关闭当前 IE 浏览器窗口；如果单击“不发送”按钮，则会关闭所有 IE 浏览器窗口。

【故障解决】　打开“控制面板”窗口，双击“系统”图标，进入系统属性对话框，选择“高级”选项卡后，单击“错误报告”按钮，弹出“错误汇报”对话框，选择“禁用错误汇报”单选按钮，并选中“但在发生严重错误时通知我”复选框，单击“确定”按钮，如图 3-32 所示。

拓展任务 2-2　IE 发生内部错误，窗口被关闭

【故障现象】　在使用 IE 浏览器浏览一些网页时，出现“该程序执行了非法操作，即将关

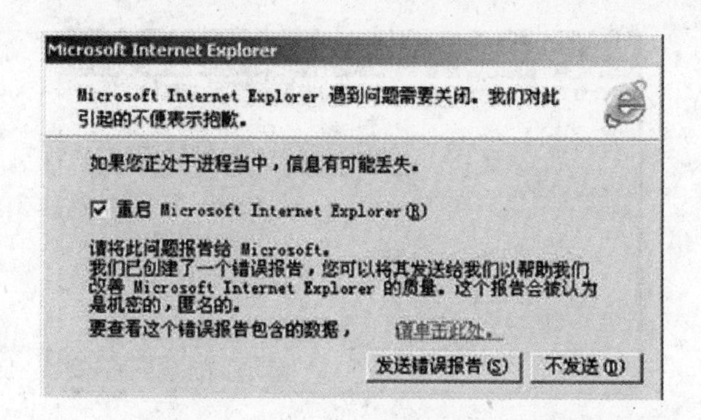

图 3-30 “Microsoft Internet Explorer 遇到问题需要关闭”的信息提示框

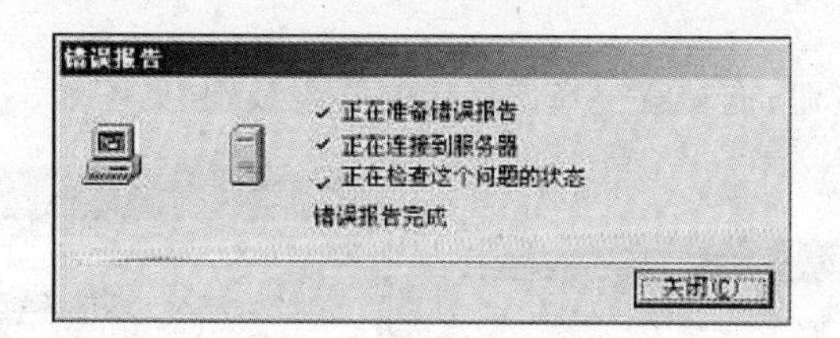

图 3-31 “错误报告”对话框

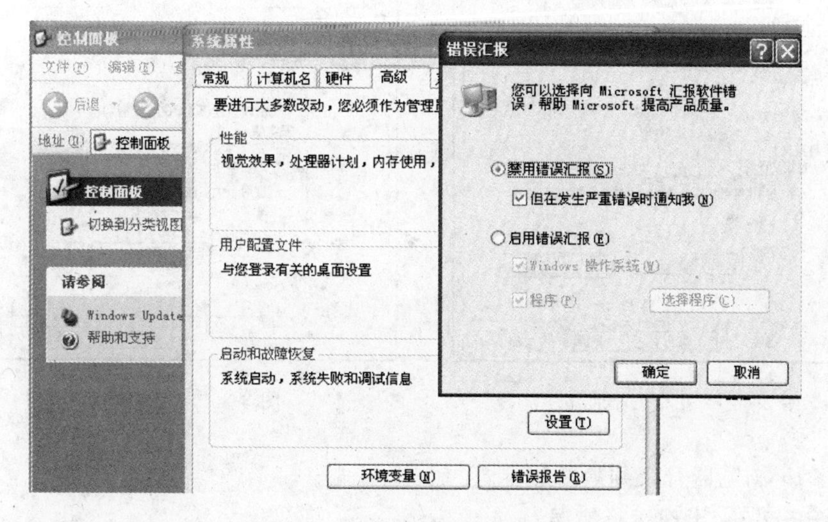

图 3-32 “禁用错误汇报”选项

闭”的错误提示对话框，单击“确定”按钮后又弹出一个对话框，提示“发生内部错误”。单击“确定”按钮后，所有打开的 IE 浏览器窗口都被关闭。

【故障点评】 该错误产生原因多种多样，如内存资源占用过多、IE 浏览器安全级别设置与浏览的网站不匹配、与其他软件发生冲突、浏览网站本身含有错误代码等。

【故障解决】

(1) 关闭过多的 IE 浏览器窗口。如果在运行需占大量内存的程序时，建议 IE 浏览器窗口打开数不要超过 5 个。

(2) 降低 IE 浏览器安全级别。执行“工具”→“Internet 选项”命令(见图 3-33)，选择“安

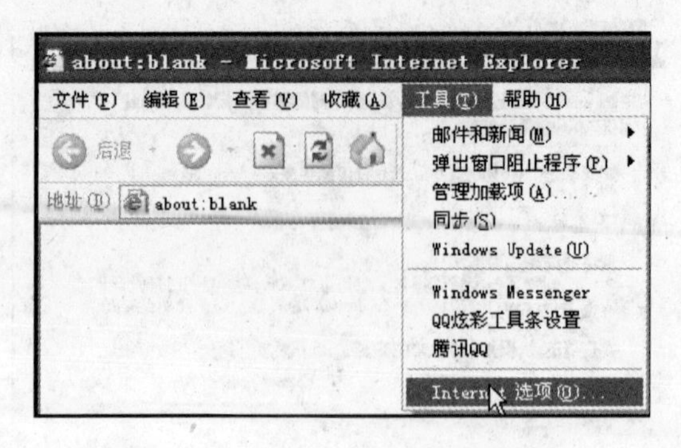

图 3-33 “工具—Internet 选项”菜单

全”选项卡(见图 3-34)。

单击“默认级别”按钮,拖动滑块降低默认的安全级别(见图 3-35)。

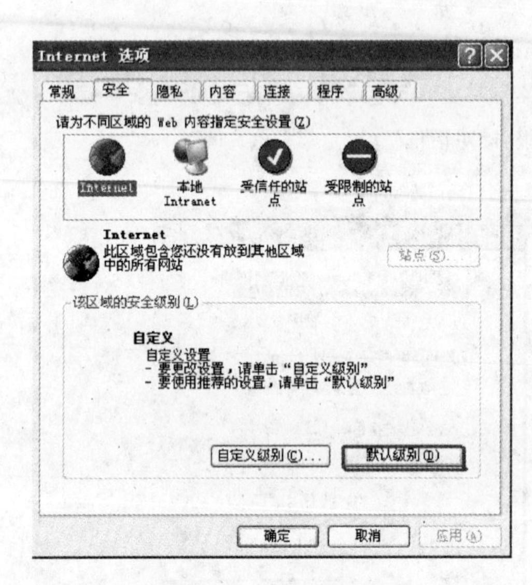

图 3-34 “安全”选项卡

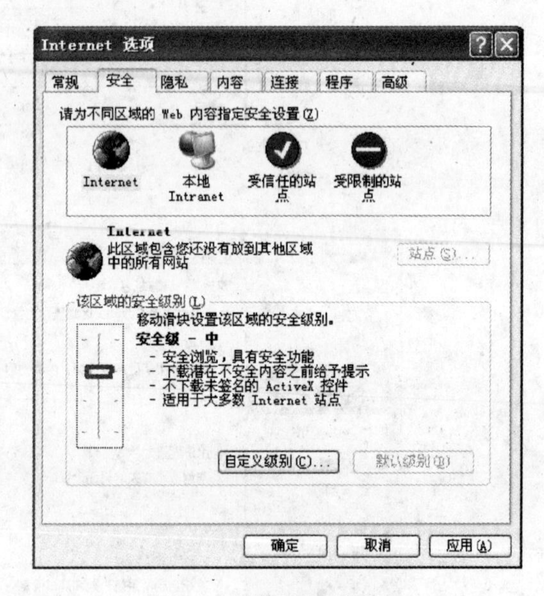

图 3-35 “默认级别”按钮

(3) 将 IE 浏览器升级到最新版本。

拓展任务 2-3 出现运行错误

【故障现象】 用 IE 浏览器浏览网页时弹出“出现运行错误,是否纠正错误”对话框,单击“否”按钮后,可以继续上网浏览。

【故障点评】 可能是所浏览网站本身的问题,也可能是由于 IE 浏览器对某些脚本不支持。

【故障解决】

(1) 启动 IE 浏览器,依次单击“工具”→“Internet 选项”命令,在弹出的“Internet 选项”对话框中选择“高级”选项卡,选中“禁止脚本调试(Internet Explorer)”复选框(见图 3-36),最后单击“确定”按钮即可。

(2) 将 IE 浏览器升级到最新版本。

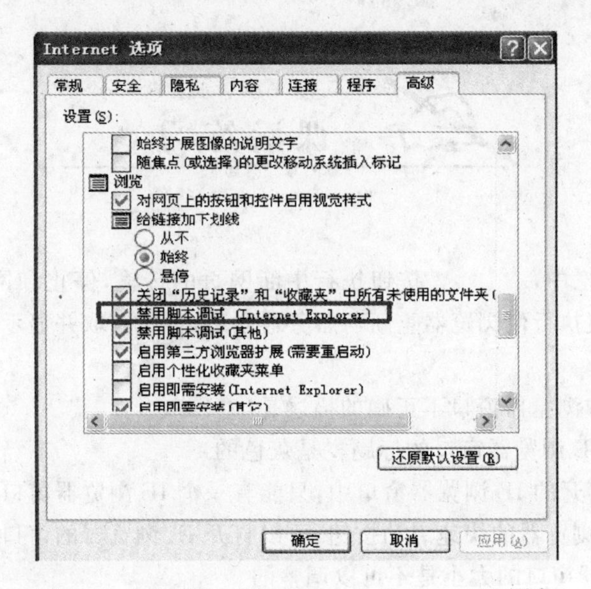

图 3-36 "禁止脚本调试(Internet Explorer)"复选框

拓展任务 2-4 不能保存 JPEG

【故障现象】 无论是使用 IE 6.0 浏览器的图像工具栏，还是用"图片另存为"来保存网页上 JPEG 格式的图形，IE 浏览器都只提供一个保存图形格式的选项——BMP 文件。

【故障点评】 可能是浏览器临时文件夹引出的问题。

【故障解决】 IE 浏览器之所以不允许保存 JPEG 格式的图片是因为临时文件夹满了。在 IE 浏览器中选择"工具"→"Internet 选项"命令，在"常规"选项卡中单击"删除文件"按钮(见图 3-37)，然后单击"确定"按钮。完成后再试试看，IE 浏览器又允许保存 JPEG 图片了。

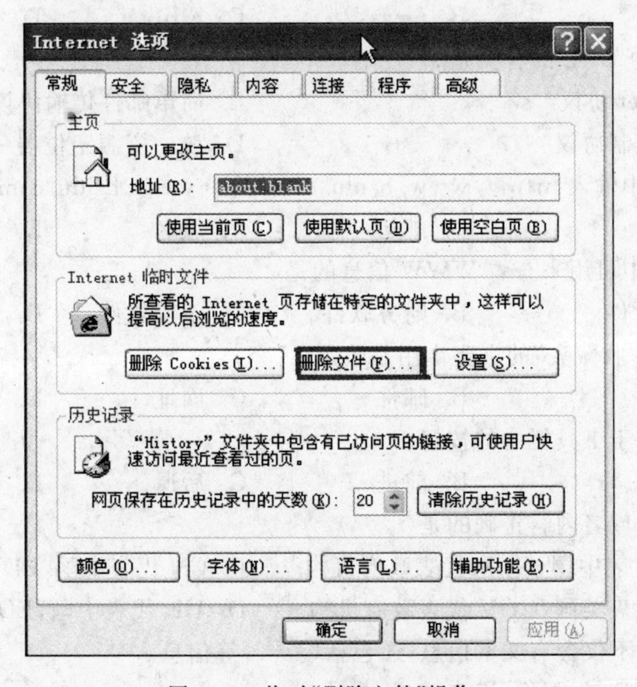

图 3-37 临时"删除文件"操作

课后练习

一、填空题

IE浏览器工具栏中，________按钮执行中断网页的传输，停止和网站服务器的联系的操作；________按钮执行使浏览器重新与服务器联系，再次获取并显示网页的内容的操作。

二、选择题

1. 下列关于IE浏览器窗口不正确的描述是(　　)。

A. 非活动IE浏览器窗口的标题栏是灰色的

B. 在多个打开的IE浏览器窗口中，只能有一个IE浏览器窗口是当前活动窗口

C. 单击IE浏览器的快速启动按钮，可以打开IE浏览器的窗口

D. IE浏览器窗口的大小是不可以调整的

2. http是(　　)。

A. 超文本传输协议　　B. 高级语言　　C. 超级链接　　D. 服务器名称

3. 用IE浏览器浏览网页时，当鼠标移动到某一位置时，鼠标指针变成☝形状，说明该位置有(　　)。

A. 超链接　　B. 病毒　　C. 黑客侵入　　D. 错误

4. 在浏览器中，从一个页面转到刚才看过的另一个页面，应当使用(　　)。

A. "前进"按钮　　B. "后退"按钮　　C. "收藏"按钮　　D. "刷新"按钮

5. 用浏览器浏览网页，在地址栏中输入网址时，通常可以省略的是(　　)。

A. ftp://　　B. news://　　C. http://　　D. mailto://

6. Internet中URL的含义是(　　)。

A. Internet协议　　B. 简单邮件传输协议

C. 传输控制协议　　D. 统一资源定位器

7. 在地址栏中输入http://www.baidu.com，其中www.baidu.com是一个(　　)。

A. 文件　　B. 邮箱　　C. 域名　　D. 国家

8. 下列软件中可用来查看WWW信息的是(　　)。

A. 游戏软件　　B. 财务软件　　C. 杀毒软件　　D. 浏览器软件

9. IE浏览器"收藏夹"的主要作用是收藏(　　)。

A. 图片　　B. 邮件　　C. 网址　　D. 文档

10. (　　)属于工具栏中的按钮。

A. 搜索　　B. 前进　　C. 后退　　D. 保存

11. 下面关于域名内容正确的是(　　)。

A. CN代表中国，GOV代表政府机构　　B. CN代表中国，EDU代表科研机构

C. AC代表美国，GOV代表政府机构　　D. UK代表中国，EDU代表科研机构

12. 超文本中不仅含有文本信息，还包括(　　)等信息。

A. 图形、声音、图像、视频

B. 只能包含图形、声音、图像,但不能包含视频

C. 只能包含图形、声音,但不能包含视频、图像

D. 只能包含图形,但不能包含视频、图像、声音

三、操作题

1. 打开“北京动物园”网站,浏览网站内容,了解“走进动物园”,然后查看“活动与新闻”,再浏览“动物园的历史”、“活动与新闻”,然后全屏显示“活动与新闻”页面,浏览完后关闭网页。

2. 将 IE 浏览器默认的主页设为 www.net130.com;并将 www.net130.com 放入收藏夹的 Cisco 文件夹中;网页在历史记录中保存 5 天。

项目4 信息检索

随着互联网的飞速发展,网络上有海量信息资源,普通网络用户要找到符合需求的资料简直犹如大海捞针。如何有效利用 Internet 的有效资源提高工作效率呢?在 Internet 上提供了很多工具帮助用户筛选、查找所需要的网页地址和资源,这些用于搜索信息的工具称为搜索引擎。

教学导航

💻【内容提要】

通过介绍一些信息检索的技巧,以达到能够在海量资源中快速、准确地定位到有用的资源。通过搜索引擎工具的使用,提高资源查找和共享的效率。本章主要介绍信息搜索技巧以及一些搜索的经验。

💻【知识目标】

- 了解搜索引擎的概念和工作原理。
- 掌握一些常用的搜索技巧。
- 熟知一些常用的搜索引擎。

💻【技能目标】

- 能使用搜索引擎快速查找资料。
- 会设定关键字。
- 会使用搜索框进行搜索。
- 具备一些信息搜索的技巧。

💻【教学组织】

- 每人一台计算机。

💻【考核要点】

- 关键字设定。
- 搜索技巧的掌握和熟练程度。
- 能熟练运用常见的搜索引擎,借助搜索工具完成任务。

💻【准备工作】

安装好操作系统、配置好网络的计算机;能连通网络。

💻【参考学时】

4 学时(含实践教学)。

项目描述

李勇练习一阵子后，已经对计算机的使用比较熟悉了，也能将浏览器运用自如。于是他开始着手使用计算机来完成他的毕业设计。

他在URL地址栏中输入URL地址进行资料搜集，输入一个关键字后发现有上千万条信息，到底哪一条有用呢？如果一条一条地查看，那么要看到何年何月才能完成？能否在最短的时间内找到最符合自己需求的内容呢？李勇开始苦思冥想，并找书籍资料学习。

项目分解

仔细分析该项目后发现，李勇同学所面临的问题是：

(1) 对搜索引擎不是很熟悉。

(2) 不会搜索信息。

(3) 没有搜索技巧。

分析后发现需要具体执行的任务如表4-1所示。

表4-1 执行任务情况表

任务序号	任务描述
任务4-1	认识搜索引擎
任务4-2	使用搜索引擎
任务4-3	使用搜索技巧

任务实施

任务4-1 认识搜索引擎

在21世纪的信息社会，几乎人人都会上网，也许你已经是个老网民，但要想在浩如烟海的互联网信息中找到自己所需要的信息，都需要一点点技巧，也就是要会搜索。搜索主要采用两种方式：直接输入网址和使用搜索引擎。

认识搜索引擎：了解搜索引擎的起源，知道什么是搜索引擎，掌握搜索引擎的工作过程和分类。

1. 搜索引擎的起源

互联网发展早期，以雅虎为代表的网站分类目录查询非常流行。网站分类目录由人工整理维护，精选互联网上的优秀网站，并简要描述，分类放置到不同目录下。用户查询时，通过一层层的点击来查找自己想找的网站。也有人把这种基于目录的检索服务网站称为搜索引擎，但从严格意义上讲，它并不是搜索引擎。

所有搜索引擎的祖先，是1990年由美国蒙特利尔市的麦吉尔大学的三名学生(Alan Emtage、Peter Deutsch、Bill Wheelan)发明的Archie(Archie FAQ)。当时人们通过FTP来共享交流资源，Alan Emtage等想到了开发一个可以用文件名查找文件的系统，这就是Archie。Archie是第一个自动索引互联网上匿名FTP网站文件的程序，但它还不是真正的搜索引擎。Archie是一个可搜索的FTP文件名列表，用户必须输入精确的文件名搜索，然后Archie会告诉用户哪一个FTP地址可以下载该文件。虽然Archie搜集的信息资源不是网页(HTML文件)，但和搜索引擎的基本工作方式是一样的：自动搜集信息资源、建立索引、提供检索服务。所以，Archie被公认为现代搜索引擎的鼻祖。后来，内华达州大学于1993年开发了一个Gopher(Gopher FAQ)搜索工具Veronica(Veronica FAQ)。Jughead是后来另一个Gopher搜索工具。

2. 搜索引擎的概念

Internet是一个全球性互联网，信息资源遍布世界的各个站点，在如此浩瀚的信息海洋中提取自己感兴趣的内容简直是大海捞针。因此，需要信息搜索工具的帮助，信息搜索工具就是常说的"搜索引擎"。

搜索引擎(Search Engine)是指根据一定的策略、运用特定的计算机程序搜集互联网上的信息，在对信息进行组织和处理后，将处理后的信息显示给用户，为用户提供检索服务的系统。

注意：搜索引擎并不真正搜索互联网，实际上它搜索的是预先整理好的网页索引数据库。

真正意义上的搜索引擎，通常指的是收集了因特网上几千万到几十亿个网页并对网页中的每一个词(即关键词)进行索引，建立索引数据库的全文搜索引擎。当用户查找某个关键词的时候，所有在页面内容中包含了该关键词的网页都将作为搜索结果被搜索出来。在经过复杂的算法进行排序后，这些结果将按照与搜索关键词的相关度高低，依次排列。

现在的搜索引擎已普遍使用超链接分析技术，除了分析索引网页本身的内容外，还分析所有指向该网页的链接的URL、甚至链接周围的文字。所以，即使某个网页A中并没有某个词比如"防火墙"，但如果有别的网页B用链接"防火墙"指向这个网页A，那么用户搜索"防火墙"时也能找到网页A，其过程如图4-1所示。而且，如果有越多的网页用名为"防火墙"的链接指向这个网页A，那么网页A在用户搜索"防火墙"时也会被认为更相关，排序也会更靠前。

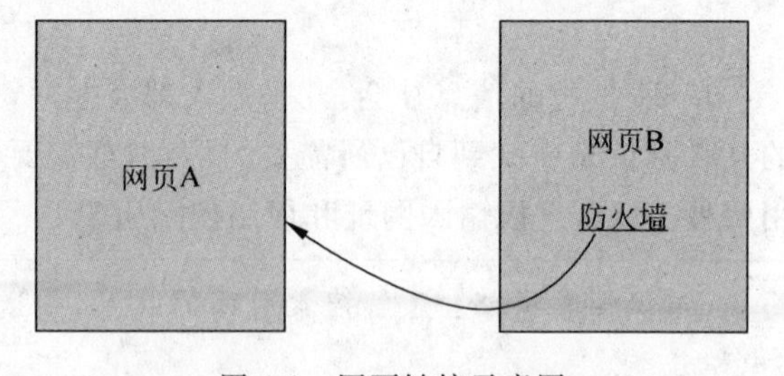

图4-1　网页链接示意图

3. 搜索引擎的工作过程

搜索引擎的工作过程，可以分为3个步骤。

(1) 从互联网上抓取网页

利用能够从互联网上自动收集网页的Spider系统程序，自动访问互联网，并沿着所访问网页中的所有URL链接到其他网页，重复这一过程，并把链接过的所有网页收集回来。

注意：搜索引擎的 Spider 一般会定期重新访问所有网页(各搜索引擎的周期不同，可能是几天、几周或几月，也可能对不同重要性的网页有不同的更新频率)，更新网页索引数据库，以反映出网页内容的更新情况，增加新的网页信息，去除死链接，并根据网页内容和链接关系的变化重新排序。这样，网页的具体内容和变化情况就会反映到用户查询的结果中。

(2) 建立索引数据库

将索引系统程序收集回来的网页进行分析，提取相关网页信息(包括网页所在 URL、编码类型、页面内容包含的关键词、关键词位置、生成时间、大小、与其他网页的链接关系等)，根据一定的相关度算法进行大量复杂计算，得到每一个网页针对页面内容中及超链接中每一个关键词的相关度(或重要性)，然后用这些相关信息建立网页索引数据库。

(3) 在索引数据库中搜索排序

当用户输入关键词搜索后，由搜索系统程序从网页索引数据库中找到符合该关键词的所有相关网页，按照计算好的相关度数值排序，相关度越高，排名越靠前。最后，由页面生成系统将搜索结果的链接地址和页面内容摘要等内容组织起来返回给用户。

注意：搜索引擎只能搜到网页索引数据库里储存的内容。不同搜索引擎的能力和偏好不同，所以抓取的网页各不相同，排序算法也各不相同。即使最大的搜索引擎建立超过二十亿网页的索引数据库，也只能占到互联网上普通网页 30%以下，不同搜索引擎之间的网页数据重叠率一般在 70%以下。为什么要使用不同的搜索引擎呢？因为不同的搜索引擎能搜索到不同的内容。

4. 搜索引擎组成

搜索引擎一般由搜索器、索引器、检索器和用户接口四个部分组成。

(1) 搜索器：在互联网中漫游，发现和搜集信息。

(2) 索引器：理解搜索器所搜索到的信息，从中抽取出索引项，用于表示文档以及生成文档库的索引表。

(3) 检索器：根据用户的查询内容在索引库中快速检索文档，进行相关度评价，对将要输出的结果排序，并能按用户的查询需求合理反馈信息。

(4) 用户接口：其作用是接纳用户查询信息、显示查询结果、提供个性化查询项。

5. 搜索引擎分类

搜索引擎的类型很多，主要的有如下几种，如表 4-2 所示。

表 4-2 搜索引擎分类列表

搜索引擎分类	功能/作用	举 例
全文搜索引擎	从网站提取信息建立网页数据库，并能检索与用户查询条件相匹配的记录，按一定的排列顺序返回结果	国外的 Google，国内的百度
目录索引	按目录分类的网站链接列表。用户完全可以按照分类目录找到所需要的信息，不依靠关键词(Keywords)进行查询	Yahoo!、新浪

续表

搜索引擎分类	功能/作用	举　例
元搜索引擎	元搜索引擎(META Search Engine)接受用户查询请求后,同时在多个搜索引擎上搜索,并将结果返回给用户	英文的InfoSpace、Dogpile、Vivisimo等,中文的搜星
集合式搜索引擎	类似元搜索引擎,但它并非同时调用多个搜索引擎进行搜索,而是由用户从提供的若干个搜索引擎中选择	HotBot在2002年年底推出的搜索引擎
门户搜索引擎	提供搜索服务,但自身既没有分类目录也没有网页数据库,其搜索结果完全来自其他搜索引擎	AOL Search、MSN Search
免费链接列表	免费链接列表(Free For All Links,FFA)只简单地滚动链接条目,少部分有简单的分类目录,规模比Yahoo!等目录索引小很多	

根据搜索结果来源的不同,全文搜索引擎又可分为两类,一类拥有自己的检索程序(Indexer),俗称"蜘蛛"(Spider)程序或"机器人"(Robot)程序,能自建网页数据库,搜索结果直接从自身的数据库中调用,上面提到的Google和百度就属于此类;另一类则是租用其他搜索引擎的数据库,并按自定的格式排列搜索结果,如Lycos搜索引擎。

主流的搜索引擎是全文搜索引擎、目录索引和元搜索引擎。全文搜索引擎和目录索引搜索引擎两种方式是使用最为广泛的,两者的主要区别如表4-3所示。

表4-3　全文搜索引擎与目录索引搜索引擎区别列表

比较项目	全文搜索引擎	目录索引搜索引擎
网站检索方式	自动检索	手工操作,用户提交网站后,目录编辑人员会亲自浏览用户网站,然后根据一套自定的评判标准甚至编辑人员的主观印象,决定是否接纳用户网站
登录情况	收录网站时,只要网站本身没有违反有关的规则,一般都能登录成功	对网站的要求高,有时即使登录多次也不一定成功
登录依据	不用考虑网站的分类问题	必须将网站放在一个最合适的目录(Directory)
搜索方式	各网站的有关信息都是从用户网页中自动提取,用户拥有更多的自主权	目录索引则要求必须手工输入网站信息,而且还有各种各样的限制,如工作人员认为提交网站的目录、网站信息不合适,在双方没有商讨的情况下工作人员可以随时对其进行调整
特点	查全率较高	准确率较高

注意:(1) 全文搜索引擎与目录索引搜索引擎两者并不是截然分开的,有相互融合渗透的趋势。原来一些纯粹的全文搜索引擎现在也提供目录搜索,如Google就借用Open Directory目录提供分类查询。而像Yahoo!这些老牌目录索引搜索引擎则通过与Google等全文搜索引擎合作扩大搜索范围。在默认搜索模式下,一些目录类搜索引擎首先返回的是自己目录中匹配的网站,如国内搜狐、新浪、网易等;而另外一些默认的是网页搜索,如Yahoo!。

(2) 为什么要使用不同的搜索引擎呢?因为不同的搜索引擎能搜索到不同的内容。

任务4-2　使用搜索引擎

搜索引擎的使用大大提高了搜索的效率，但往往搜索到的大量信息，却不是自己所需要的。如何能在Internet上快速而准确地搜索到自己感兴趣的资料呢？通常是采用关键字检索的方法，因此关键字的设置非常重要，关键字的数量、如何组合等都有一定的方法，这也就是为什么同样的搜索信息，有的人非常容易就找到了资料，而有的人却花费大力气也一无所获。

使用搜索引擎：以Google搜索引擎的使用为例介绍该引擎的使用规则和基本搜索。

下面以Google为例，介绍搜索引擎的使用方法。

1. Google搜索引擎简介

Google是由两位斯坦福大学的博士生Larry Page和Sergey Brin在1998年创立的，是一个用来在互联网上搜索信息的简单快捷的工具。它由英文单词"googol"变化而来，"Googol"是一个数学名词，表示一个1后面跟着100个零。这个词汇是由美国数学家Edward Kasner的外甥Milton Sirotta创造的，随后通过Kasner和James Newman合著的"Mathematics and the Imagination"一书广为流传。

Google是目前是世界上最大的搜索引擎，支持多达132种语言，包括简体中文和繁体中文，其目录中收录了80亿多个网址，属于全文搜索引擎。

2. Google的默认规则

(1) 不区分大小写规则：不区分英文字母的大小写，所有英文字母均作为小写处理。这样可以检索到包含该词的所有网页，避免了因为大小写不规范而造成的在查全率上的损失。

(2) And规则：Google自动拆分关键字，而且默认为"和"的关系。当你输入多个检索词之后，Google默认为要检索所有的包含所有检索词的网页，它们之间用And连接。

(3) 自动剔除"http"、"com"、"的"、"a"、"the"等词。

(4) 排除标点符号规则：Google并不认为标点符号具有与文字一样的重要地位，因此Google会忽略检索关键词中除单引号和连字符之外绝大多数的标点符号。

(5) 检索词的词序和邻近规则：在Google中，首先匹配按照检索式；然后按照检索式给出的次序进行搜索。同时它也将优先匹配检索词相互邻接的网页。

(6) 双引号""：双引号界定多个检索词，可以查到各个单词按相同顺序在一起出现的网页。

(7) 通配符＊：在检索时，如果只知道某字句的一部分，可以通过通配符来进行检索。在Google中，使用星号作为通配符运算符，表示匹配用它代表的任何词。

(8) "OR"、"＋"、"－"、"～"：在检索式中运算符OR必须以大写的形式出现，否则会把它看成是普通的检索词。OR运算符告诉Google查找包含其中任何一个词的网页。运算符"＋"表示包含运算符后面的词。运算符"－"表示不包含该运算符后面的词。运算符"～"

让 Google 检索该词及其同义词。

3. Google 搜索引擎的使用

用户不必特意访问 Google 主页就可以访问所有这些信息。使用 Google 工具栏可以从网上任何一个位置进行 Google 搜索。即使身边没有 PC,也可以通过 WAP 和 i-mode 手机等无线平台使用 Google。

打开 IE 浏览器,在“地址栏”中输入 Google 搜索引擎的网址 http://www.google.com,如图 4-2 所示,按 Enter 键或者单击地址栏右侧的“转到”按钮,打开 Google 主页。

图 4-2　打开 Google 主页

(1) 网站搜索

① Google 搜索。在图 4-2 所示的搜索框中输入要查询的内容,如“湖南铁道职业技术学院”,然后按 Enter 键或者单击搜索框右侧的“Google 搜索”按钮,打开如图 4-3 所示的页面,显示所有主题与“湖南铁道职业技术学院”相关的网站。

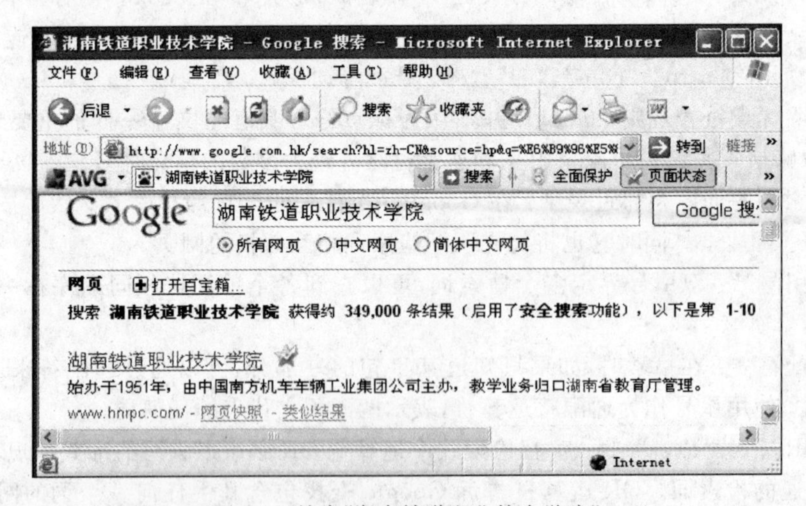

图 4-3　搜索“湖南铁道职业技术学院”

在搜索框下有“所有网页”、“中文网页”、“简体中文网页”三个单选按钮，默认为“所有网页”。

② 手气不错。在“搜索”文本框中输入要查询的内容，单击“手气不错”按钮，打开如图 4-4 所示的页面，Google 将直接进入“湖南铁道职业技术学院”的主页 http://www.hnrpc.com/。

图 4-4 搜索内容的主页

(2) 图片搜索

方式一：基本搜索

① 单击 Google 主页上“搜索”文本框下的“图片”按钮，打开如图 4-5 所示的“Google 图片-Microsoft Internet Explorer”窗口。

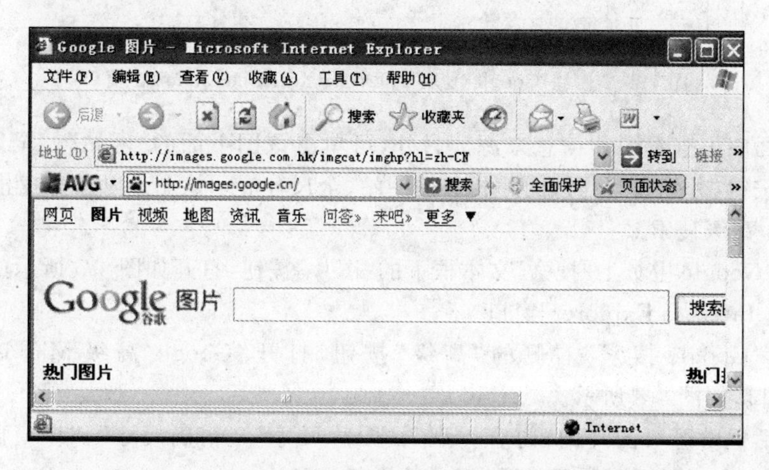

图 4-5 “Google 图片 Microsoft Internet Explorer”窗口

② 在图 4-5 所示的“Google 图片”的“搜索”文本框中输入要查找图片的主要关键词，如“网络”，然后按 Enter 键或单击“搜索图片”按钮，则会打开与网络相关的“网络-Google 搜索-Microsoft Internet Explorer”窗口，如图 4-6 所示。

③ 单击感兴趣的图片，则打开“网络-Google 图片-Microsoft Internet Explorer”窗口，如图 4-7 所示。

图 4-6 “网络-Google 搜索-Microsoft Internet Explorer”窗口

图 4-7 “网络-Google 图片-Microsoft Internet Explorer”窗口

在该页面中可查看图片信息来源。另外,可单击该图下面的“网站”、“全尺寸图片”和“相似图片”按钮,分别查看与该图片相关的网站、全尺寸展示该图片以及查找相似的图片。

方式二:高级搜索

① 单击 Google 主页上“搜索”文本框下的“图片”按钮,打开如图 4-5 所示的“Google 图片-Microsoft Internet Explorer”窗口。

② 单击“Google 搜索”右侧的“高级”按钮,打开“Google 高级-Microsoft Internet Explorer”窗口,如图 4-8 所示。

在该对话框中可对图片的“内容类型”、“图片尺寸”、“精确尺寸”、“纵横比”、“文件类型”、“图片颜色”、“网站”、“使用权限”等参数进行设置。

如需要查找较大尺寸、与菊花相关的彩色照片,并且该照片标明为可以使用的菊花照片,则可在查找内容中输入“菊花”,“内容类型”中选择“照片内容”单选按钮,“图片尺寸”参数选择下拉列表框中的“大尺寸”项,“图片颜色”参数中选择下拉列表框中的“全彩图片”项,“使用权限”参数选择下拉列表框中的“标明可供使用”选项,然后单击“Google 搜索”按钮,则可找到更符合要求的图片。

③ 设置图片显示。在“Google 图片-Microsoft Internet Explorer”窗口中,单击“Google

搜索”右侧的“设置”按钮，打开“设置-Microsoft Internet Explorer”窗口，如图 4-9 所示。可对“界面语言”、“搜索语言”及每页显示的“结果数量”、“结果窗口”、“简繁转换”、“查询建议”等参数分别进行设置，根据需要设置完毕后，单击右下角的“保存设置”按钮，则完成了显示设置。

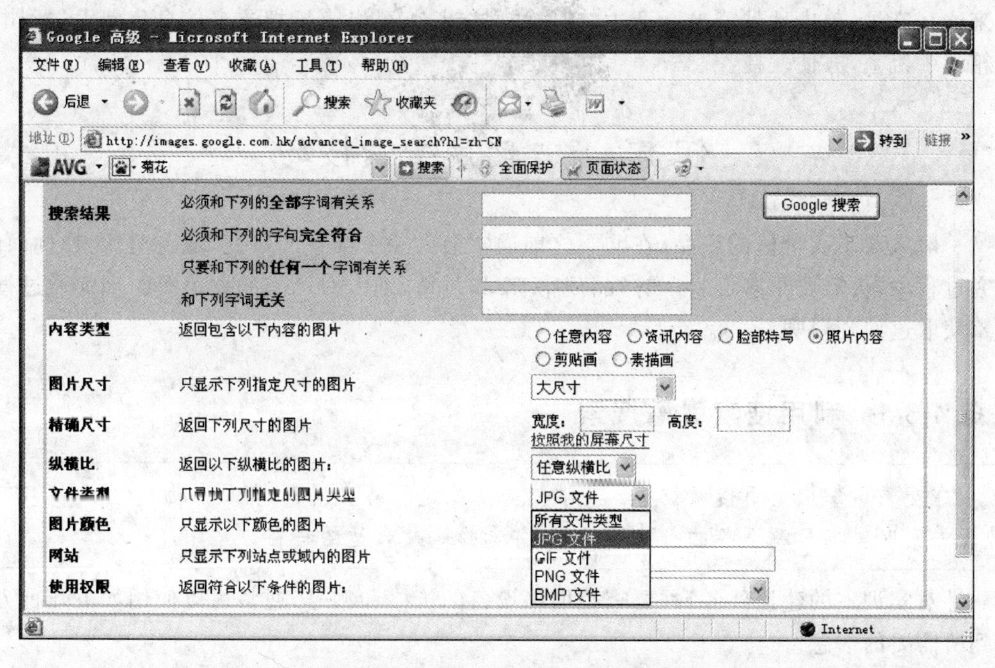

图 4-8 “Google 高级-Microsoft Internet Explorer”窗口

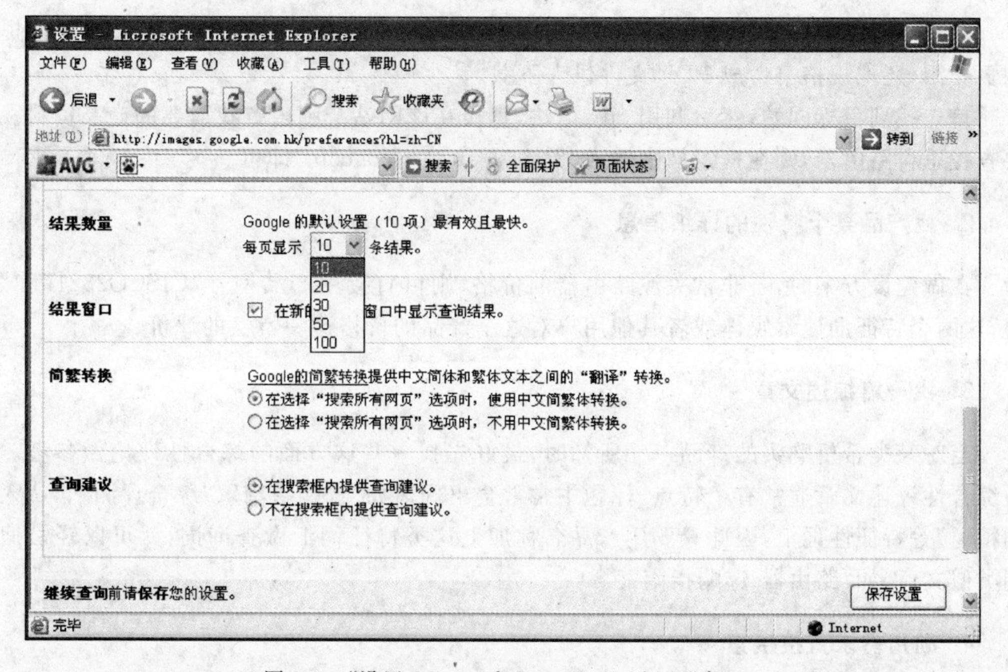

图 4-9 “设置-Microsoft Internet Explorer”窗口

(3) 其余内容搜索

如"视频"、"购物"、"地图"、"音乐"等内容的搜索方式与图片的搜索方式相同,在此不再详细介绍。

如果在谷歌地图上查到一个地方的地址或电话时,不再需要用纸笔把这个地址、电话抄下来这么麻烦,单击地址或电话旁边的"发送"按钮,就可以直接把这个信息免费发送到电子邮箱或手机上,方便快捷。

任务 4-3 使用搜索技巧

一般人对于高价值的产品,在购买之前通常会做一个细致的研究,通过对比,择优而购。研究过程中,会需要很多资料,如产品规格,市场行情,别人对产品的评价等。如何通过搜索引擎获取这些资料呢?

任务 4-3-1 利用搜索引擎搜索

在搜索引擎中使用搜索技巧:某学校需要扩建网络实训室,需要增加一些设备,在做建设方案时需要了解设备的价格和型号,并选择一款合适的写在方案中。

针对实训室的建设任务,需要查找网络设备的价格和型号,通常可以使用如下几种方式找到所需要的信息。

1. 到制造商的官方网站上找第一手产品资料

对于高价值的产品,制造商通常会有详细而且权威的规格说明书。很多公司不但提供网页介绍,还把规格书做成 PDF 文件供人下载。

首先找到目标网站,然后利用 site 语法,直接在该网站范围内查找需要的产品资料。如要查找思科路由器,则在搜索框中输入"路由器 site:cisco.com"即可。

2. 找产品某个特性的详细信息

在做建设方案时,若非常关注路由器的价格,则可直接用产品型号"CISCO2821"和"价格"这两个特征词搜索媒体或者其他用户对这个产品的价格这一特性的评价。

3. 找一篇综述文章

当对某类希望购买的产品一无所知时,最好先找一些这方面的综合性评论做参考。这类综合性评述文章通常有个特点,标题中常常会出现诸如"选购指南"、"综合评测"、"从入门到精通"等特征性词汇,因此只要用产品名称加上这类特征词汇做查询词,就可以轻松搜索到类似文章,如"路由器 选购指南"。

4. 利用需求直接搜索

如果对产品比较熟悉,也可以利用产品名称和提炼的需求,组成查询词进行搜索。例如

需要找一台用钻石珑显像管制成的19英寸显示器(特性是19英寸和钻石珑显像管),因此可以将关键字设为:19英寸显示器 钻石珑显像管。

5. 常用搜索技巧

根据关键字搜索Web页常用的方法有如下几种。

(1) 使用空格

检索信息需要多个关键字时,不同关键字之间用一个空格隔开,则可以找到更精确的结果。

注意:虽然搜索引擎可以自动将不同的关键字拆分后搜索,但最好在不同词语之间输入空格,尤其是在查询词比较复杂时,这样得到的搜索结果会更准确。

(2) "+"和"-"号

用"+"和"-"号将多个关键字组合起来进行搜索。

① "+":限定关键字一定出现在查询结果中。如"超级女声"+"湖南",搜索结果中必定显示有湖南和超级女声的关键字。

② "-":如果搜索结果中包含了很多不想查找的内容,可使用减号去除这些查询词,限定关键字一定不要出现在查询结果中。如"超级女声"-"湖南",搜索结果中必定不显示有湖南的关键字。

注意:"+"和"-"号前面必须加空格。

(3) 使用双引号

① 当使用较多的关键字进行搜索时,搜索引擎会依据关键字的字符串做拆字处理。若你需要得到精确、不拆字的搜索结果,可在查询词前后加上双引号。如"湖南超级女声"得到的搜索结果5950条,而湖南超级女声的搜索结果却有201000条。

② 因为Google会忽略最常用的词和字符,如"的"。为了使搜索更精确,可使用双引号将"的"强加于搜索项中。

任务4-3-2　通过关键词搜索网页

李勇刚刚接触网络不久,对搜索引擎没有很深入的理解,使用也不熟悉,要到互联网上查找资料——搜索引擎,他该怎么办呢?

李勇不知道有哪些搜索引擎,但可以根据关键字来搜索相关的网页。通过关键字搜索网页的具体步骤如下:

(1) 启动IE浏览器,单击工具栏的"搜索"按钮,在窗口左侧出现"搜索"窗格,如图4-10所示。

(2) 在"查找包含以下内容的网页"文本框中输入需要搜索的关键字,如"搜索引擎 使用方法"。

(3) 单击"搜索"按钮,即开始搜索。结果如图4-11所示。单击搜索列表中的任意一个链接,IE浏览器会自动链接到相应的网页。

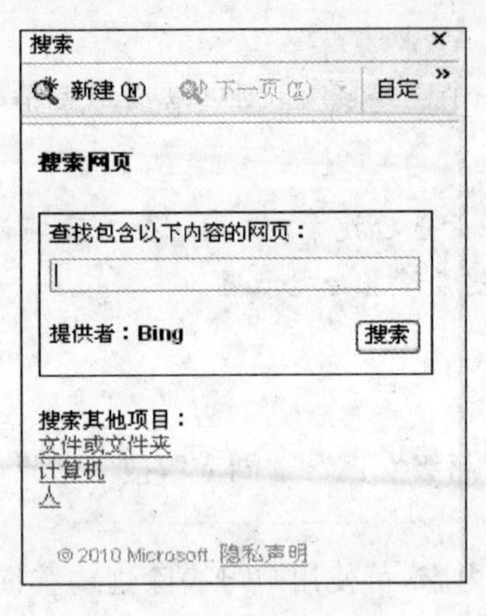

图 4-10 “搜索”窗格

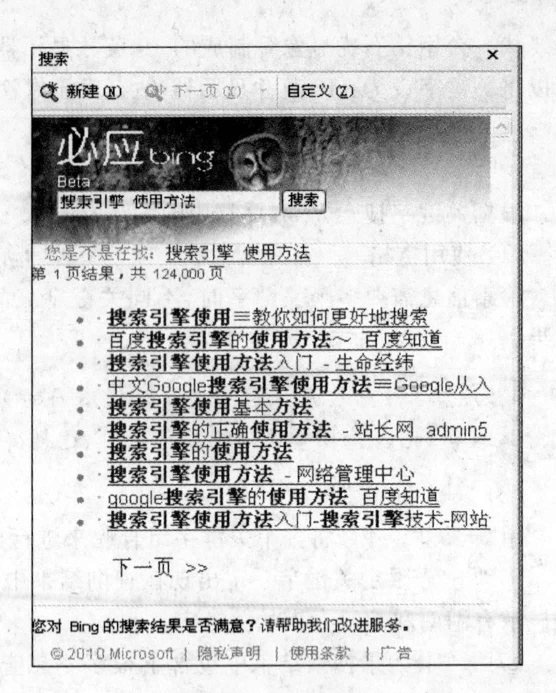

图 4-11 搜索结果

【知识链接 1】 国外著名英文搜索引擎

国外比较著名的英文搜索引擎及对应的网址如表 4-4 所示。

表 4-4 英文搜索引擎与网址对应表

序号	搜索引擎	网 址	序号	搜索引擎	网 址
1	Google	http://www.google.com	10	HotBot	http://www.hotbot.com
2	Yahoo!	http://www.yahoo.com	11	MSN Search	http://search.msn.com
3	Live	http://www.live.com	12	Teoma	http://www.teoma.com
4	SearchMash	http://www.searchmash.com	13	AltaVista	http://www.altavista.com
5	ASK	http://www.ask.com	14	Gigablast	http://www.gigablast.com
6	Search	http://www.search.com	15	LookSmart	http://www.looksmart.com
7	Ask Jeeves	http://www.askjeeves.com	16	Lycos	http://www.lycos.com
8	AllTheWeb	http://www.alltheweb.com	17	Open Directory	http://dmoz.org/
9	GuTon Search	http://www.guton.com	18	Netscape Search	http://search.netscape.com

目前经常使用的搜索引擎主要有 google(www.google.com)，baidu(www.baidu.com)，Yahoo!(www.yahoo.com.cn)，sohu(www.sohu.com)，网易(www.yeah.net)等，它们都有自己的数据库，保存着 Internet 上不断更新的信息。当用户访问其主页时，可以输入要查找的关键词，然后提交，搜索引擎就会在自己的数据库中检索，并将检索的结果返回页面。

【知识链接 2】 搜索引擎优化

搜索引擎优化(Search Engine Optimization,SEO),一般可简称为搜索优化。与之相关的搜索知识还有 Search Engine Marketing(搜索引擎营销),Search Engine Positioning(搜索引擎定位)、Search Engine Ranking(搜索引擎排名)等。

【知识链接 3】 搜索引擎自动信息搜索功能

搜索引擎的自动信息搜索功能分两种,即定期搜索和提交网站搜索。

(1) 定期搜索

定期搜索是针对搜索引擎而言的,即每隔一段时间(比如 Google 一般是 28 天),搜索引擎主动派出 Spider 系统程序,对一定 IP 地址范围内的互联网站进行检索,一旦发现新的网站,它会自动提取网站的信息和网址加入自己的数据库。

(2) 提交网站搜索

提交网站搜索是针对网站拥有者而言的,即网站拥有者主动向搜索引擎提交网址,搜索引擎在一定时间间隔内(2 天到数月不等)派出 Spider 系统程序扫描网站,并将有关信息存入数据库,以备用户查询。

注意:主动提交网址并不能完全保证网站能进入搜索引擎数据库,最好是能多获得一些外部链接,让搜索引擎有更多机会找到并自动收录网站。

【知识链接 4】 Google 搜索的语法结构

使用 Google 所提供的特殊的语法结构,能够帮助用户缩小检索范围,更有效地找到所需要的内容。在一般情况下,Google 将整个网页进行收录和索引,通过专门的语法结构,可以让用户搜索网页的某些特定部分或者特定信息。

搜索语法如表 4-5 所示。

表 4-5 语法列表

关键字	作 用	格 式	实 例	实例说明
site	搜索结果局限于某个具体网站或者网站频道	关键字 site:网站	湖南 超级女声 site:sina.com	搜索包含“湖南”和“超级女声”的新浪网站页面
link	返回所有链接到某个 URL 地址的网页	Link: URL 地址	Link:www.sina.com	搜索所有含指向新浪“www.sina.com”链接的网页
inurl	返回的网页链接中包含第一个关键字,后面的关键字则出现在链接中或者网页文档中	inurl:关键字 1 关键字 2	例 1 inurl:security windows2000 site:microsoft.com 例 2 乔丹经典 inurl:photo 例 3 firefox inurl:download	查找微软网站上关于 Windows 2000 的安全课题资料 搜索“乔丹经典”图片 搜索“Firefox”软件的下载页面

续表

关键字	作　　用	格　　式	实　　例	实例说明
allinurl	返回的网页的链接中包含所有查询关键字。这个查询的对象只集中于网页的链接字符串	allinurl：关键字	allinurl："cgi-bin" phf＋com	查找可能具有PHF安全漏洞的公司网站。通常这些网站的CGI-BIN目录中含有PHF脚本程序（这个脚本是不安全的），表现在链接中就是"域名/cgi-bin/phf"
intitle	标题搜索	关键字 intitle：关键字	商业 intitle：超级女声	在所有标题中包含"超级女声"的网页中寻找出现"商业"关键字的结果
intext	正文检索	intext：关键字	intext："GeForce 7800"＋3Dmark03＋3Dmark05	找到GeForce 7800的3Dmark03以及3Dmark05测试成绩
related	搜索结构内容方面相似的网页	related：网页地址	related：www. sina. com /index. html	搜索所有与中文新浪网主页相似的页面，如网易首页，搜狐首页
info	显示与某链接相关的一系列搜索	info：链接地址	info：www. sina. com	查找和新浪首页相关的一些资讯
filetype	搜索某一类文件	Filetype：扩展名	Filetype：pdf Windowsxp	搜索关于Windows XP的PDF类型的文件

注意：(1) 表格中的冒号为英文字符，后面不能有空格，否则，"site："等将被作为一个搜索的关键字。

(2) site搜索的网站域名不能有"http"以及"www"前缀，也不能有任何"/"的目录后缀；网站频道只局限于"频道名.域名"方式，而不能是"域名/频道名"方式。如"超级女声 site：edu. sina. com. cn/1/"的写法是错误的。

(3) "inurl："后面不能有空格，google也不对URL符号如"/"进行搜索。google对"cgi-bin/phf"中的"/"当成空格处理。

(4) "intitle"后面跟最重要的关键字，例如想找圆明园的历史，如果选择"圆明园 历史"为关键字，不如选"历史 intitle：圆明园"效果好。

疑难解析

疑难：在"搜索"文本框中输入关键字以后，得到了大量的返回结果，无法快速找到所需要的信息该怎么办？

答：查询关键词表述是否准确是获得良好搜索结果的必要前提，搜索引擎会严格按照查询关键词去搜索，如果关键词表述错误或表述不准确，会导致找不到查询信息或者查询信息太多而无法查找。

如某三年级小学生，想查找一些关于时间的名人名言，输入查询关键词是“小学三年级关于时间的名人名言”，获得约 175 000 条结果。

从其查询意图来看，是小学三年级的学生查找关于时间的名人名言，真正的目的是时间的名人名言，因此可以直接设置关键字为“时间 名人名言”就可以了。

课外拓展

【拓展任务】 信息搜索关键词设置

在工作和生活中，会遇到各种各样的疑难问题，比如计算机中病毒了，人被开水烫伤了等。很多问题其实都可以在网上找到解决办法。怎样能找到自己所需要的疑难解答呢？

> 李勇在上网时，自己设置的浏览器默认主页是“about:blank”，有一天突然发现打开浏览器就进入了另外一个不熟悉网站的主页，不知是什么原因，于是他马上查找解决办法。

解决这类疑难，核心问题是如何构建查询关键词。一个基本原则是，在构建关键词时，尽量不要用自然语言（所谓自然语言，就是我们平时说话的语言和口气），而要从自然语言中提炼关键词。也就是说，猜测信息的表达方式，然后根据这种表达方式，取其中的特征关键词，从而达到搜索目的。

任务现象表明是李勇上网时遇到了陷阱，浏览器默认主页被修改并锁定。因为从来没有碰到过这个问题，只好到互联网上寻求解决办法，该怎样设置关键词呢？首先要确定的是，不要用自然语言。比如，有的人可能会这样搜索“我的浏览器主页被修改了，谁能帮帮我呀”。这是典型的自然语言，但网上和这样的话完全匹配的网页，几乎就是不存在的。因此这样的搜索常常得不到想要的结果。本次疑难的主要对象是浏览器的主页，发生了默认主页被修改（锁定）事件。因此，可以将关键词设置为“浏览器”、“主页”、“被修改”，在这类信息中出现的概率会最大。至于“锁定”，用词比较专业化，出现所需信息的概率较小。

一般情况下，只要对问题作出适当的描述，在网上基本就可以找到解决对策。

课后练习

一、填空题

1. “搜索引擎”是一个提供________和________的程序，它能把互联网“海量”的信息进行________和________，帮助人们在“网海”中迅速搜索到有用的信息。

2. 搜索引擎通常使用“________”进行检索，需要根据查找的________，确定一个或几个________的词汇，作为“________”，帮助搜索要找的信息。

3. 可以通过使用多个关键词来________搜索范围。

4. 一般来说，提供的“关键词”越多，搜索引擎返回的结果就越________。

5. 互联网络上的信息常常以________、________、________和________等不同形式存储。

6. 搜索引擎是利用网络________技术对Internet信息资源进行标引，并为用户提供检索服务的一种工具。

7. 在百度中，为获得更精确的搜索结果，可输入多个词语搜索，不同字词之间用一个________隔开。

二、选择题

1. “1987年，中国互联网创始人________先生通过国际互联网向前西德卡尔斯鲁厄大学发出了中国第一封电子邮件《穿越长城，走向世界》。”要完成这道题，请问应该在搜索引擎中输入(　　)关键字。

A. 1987年

B. 中国互联网 第一封电子邮件

C. 中国互联网 创始人 穿越长城 走向世界

D. 中国互联网 创始人

2. 与雅虎搜索引擎对应的网址是(　　)。

A. http://www.yahoo.com　　B. http://www.sogou.com

C. http://www.google.com　　D. http://www.baidu.com

3. 搜索引擎优化的英文全称是(　　)。

A. Search Engine Optimization　　B. Search English Open

C. Shop English　　D. 以上都不对

4. 在搜索引擎中输入inurl:security Windows 2000的目的是(　　)。

A. 查找微软网站上关于Windows 2000的安全课题资料

B. 查找包含security Windows 2000在内的网页

C. 搜索所有与security Windows 2000主页相似的页面

D. 以上都不对

5. Google搜索引擎是(　　)。

A. 目录索引搜索引擎　　B. 全文搜索引擎

C. 元搜索引擎　　D. 链接搜索引擎

6. Google搜索引擎的默认规则是(　　)。

A. 不区分大小写　　B. “+”、“-”符号在搜索中不起作用

C. “的”、“和”等词在搜索时会考虑在内　　D. 不能搜索自然语言

7. 在地址栏中输入http://www.baidu.com，www.baidu.com是(　　)。

A. 百度搜索引擎　　B. 邮箱　　C. 地址　　D. 国家

8. 下面(　　)不是Internet上的搜索引擎。

A. SOHU　　B. Infoseek　　C. Yahoo!　　D. Telnet

三、操作题

1. 李刚在坐出租车时听到收音机里放了一首很好听的歌，很想下载下来放在自己的

MP3 播放器上,但是忘记了歌名,只记得有句歌词唱道:"我遇见谁,会有怎样的对白;我等的人,他在多远的未来……"请帮他查找一下这首歌的歌名。

2. 最近小明给朋友发 QQ 信息时后面总会带一句"这个网站 http://www.ktv530.com 不错,快来看看"的信息,朋友看了这个网站也会同样出现这种情况,看这是怎么回事?

3. "生命在于运动",这句话不仅道出了生命活动的基本规律,同时也为人们指明了预防疾病、消除疲劳、获取健康长寿的重要途径。请搜索确定这是法国哪位著名思想家的名言。

项目5 资源共享

计算机网络最主要的功能是资源共享和通信，资源涉及很多方面：软件、数据、硬件等。文件是资源共享最重要的内容，为了方便，文件通常应用文件夹来实现存放和分类，文件的共享也就是文件夹的共享；网络中应用最多的硬件资源就是打印机等设备。如何设置文件夹和打印机共享并保证安全是本章需要解决的内容。

教学导航

【内容提要】

使用网络最主要的一个目标就是实现资源共享。在工作生活中，资源共享既包括软件方面的共享，也包括硬件设备的共享。本项目主要是为了实现文件、文件夹、打印机等安全共享。

【知识目标】

- 了解磁盘文件系统。
- 掌握各种 Windows 系统的文件夹共享设置的方法。
- 掌握打印机共享设置的方法。
- 掌握文件夹和打印机的安全设置的方法。

【技能目标】

- 学会设置文件夹共享的方法。
- 熟悉文件夹的权限设置。
- 熟练掌握打印机共享和安全设置的方法。
- 具备信息共享能力。

【教学组织】

- 每人一台计算机，一个小组一台打印机。

【考核要点】

- 文件、文件夹共享设置。
- 共享教师提供的资料。
- 使用网络打印机打印测试页。

【准备工作】

安装好操作系统、配置好网络的计算机；打印机安装驱动；系统盘。

【参考学时】

4 学时(含实践教学)。

项目描述

李勇在上课时，老师告诉他们：学习资料存放在IP地址为192.168.0.25的主机上，自己到这个地址上去下载，如果认为自己课后还需要复习的话，可以将这些资料打印出来（在教学区有一台打印机）。

项目分解

仔细分析该项目后发现，李勇同学所面临的问题是：

(1) 学习资料在教师机上，需要共享。

(2) 将资料打印出来，以便今后使用。

(3) 资料使用的权限需要考虑。

分析后发现需要具体执行的任务如表5-1所示。

表5-1　执行任务情况表

任务序号	任务描述
任务5-1	文件和文件夹的共享及其安全设置
任务5-2	打印机的共享与安全设置

任务实施

任务5-1　文件和文件夹的共享及其安全设置

针对Microsoft网络的文件与打印共享组件，允许网络中的计算机通过Microsoft网络访问其他计算机上的资源。这种组件在默认情况下将被安装并启用。文件与打印共享组件通过TCP/IP协议以连接为单位加以应用，为使用该组件所提供的功能，必须对本地文件夹进行共享。

当发现有好看的电影、好玩的游戏等容量非常大的资源需要从一台计算机转移到另外一台计算机时，需要容量很大的闪速存储器（俗称U盘）复制，而且不能确定闪速存储器是否携带病毒，若其携带病毒可能有导致整台计算机中毒。使用文件和文件夹共享的方式，可以避免使用闪速存储器复制，既避免了通过闪速存储器传播病毒，又可以省却闪速存储器容量小的烦恼。

任务5-1-1　认识文件系统

认识文件系统：不同操作系统、不同文件系统的文件夹和文件的共享和安全设置都不一样，首先要了解主要的文件系统。

Windows 的操作系统上有多个文件系统：FAT12、FAT16、FAT32、NTFS、NTFS5.0 和 WINFS 等。不同文件格式、不同操作系统的文件夹和打印机共享和安全设置不一样，Windows 98 和以前的系统只能对 FAT 格式的文件夹设置共享和安全，到其后的版本如 Windows 2000、Windows XP 等同时支持 FAT 格式和 NTFS 格式。

本任务主要完成对主流的文件系统的认识，如 FAT32 格式和 NTFS 格式。

1. FAT32 格式

FAT(File Allocation Table)即文件分配表，FAT32 是 FAT 系列的最新的一个版本，采用 32 位的文件分配表，磁盘的管理能力大大增强，突破了 FAT16 2GB 的分区容量的限制。由于现在的硬盘生产成本下降，其容量越来越大，运用 FAT32 的分区格式后，可将一个大硬盘定义成多个分区，大大方便了对磁盘的管理。

支持 FAT32 格式的操作系统有 Windows 95、Windows 98、OSR2、Windows 98 SE、Windows Me、Windows 2000 和 Windows XP 等。

FAT32 格式的缺点主要有：

(1) 最大的限制在于兼容性方面，FAT32 不能保持向下兼容。

(2) 当分区小于 512MB 时，FAT32 不会发生作用。

(3) 单个文件不能大于 4GB。

2. NTFS 格式

NTFS 文件系统是一个基于安全性的文件系统，建立在保护文件和目录数据的基础上，同时照顾节省存储资源、减少磁盘占用量的一种先进的文件系统。有 4.0 和 5.0 版本，如果需要设置 AD(Active Directory)的情况则必须使用 NTFS 格式。

NTFS 格式的优点主要有：

(1) 更为安全的文件保障，提供文件加密，能够大大提高信息的安全性。

(2) 更好的磁盘压缩功能。

(3) 可赋予单个文件和文件夹权限，针对同一个文件或者文件夹可以为不同用户指定不同的权限。可以为单个用户设置权限。

(4) 支持活动目录和域：可以帮助用户方便灵活地查看和控制网络资源。

3. FAT32 格式与 NTFS 格式比较

FAT32 格式与 NTFS 格式的区别如图 5-1 和图 5-2 所示。

任务 5-1-2　Windows XP 下文件夹的共享设置

> 文件夹共享设置：不同操作系统下文件夹的共享设置都不一样，本处主要介绍 Windows XP 操作系统环境下文件夹的共享设置。

不同操作系统环境下文件夹共享设置不同，如在 Windows 2000 下文件夹的共享设置非常方便，右击需共享的文件夹，单击“属性”命令，然后切换到“共享”选项卡即可进行设置。

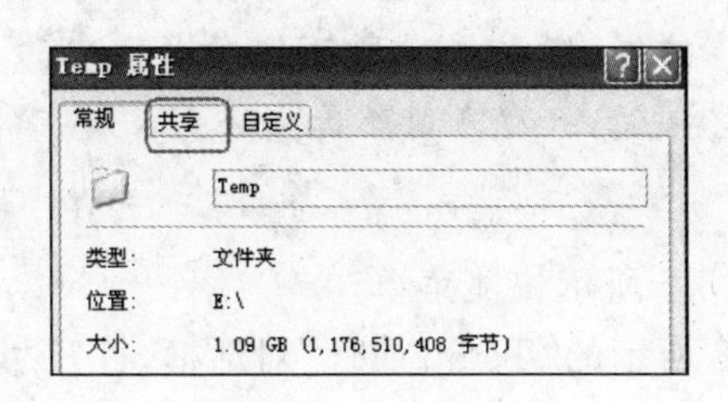

图 5-1　FAT32 格式

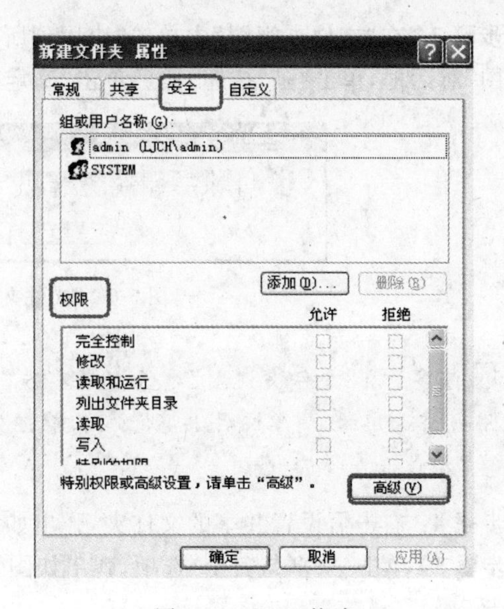

图 5-2　NTFS 格式

在 Windows XP 下文件夹共享的设置不像在 Windows 2000 下那么简单，在 NTFS 格式化的磁盘下安装 Windows XP 系统，设置文件夹共享时会出现如图 5-3 所示的"属性"对话框，不能设置共享，那怎么办？是不是 Windows XP 的 NTFS 格式不能设置文件夹共享呢？当然不是。在 Windows XP 下共享文件需要"设置"一个选项。解决步骤如下。

步骤 1：打开"资源管理器"，单击"工具"菜单，单击"文件夹选项"命令(见图 5-4)，

步骤 2：打开如图 5-5 所示的"文件夹选项"对话框，单击"查看"选项卡(见图 5-5)，在"高级设置"中选择"使用简单文件共享"复选框。

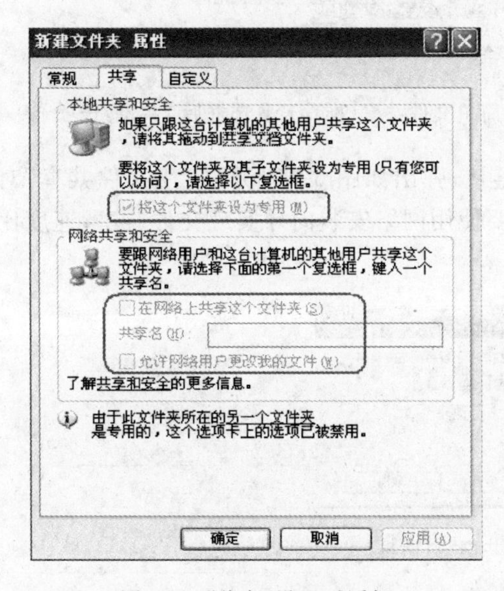

图 5-3　"共享"设置对话框

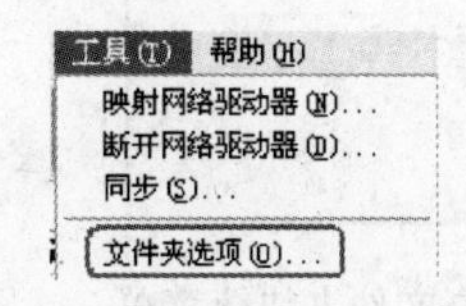

图 5-4　"文件夹选项"命令

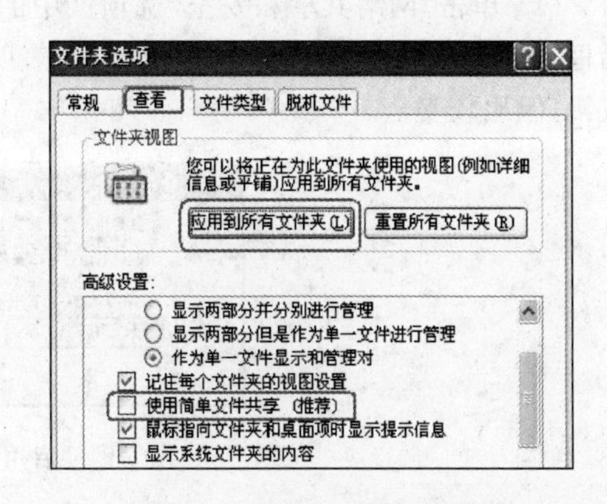

图 5-5　"文件夹选项"对话框

步骤 3：在“文件夹视图”中单击“应用到所有文件夹”按钮，弹出如图 5-6 所示的“文件夹视图”对话框，单击“是”按钮，然后单击“确定”按钮。

图 5-6 “文件夹视图”对话框

注意：在“文件夹视图”对话框中单击“是”按钮，则系统中所有磁盘分区中的文件都采用当前选用的“简单文件共享”方式，单击“否”按钮，只有当前所选文件夹采用“简单文件共享”方式。

步骤 4：右击需设置共享的文件夹，弹出如图 5-7 所示快捷菜单。

步骤 5：单击“共享与安全”选项，弹出如图 5-8 所示的“Temp 属性”对话框，打开“共享”选项卡。

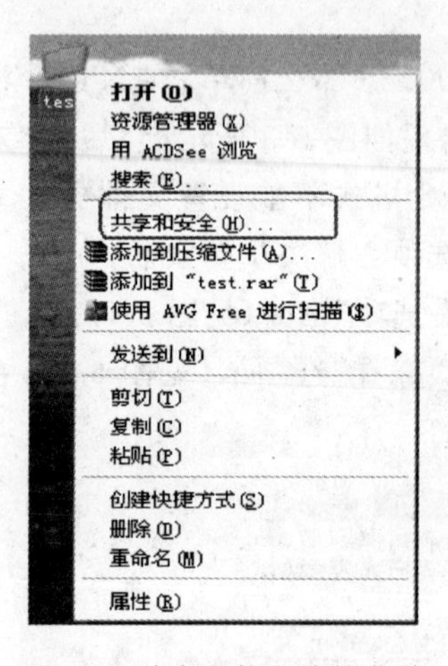

图 5-7 共享文件夹快捷菜单

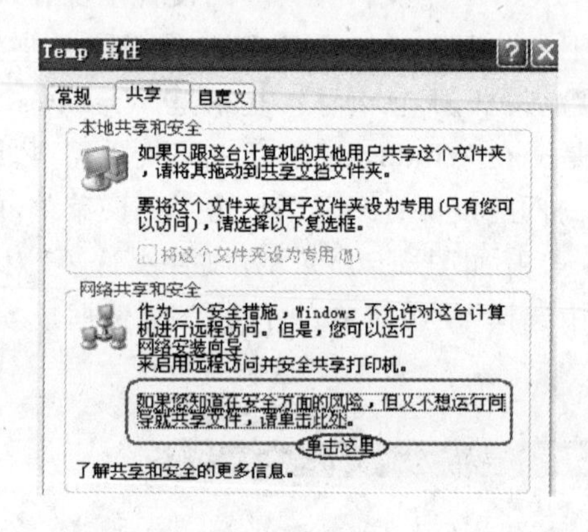

图 5-8 选中“使用简单文件共享(推荐)”复选框后“共享”选项卡

(1) 单击“网络共享和安全”选项区中的超链接，弹出如图 5-9 所示“启用文件共享”对话框，“用向导启用文件共享”单选按钮，表明需要使用网络安装向导实现文件共享，速度比较慢，但比较安全。

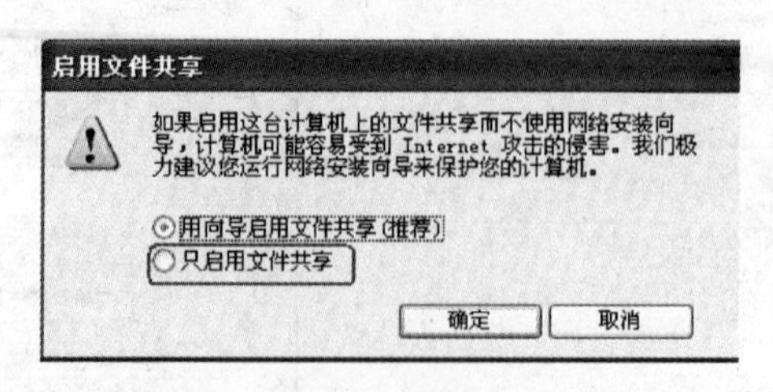

图 5-9 “启用文件共享”对话框

(2) 选中“只启用文件共享”单选按钮，单击“确定”按钮，弹出如图 5-10 所示需共享文件夹的属性对话框。

在“网络共享和安全”选项区域中选中“在网络上共享这个文件夹”复选框(见图 5-10)，“共享名”由灰色变为黑色，然后在对应文本框中输入共享的名称，如图 5-11 所示。然后单击“确定”按钮，则需设置共享的文件夹图标变为，说明文件夹共享设置成功。

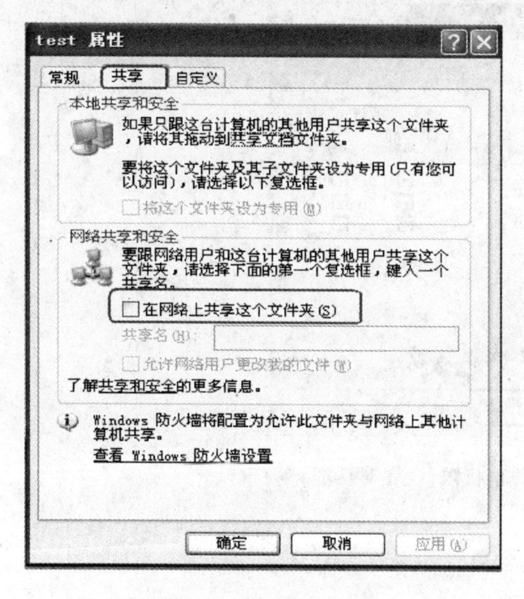

图 5-10 需共享文件夹的属性对话框

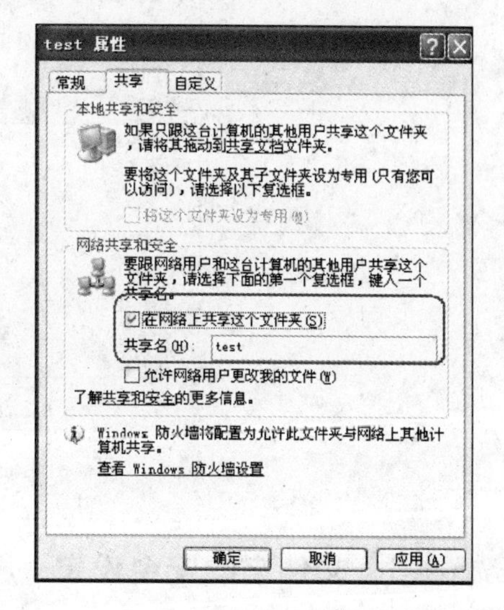

图 5-11 选中“在网络上共享这个文件夹”复选框的“共享”选项卡

注意：这样设置完成以后，所有共享用户的共享权限为“只读”，如果需要修改该文件夹的权限，则选中“允许网络用户更改我的文件”复选框。操作完成以后，所有与该计算机同网的计算机通过“网上邻居”不用任何授权就可以共享该计算机的共享资源。

步骤 6：如果步骤 2 中没有选中“使用简单文件共享”复选框，同时单击“应用到所有文件夹”按钮，在随后出现的“文件夹视图”对话框中单击“是”按钮，然后再右击需要设置共享的文件夹，在弹出的快捷菜单中选择“共享与安全”命令，则出现如图 5-12 所示的对话框。

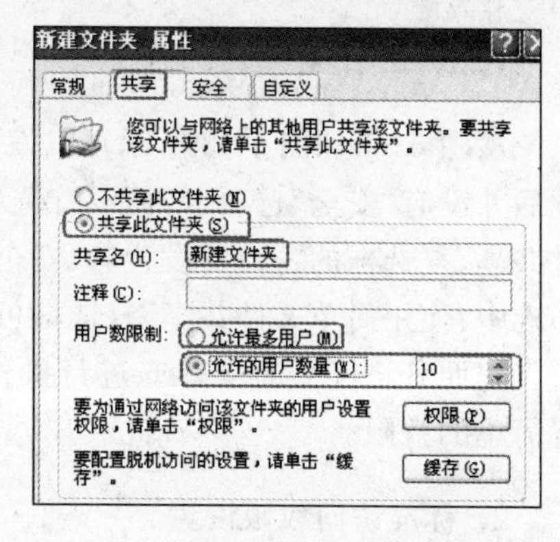

图 5-12 没有选中“使用简单文件共享”复选框后“新建文件夹属性”的“共享”设置

(1) 选择“共享此文件夹”单选按钮，“共享名”、“注释”和“用户数限制”变为黑色，在“共享名”文本框中输入共享的名称；“注释”主要方便对文件夹的记忆和理解，可填写也可不填写。

(2) 根据实际需求设置“用户数限制”，如果要保证服务器或计算机不会因为文件共享用户过多而占用大量资源，一般选择“允许用户数量”单选按钮，在其后的文本框中输入允许的用户数。

(3) 单击“权限”按钮，打开如图 5-13 所示的“权限”对话框，设置共享权限。

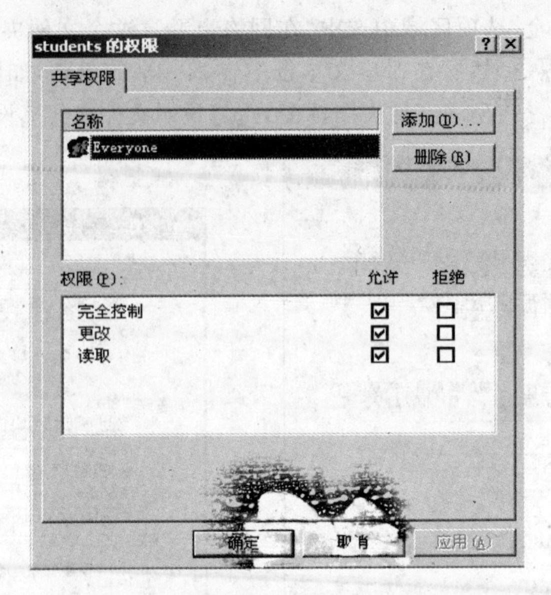

图 5-13　文件夹“共享权限”设置对话框

任务 5-1-3　文件夹的安全设置

文件夹安全设置：前面设置的共享文件夹，只要是处于同一网络的计算机都能不受任何限制就能访问共享文件夹，非常不安全，需要考虑文件夹的安全问题。

简单说来，文件夹的安全设置是通过设置用户对文件夹的访问权限来实现的。

“权限”是以资源为对象，确定哪些用户可以访问和哪些用户不可以访问，以此来保证资源的安全。

1. 激活“安全”选项卡

从图 5-11 和图 5-12 所示可以发现，在“属性”对话框中，选中“使用简单文件共享”复选框后并没有“安全”选项卡，而没有选中“使用简单文件共享”复选框的“共享”设置有“安全”选项卡，说明不选中“使用简单文件共享”复选框可激活“安全”设置。按照任务 1-2 的步骤 6 进行操作，这样可以设置简单的权限。

2. 标准访问权限设置

(1) 已有用户权限设置

单击“安全”选项卡(见图 5-14)，在“组或用户名称”选项区中，选中需设置权限的用户，然后在用户的权限中选中相应的项。

各权限说明见表 5-2 所示。

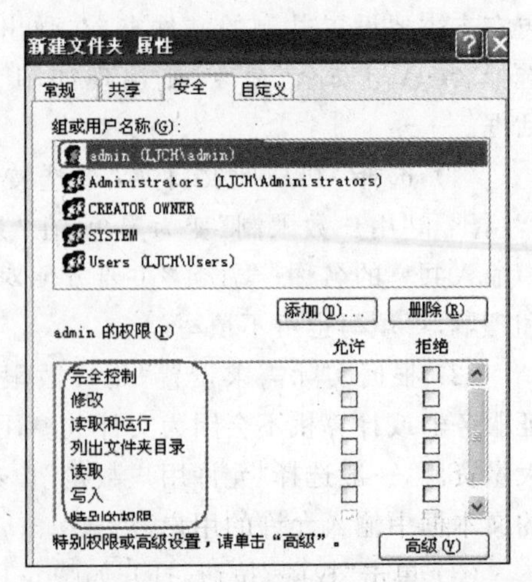

图 5-14　“安全”选项卡

表 5-2 权限说明

权　限	说　明
完全控制(Full Control)	允许用户全权控制(子)文件夹、文件,如修改、获取、删除资源
修改(Modify)	允许用户修改或删除资源,同时让用户拥有写入、读取和运行权限
读取和运行(Read & Execute)	允许用户读取资源目录,允许用户在资源中进行移动和遍历,用户即使没有权限访问这个路径也能直接访问子文件夹与文件
列出文件夹目录(List Folder Contents)	允许用户查看资源中的子文件夹与文件名称
读取(Read)	允许用户查看该文件夹中的文件、子文件夹及该文件夹的属性、所有者和拥有的权限等
写入(Write)	允许用户在该文件夹中创建新的文件和子文件夹,改变文件夹的属性、查看文件夹的所有者和权限等

(2) 在组和用户名称中添加用户

单击"添加"按钮,弹出如图 5-15 所示的"选择用户或组"对话框,然后根据"对象类型"和"位置"按钮选择相应的用户,或者直接在文本框中输入用户名称。

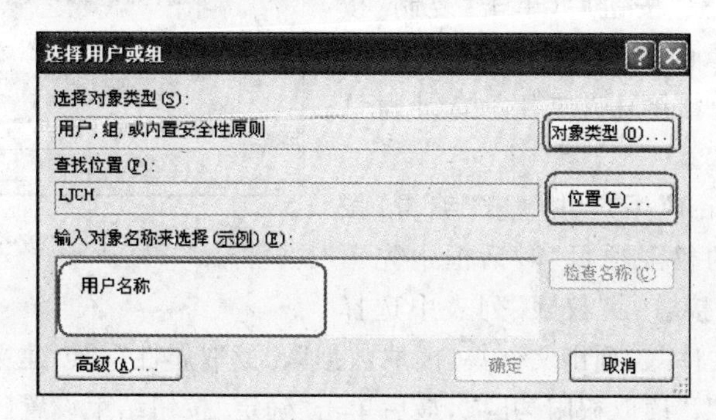

图 5-15 "选择用户或组"对话框

(3) 删除某个用户

选中该用户,单击"删除"按钮。

3. 特别权限的设置

在图 5-14 所属的用户权限中,除了标准权限设置中列出的 6 个权限外,还有一个"特别的权限"项,该项在用标准权限无法完成的情况下使用。如:test 用户要对"安全"文件夹进行"读取"、"建立文件和目录"的操作,但不能拥有"删除"的权限,怎么办?

具体设置步骤如下。

步骤 1:右击"安全"文件夹,在快捷菜单中单击"共享与安全"命令,随后在"安全"选项卡设置界面中选中"test"用户并单击右下方的"高级"按钮,如图 5-16 所示。

步骤 2:在弹出的对话框中单击"从父项继承那些可以应用到子对象的权限项目,包括那些在此明确定义的项目"选项,以清空选中状态,这样可以断开当前权限设置与父级权限设置之前的继承关系,如图 5-17 所示。

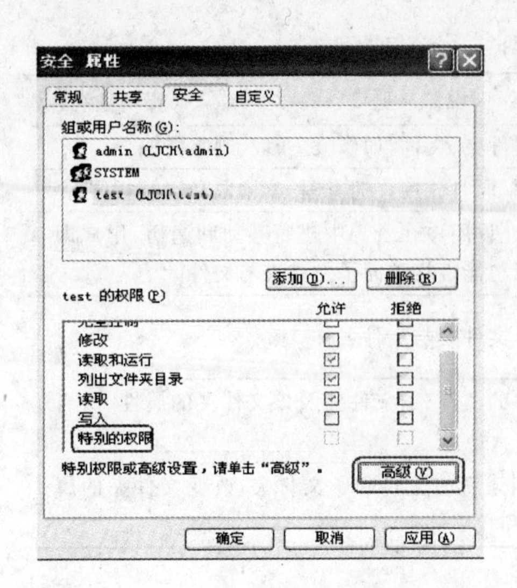

图 5-16 “test”用户“特别的权限”的设置

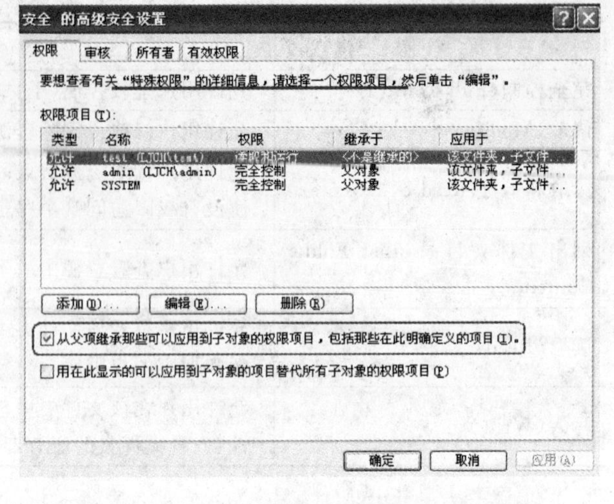

图 5-17 “安全”文件夹的高级安全设置

步骤 3：在弹出的“安全”对话框(见图 5-18)中单击“复制”或“删除”按钮后(单击“复制”按钮可以首先复制继承的父级权限设置,然后再断开继承关系),接着单击“应用”按钮确认设置。

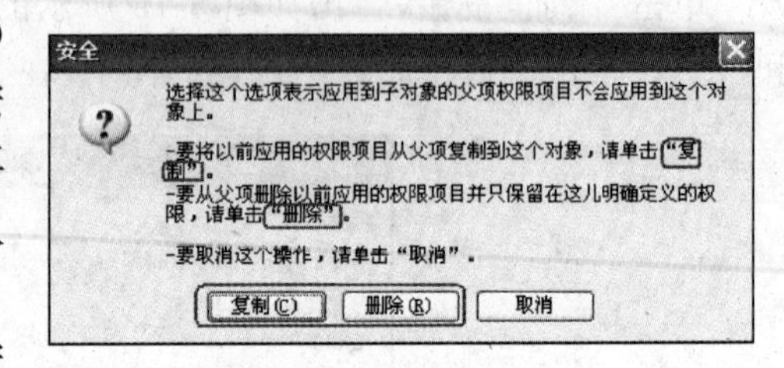

图 5-18 “安全”对话框

步骤 4：选中“test”用户并单击“编辑”按钮,在弹出的“test 的权限项目”对话框中先单击“全部清除”按钮,接着在“权限”列表中选择“遍历文件夹/运行文件”、“列出文件夹/读取数据”、“读取属性”、“创建文件/写入数据”、“创建文件夹/附加数据”、“读取权限”几项,最后单击“确定”按钮结束设置(见图 5-19)。

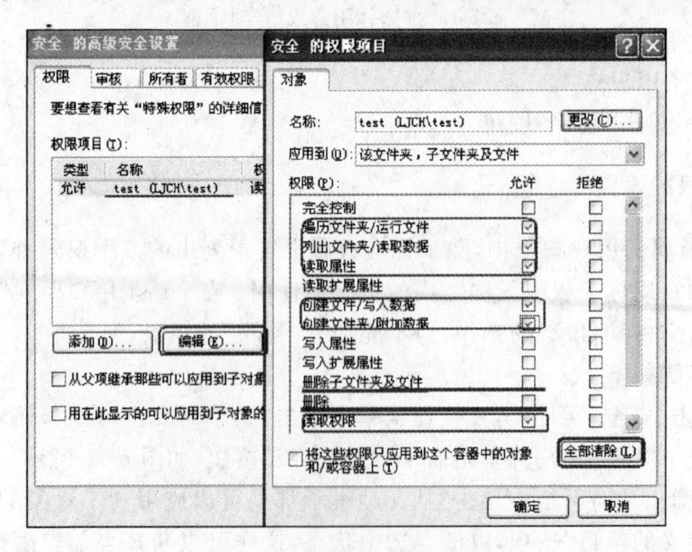

图 5-19 “特别的权限”设置

步骤 5：经过上述设置后，“test”用户在对“安全”文件夹进行删除操作时，就会弹出提示框警告操作不能成功的提示了。

4. 特殊用户设置

由于项目保密或其他原因，共享文件夹只允许某个用户查看。

步骤 1：取消默认的“简单共享”。

打开“我的电脑”，单击“工具”→“文件夹选项”命令，在打开的对话框中选择“查看”选项卡，取消选中“使用简单共享(推荐)”复选框。

步骤 2：创建共享用户。

依次单击“开始”→“设置”→“控制面板”，打开“用户账户”，创建一个有密码的用户，假设用户名为 user00，需要共享资源的计算机必须以该用户名共享资源。

步骤 3：设置要共享的文件夹(假设为共享文件夹为 NTFS 分区上的文件夹 test1)，并设置只有用户 administrator 可以共享该文件夹下的资源。

(1) 右击要共享的文件夹“test”，单击“共享和安全”选项，选择“共享”→“共享该文件夹”命令，单击“权限”。

(2) 单击“删除”按钮，将原先该文件夹设置的任何用户(everyone)都可以共享的权限删除，再单击“添加”按钮，依次单击“高级”→“立即查找”命令，弹出如图 5-20 所示“选择用户或组”对话框。

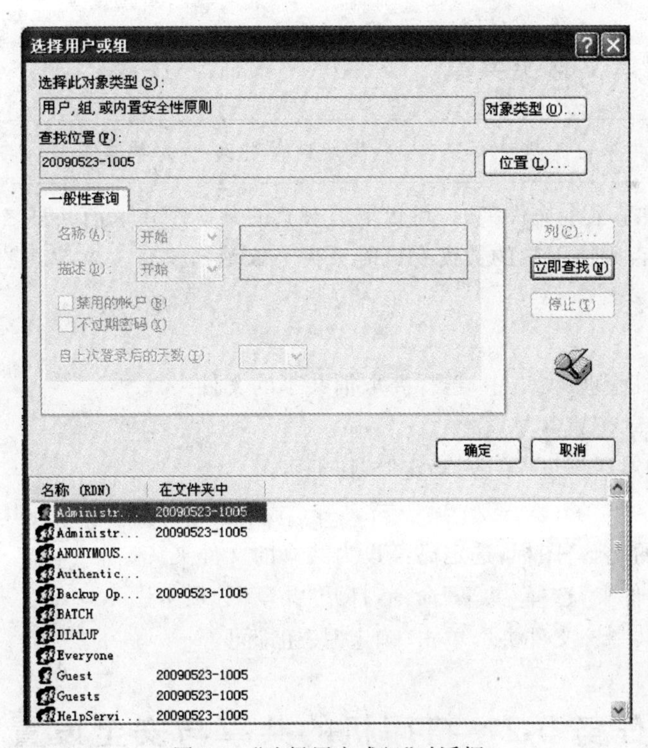

图 5-20 “选择用户或组”对话框

(3) 选择用户 Administrator，单击“确定”按钮，添加了 Administrator 用户的对话框，如图 5-21 所示。

（4）单击“确定”按钮，返回“test 的权限”对话框，并选择用户 Administrator 的共享权限（见图 5-22）。

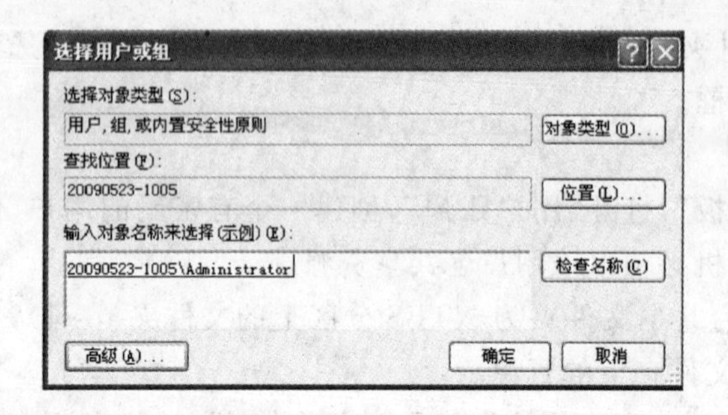

图 5-21　添加了 Administrator 用户的对话框

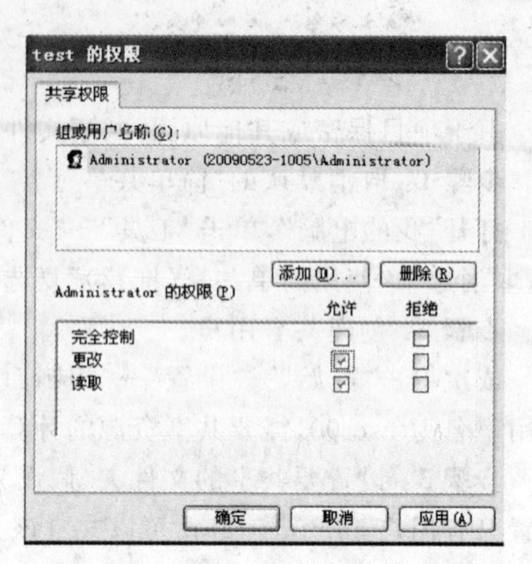

图 5-22　添加了 Administrator 用户的“test 的权限”对话框

以后局域网中的计算机要想查看该共享文件夹中的内容，只有输入正确的用户名和密码，才能查看或修改共享文件夹中的内容。

任务 5-1-4　取消文件夹共享

取消文件夹共享：资源共享完毕，应当及时解除资源的共享设置，避免资源泄露。

当用户不想共享某个文件夹时，可以取消对其的共享。在取消共享之前，确认没有用户与该文件夹连接，否则该用户的数据有可能丢失。取消对文件夹共享可选择下面的方法进行操作：

方法一：

（1）在“计算机管理”窗口中，选择要取消共享的文件夹。

（2）右击，选择“停止共享”命令。

（3）在弹出的对话框里，单击“确定”按钮即可。

方法二：

（1）双击“我的电脑”图标，选定已经设为共享的文件夹。

（2）右击该文件夹，选择“共享”命令，打开“共享”选项卡。

（3）单击“不共享该文件夹”，单击“确定”按钮即可。

任务 5-2　打印机的共享与安全设置

一个办公室或家庭中，为了节约投入成本，不可能每台计算机都配置一台打印机，非直接连接打印机的计算机打印资料就需要共享打印机。

任务 5-2-1 打印机安装与共享

安装与共享打印机：要共享打印机，首先必须安装打印机，经过共享设置后，其他非直接连接打印机的计算机才能共享打印机打印资料。

1. 本地打印机的安装与共享

打印机的安装包括硬件部分的安装和驱动程序的安装两部分。硬件打印机的安装很简单，用信号线将打印机连接到计算机上，再将打印机连上电源就安装成功了。通常所说的打印机安装是指打印机驱动程序的安装。

(1) 安装本地打印机并设置

本地打印机就是连接在用户使用的计算机上的打印机。步骤如下。

步骤 1：选择“开始”→“打印机和传真”命令，打开如图 5-23 所示的“打印机和传真”窗口，可以管理和设置现有的打印机，也可以添加新的打印机。

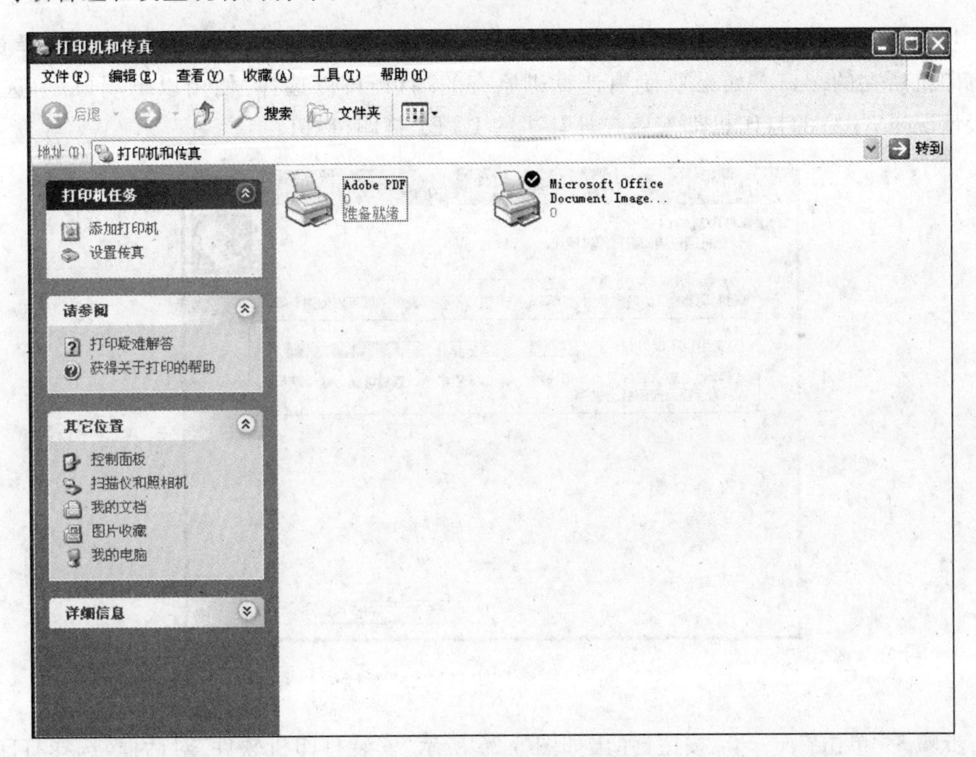

图 5-23 “打印机和传真”窗口

步骤 2：单击“添加打印机”图标，启动“添加打印机”向导。在“添加打印机”向导的提示和帮助下，用户一般可以正确地安装打印机。启动“添加打印机”向导之后，系统会弹出“添加打印机”向导的第一个对话框，提示用户开始安装打印机。

步骤 3：单击“下一步”按钮，弹出如图 5-24 所示的选择“本地或网络打印机”对话框。在此对话框中，用户可选择添加“本地打印机或网络打印机”。选择连接到此计算机的“本地

打印机”选项，即可添加“本机打印机”。

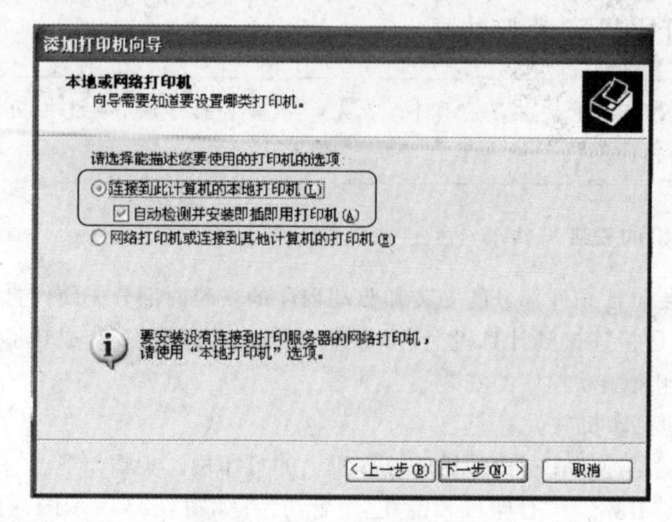

图 5-24　选择“本地或网络打印机”

步骤 4：单击“下一步”按钮，弹出如图 5-25 所示的“选择打印机端口”对话框，选择要添加打印机所在的端口。如果要使用计算机原有的端口，可以选择“使用以下端口”单选项。一般情况下，用户的打印机都安装在计算机的 LTP1 打印机端口上。

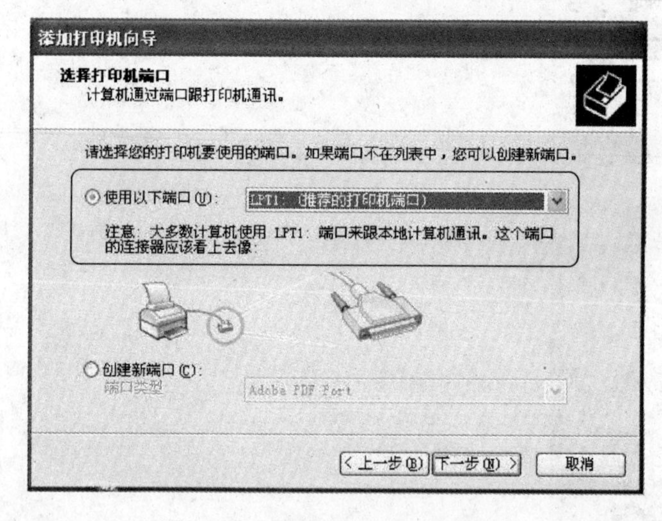

图 5-25　“选择打印机端口”对话框

步骤 5：单击“下一步”按钮，弹出如图 5-26 所示“安装打印机软件”对话框，选择打印机的生产厂商和型号。其中，“厂商”列表列出了 Windows 2000 支持的打印机的制造商。如果在“打印机”列表框中没有列出所使用的打印机，说明 Windows 2000 不支持该型号的打印机。一般情况下，打印机都附带有支持 Windows 2000 的打印驱动程序。此时，用户可以点击“从磁盘安装”按钮，安装打印驱动程序即可。

步骤 6：单击“下一步”按钮，弹出如图 5-27 所示的“命名打印机”对话框。在该对话框中可为打印机提交名称。

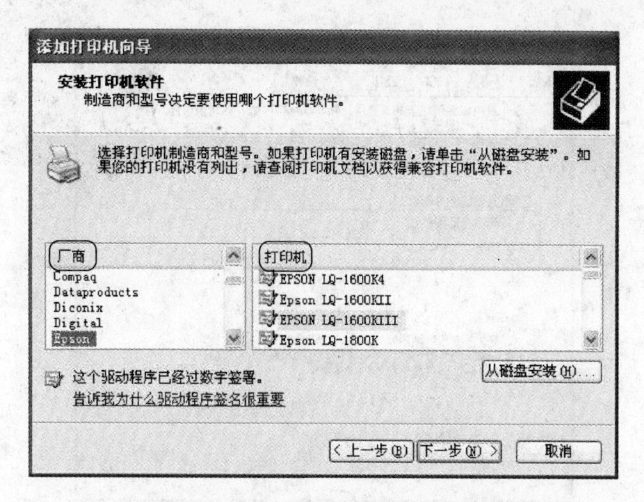

图 5-26 选择打印机的制造商和型号

图 5-27 “命名打印机”对话框

步骤 7：单击“下一步”按钮，弹出如图 5-28 所示“打印机共享”对话框。这里可以设置其他计算机是否可以共享该打印机。如果选择“不共享这台打印机”单选项，那么用户安装的打印机只能被本机使用，局域网上的其他用户就不能使用该打印机。如果希望其他用户使用该打印机，可以选择“共享为”单选项，并在后面的文本框中输入共享时该打印机的名称，该打印机就可以作为网络打印机使用。这里选择“共享为”单选项，并在后面的文本框中输入共享时该打印机的名称，这里设为 printer。

注意：图 5-28 与“文件夹共享设置”部分内容一样，是不采用“使用简单文件共享(推荐)”方式的情况，其“安全”选项已经激活，如采用“使用简单文件共享(推荐)”方式的情况，其“安全”选项没有激活，即少一个“安全”选项卡。

步骤 8：单击“下一步”按钮，在弹出的窗口中要求用户提供打印机的位置和描述信息。可以在“位置”文本框中输入打印机所在的位置，让其他用户方便查看。

步骤 9：单击“下一步”按钮，弹出如图 5-29 所示的“打印测试页”对话框，用户可以选择

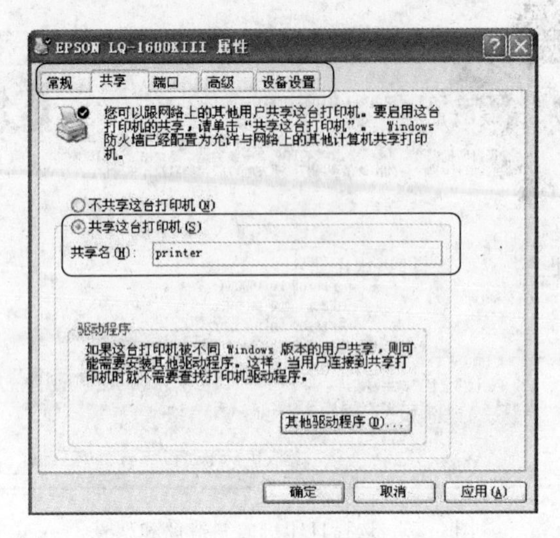

图 5-28 “打印机共享”对话框

是否对打印机进行测试，以检查打印机是否已经正确安装了。如果能够成功打印测试页，说明打印机安装成功。

步骤 10：单击“下一步”按钮，在弹出“正在完成添加打印机向导”对话框中，显示了前几步设置的所有信息。如果需要修改的内容，单击“上一步”可以回到相应的位置修改。

如果确认设置无误，单击“完成”按钮，安装完毕。

(2) 配置网络共享协议

为了能够进行共享打印，局域网中的计算机都必须安装“文件和打印机的共享协议”。

步骤 1：双击打开桌面上的“网上邻居”图标，在“网上邻居”对话框中，单击左侧“网络任务”窗格中“查看网络连接”，选择“本地连接”，单击打开“本地连接属性”对话框，如图 5-30 所示，查看是否已经安装了“Microsoft 网络的文件和打印机共享”项，如果已经安装，则可以使用打印机和文件共享了，如果没有安装则需要安装。

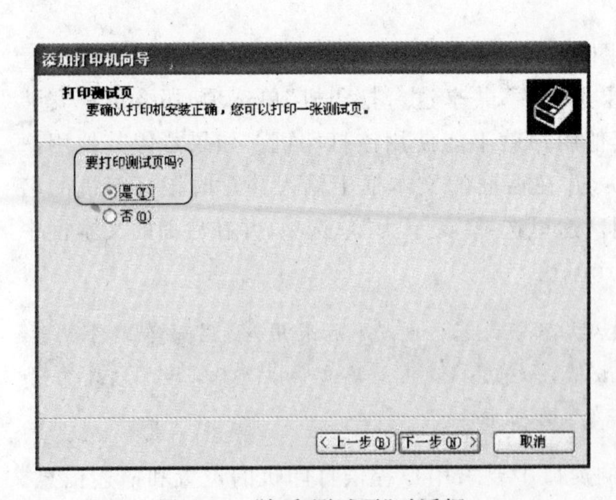

图 5-29 “打印测试页”对话框

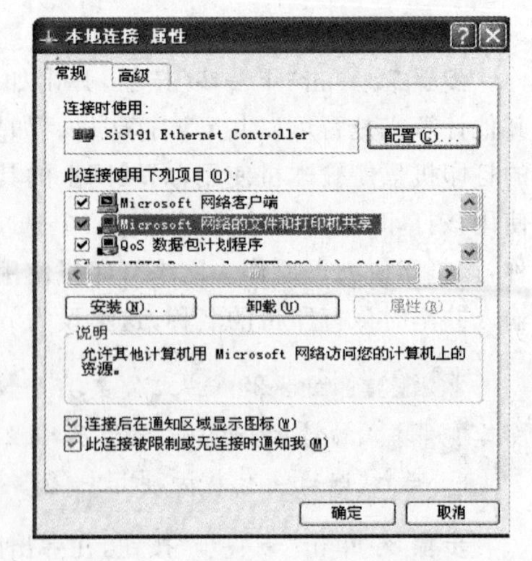

图 5-30 查看“Microsoft 网络的文件和打印机共享”项是否安装

步骤2：如果没有安装，则单击“安装”按钮，系统会提示插入Windows的系统安装盘，指定好安装目录后，便会开始自动安装文件和打印机的共享协议。安装完成后，系统自动要求重新启动计算机，重启后新的共享设置生效。

(3) 客户机配置

本地打印机配置完成以后，就需要在其他非直接连接打印机的客户机进行配置。每台需要共享打印机的计算机都需要安装驱动程序并配置网络共享协议。驱动程序的安装方式与本地打印机的安装基本相同，步骤如下。

步骤1：依次单击“开始”→“设置”→“打印机和传真”，然后单击左侧“添加打印机”按钮，启动“添加打印机向导”，单击“下一步”按钮。当向导询问计算机与该打印机的连接方式时，选择“网络打印机”选项，单击“下一步”按钮。

注意：本例讲述的是普通本地打印机在网络上的共享，并不是真正意义上的网络打印机。

步骤2：输入打印机的网络路径。

使用访问网络资源的“通用命名规范”(UNC)格式输入共享打印机的网络路径“\\A\printer”(A是A计算机的用户名，printer是打印机名)。也可以单击“浏览”按钮，在工作组中查找共享打印机，选择已经安装了打印机的计算机(如A)，再选择打印机后单击“确定”按钮，选定好打印机的网络路径，单击“下一步”按钮。

步骤3：系统要求再次输入打印机名，输入完成以后，单击“下一步”按钮，然后单击“完成”按钮，如果对方设置了密码，则要求输入密码。最后在打印机窗口中添加Printer图标，客户机上的打印机的驱动程序就已经安装完成了。

客户机上打印机的驱动程序安装好以后，就要对网络共享协议进行配置，具体配置方法与前面的“配置网络共享协议”一样，这里就不再重复。最后打开“开始”菜单中的“设置”→“打印机”命令，就会看到安装好的“网络打印机”标志。

2. 网络打印机的安装与共享

(1) 网络打印机

什么样的打印机才算是真正的网络打印机，在业界并没有一个明确的定义，但从它的名字上来说网络打印机至少应能实现在网络上打印，也就是说把这台打印机放在网络上接上网线安装相应的软件就能实现打印，而不用直接连在任何一台电脑主机上。如果按这种定义来划分，在目前来说网络打印机主要有两种方式，一种是通过外置式的打印服务器来实现网络打印；另一种是通过内置式的打印服务器来实现网络打印。

在本章中的网络打印机是指在同一网络里其他计算机上安装的与本地计算机相同的打印机驱动程序。

(2) 网络打印机接入网络

自带打印服务器的打印机要接入网络，因为其打印服务器上有网络接口，只需插入网线分配IP地址就可以了；而使用外置打印服务器的打印机需要通过并口或USB口与打印服务器连接，打印服务器再与网络连接。

(3) 网络打印机的安装

步骤 1：同本地打印机的安装一样，进入打印机的安装向导。

步骤 2：单击"下一步"按钮，显示如图 5-31 所示"本地或网络打印机"对话框，选择打印机类别。

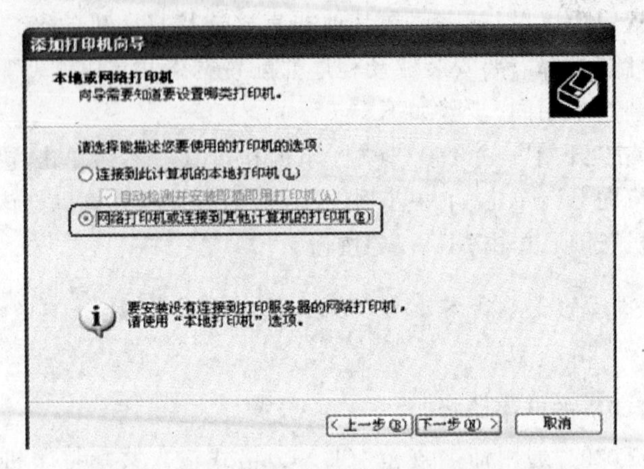

图 5-31　选择"本地或网络打印机"对话框

步骤 3：单击"下一步"按钮，弹出"指定打印机"对话框，在"名称"文本框中输入"\\打印机所在的计算机名称\打印机共享名称"(此处，wangluo 为打印机所在的计算机名称，printer 为打印机共享名称)，如图 5-32 所示。

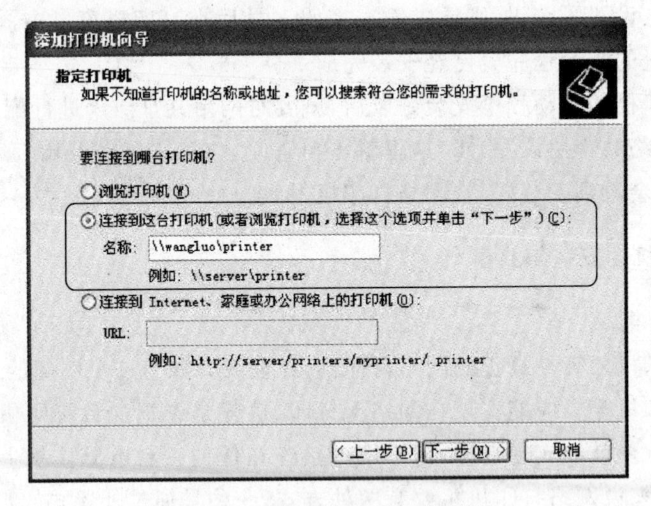

图 5-32　"指定打印机"对话框

步骤 4：单击"下一步"按钮，弹出要求用户"确认是否将安装的网络打印机设置为默认打印机"的对话框，选择"是"，单击"下一步"按钮，弹出"正在完成添加打印机向导"对话框，单击"完成"按钮，完成网络打印机的安装。

步骤 5：共享打印机。

在控制面板中双击"打印机和传真"图标，打开"打印机"窗口，单击要共享的打印机图标，执行"共享"命令。

步骤 6：通过“网上邻居”使用共享资源。

打开“网上邻居”窗口，双击“邻近的计算机”图标，工作组内计算机和资源就会出现，双击需要使用资源的计算机名，逐层进入具体的资源即可。也可通过“网上邻居”中的“整个网络”进入。

任务 5-2-2 共享打印机的安全设置

> 共享打印机的安全设置：共享打印机如果没有权限设置，则任何共享的用户都可以对打印机进行完全操作。

共享打印机的安全与文件夹共享权限的设置相似，这里只介绍不采用“简单文件共享”方式下打印机的安全设置，另一种参考文件夹的设置步骤实现。

“简单文件共享”方式下打印机属性对话框如图 5-28 所示，选择“安全”选项卡，如图 5-33 所示可给不同用户设置不同的权限。

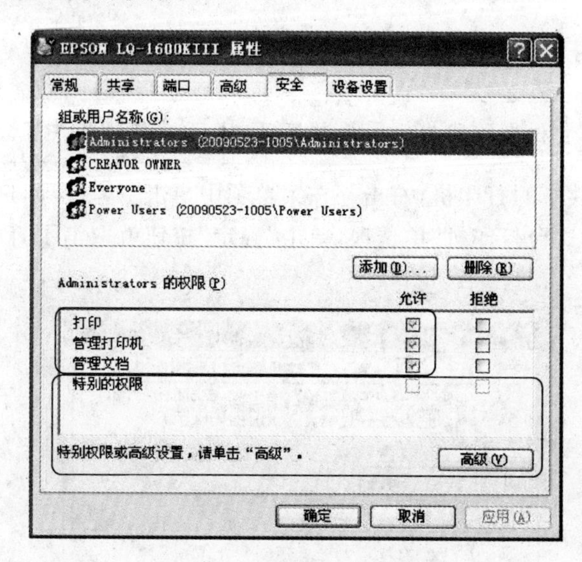

图 5-33 选择“安全”选项卡

1. 基本权限

基本权限有 3 种：打印、管理打印机和管理文档，根据实际应用需要设置相应的权限。

2. 特别的权限

(1) 如果需要设置特别的权限，则单击“高级”按钮，弹出该打印机的“高级设置”对话框，选中“用户”，单击“编辑”按钮(或用“添加”和“删除”按钮对用户权限做更改)，如图 5-34 所示。

(2) 单击“编辑”按钮，弹出所选择用户对象的“权限”选择对话框，如图 5-35 所示，单击“全部清除”按钮，然后在权限框中根据需要选择。

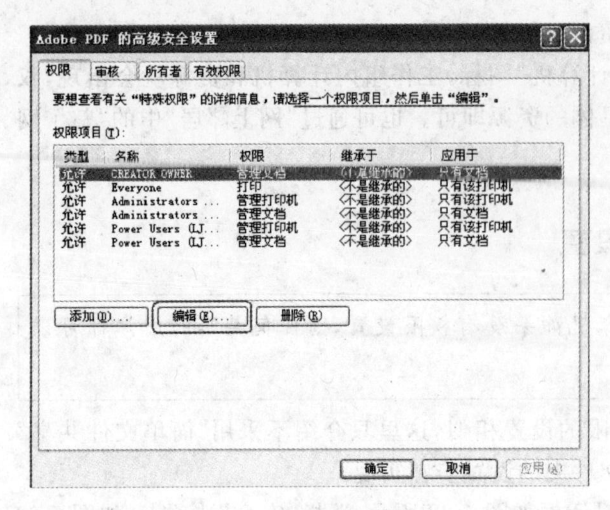

图 5-34 "高级设置"对话框

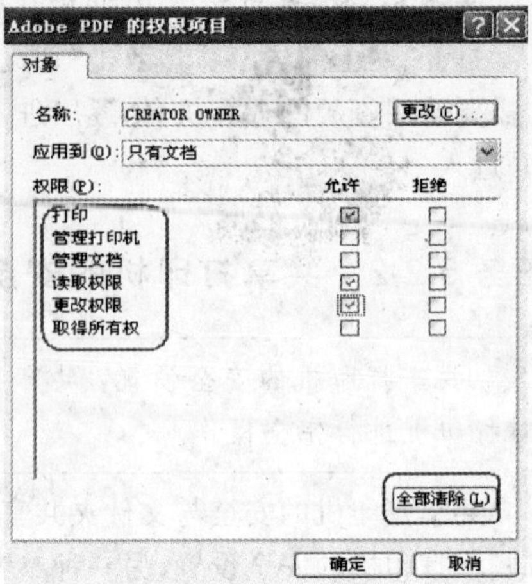

图 5-35 "权限"选择对话框

任务 5-2-3　取消打印机共享

> 取消打印机共享：如果打印机不需要共享了，则可以取消其共享。

（1）选择不需要共享的打印机，右击并在菜单项中单击"共享"项，进入"共享"选项卡。

（2）选择"不共享这台打印机"单选项，单击"确定"按钮就取消了打印机共享，如图 5-36 所示。

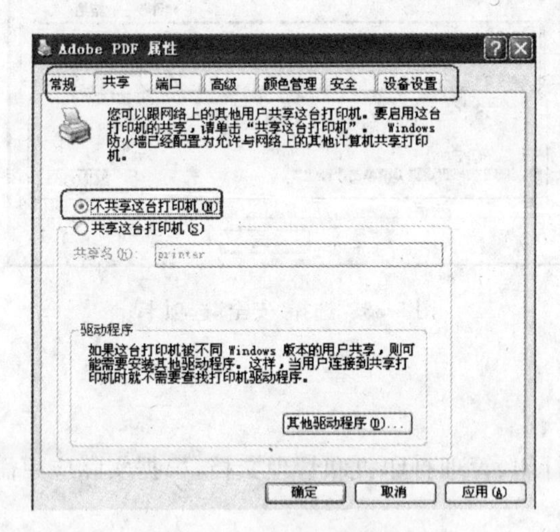

图 5-36　取消打印机共享

【知识链接 1】　本地打印机

所谓本地打印机是指打印机物理连接在本地计算机上的打印机，在安装过程中一般都是安装在计算机的"LPT1："打印机端口。

【知识链接2】 网络打印机

网络打印机是指连接在网络上的打印机，例如直接网络打印机、与网络上其他计算机物理连接的打印机。

【知识链接3】 网络驱动器

当网络中计算机的磁盘作为共享数据区域允许网络用户访问时，该驱动器就变成了网络驱动器了。有时使用网络驱动器是要受到限制的，只有经过网络管理员授权的网络用户才能访问它们。这个驱动器可以是硬盘驱动器、只读光盘驱动器、软盘驱动器等。同样，使用网络驱动器与本地驱动器没有什么不同，只是速度要比本地慢一些。

【知识链接4】 NTFS格式与FAT格式的转换

FAT(File Allocation Table)是“文件分配表”的意思，用于对硬盘分区的管理。

NTFS是微软Windows NT内核的系列操作系统支持的、一个特别为网络和磁盘配额、文件加密等管理安全特性设计的磁盘格式。NTFS也是以簇为单位来存储数据文件，但NTFS中簇的大小并不依赖于磁盘或分区的大小。簇尺寸的缩小不但减少了磁盘空间的浪费，还降低了产生磁盘碎片的可能。NTFS支持文件加密管理功能，可为用户提供更高层次的安全保证。只有Windows NT/2000/XP才能识别NTFS系统，Windows 9x/Me以及DOS等操作系统都不能支持、识别NTFS格式的磁盘。

Windows 2000/XP提供了分区格式转换工具“Convert. exe”。Convert. exe是Windows 2000附带的一个DOS命令行程序，通过这个工具可以直接在不破坏FAT文件系统的前提下，将FAT转换为NTFS。它的用法很简单，先在Windows 2000环境下切换到DOS命令行窗口，在提示符下输入：D:\>convert 需要转换的盘符 /FS:NTFS。

如系统E盘原来为FAT16/32，现在需要转换为NTFS，可使用如下格式：

D:\>convert e: /FS: NTFS。所有的转换将在系统重新启动后完成。

此外，你还可以使用专门的转换工具，如著名的硬盘无损分区工具Partition Magic，使用它完成磁盘文件格式的转换也是非常容易的。

疑难解析

疑难1：如果Windows 2000/XP安装在C盘（NTFS格式），当Windows崩溃时在DOS状态下不能进入C盘，怎么办？

答：可使用Windows 2000/XP的安装光盘启动来修复Windows，或是制作Windows 2000/XP的安装启动应急盘。

注意，Windows 2000的安装盘制作程序在安装光盘中，而Windows XP的应急盘制作是独立提供的，需要从微软的网站下载。

疑难2：共享打印机的工作流程是怎样的？

答：共享打印机的工作流程如下：当用户进程请求打印输出时，Spooling（是一种虚拟设备技术，可以把一台独占设备改造为虚拟设备，在进程所需的物理设备不存在或被占用的情况下，使用该设备）系统同意为该进程打印输出，但并不真正把打印机分配给该用户进程，

而是执行如下操作：

(1) 由输出进程在输出井中为之申请一空闲盘块区，并将要打印的数据送入其中。

(2) 输出进程再为用户进程申请一张空白的用户请求打印表，并将用户的打印要求填入其中，再将该表挂到请求打印队列上。

如果还有进程要求打印输出，系统仍可接受请求并进行同样的步骤。如果打印机空闲，输出进程将从请求打印队列的队首取出一张请求打印表，根据表中的要求将要打印的数据从输出井传送到内存缓冲区，再由打印机进行打印。打印完毕，输出进程再查看请求打印队列中是否还有等待要打印的请求表。若有，再取出一张表，并根据其中的要求进行打印，如此下去，直至请求队列空为止，输出进程才自己阻塞起来，等待下次再有打印请求时被唤醒。

课外拓展

【拓展任务】 共享文件夹映射成驱动器

共享文件夹是通过网络访问别的计算机上的资源，如果能像访问自己计算机上的文件夹一样方便就好了，这可以通过将文件夹映射成驱动器，就如同访问本地文件夹一样。

方式一：

(1) 将共享文件夹映射成驱动器。映射网络驱动器是在同一网络中，将别的计算机上设置为共享的硬盘或文件夹，映射为本机上的一块硬盘，如同使用本地硬盘一样。

① 右击"我的电脑"图标，选择"映射网络驱动器"菜单项，弹出如图 5-37 所示的"映射网络驱动器"对话框。

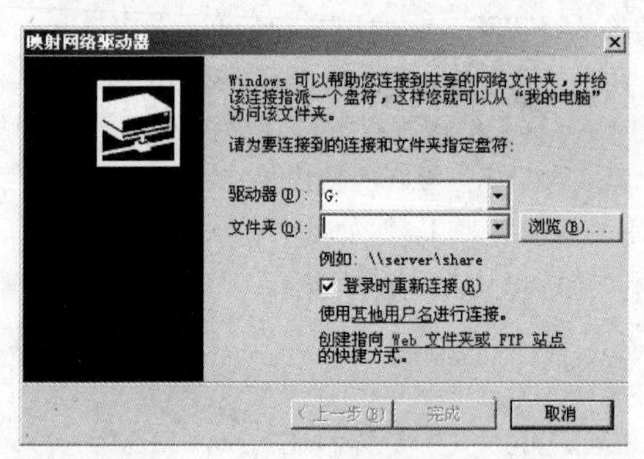

图 5-37 "映射网络驱动器"对话框

② 在"驱动器"下拉列表框中，选择一个本机没有的盘符作为共享文件夹的映射驱动器符号。输入要共享的文件夹名及路径，或者单击"浏览"按钮，在"浏览文件夹"对话框中选择要映射的文件夹。如选择名为"practice"的计算机下的"test"文件夹。

③ 单击"确定"按钮，出现如图 5-38 所示的对话框。

注意：(1) 选择驱动器时应是本计算机上没有的盘符。

(2) 如果需要下次登录时自动建立同共享文件夹的连接，则要选择"登录时重新连接"复选框。

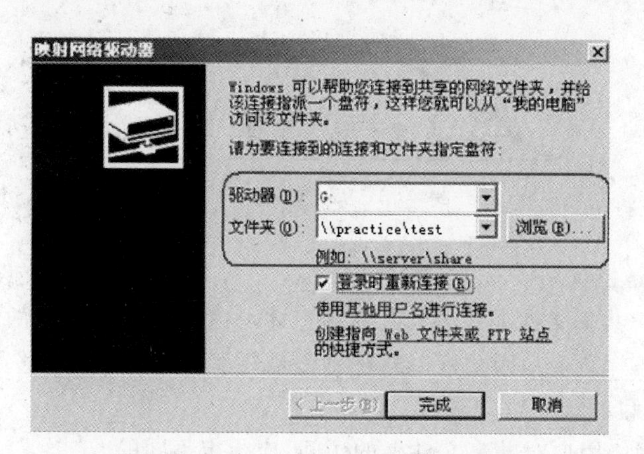

图 5-38　网络驱动器选择和文件夹设置

④ 单击"完成"按钮，即可完成对共享文件夹到本机的映射。

⑤ 打开"我的电脑"窗口，发现本机多了一个驱动器符，通过该驱动器符可以访问该共享文件如同访问本机的物理磁盘一样。如图 5-39 所示，"G"驱动器实际上是共享文件夹到本机的一个映射。

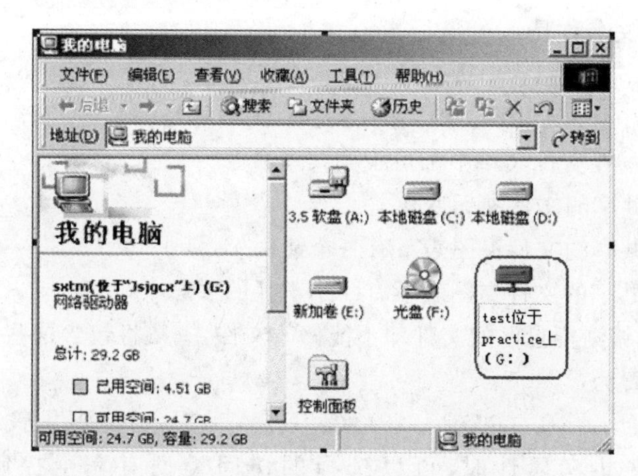

图 5-39　通过映射的驱动器访问共享文件夹

(2) 断开网络驱动器

① 右击"我的电脑"图标，选择"断开网络驱动器"命令。

② 单击"确定"按钮即可。

方式二：

(1) 使用 net use 命令映射驱动器

使用 net use 命令对批处理文件和脚本可能很有用。要使用 net use 命令映射驱动器，命令格式为"net use x:\\计算机名称\共享名称"，其中"x:"是要分配给共享资源的驱动器号。

(2) 要断开映射的驱动器，使用"net use x:/delete"命令，其中"x:"是共享资源的驱动器号。

课后练习

一、填空题

1. 在 Windows 2000 中,不能直接共享________,只能将某文件夹设为“共享文件夹”,只有文件夹被设为“共享文件夹”以后,其他用户才可以通过其他联网的计算机访问该文件夹下的________或________,因此可以通过将需要共享的文件复制或移动到共享文件夹,间接达到共享文件的目的。

2. 为了控制网络用户对共享文件夹的访问,应指定不同的________。

3. 安装网络打印机就是将网络上的共享打印机与________相连,安装网络打印机不需要额外的驱动程序,计算机将自动从________的计算机上下载打印机驱动程序。

4. Windows 2000 Professional 支持________和________的文件系统。

5. 在 Windows 2000 Professional 中,允许同时连接到共享文件夹的用户最多不超过________个。

6. NTFS 的中文名称是:________。

二、选择题

1. 下列关于 Windows 共享文件夹的说法中,正确的是(　　)。

A. 任何时候在文件菜单中都可找到共享命令

B. 设置成共享的文件夹无变化

C. 设置成共享的文件夹图表下有一个箭头

D. 设置成共享的文件夹图表下有一个上托的手掌

2. 要让别人能够浏览自己的文件却不能修改文件,一般将包含这些文件的文件夹共享属性的访问类型设置为(　　)。

A. 隐藏　　B. 完全　　C. 只读　　D. 不共享

3. 设置文件夹共享属性时,可以选择的访问类型有完全控制、根据密码访问和(　　)等。

A. 共享　　B. 只读　　C. 不完全　　D. 不共享

4. 为了保证系统安全,通常采用(　　)的格式。

A. NTFS　　B. FAT　　C. FAT32　　D. FAT16

5. 安装、配置和管理网络打印机是通过(　　)来进行的。

A. 添加打印机向导　　B. 添加设备向导

C. 添加驱动程序向导　　D. 添加网络向导

6. Windows 2000 支持不同连接方式的(　　)。

A. 本地打印设备和网络接口打印设备

B. 本地打印设备和远程打印设备

C. 网络接口打印设备和远程打印设备

D. 网络接口打印设备和本机打印设备

三、操作题

1. 设置共享文件夹。

(1) 操作要求

Windows XP 操作系统安装在 NTFS 格式的 C:\上，将其下的“安全”文件夹设置为共享。

① 同时共享人数不超过 10 人。

② 共享名为 security。

③ test 用户对 security 具有“读取”权限。

④ test 用户能在 security 文件夹中建立文件和子文件夹。

⑤ test 用户不能删除 security 文件夹。

⑥ 用户共享完后停止对该文件夹的共享。

(2) 设置成功后效果如图 5-40 所示。

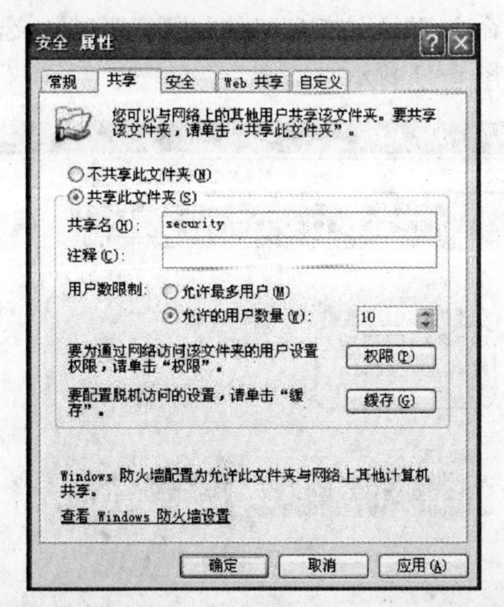

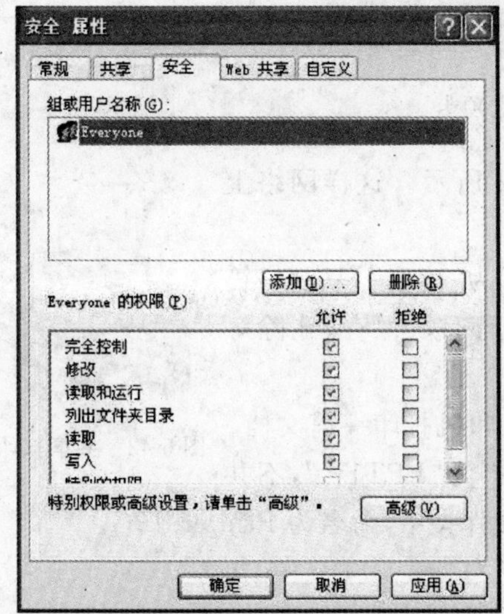

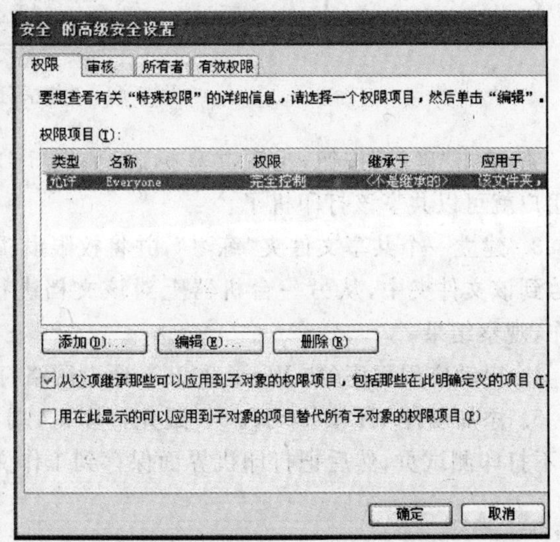

图 5-40　浏览效果图

(3) 操作提示

① 首先设置“安全”文件夹为共享文件夹，设置后的标识为文件夹下面有一个手的图标。

② 权限设置，根据特别的权限设置步骤进行操作。

③ 取消文件夹共享，取消后的标识是文件夹下面无手的图标。

2. 打印机安全设置

(1) 操作要求

采用“使用简单文件共享(推荐)”方式的打印机安全设置。

(2) 操作提示

① 打开“资源管理器”窗口，单击“工具”菜单，单击“文件夹”选项，单击“查看”选项卡。

② 选中“使用简单文件共享(推荐)”复选框。

③ 单击“开始”按钮，选择“打印机和传真”，弹出“打印机和传真”对话框，选中需共享的打印机，右击，选择“共享”命令，进入该打印机的“共享”选项卡，选择“共享这台打印机”单选按钮，并设置共享名称，如图 5-41 所示。

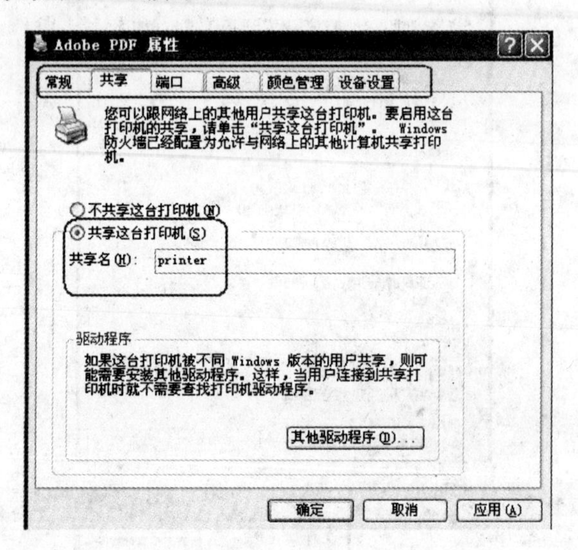

图 5-41 “共享”选项卡

④ 单击“确定”按钮，出现共享标志，如图 5-42 所示。这样网络上的用户就可以共享该打印机了。

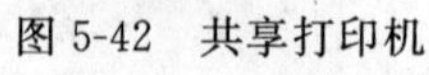

图 5-42 共享打印机

3. 建立一个共享文件夹“练习”，并将权限设置为“读取”，复制一篇文档到该文件夹中，从另一台机器上对该文档进行读取、保存、删除等操作，观察结果。

4. 启动应用程序(如 Word 2000)，通过网络打印机打印一篇文档。

5. 添加硬件 HP LaserJet 6L 激光打印机，端口为“LPT1:”，不共享，不打印测试页，然后把打印机界面保存到工作文件夹中，命名为 Printer.JPG。

项目6 FTP文件传输的应用

一般来说,用户联网的首要目的就是要实现信息共享,文件传输就是信息共享非常重要的内容之一。连接在 Internet 上的计算机不可计数,并且这些计算机可能运行着不同的操作系统,有运行 UNIX 的服务器,也有运行 DOS、Windows 的 PC 机等,而各种操作系统之间的文件交流问题,需要建立一个统一的文件传输协议,这就是所谓的 FTP。基于不同的操作系统有不同的 FTP 应用程序,而所有这些 FTP 应用程序都遵守同一种协议,这样用户就可以把自己的文件传送给别人,或者从其他的用户环境中获得文件。

教学导航

【内容提要】

FTP 是 TCP/IP 体系结构中应用层的一个协议,用于将文件在网络上不同计算机之间进行传递,并保证传输的可靠性。FTP 采用客户端/服务器结构,既需要客户端应用程序,也需要服务器软件。客户端应用程序如 CuteFTP 等,服务器端程序如 Serv-U 等。本项目将详细介绍 FTP 协议的应用。

【知识目标】

- 了解 FTP 及其工作原理。
- 掌握 FTP 用户的分类及其权限。
- 掌握客户端和服务器端应用的软件。
- 掌握 FTP 的作用。

【技能目标】

- 学会安装 FTP 服务。
- 熟悉 FTP 站点的建立。
- 验证 IIS 的安装。
- 熟练使用 FTP 客户端和服务器端的软件。

【教学组织】

- 每人一台计算机,配备一个系统盘。

【考核要点】

- IIS 安装。
- 建立 FTP 站点。
- 上传和下载文件。

💻【准备工作】

安装好操作系统、配置好网络的计算机；系统盘。

💻【参考学时】

4 学时(含实践教学)。

项目描述

李勇在学习过程中,发现了很多好的资源,并且已经分门别类地进行了整理,如娱乐方面的经典大片、网络方面的服务器配置、用药常识等。他想建立一个班级站点,让同学们都能够享用这些资源,一方面,增强了同学之间的联系和班级凝聚力;另一方面,一个人的力量是有限的,每个同学自己的心得体会都可以上传,这样资源才会越来越丰富。

项目分解

仔细分析该项目后发现,李勇同学所面临的问题是:

(1) 同学们到这个站点下载已有的分类资源。

(2) 同学们将自己好的资源上传到这个站点供大家共享。

那么,李勇同学首先要架设 FTP 服务器;其次,对其进行配置管理;最后,同学们通过 FTP 下载和上传文件,分析后发现需要具体执行的任务如表 6-1 所示。

表 6-1 执行任务情况表

任务序号	任务描述
任务 6-1	安装 IIS
任务 6-2	架设和配置 FTP 服务器
任务 6-3	访问 FTP 网站
任务 6-4	FTP 的命令方式

任务实施

李勇根据自身刚刚接触网络不久,对网络技术还不是非常熟练的情况,决定从简单的入手,为后续学习打下坚实的基础,等熟悉之后再慢慢进行改进,所以它选择了 Windows Server 集成的 IIS 来构建 FTP 服务。

任务 6-1 安装 IIS

安装 IIS:个人建设的网页或者文件信息,需要在网上展示,在没有正式挂在网上之前,都需要进行反复测试,那么要看到实际的效果就需要 Internet Information Service 工具,其英文缩写就是 IIS。

本任务是在 Windows Server 2003 环境下，介绍两种安装 IIS 的方式，利用该集成的功能为架设 FTP 服务器做准备。

Windows Server 2003 没有将 IIS 作为默认组件进行安装，因此在安装 Windows Server 2003 时需要选择安装。如果安装操作系统时没有选择安装，则可以在操作系统安装完成后再进行安装。

方式一：

步骤 1：打开“开始”→“设置”→“控制面板”中的“添加或删除程序”，单击“添加/删除 Windows 组件”图标，弹出如图 6-1 所示的“Windows 组件向导”对话框，选中“Internet 信息服务(IIS)”复选框，单击“详细信息”按钮。

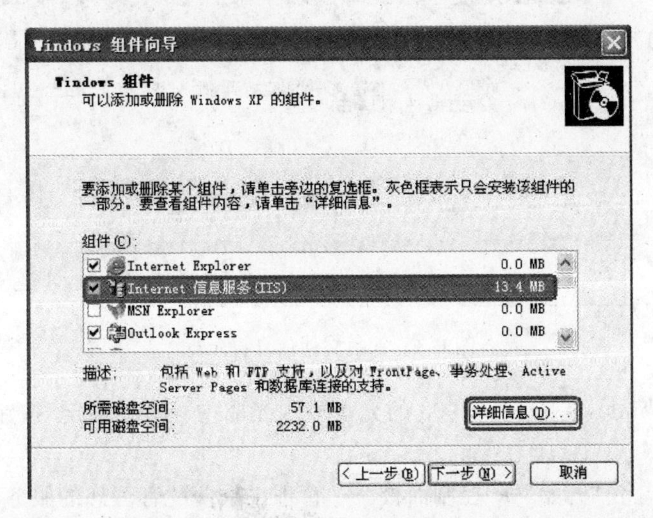

图 6-1 Windows 组件向导

步骤 2：单击“下一步”按钮，弹出“正在配置组件”对话框，选择相应的组件。弹出“Internet 信息服务(IIS)”对话框，如图 6-2 所示。

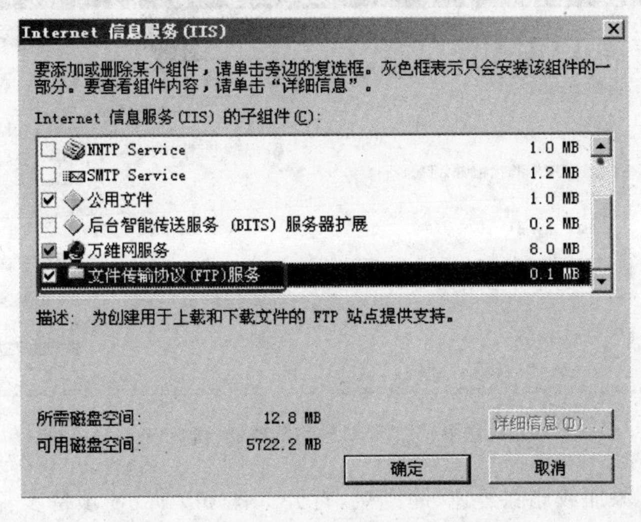

图 6-2 “Internet 信息服务(IIS)”对话框

步骤 3：选中“文件传输协议(FTP)服务”复选按钮，单击“确定”按钮。回到“Windows 组件向导”对话框，进行文件复制，则弹出复制文件信息提示框，如图 6-3 所示。

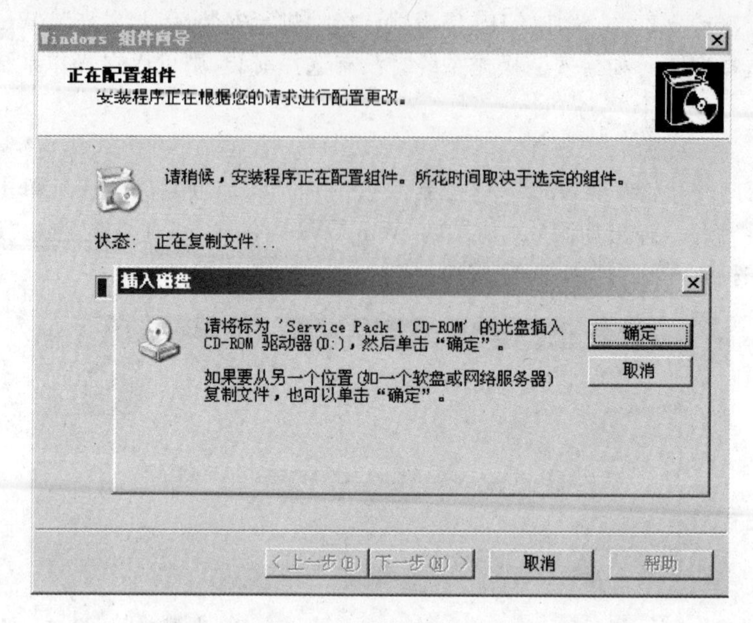

图 6-3　复制文件信息提示框

步骤 4：将 Windows Server 2003 的光盘放入光驱中，单击“确定”按钮，完成组件安装。

方式二：

步骤 1：依次单击“开始”→“控制面板”→“管理工具”→“管理您的服务器”，打开如图 6-4 所示的“管理您的服务器”窗口。

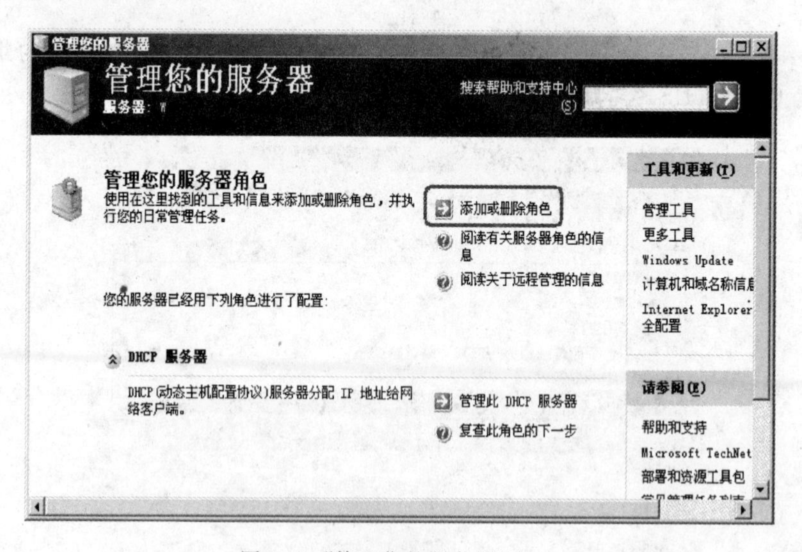

图 6-4　“管理您的服务器”窗口

步骤 2：单击“添加或删除角色”超链接，打开如图 6-5 所示“预备步骤”对话框，提示安装的各步骤。

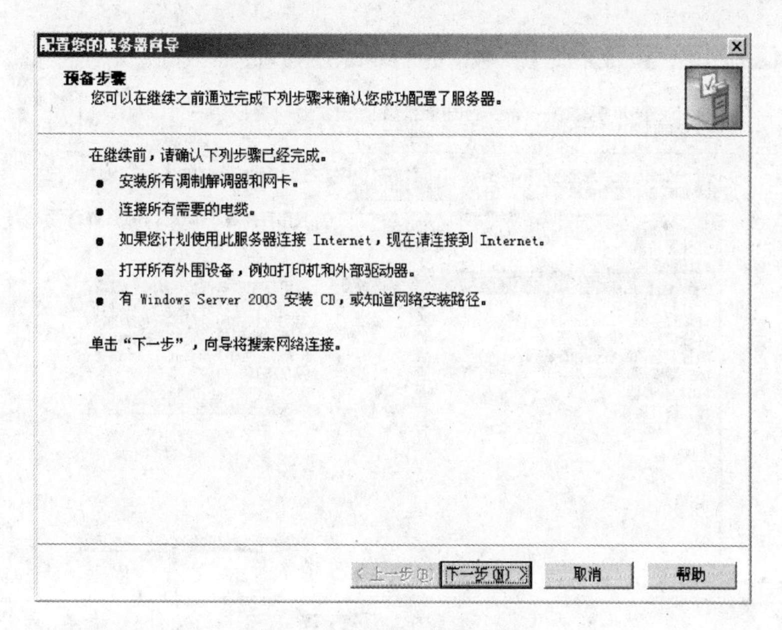

图 6-5 “预备步骤”对话框

步骤 3：单击“下一步”按钮，弹出“配置选项”对话框，选择“自定义配置”单选项，如图 6-6 所示。

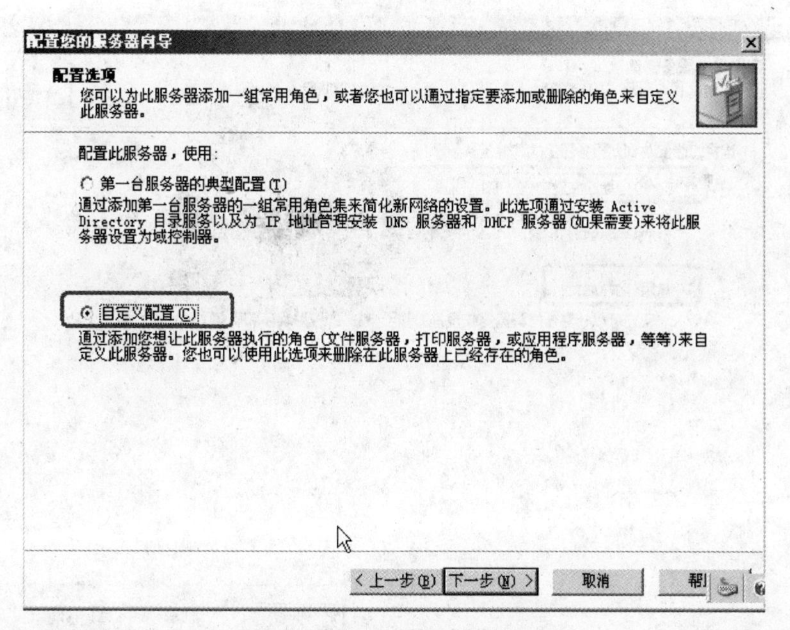

图 6-6 “配置选项”对话框

步骤 4：单击“下一步”按钮，弹出“服务器角色”对话框，选择“应用程序服务器(IIS, ASP.NET)”选项，如图 6-7 所示。

步骤 5：单击“下一步”按钮，弹出“应用程序服务器选项”对话框，选中安装到此服务器上的两个工具复选框，如图 6-8 所示。

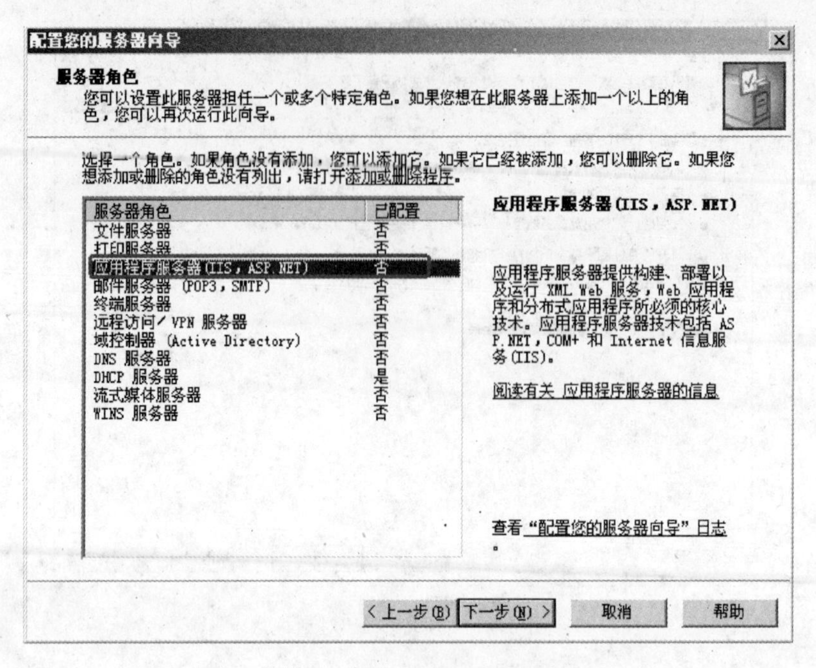

图 6-7 “服务器角色”对话框

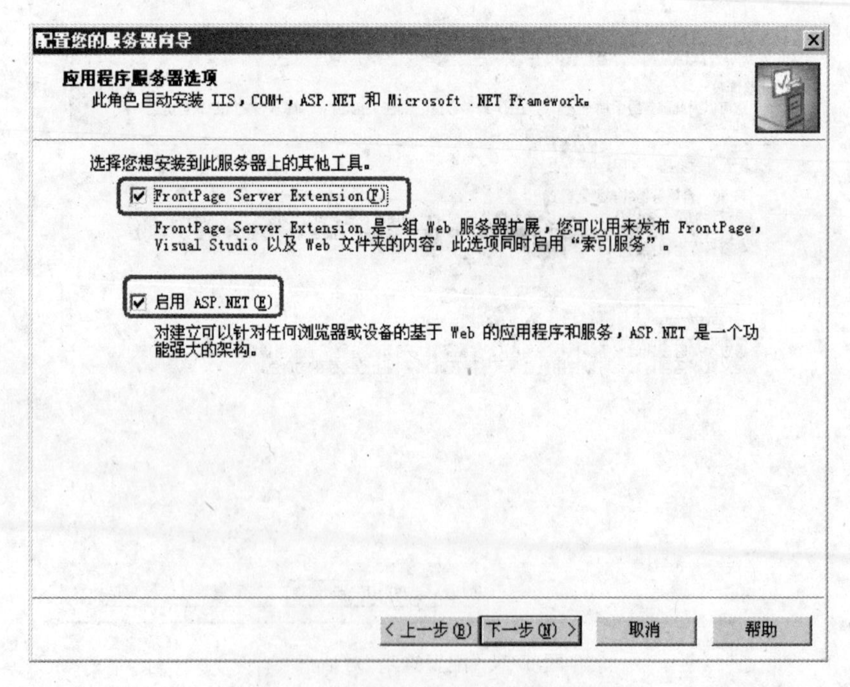

图 6-8 “应用程序服务器选项”对话框

步骤 6：单击“下一步”按钮，弹出“选择总结”对话框，查看并确认你的配置是否正确，如图 6-9 所示。

步骤 7：单击“下一步”按钮，弹出“正在应用选择”对话框，如图 6-10 所示。

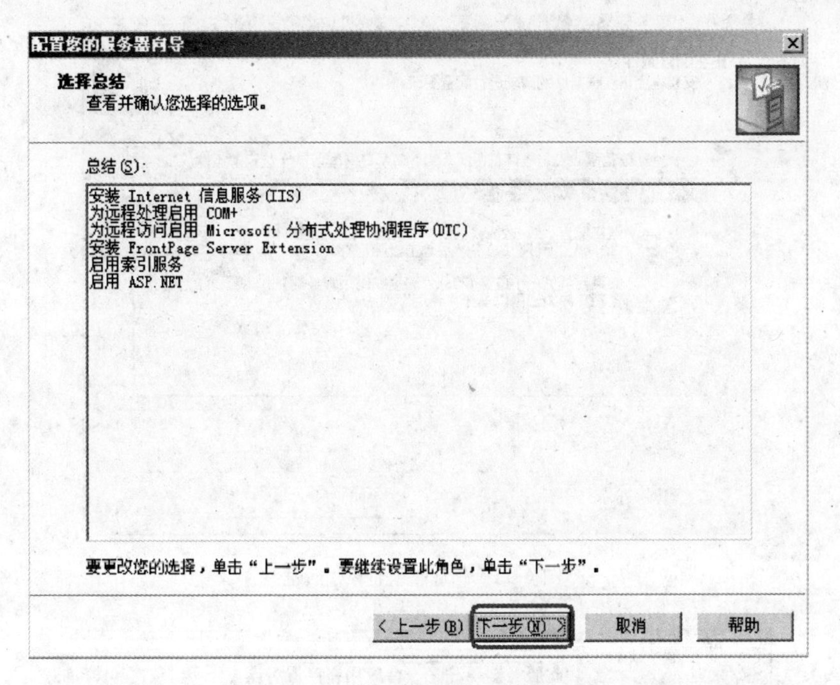

图 6-9　“选择总结”对话框

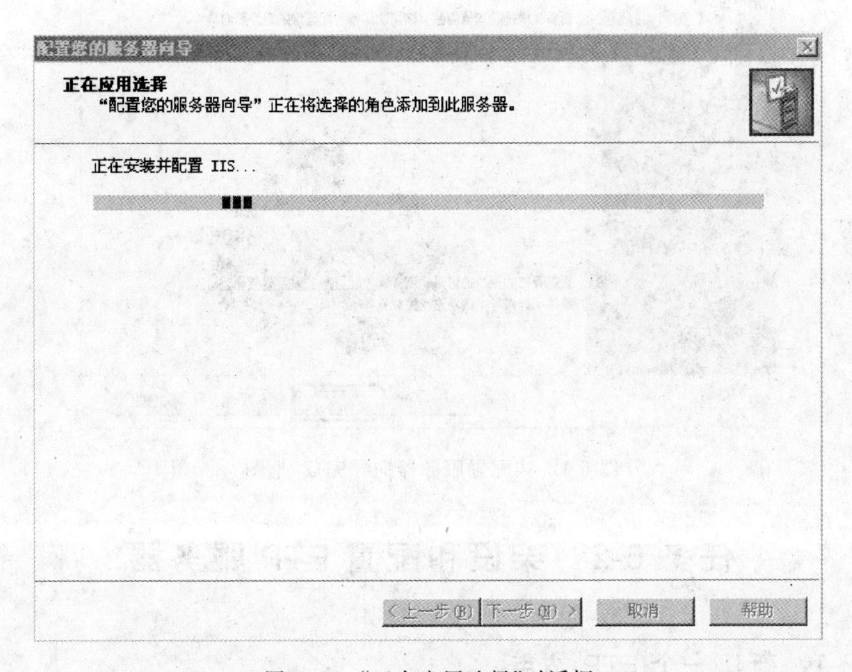

图 6-10　“正在应用选择”对话框

步骤 8：弹出“配置组件”对话框，如图 6-11 所示。对系统组件进行配置，系统会提示要求插入磁盘，获取所需的安装文件，将光盘放入驱动器中，单击“确定”按钮。

步骤 9：从光盘中获取安装文件进行安装，直到文件复制完成，显示如图 6-12 所示界面，单击“完成”按钮，完成服务器的架设。

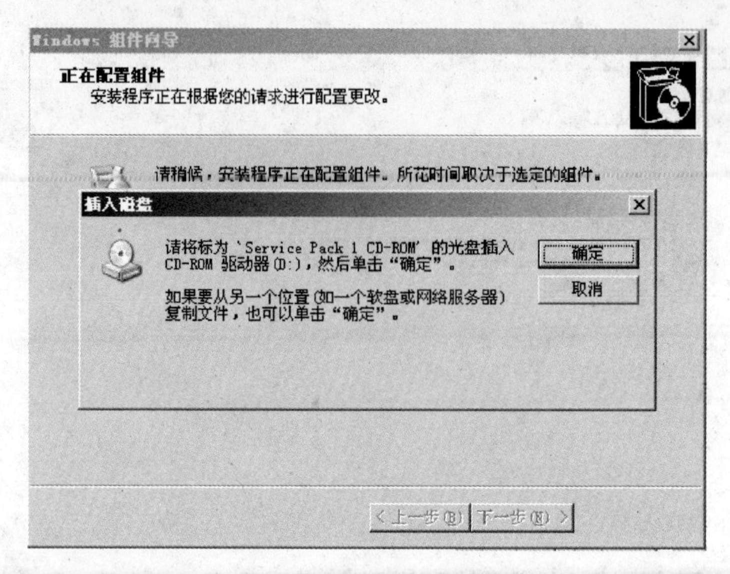

图 6-11 “配置组件”对话框

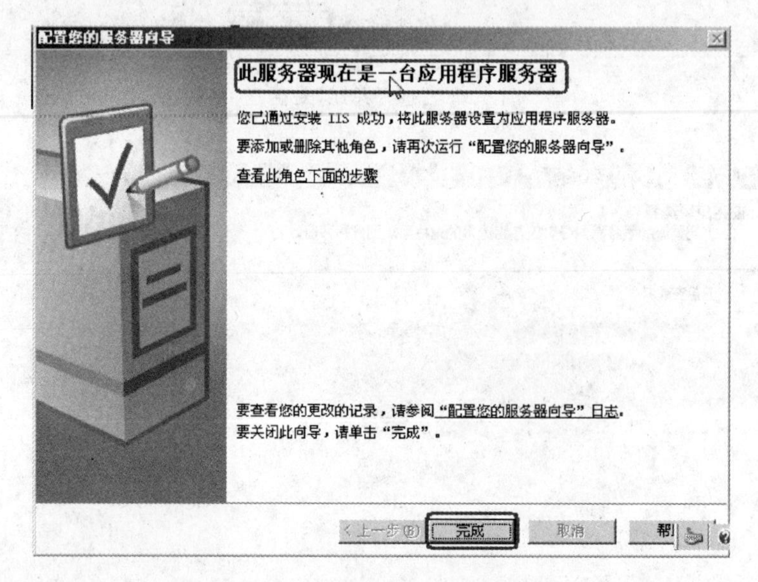

图 6-12 “配置服务器向导完成”框图

任务 6-2 架设和配置 FTP 服务器

任务 6-2-1 新建一个 FTP 站点

新建一个 FTP 站点：李勇已经将资源分门别类地整理好，只要把这些文件上传到服务器，其余同学就可以共享，他首先检验了一下自己是否能用 FTP 站点的方式实现共享，测试共享用户数和速度情况，因此先建一个 FTP 站点。

1. 任务要求

李勇把经典大片集中存放在 C:\soft 目录下，为了方便同学们观看而且节约网络使用时间、提高办公效率，这个问题可以用“FTP 站点”来解决，于是动手设置参数，列表 6-2 如下。

表 6-2 参数列表

FTP 站点名	IP 地址	TCP 端口	主目录	权限
默认 FTP 站点	192.168.1.220	21	C:\soft	访问

2. 实施步骤

步骤 1：依次展开“Internet 信息服务(IIS)管理器”→“TEST 本地计算机”→“FTP 站点”，右击“FTP 站点”，依次选择“新建”→“FTP 站点”，如图 6-13 所示。弹出“FTP 站点创建向导”对话框，如图 6-14 所示。

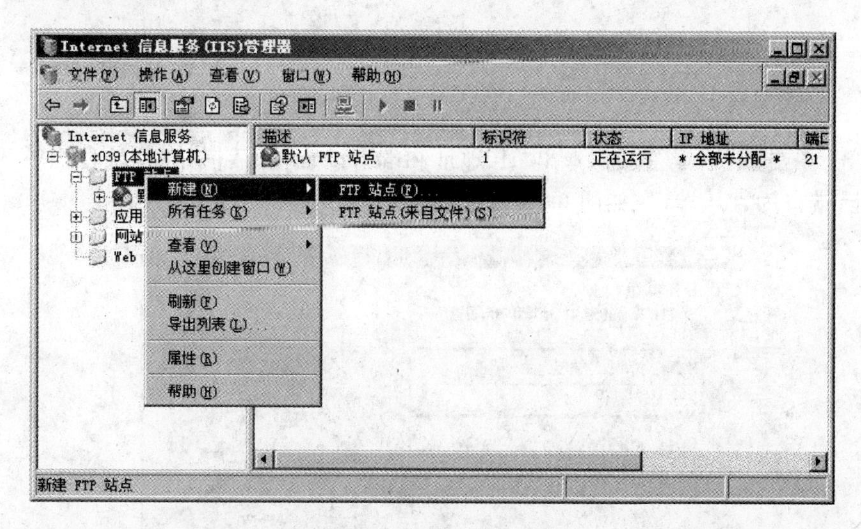

图 6-13 新建 FTP 站点

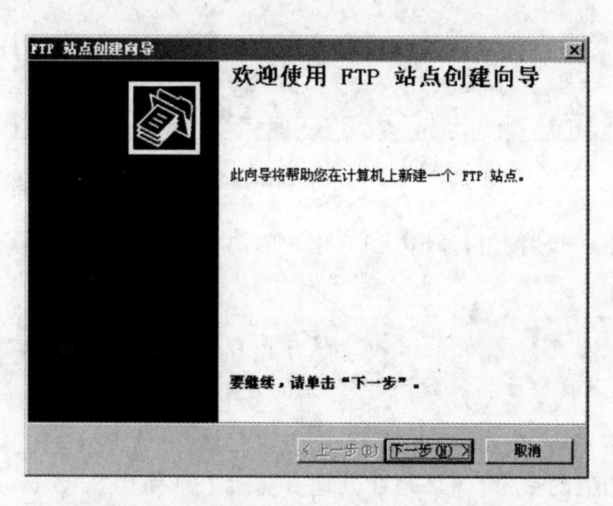

图 6-14 “FTP 站点创建向导”对话框

步骤 2：单击“下一步”按钮，弹出“FTP 站点描述”对话框，在描述文本框中输入一些描述性信息，如存放软件或者存放电影，以便于各站点的识别。如图 6-15 所示。

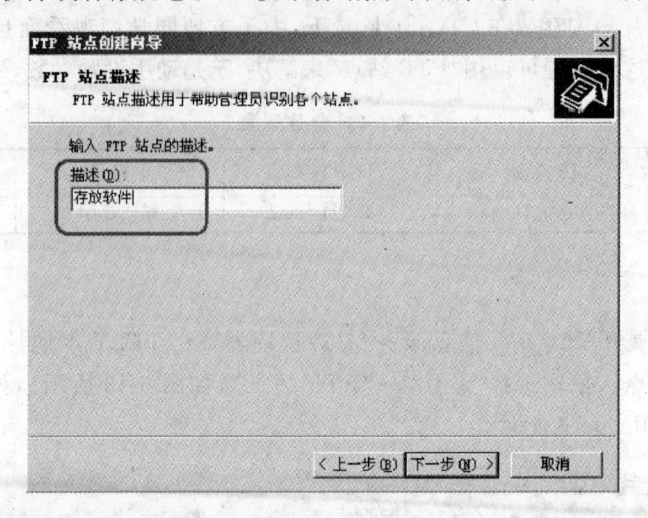

图 6-15 “FTP 站点描述”对话框

步骤 3：单击“下一步”按钮，弹出“IP 地址和端口设置”对话框，在地址栏内输入服务器的 IP 地址，端口为默认端口，如图 6-16 所示。

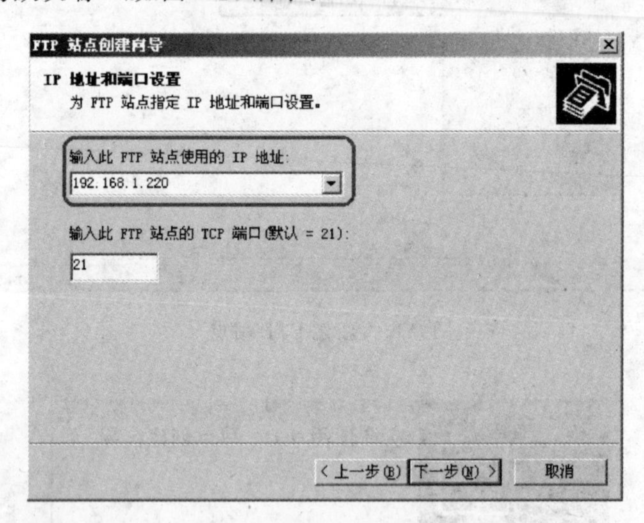

图 6-16 “IP 地址和端口设置”对话框

步骤 4：单击“下一步”按钮，弹出“FTP 用户隔离”对话框，选择默认的“不隔离用户”单选按钮，如图 6-17 所示。

注意：“FTP 用户隔离”——将用户限制在自己的目录中，防止用户查看或覆盖其他用户的内容，也就是说防止用户访问其他用户的 FTP 主目录。

步骤 5：单击“下一步”按钮，弹出“FTP 站点主目录”对话框，FTP 主目录在本机上则采用“浏览”按钮选择相应的目录，如果是在其他计算机上则使用“\\Server\目录”的形式，如图 6-18 所示。

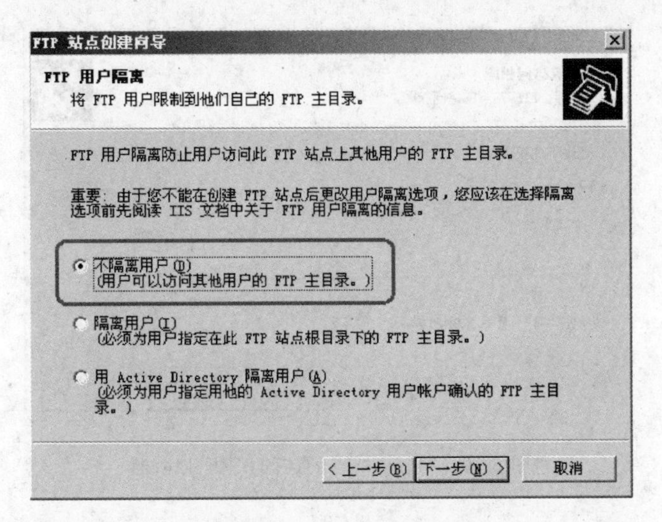

图 6-17　“FTP 用户隔离”对话框

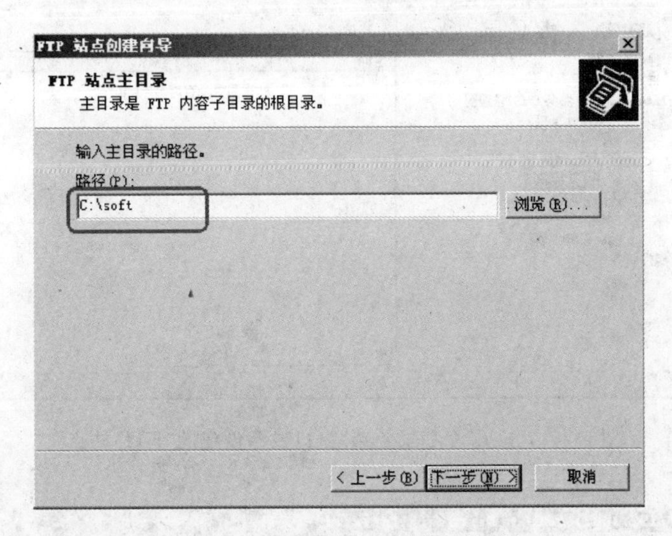

图 6-18　“FTP 站点主目录”对话框

步骤 6：单击“下一步”按钮，弹出“FTP 站点访问权限”对话框，选取赋给用户的权限，如图 6-19 所示。

注意：读取——只提供文件下载；读取、写入——对 FTP 站点实现更新。

步骤 7：单击“下一步”按钮，弹出“成功完成 FTP 站点创建向导”对话框，单击“完成”按钮。此时将在“应用程序服务器”窗口显示刚才创建的 FTP 站点，如图 6-20 所示。

步骤 8：FTP 服务器建立好后，测试一下能否正常访问。打开 IE 浏览器，在地址栏中输入 ftp://192.168.1.220 后按 Enter 键，如图 6-21 所示，说明 FTP 站点设置成功。班上的同学们采用同样的访问方式就可以访问李勇的资源了。

李勇测试成功后非常高兴，大家访问的速度很快，因此决定以相同的办法把所有的资源都共享给大家。

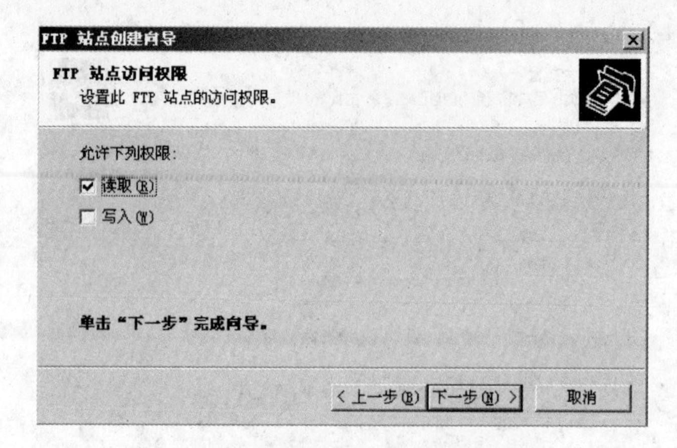

图 6-19 “FTP 站点的访问权限”对话框

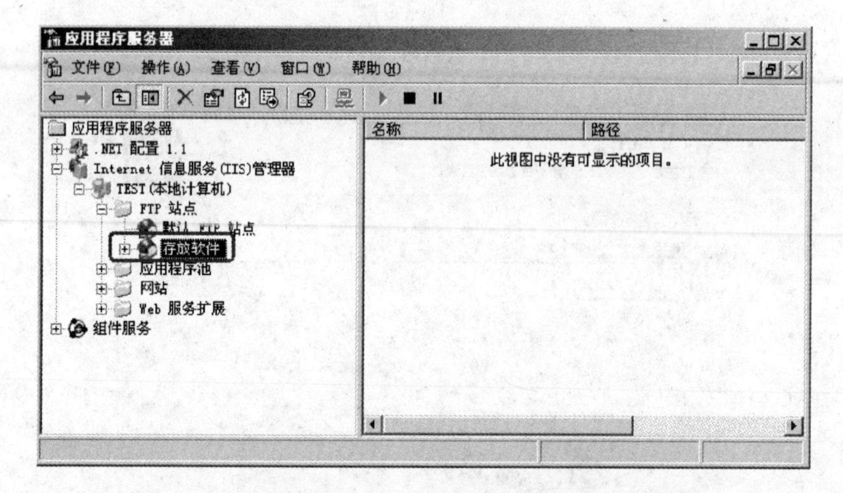

图 6-20 “应用程序服务器”窗口显示创建的“FTP 站点”

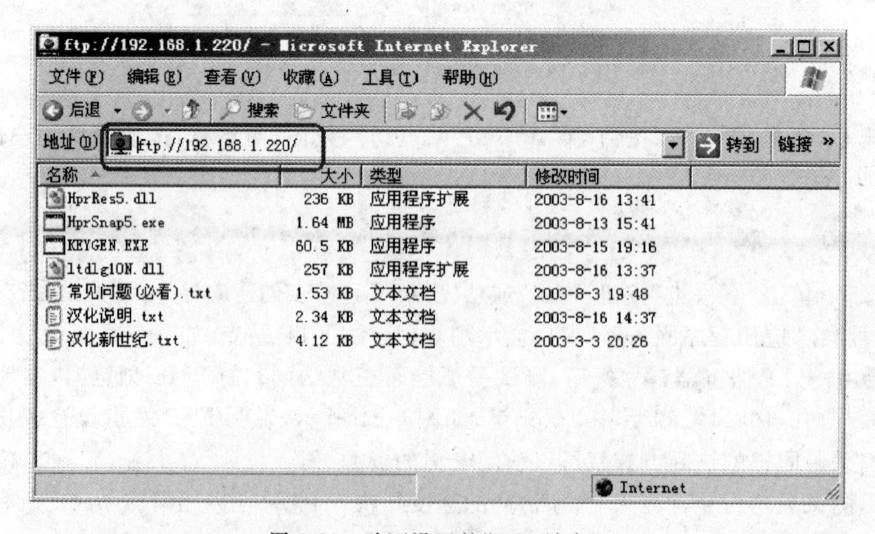

图 6-21 验证设置的“FTP 站点”

任务 6-2-2 配置多个 FTP 站点

配置多个 FTP 站点：李勇为了节约资源，决定在一台服务器上建立多个站点，并且不能影响访问各类资源。

1. 任务要求

在一台服务器上配置多个 FTP 网站：为了节约资金，希望几个站点能建立在一台服务器上，而不是一个站点一台服务器，下面以配置两个站点为例介绍配置的方法。

(1) 李勇的所有电影存放在 C:\soft 目录下，服务器的 IP 地址为 192.168.1.220。

(2) 有关网络方面的技术资料李勇都存放在 C:\document 目录下，服务器的 IP 地址为 192.168.1.230。

2. 实现方法

要实现该目标，主要有两种方法：

(1) 为计算机配置多个 IP 地址，每个 FTP 站点设置一个不同的 IP 地址，用浏览器查看各 FTP 站点能否正常访问。

(2) 每个 FTP 站点设置相同的 IP 地址，不同的端口号(应使用大于 1024 的临时端口)，用浏览器查看各 FTP 站点能否正常访问。

3. 实施步骤

(1) 每个 FTP 站点对应一个 IP 地址(见表 6-3)

表 6-3 参数列表

FTP 站点名	IP 地址	TCP 端口	主目录	权限
存放电影	192.168.1.220	21	C:\soft	读取
技术资料	192.168.1.230	21	C:\document	读取

步骤：存放电影的 FTP 站点已经建立，技术资料的 FTP 站点建立步骤与存放电影的 FTP 站点完全相同，在此不重复介绍。

两个站点都建立好后，在 IE 浏览器的地址栏中输入 ftp://192.168.1.220，则可读取和下载需要的电影；输入 ftp://192.168.1.230，则可读取和下载相应的技术资料。

(2) 多个 FTP 站点对应一个 IP 地址(见表 6-4)

表 6-4 参数列表

FTP 站点名	IP 地址	TCP 端口	主目录	权限
存放软件	192.168.1.220	21	C:\soft	读取
宣传资料	192.168.1.220	1021	C:\document	读取

方法一很容易地解决了一台服务器上配置多个FTP站点的问题，但需要很多IP地址，IP地址与站点之间是一一对应关系，由于IP地址已经严重匮乏，因此应当注意不要浪费IP地址。最好采用多个FTP站点对应一个IP地址，采用不同端口号来区分不同主目录的访问。具体步骤如下：

步骤：存放电影的FTP站点建立步骤与任务2-1的步骤完全相同，技术资料的FTP站点建立步骤与任务2-1的步骤基本相同，当打开"IP地址和端口设置"对话框时，在"输入此FTP站点使用的IP地址"项中输入192.168.1.220，"输入此FTP站点的TCP端口(默认=21)"项中填入1021，单击"下一步"按钮，如图6-22所示。

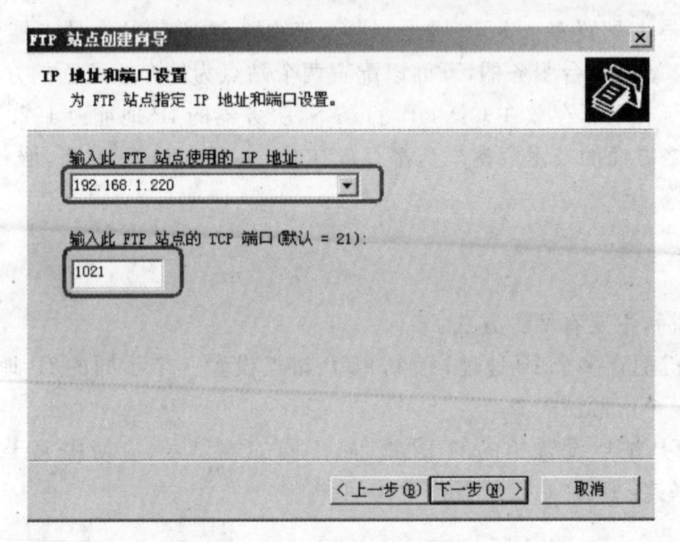

图6-22 "IP地址和端口设置"对话框

任务6-2-3 查看和修改FTP站点属性

查看和修改FTP站点属性：李勇发现，FTP站点在使用过程中，有时连接不上，同学们不能上传资料，因此想要修改站点的属性。

步骤1：依次单击"开始"→"设置"→"控制面板"→"管理工具"→"Internet信息服务"命令，打开"Internet信息服务"控制台窗口。在控制台目录树中，展开"Internet信息服务"节点，双击该节点，展开服务器节点。

步骤2：右击"默认FTP站点"或"其他FTP站点"→"属性"，弹出"默认FTP站点属性"对话框，如图6-23所示。

(1) 设置FTP站点标识：标识项中包含三项内容。

① "描述"文本框中填入FTP站点的解释信息，便于识别，如输入"用于测试的FTP"；

② "IP地址"项可以是直接输入IP地址，也可以用下拉菜单进行选取；

③ TCP端口可填写FTP的默认端口，也可根据要求进行更换。

(2) FTP站点连接：连接项中包含两项内容。

① "不受限制"单选按钮表示允许FTP的连接数为无限个；

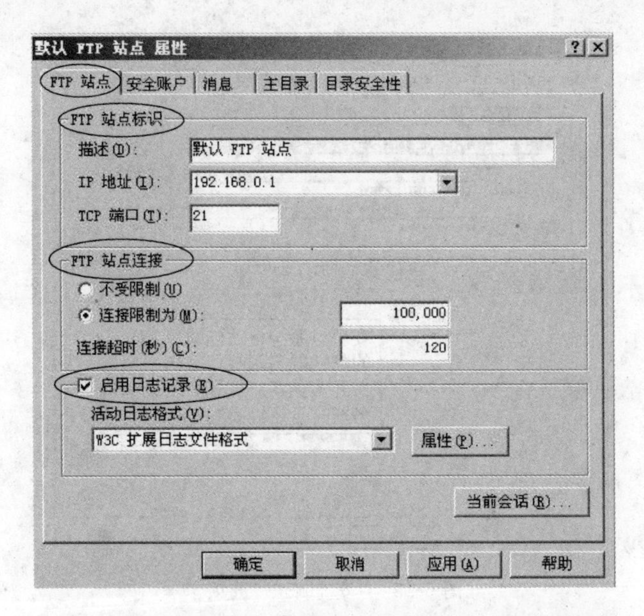

图 6-23 "默认 FTP 站点 属性"对话框的"FTP 站点"选项卡

② "连接限制为"默认的最大值为 100000 个连接,可自己规定,选择该单选框时,"连接超时"也转变为黑色,默认值为 900 秒,即 15 分钟,一般都需要更改。

(3) "启用日志记录"项一般选择默认值,不需要更改。

单击"当前会话"按钮(见图 6-23),弹出"FTP 用户会话"对话框,如图 6-24 所示。查看和控制当前的用户连接。选定某用户后,单击"断开"按钮可强制断开该用户的连接。单击"全部断开"按钮,可强行断开所有用户的连接。单击"关闭"按钮,关闭此对话框。

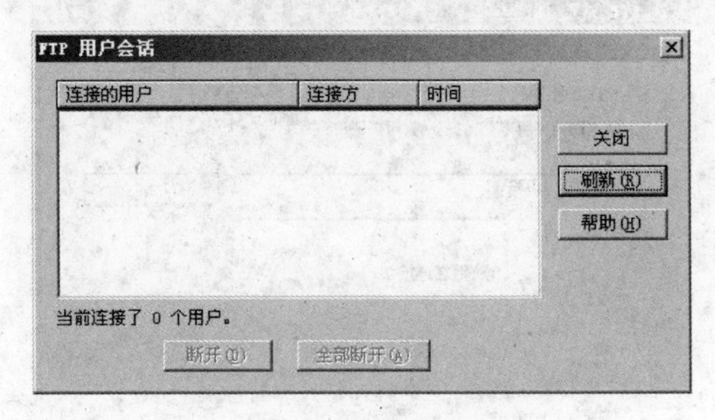

图 6-24 "FTP 用户会话"对话框

步骤 3:单击"安全账户"标签,切换到"安全账户"选项卡,如图 6-25 所示。可以设置站点的匿名访问和 FTP 站点的操作员及用户限制等。通过"安全账户"选项卡的设置,可以强制设置你想允许进行何种类型的登录。

(1) 默认情况下,选中"允许匿名登录"复选框,此时允许任何用户登录并访问 FTP 站点上的资源,并不需要专门的账号和密码。如果不想泄露网络资源,可选择"只允许匿名连接"复选框,限制用户通过普通用户登录访问 FTP 服务器。

(2) "用户名"用来输入用户登录时使用的 Windows 用户账号,默认情况下,IIS 为所有

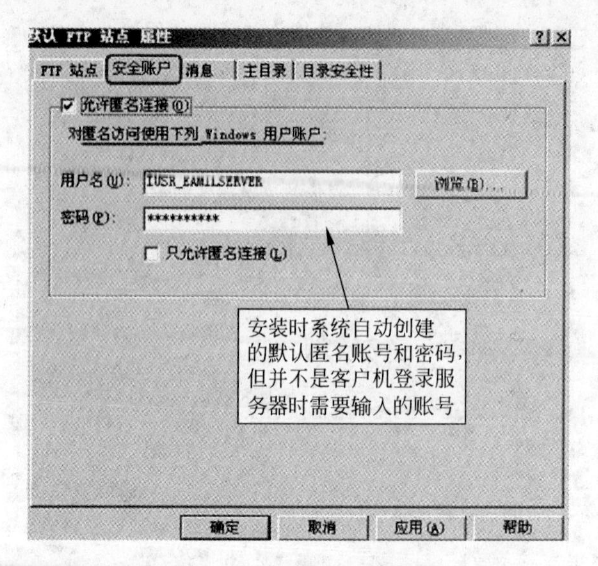

图 6-25 “安全账户”选项卡

的匿名登录创建名为“IUSR_计算机名”账号,可修改此账号和密码。此时需要选中“允许IIS控制密码”复选框,清空“只允许匿名连接”复选框。如果选中了“允许IIS控制密码”复选框,密码将不能更改,可以使FTP站点自动将匿名密码设置与Windows中的设置相同,免去了在密码框中输入密码的麻烦。

(3) 对于FTP站点的操作员,可以单击“添加”按钮,如图6-26所示。添加FTP站点的操作员名字。

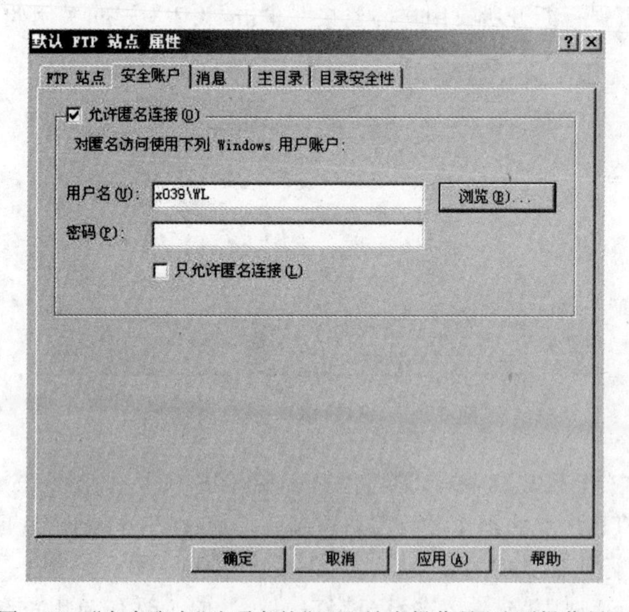

图 6-26 “安全账户”选项卡的“FTP站点操作员”选项操作界面

FTP站点操作员是指具有对站点进行全方位操作、维护能力的站点管理员。默认的FTP站点管理员是Windows系统管理员组的全体成员。在实际工作中,出于安全性、内容

维护和其他考虑通常需要重新指定站点管理员，对各自的 FTP 站点拥有有限的管理权限，只能修改那些仅影响自己站点的属性。

步骤 4：单击“消息”选项卡，在各文本框中输入简单明了的信息，设置用户访问 FTP 站点时的欢迎信息，如图 6-27 所示。

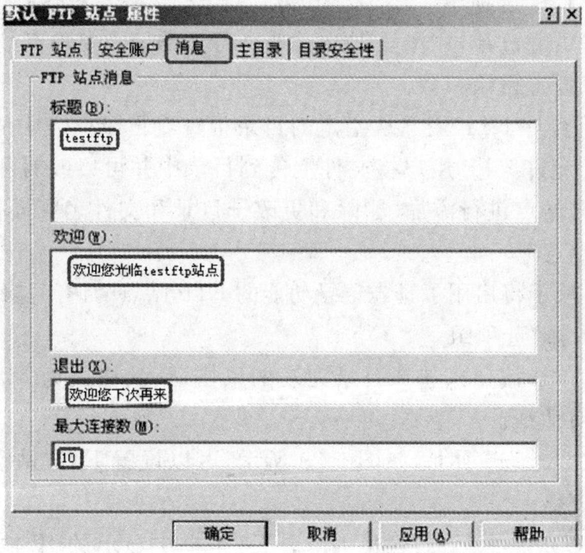

图 6-27 “消息”选项卡

步骤 5：单击“主目录”选项卡，可以设置目录的列表风格，如图 6-28 所示。FTP 站点的主目录也称为宿主目录，是 FTP 站点的根目录，通常被映射为站点的域名或服务域名，该目录是 FTP 站点用于存放发布文件的位置。对于任何 FTP 站点，系统管理员可根据实际情况更改主目录。

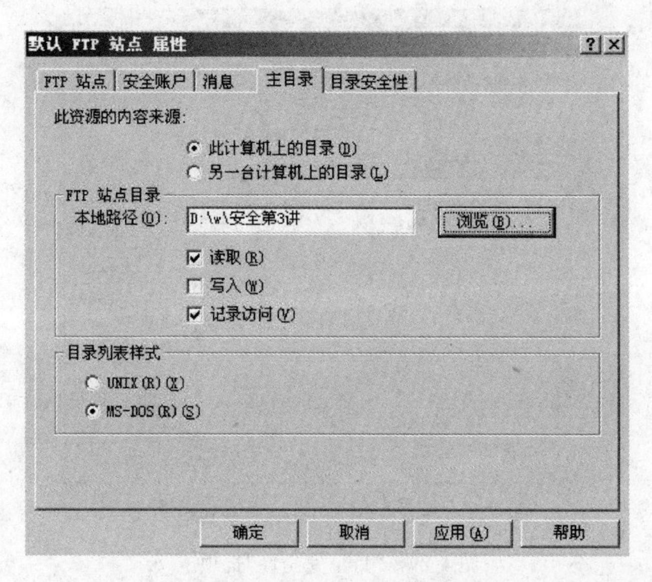

图 6-28 “主目录”选项卡

(1) 对"连接到此资源时,内容应该来自于"设置。

① 如主目录在服务器上,则选择"此计算机上的目录"。

② 如主目录在网络计算机上,则选择"另一计算机上的共享位置",用于将主目录设置为其他计算机上的共享文件夹,此时需要输入访问其他计算机所需的用户名和密码。

(2) "FTP 站点目录"选项组

"本地路径"设置可通过单击"浏览"按钮,选择目录路径;或者直接输入目录路径,并通过启用不同复选框来设置目录权限。

① "读取":用于允许 FTP 用户从指定的目录中查看目录列表中的目录和下载文件。

② "写入":用于允许 FTP 用户将文件上传到目录中并可以改写和删除,该选项可控制是否允许用户对 FTP 站点进行添加、删除和更改子目录和文件名等操作。一般情况不要设置"写入"的权限。

③ "日志访问":用于将启用了日志记录功能的 FTP 站点的访问操作记录到日志文件中。

(3) "目录列表风格"选项组

通过选择不同的单选按钮来选择目录列表的风格,默认格式为 MS-DOS,设置完毕,单击"确定"按钮,关闭对话框。

步骤 6:"目录安全性"选项卡,如图 6-29 所示,可以设置 FTP 站点授权访问和拒绝访问的 IP 地址。

(1) "授权访问":是除了"下面列出的除外"文本框中显示的 IP 地址外的能够访问,该框中列出的 IP 地址不能访问。如图 6-29 所示,即 IP 地址为 192.168.1.28 的计算机禁止访问,其余 IP 地址的计算机均可访问。

(2) "拒绝访问":与"授权访问"相反,是"下面列出的除外"文本框中显示的 IP 地址可以访问,其余的不能访问。如果图 6-29 中选择的是"拒绝访问"单选项,其余设置不变,则表示只允许 IP 地址为 192.168.1.28 的计算机访问,其余 IP 地址的计算机均禁止访问。

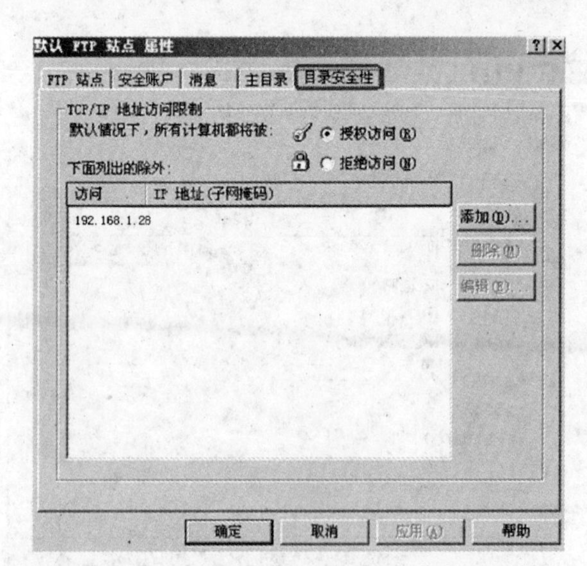

图 6-29 "目录安全性"选项卡

任务 6-2-4　创建虚拟目录

创建虚拟目录：为了进一步方便 FTP 站点的使用，李勇决定充分利用虚拟目录，在站点根目录下创建一个子目录，然后创建一个别名或指针指向系统另外一个地方的目录或计算机，用来发布信息。

虚拟目录是在站点根目录下创建一个子目录，然后创建一个别名或指针指向系统另外一个地方的目录或计算机，该目录并不是实实在在的创建在根目录或其他子目录下。虚拟目录是 FTP 服务发布信息文件的主要方式。

下面介绍创建 FTP 虚拟目录的操作步骤：

步骤 1：打开“Internet 信息服务管理器”窗口，展开服务器节点，右击“默认 FTP 站点”或需要创建虚拟目录的站点，选择“新建”→“虚拟目录”命令，弹出“虚拟目录创建向导”对话框。

步骤 2：单击“下一步”按钮，弹出如图 6-30 所示“虚拟目录别名”对话框。在“别名”文本框中，输入用于获得此虚拟目录访问权限的别名。

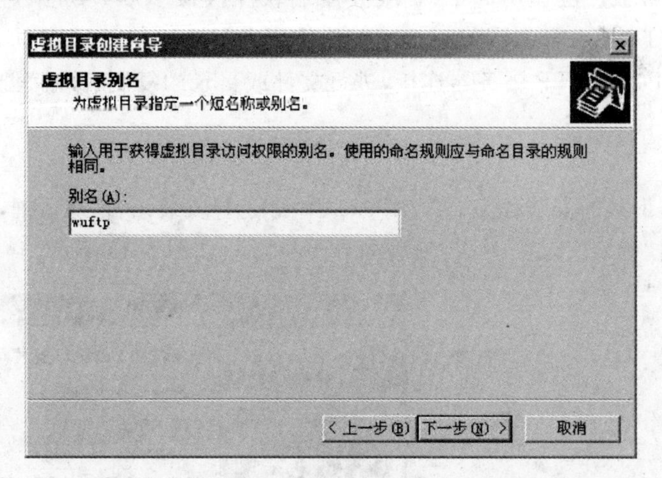

图 6-30　输入别名

步骤 3：单击“下一步”按钮，弹出“FTP 站点内容目录”对话框，如图 6-31 所示。直接在“路径”文本框中输入目录路径；或单击“浏览”按钮，选择目录路径。

图 6-31　输入目录路径

步骤4：单击“下一步”按钮，弹出“访问权限”对话框，在“允许下列权限”选项组中，用户可以为此目录设置访问权限。例如，选中“写入”复选框，则允许访问者在目录中写入内容。

步骤5：访问权限设置完成后，单击“下一步”按钮，弹出“您已成功完成虚拟目录创建向导”对话框。单击“完成”按钮，完成虚拟目录的创建。

任务 6-2-5 使用 Serv-U 构建 FTP 服务器

> 使用 Serv-U 构建 FTP 服务器：李勇在使用了一段时间 Windows 集成的 IIS 构建的 FTP 服务器后，发现随着用户的增加，出现了一些问题，因此决定在技术上进一步改进，用 Serv-U 软件来构建 FTP 服务器。

李勇经过比较，决定使用 Serv-U 软件来构建 FTP 服务器。Serv-U 是 Windows 操作系统下最流行、功能最强大、使用最简单的 FTP 服务器软件之一。除了几乎具备同类软件所具备的全部功能外，还支持断点续传、带宽限制、远程管理、虚拟主机等功能，具有良好的安全机制、友好的管理界面和稳定的性能。本任务将从该服务器软件的安装和配置方面来介绍。

Serv-U 是一种被广泛运用的 FTP 服务器端软件，通过 Serv-U，用户能够将任何一台 PC 设置成一台 FTP 服务器，这样，用户或其他使用者就能够使用 FTP 协议，通过在同一网络上的任何一台 PC 与 FTP 服务器连接，进行文件或目录的复制、移动、创建和删除等。

1. 安装 Serv-U

步骤1：双击下载的安装程序 su7201.exe，弹出“选择安装语言”对话框，如图 6-32 所示。

步骤2：单击“确定”按钮，弹出“安装向导”对话框，如图 6-33 所示。

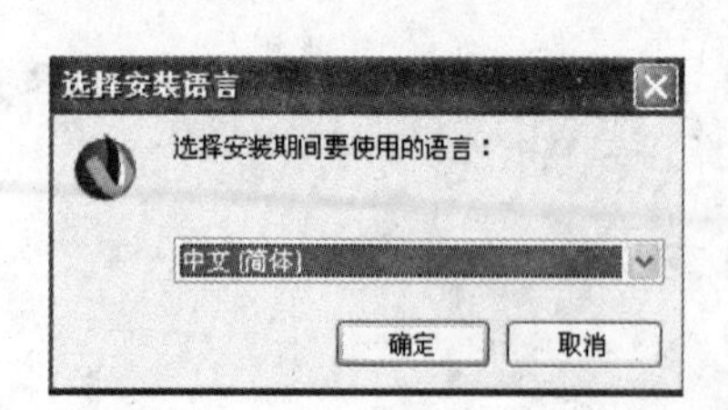

图 6-32 “选择安装语言”对话框

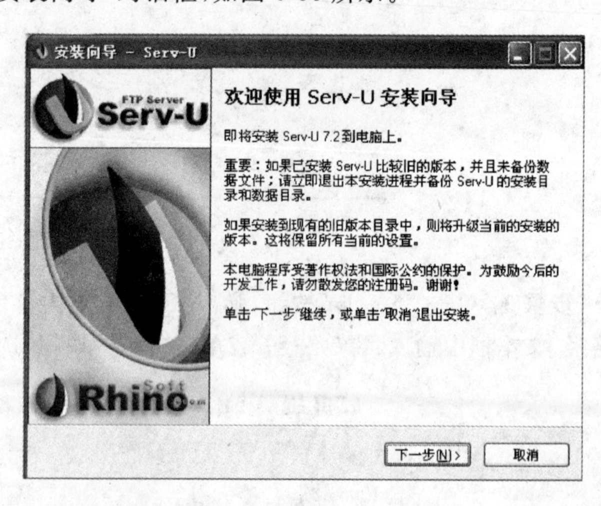

图 6-33 “安装向导”对话框

步骤3：单击“下一步”按钮，弹出“许可协议”对话框，如图 6-34 所示，选择“我接受协议”单选按钮，“下一步”按钮由灰色变为黑色。

步骤4：单击“下一步”按钮，弹出“选择目标位置”对话框，如图 6-35 所示。单击“浏览”按钮，选择安装 Serv-U 的目标文件夹，如 F：/Serv-U。

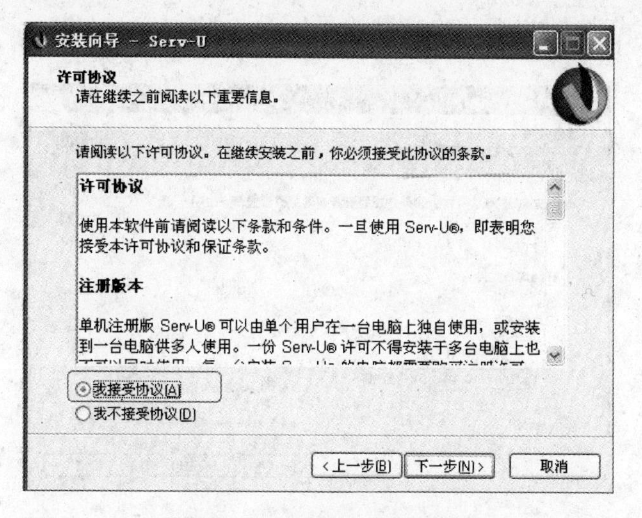

图 6-34　“许可协议”对话框

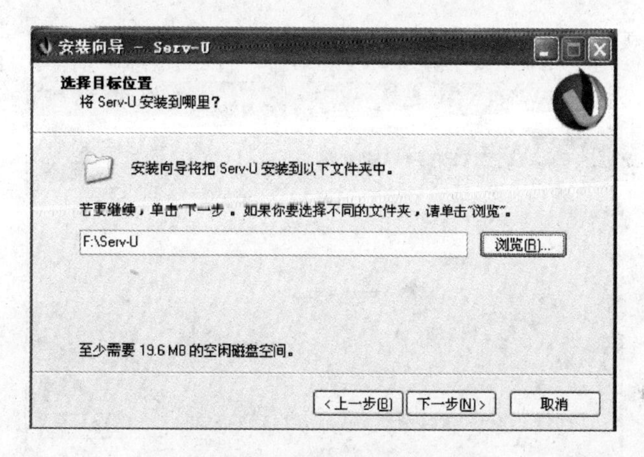

图 6-35　“选择目标位置”对话框

步骤 5：单击“下一步”按钮，弹出“选择开始菜单文件夹”对话框，如图 6-36 所示，与上一步的目标文件夹选择类似，单击“浏览”按钮进行选择。

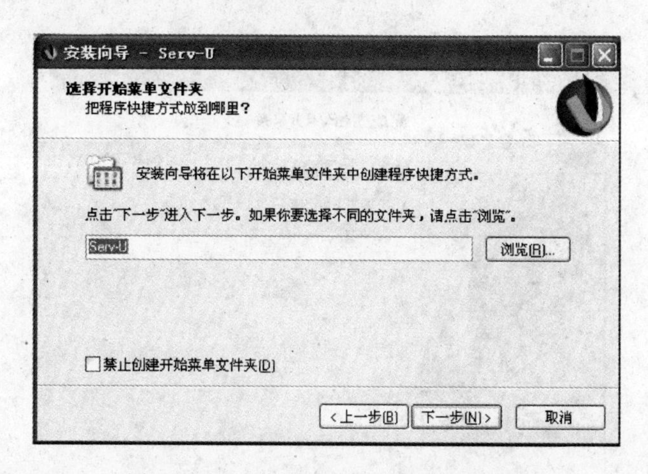

图 6-36　“选择开始菜单文件夹”对话框

步骤 6：单击“下一步”按钮，弹出“准备安装”对话框，如图 6-37 所示。

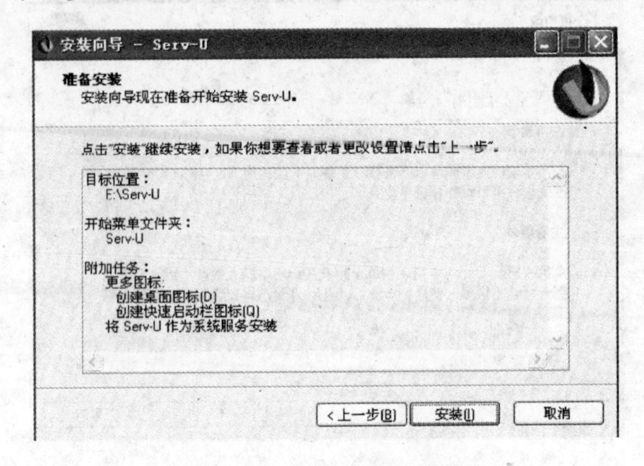

图 6-37 “准备安装”对话框

步骤 7：单击“安装”按钮，弹出“正在安装”对话框，如图 6-38 所示。

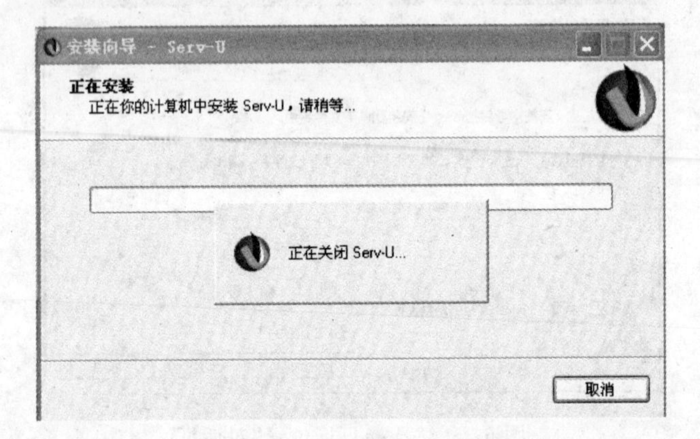

图 6-38 “正在安装”对话框

步骤 8：等待安装完成，弹出“完成 Serv-U 安装”对话框，单击“完成”按钮如图 6-39 所示。

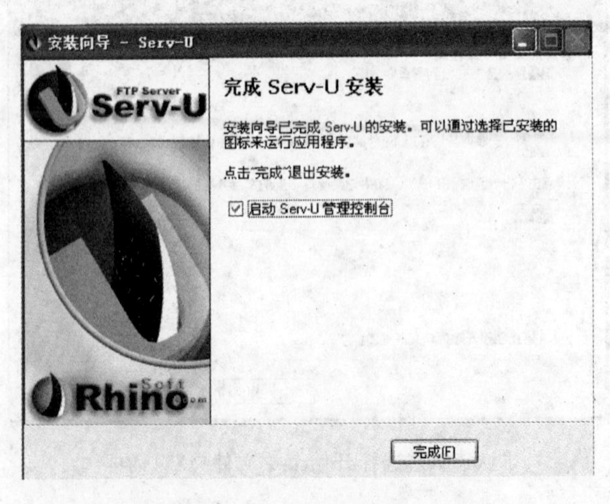

图 6-39 “完成 Serv-U 安装”对话框

桌面右下角显示图标，显示服务器已经联机。

2. 建立 FTP 服务器

步骤 1：启动 Serv-U 程序，打开“Serv-U 管理控制台－主页”窗口，如图 6-40 所示。

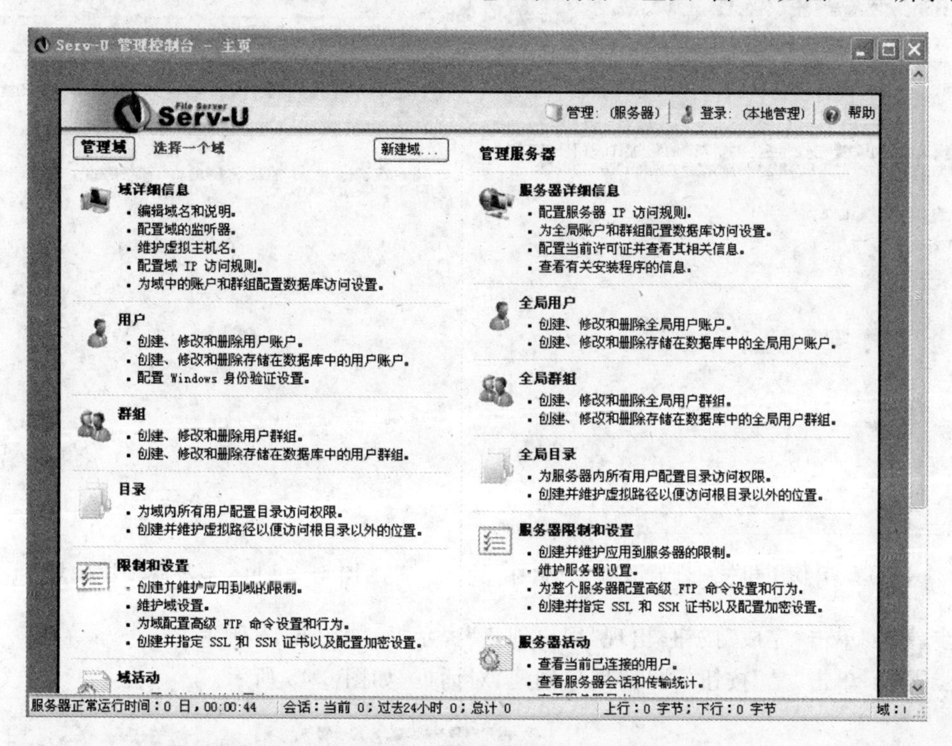

图 6-40　“Serv-U 管理控制台－主页”窗口

步骤 2：单击“管理域”按钮，弹出“域向导”对话框，输入域名信息，选中“启用域”，如图 6-41 所示。

域向导 － 步骤 1 总步骤 3

欢迎使用 Serv-U 域向导。本向导将帮助您在文件服务器上创建域。

每个域名都是唯一的标识符，用于区分文件服务器上的其他域。

名称：

butterfly.com

域的说明中可以包含更多信息。说明为可选内容。

说明：

为蝴蝶软件公司使用

☑ 启用域

下一步>>　取消

图 6-41　“域向导”对话框

步骤 3：单击“下一步”按钮，出现填写 FTP 使用相关对外通讯端口的信息，端口可以改动，本文保持默认值，如图 6-42 所示。

步骤 4：单击“下一步”按钮，填写服务器的 IP 地址，如图 6-43 所示。

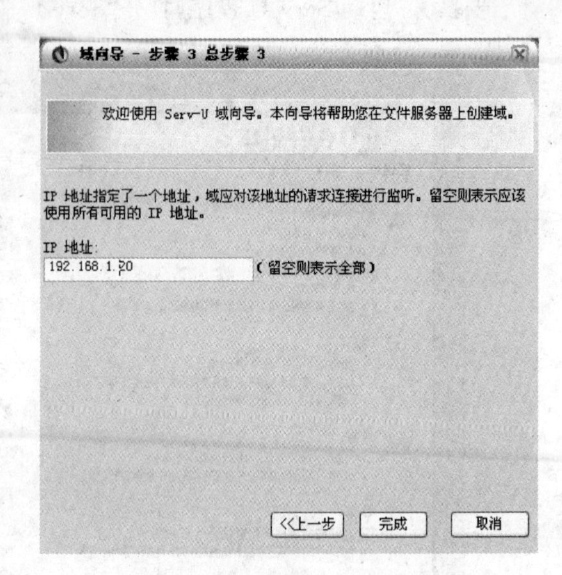

图 6-42　填写 FTP 使用相关对外通讯端口的信息

图 6-43　填写服务器的 IP 地址

步骤 5：单击“完成”按钮，出现“用户创建”提示框，如图 6-44 所示。

步骤 6：单击“是”按钮，弹出“用户创建”对话框，如图 6-45 所示。

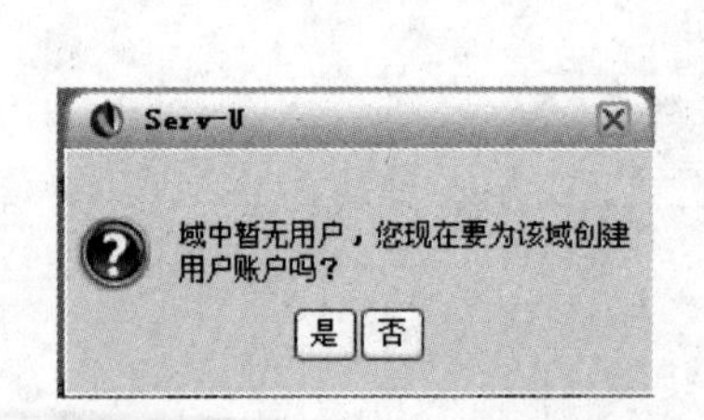

图 6-44　“用户创建”提示框

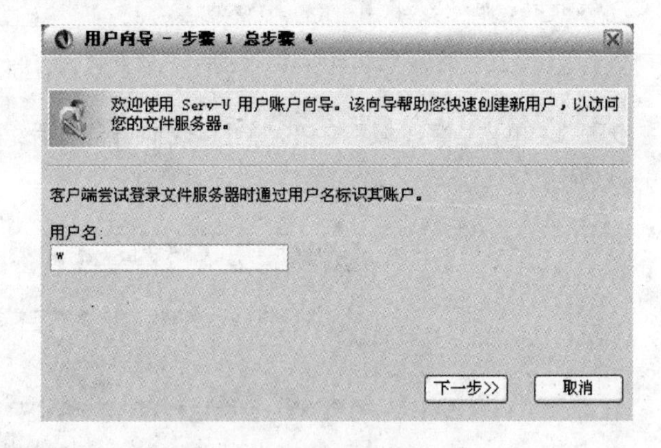

图 6-45　“用户创建”对话框

步骤 7：单击“下一步”按钮，弹出“密码设置”对话框，如图 6-46 所示。

步骤 8：单击“下一步”按钮，单击“浏览”按钮，选择服务器上的哪个文件夹可供账户访问，如图 6-47 所示。

步骤 9：单击“下一步”按钮，选择访问权限，如图 6-48 所示。

步骤 10：单击“完成”按钮，用户创建完成，显示“Serv-U 管理控制台-用户”，如图 6-49 所示。

步骤 11：测试。

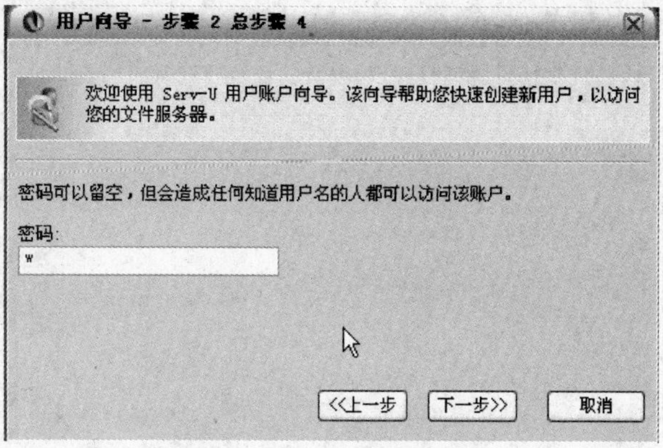

图 6-46 “密码设置”对话框

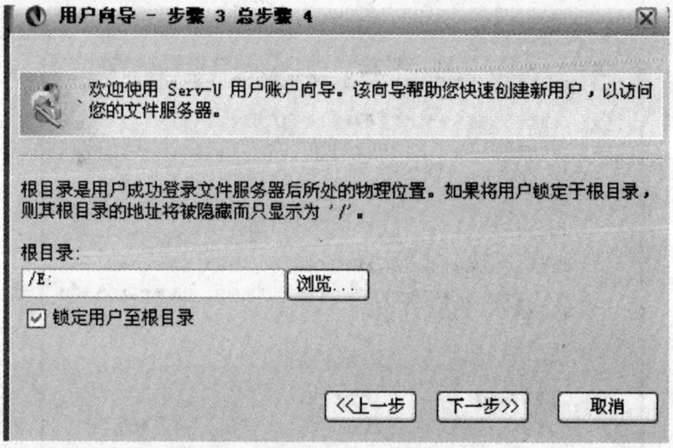

图 6-47 “用户选择”对话框

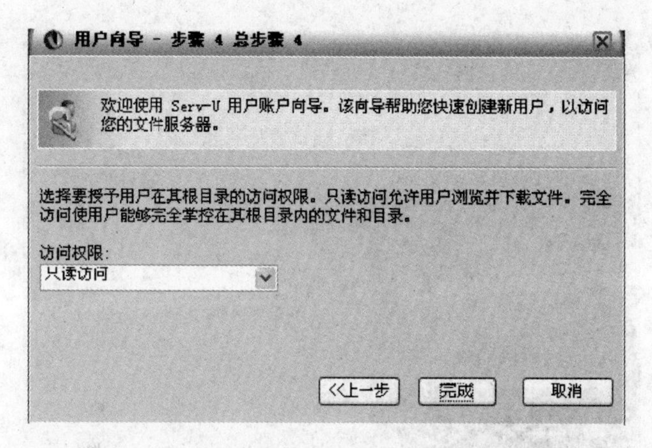

图 6-48 “选择访问权限”对话框

(1) 打开 IE 浏览器，输入 ftp://192.168.1.20，按 Enter 键，弹出“登录身份”对话框，如图 6-50 所示。

(2) 单击“登录”按钮，显示目录情况，如图 6-51 所示。

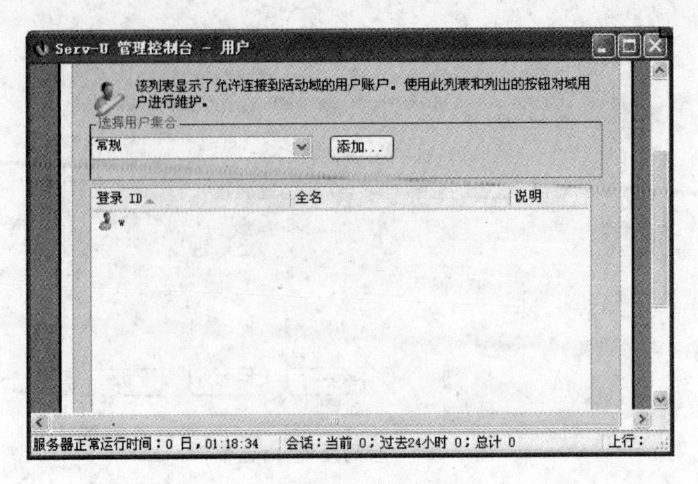

图 6-49 “Serv-U 管理控制台－用户”对话框

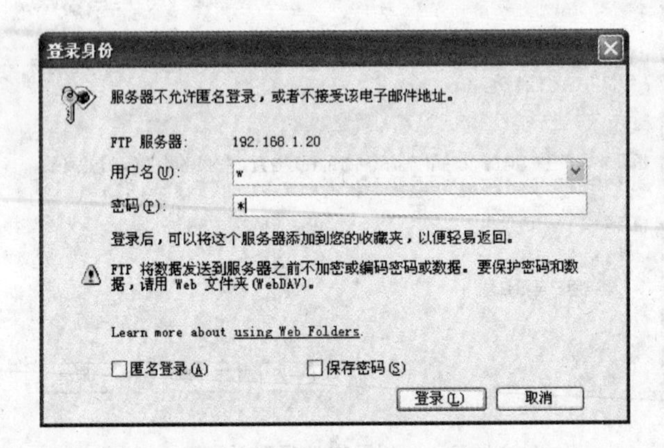

图 6-50 “登录身份”对话框

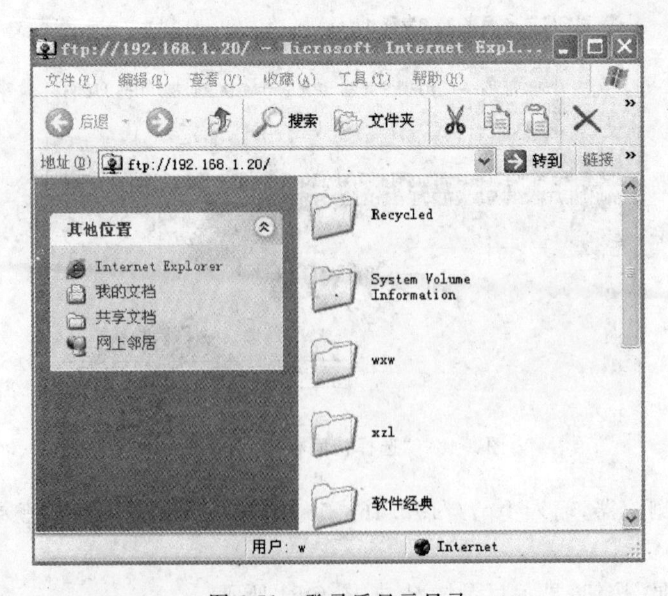

图 6-51 登录后显示目录

(3) 从该目录上下载文件，但不能上传文件，否则会出现如图 6-52 所示的错误提示，因为服务器设置时给该用户设置的是只读权限。

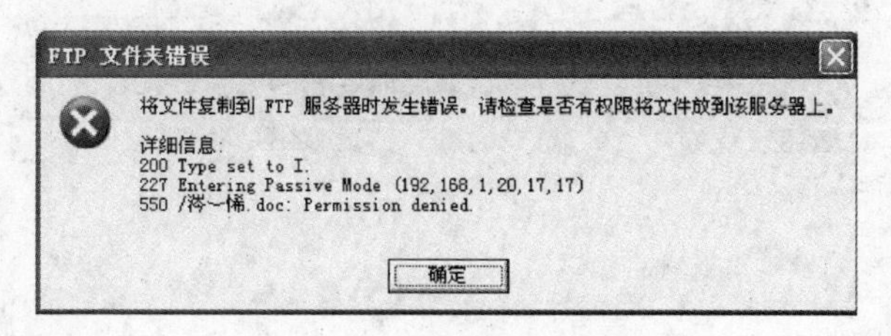

图 6-52 错误提示信息

3. FTP 其他功能设置

以虚拟目录的建立为例进行设置。

步骤 1：启动服务器，单击“目录”项，弹出“Serv-U 管理控制台—目录”对话框，如图 6-53 所示。

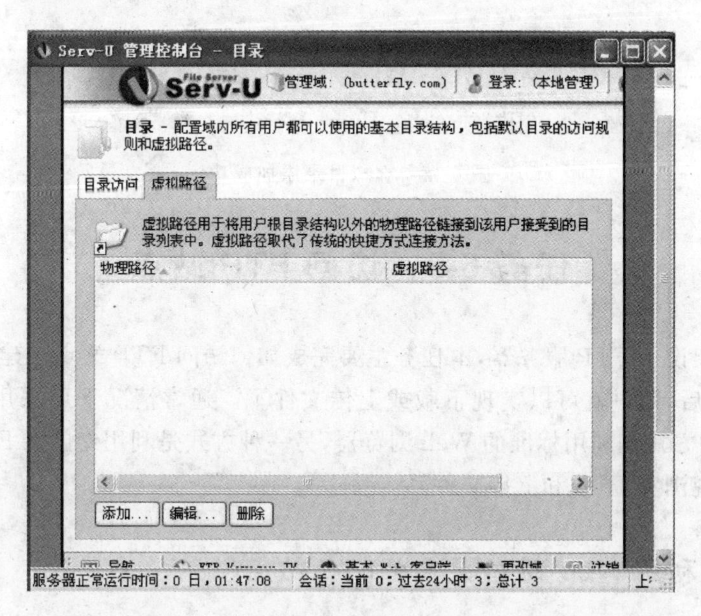

图 6-53 “Serv-U 管理控制台—目录”对话框

步骤 2：单击“添加”按钮，弹出“虚拟路径”对话框，如图 6-54 所示。

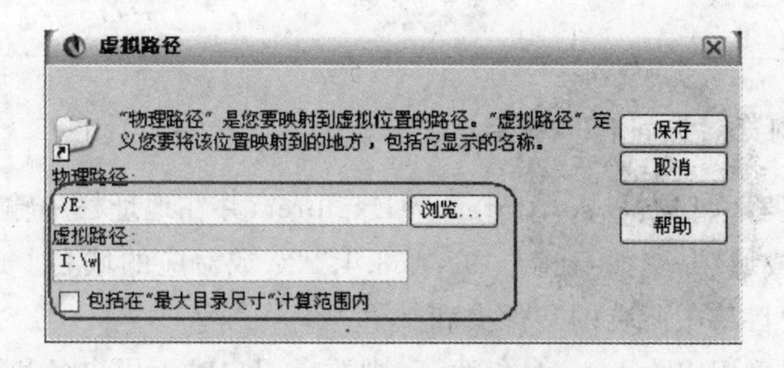

图 6-54 “虚拟路径”对话框

步骤 3：单击“保存”按钮，则将该虚拟目录添加成功，如图 6-55 所示。

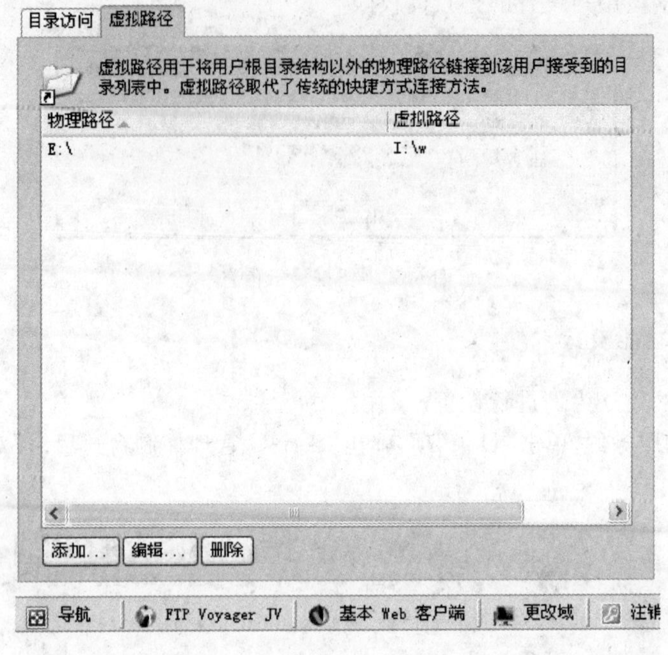

图 6-55 虚拟目录添加成功

任务 6-3 访问 FTP 站点

前面已经架设了 FTP 服务器，本任务主要完成如何访问 FTP 站点。建立 FTP 站点并提供 FTP 服务后，用户就可以实现下载或上传文件了。通常情况下可采用两种方式访问 FTP 站点，一种方式是利用标准的 Web 浏览器，另一种方式是利用专门的 FTP 客户端。两种方式均可实现浏览、下载和上传文件。

任务 6-3-1 利用 Web 浏览器访问 FTP 站点

利用 Web 浏览器访问 FTP 站点：Web 浏览器除了可以访问 Web 站点外，还可以用来访问 FTP 站点，浏览 FTP 站点中的文件夹和文件，并实现文件等的下载，此方式简单快捷。

1. 利用 Web 浏览器访问 FTP 站点

运行 Web 浏览器，如 Microsoft Internet Explorer，并在地址栏中输入欲连接的 FTP 站点的 Internet 地址或域名，例如 ftp://192.168.1.220 或对应的域名。此时，将在浏览器中显示该 FTP 站点主目录中所有的文件夹和文件。

如果 FTP 站点采用 Windows 身份验证，则要求用户输入用户名和密码，就需要在地址中包括这些信息，格式为“ftp://用户名：密码@ftp IP 地址”。

1）浏览和下载

当FTP站点只被授予“读取”权限时，则只能浏览和下载该站点中的文件夹和文件。浏览的方式非常简单，只需双击即可打开相应的文件夹和文件。若欲下载，只需右击，并在弹出的快捷菜单中选择“复制”命令，而后打开Windows资源管理器，将该文件或文件夹粘贴到欲保存的位置即可。

2）重命名、删除、新建文件夹和文件上传

当FTP站点被授予“读取”和“写入”权限时，则不仅能够浏览和下载该站点中文件夹和文件，而且还可以直接在Web浏览器中实现新文件的建立以及对文件夹和文件的重命名、删除和上传文件等操作。

(1) 重命名或删除FTP站点中的文件夹和文件

在Web浏览器中重命名或删除FTP站点中文件夹和文件的方式与在Windows资源管理器中相同。

(2) 新建文件夹

在目的文件夹的空白处右击并在弹出的快捷菜单中单击“新建文件夹”菜单项，即可在当前文件夹下建立一个新文件夹。

(3) 上传文件

通过Web浏览器向FTP站点中上传文件夹和文件，先打开Windows资源管理器，选中并复制欲上传的文件夹和文件，然后在Web浏览器中浏览并找到目的文件夹，而后在浏览器的空白处右击，在弹出的快捷菜单中选择“粘贴”即可。

2. 访问虚拟目录

打开Web浏览器，在“地址栏”中输入“ftp://IP地址/目录名”或“ftp://域名/目录名”，即可浏览虚拟目录中的所有文件。

当需要使用用户名和密码访问时，采用的格式为“ftp://用户名:密码@IP地址/目录名”或“ftp:// 用户名:密码@域名/目录名”。

通过Web浏览器对虚拟目录中文件的操作与在FTP站点中的操作完全相同，可根据虚拟目录的访问权限不同，分别进行浏览、重命名、删除、下载、上传文件夹和文件的操作。

任务6-3-2　利用FTP客户端软件访问FTP站点

利用FTP客户端软件访问FTP站点：通过Web浏览器访问FTP站点的方式虽然简单，但传输速度受到限制，尤其是在下载比较大的文件时非常明显，因此通常使用FTP客户端软件访问FTP站点。

FTP客户端软件非常多，如流行的CuteFTP、FlashFxp、WS-FTP等。本任务以FlashFxp客户端软件为例介绍FTP站点的访问。

1. 安装FTP客户端软件

步骤1：假如没有CuteFTP软件，就先上网搜索下载一个。

步骤 2：进入文件保存目录，对 CuteFTP 解压后双击可执行文件“CuteFTP. exe”开始安装，完成安装后单击图标进入欢迎窗口。

步骤 3：双击桌面上的 CuteFTP 图标，或依次单击“开始”→“程序”→“GlobalSCAPE”→“CuteFTP Professional”→“CuteFTP 8 Professional”命令，进入 CuteFTP 主界面，如图 6-56 所示。

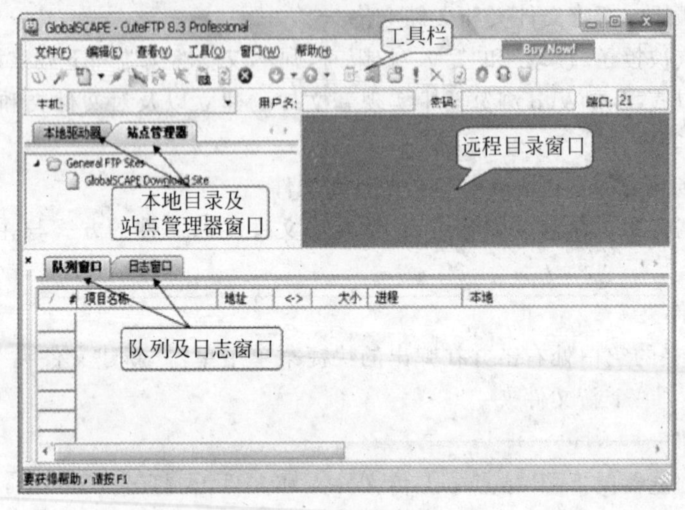

图 6-56　CuteFTP 的主界面

2. **管理 FTP 站点**

步骤 1：在 CuteFTP 的主界面中，通过依次单击菜单“文件”→“新建”→“FTP 站点”或者按 CTRL＋N 组合键进入远程 FTP 服务器进行的设置界面，如图 6-57 所示。

图 6-57　CuteFTP 站点设置画面

步骤 2：在常规选项卡的标签内容中输入一个便于记忆的名字，如 myftp。然后分别输入主机地址，用户名和密码。

步骤 3：在类型选项卡使用默认的 21。

步骤 4：在动作选项卡设置远程及本地文件夹，远程文件夹其实就是连上 FTP 服务器后默认打开的目录；而本地文件夹就是每次进入 FTP 软件后默认显示的本地文件目录。

步骤 5：当所有设置完成后，单击“链接”按钮建立站点连接，就可以成功与服务器链接，可以开始上传文件了。

连接到服务器以后，CuteFTP 的窗口被分成左右两个窗格。左边的窗格显示本地硬盘的文件列表，右边的窗格显示远程硬盘上的文件列表。

3. **文件上传和下载**

连接 Internet，使用 CuteFTP 将本地计算机上的共享资源传到远程服务器上，把需要

的资料从远程服务器上下载到本地磁盘上。

步骤 1：启动 CuteFTP。

步骤 2：在 CuteFTP 的主界面中，在主机(Host)、用户名(Username)、密码(Password)、端口(Port)中分别输入 FTP 站点的域名、登录用户名、用户密码和端口号，然后单击“连接(Connect)”按钮，如图 6-58 所示。

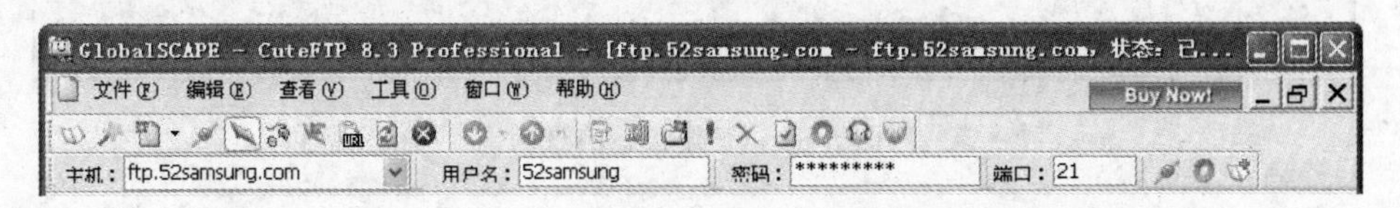

图 6-58　CuteFTP 登录输入窗口

步骤 3：CuteFTP 程序将登录到此 FTP 站点上。此时，可看到一系列的命令和登录信息。

步骤 4：登录 FTP 服务器成功后，将会在主界面右边的窗口中显示可供下载的文件或目录，如图 6-59 所示。

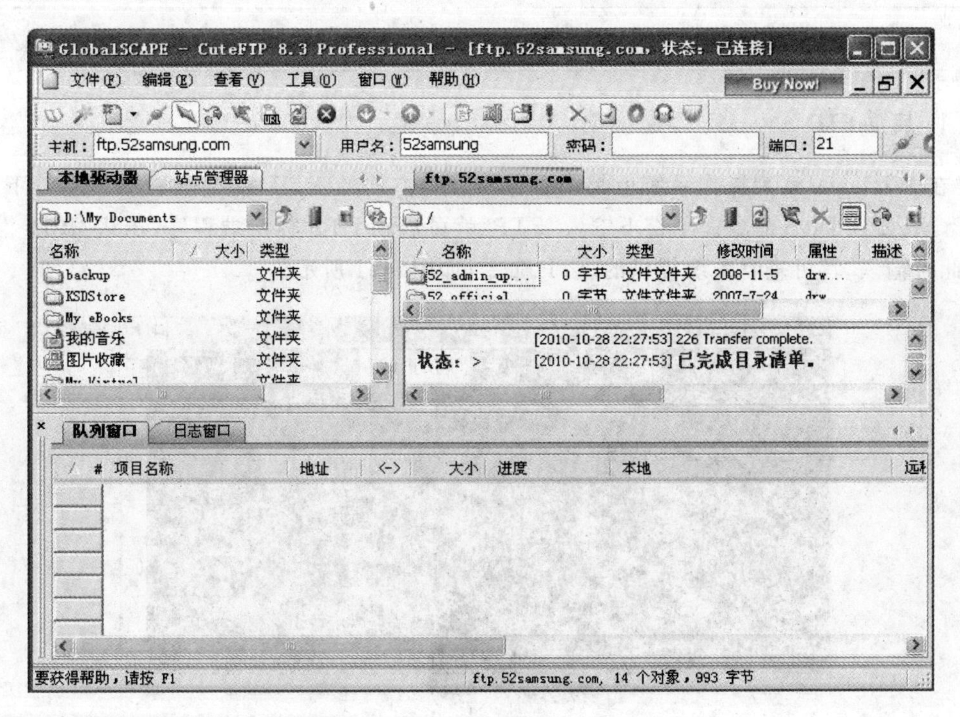

图 6-59　CuteFTP 登录成功后窗口

步骤 5：选择本地硬盘中需上传文件的文件夹或保存下载文件的文件夹；再选择好远程硬盘上的文件或文件夹。用鼠标直接拖动远程目录窗口中的文件到本地目录窗口——“下载”，同样也可以用鼠标直接拖动本地目录窗口的文件到远程目录窗口——“上传”。还可以单击工具栏中的上传或下载图标，达到上传和下载的目的。

步骤 6：下载进程开始，队列窗口中会显示“项目名称”、“地址”等信息，如图 6-60 所示。

步骤 7：等待下载或上传完毕，在工具栏上单击“断开连接”按钮。中途可按 F9 键停止当前传输。

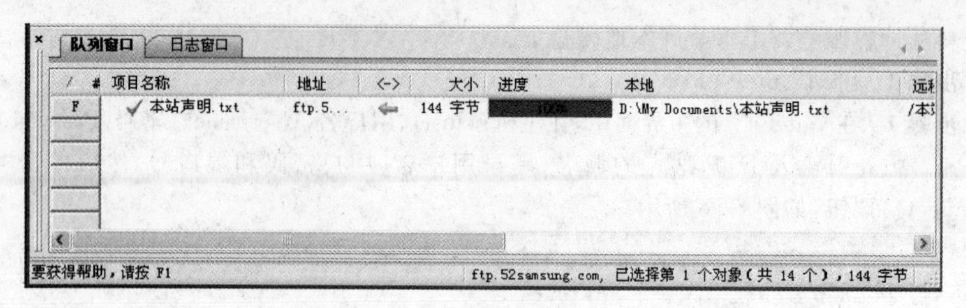

图 6-60　下载状态信息图

任务 6-4　FTP 的命令方式

任务 6-4-1　启动 FTP 并熟悉 FTP 命令

启动 FTP 并熟悉 FTP 命令：使用 FTP 除了上述介绍的方式外，还有一种命令方式。

1. 启动 FTP

在 Windows 系列操作系统上都内置基于字符方式的 FTP 客户，在命令提示符下启动 FTP。只要在 DOS 命令提示符下输入“FTP”就可启动 FTP 客户端程序，出现“ftp>”提示符，此时输入“?”可查看系统提供的 FTP 命令，如图 6-61 所示。

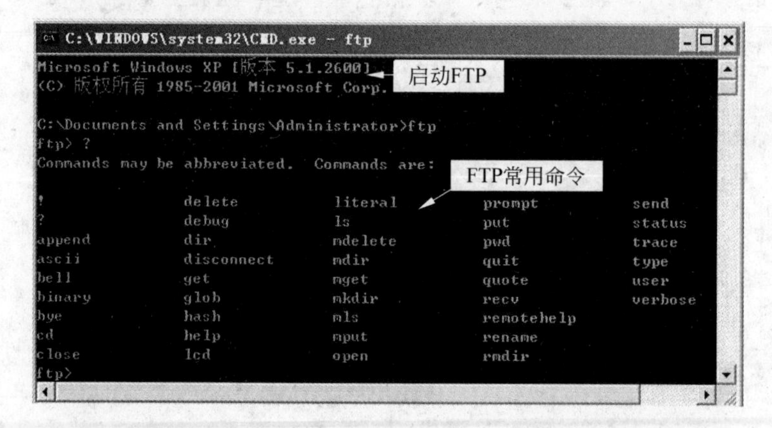

图 6-61　启动 FTP 客户端程序和 FTP 命令程序

2. 常见 FTP 命令介绍

常见 FTP 命令及其功能如表 6-5 所示。

表 6-5　介绍了常见的 FTP 命令及其功能

命　令	功　能	命　令	功　能
ASCII	进入 ASCII 方法，传送文本文件	DIR 或 LS [remote-dir] [local-file]	列目录

续表

命　令	功　能	命　令	功　能
BINARY	传送二进制文件，进入二进制方式	MKDIR dir-name	在远程主机上创建目录
BYE 或 QUIT	结束本次文件传输，退出FTR程序	MGET remote-files	获取多个远程文件，允许用通配符
CD dir	改变远程主机当前工作目录	DELETE remote-files	删除远程文件
LCD dir	改变本地当前目录	MDELETE remote-files	删除多个远程文件
RMDIR dir name	删除远程目录	GET remote-file[local-file]	获取远程文件
MPUT local-files	将多个本地文件传到远程主机上，可使用通配符	PUT local file[remote-file]	将一个本地文件传递到远程主机上
PWD	查询远程主机当前目录	STATUS	显示 FTP 程序状态
OPEN host	与指定主机的 FTP 服务器建立连接	CLOSE	关闭与远程 FTP 程序的连接

任务 6-4-2　利用 FTP 命令方式上传和下载文件

利用 FTP 命令方式上传和下载文件：用户可以使用 FTP 命令方式实现文件传输，这就是在交互模式下实现文件的上传和下载。

1. 与 FTP 服务器建立连接

在 Windows 中，依次单击“开始”→“运行”，输入“cmd”并单击“确定”按钮，在命令提示符“C>”下输入 ftp 后按 Enter 键，出现“ftp>”提示符，再执行“open 202.205.97.229”进入一家出版社图书附带软件及其课件免费下载目录，如图 6-62 所示。

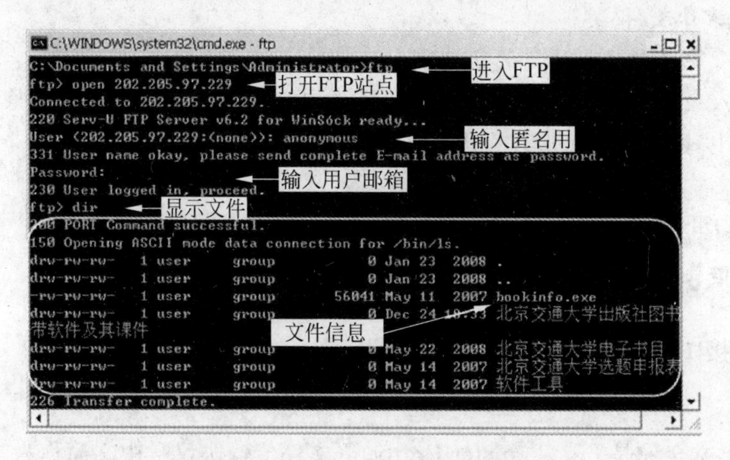

图 6-62　进入 FTP 免费下载目录

在提示“User：”的后面，输入“anonymous”（即用匿名用户登录）；在提示“password：”后面随意输入一个电子邮件地址，如：“123@126.com”。

2. 列出 FTP 服务器上的目录

在提示符“ftp>”下，输入“dir”命令后，屏幕会显示当前目录下的文件或子目录。

3. 一般文件传送

文件传送是 FTP 命令的最基本应用，接下来介绍单个文件和多个文件的传送。

(1) 利用 get 命令从远程计算机上取一个文件。

例如，执行“get bookinfo. exe”命令，下载结束后，显示的窗口如图 6-63 所示。

图 6-63　下载文件及退出

(2) 下载多个文件

利用 mget 命令是从远程计算机取多个文件。

例如，输入命令“mget book＊. ＊”，其中命令中的“＊”表示任意字符，整个命令的含义是：下载所有以 book 开头的文件。

(3) 退出

执行 CLOSE 命令来关闭连接；执行 QUIT 命令退出 FTP。

知识链接

【知识链接 1】 FTP 定义及其工作原理

(1) 定义

FTP 的英文全称是 File Transfer Protocol(文件传输协议)，中文简称为“文传协议”，用于 Internet 上控制文件的双向传输。FTP 是一个应用程序(Application)，用户通过 FTP 应用程序将客户机和世界各地所有运行 FTP 协议的服务器相连，访问服务器上的大量程序和信息。也就是说让用户连接上一个远程计算机(这些计算机上运行着 FTP 服务器程序)察看远程计算机有哪些文件，然后把文件从远程计算机上复制到本地计算机，或把本地计算机

的文件传送到远程计算机。

FTP是一个统一的文件传输协议,解决了各种操作系统之间的文件交流问题。

(2) 工作原理

FTP采用"客户机/服务器"方式,用户端要在自己的本地计算机上安装FTP客户程序,该程序向FTP服务器提出复制文件的请求;FTP服务器上安装FTP服务器程序,该程序响应客户程序的请求并把指定的文件传送到客户机中。

FTP客户程序有字符界面和图形界面两种。字符界面的FTP命令复杂、繁多。图形界面的FTP客户程序,操作上要简洁方便得多。

【知识链接2】 上传和下载

在FTP的使用过程中,用户经常遇到两个概念:下载(Download)和上传(Upload)。下载文件就是从远程服务器复制文件至客户机;上传文件就是将文件客户机复制至远程服务器上。用Internet语言来说,用户可通过客户机程序向(从)远程主机上传(下载)文件。

【知识链接3】 匿名FTP

使用FTP时必须首先登录,在远程主机上获得相应的权限以后,方可下载或上传文件。也就是说,要想同哪一台计算机传送文件,就必须具有该计算机设置的用户名和密码,否则便无法传送文件。而Internet上的FTP主机非常多,不可能要求每个用户在每一台主机上都拥有账号,这违背了Internet的开放性,因此就产生了匿名FTP。

匿名FTP是FTP服务器的系统管理员建立的一个特殊的用户ID,名为anonymous,Internet上的任何人在任何地方都可使用该用户ID,无须另外注册,可在要求提供用户标识ID时输入anonymous,密码可以是任意的字符串,就可以连接到远程主机上,并从其下载文件。

注意:匿名FTP只适用于那些提供了这项服务的主机,不适用于所有Internet主机。当远程主机提供匿名FTP服务时,会指定某些目录向公众开放,允许匿名存取。系统中的其余目录则处于隐匿状态。

为了安全考虑,大多数匿名FTP主机都只允许用户从其下载文件,而不允许用户向其上传文件,也就是说,用户可将匿名FTP主机上的所有文件全部复制到客户机上,但不能将客户机上的任何一个文件复制至匿名FTP主机上。即使有些匿名FTP主机确实允许用户上传文件,用户也只能将文件上传至某一指定上传目录中。随后,系统管理员去检查这些文件,确认这些文件没有安全问题,再将这些文件移至另一个公共下载目录中,供其他用户下载。

【知识链接4】 FTP用户类型

在考虑FTP服务器安全性的时候,首要考虑的就是哪些客户机可以访问FTP服务器,可以执行哪些操作。在Vsftpd服务器软件中,默认提供了三类用户,其中提供的FTP类型见表6-6。不同的用户对应着不同的权限与操作方式。

表 6-6　Vsftpd 服务器软件默认提供的 FTP 用户类型

用户名称	权　限
Real 账户	在 FTP 服务器上拥有账号，其默认的主目录就是其账号命名的目录。也可以变更到其他目录中去。如系统的主目录等
Guest 用户	只能够访问自己的主目录，不得访问主目录以外的文件
Anonymous(匿名)用户	这就是通常所说的匿名访问，在 FTP 服务器中没有指定的账户，但是其仍然可以进行匿名访问某些公开的资源

注意：Vsftpd 服务器默认情况下会把建立的所有账户都归属为 Real 用户，这给其他用户所在的空间带来了一定的安全隐患。因此，企业要根据实际情况，修改用户的类别。

【知识链接 5】 断点续传和 P2P

FTP 客户端软件断点续传指的是在下载或上传时，将下载或上传任务(一个文件或一个压缩包)人为的划分为几个部分，每一个部分采用一个线程进行上传或下载，如果碰到网络故障，故障排除后可以从已经上传或下载的部分开始继续上传或下载余下的部分，而没有必要重新开始上传或下载。

P2P 在 IT 界最初的含义是 Peer-to-Peer(点对点)，现在 P2P 已经被更广泛地理解为 Pointer-to-Pointer，PC-to-PC 等。

【知识链接 6】 FTP 工作方式

FTP 支持两种模式，一种模式叫做 Standard (也就是 PORT 方式，主动方式)；另一种模式是 Passive (也就是 PASV，被动方式)。Standard 模式 FTP 的客户端发送 PORT 命令到 FTP 服务器。Passive 模式 FTP 的客户端发送 PASV 命令到 FTP Server。

Port 模式 FTP 客户端首先和 FTP 服务器的 TCP 21 端口建立连接，通过这个通道发送命令，客户端需要接收数据的时候在这个通道上发送 PORT 命令。PORT 命令包含了客户端用什么端口接收数据。在传送数据的时候，服务器端通过自己的 TCP 20 端口连接至客户端的指定端口发送数据。FTP server 必须和客户端建立一个新的连接用来传送数据。

Passive 模式在建立控制通道的时候和 Standard 模式类似，但建立连接后发送的不是 PORT 命令，而是 PASV 命令。FTP 服务器收到 PASV 命令后，随机打开一个高端端口(端口号大于 1024)并且通知客户端在这个端口上传送数据的请求，客户端连接到 FTP 服务器的此端口，然后 FTP 服务器将通过这个端口进行数据的传送，这个时候 FTP server 不再需要建立一个新的和客户端之间的连接。

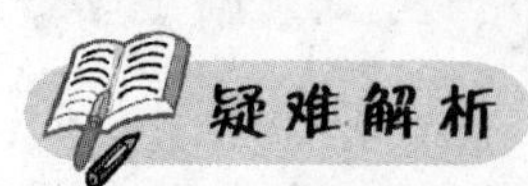

疑难：如何为虚拟目录设置写权限？

答：在 FTP 的虚拟根目录中，必须设置写权限才能发布信息。为了提高安全性，可以在准备向服务器发布信息时设置该权限，并在发布结束后立即消除该权限。

具体操作步骤如下：

(1) 打开“Internet 信息服务管理器”窗口，展开服务器站点。

(2) 在“默认 FTP 站点”中，右击 PBSData，选择“属性”，打开“PBSData 属性”对话框。

(3) 在“虚拟目录”选项卡的“FTP 站点目录”选项组中，启用“写入”复选框，添加写权限。

(4) 单击“确定”按钮，保存设置。

课外拓展

【拓展任务】 IIS 备份与还原

> 公司创建之初，规模不是很大，只有几个网站，每次受到黑客攻击或出了其他问题时，就重装系统，重新一个一个地配站。随着业务的扩大，网站增加到几十个，再一个个手动配置会严重影响公司的正常运行，用什么办法能快速配置好网站，在最短的时间内恢复正常使用？这需要进行 IIS 备份与还原操作。

网络安全非常重要，一旦服务器出现问题，应该马上有备份的服务器能够启用，那么在配置好服务器之后就应该马上做好服务器的备份。

1. IIS 备份

IIS 的备份非常简单，操作步骤如下：

步骤 1：打开“Internet 信息服务(IIS)管理器”，右击服务器“TEST(本地计算机)”，选择“所有任务”→在子菜单中选择“备份/还原配置”，弹出“配置备份/还原”对话框，如图 6-64 所示。

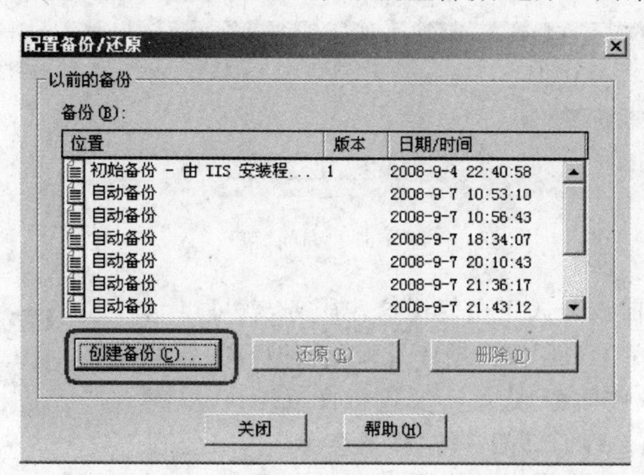

图 6-64　“配置备份/还原”对话框

> **注意**：(1) 列表框中显示的是原来所做的备份。
>
> (2) 系统只会针对当前的配置进行备份，因此在备份 IIS 之前，需要将 Web 站点、FTP 站点、SMTP 站点完全设置完成。

步骤 2：单击“创建备份”按钮，弹出“配置备份”对话框，在“配置备份名称”项中输入要取的名字，遵循见名知意原则，如需设置密码，则选中“使用密码加密备份”项，填入密码并确

认密码，确认密码的内容要与密码项的内容完全相同，如图 6-65 所示。

步骤 3：单击"确定"按钮，返回"配置备份/还原"对话框，如图 6-66 所示。IIS 的备份操作就完成了。

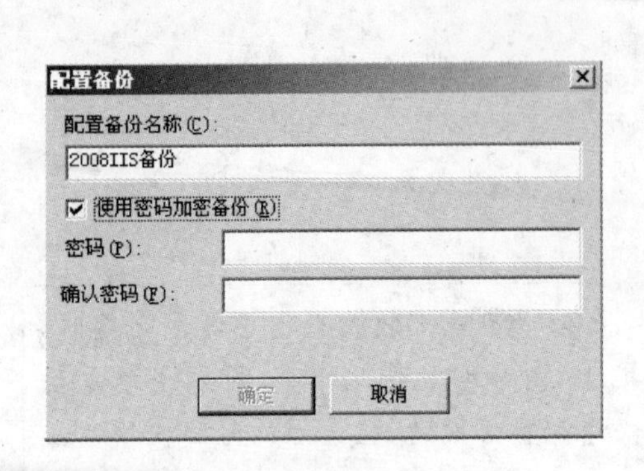

图 6-65 "配置备份"对话框

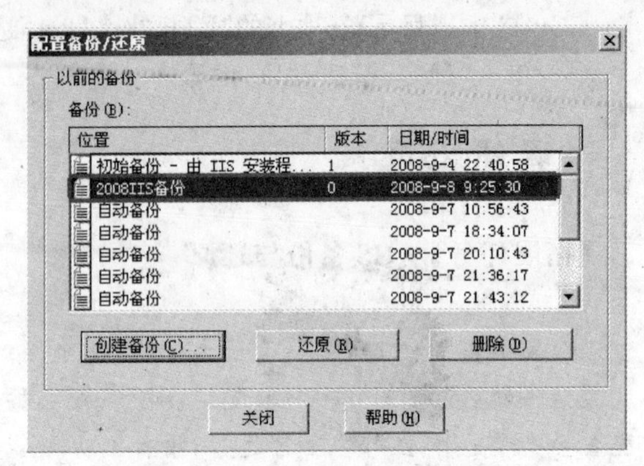

图 6-66 IIS 的备份完成界面图

2. IIS 还原

工作一段时间后，IIS 的配置出现错误或者不符合需要了，则可以恢复到备份时的配置。

步骤 1：打开"Internet 信息服务(IIS)管理器"，在"TEST(本地计算机)"服务器名称上右击，在弹出的菜单中单击"配置备份/还原"菜单按钮，如图 6-66 所示。

步骤 2：选中备份文件"2008IIS 备份"，单击"还原"按钮，系统会弹出询问窗口，提示用户的信息，如图 6-67 所示。

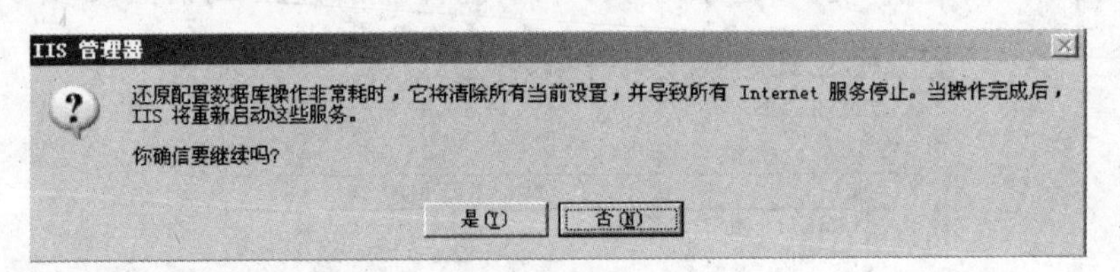

图 6-67 询问窗口

步骤 3：如果当前没有人正在使用这些服务，就可以允许这样的操作，可以单击"是"按钮进行 IIS 配置的恢复，如果当前有人正在使用这些服务，最好不要进行恢复操作，以免用户数据的丢失。有一段时间的等待，然后会弹出"IIS 管理器"对话框，如图 6-68 所示。表明 IIS 已经恢复到原来的状态。

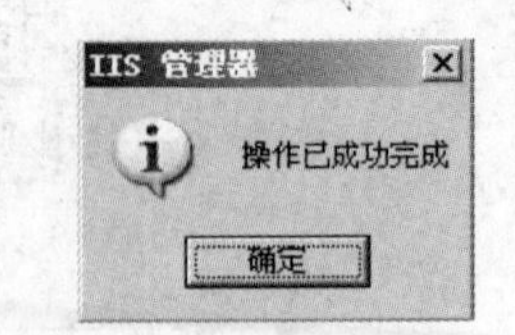

图 6-68 操作成功界面图

注意：单击"是"按钮后，系统会把当前 IIS 中所有的配置删除，把原来备份的配置恢复过来，这个过程要看 IIS 本身站点配置的数量而定，一般一两分钟就可以完成了。

但是每个备份恢复之后，就会覆盖以前的配置，千万要注意保证你要恢复的配置操作的准确性。最好每次做备份的文件取名为日期，但日期分隔不能含有破折号。

课后练习

一、填空题

1. FTP 服务器可以以两种方式登录：一是________；二是________。

2. FTP 服务采用________连接，其端口是________。

3. FTP 进行数据传输时会建立两条连接，一条是________；另一条是________。文件传输完后，________被马上撤销，但________依然存在，直到用户退出。

4. FTP 是________的缩写，Internet Information Server 的英文缩写形式为________。

5. FTP 站点的 IP 地址是 192.168.0.5，要共享该站点下的文件，可在 IE 浏览器地址栏中输入________。

6. 客户机访问 FTP 服务器，并将文件送到客户机上，这叫________，客户机把文件送到服务器上，这叫________。

7. 使用 IIS 可使运行 Windows Server 2003 的计算机成为功能强大的________、________、________服务器。

二、选择题

1. 使用匿名 FTP 服务，用户登录常使用(　　)作为用户名。

A. anonymous　　B. 主机的 IP 地址
C. 自己的 E-mail 地址　　D. 节点的 IP 地址

2. 在 Internet 中能够提供任意两台计算机之间传输文件的协议是(　　)。

A. WWW　　B. FTP　　C. Telnet　　D. SMTP

3. FTP 是基于(①)实现的文件传输协议，使用此协议进行文件传输时，FTP 客户和服务器间建立的连接是____②____，用于传输文件的是(③)。

① A. IP　　B. TCP　　C. UDP　　D. ICMP
② A. 数据连接　　B. 控制连接和指令连接
C. 控制连接和数据连接　　D. 数据连接和指令连接
③ A. 数据　　B. 指令　　C. 控制　　D. udp

4. 在 TCP/IP 协议中，FTP 的两个端口是(　　)。

A. 20,21　　B. 23,19　　C. 80,88　　D. 34,45

5. 关于 FTP 协议，下面的描述中，(　　)是不正确的。

A. FTP 协议使用多个端口号　　B. FTP 可以上传文件，也可以下载文件
C. FTP 报文通过 UDP 报文传送　　D. FTP 是应用层协议

6. 已知 FTP 服务器的 IP 地址为 210.67.101.3，登录的用户名为“KITE”，端口号为 23。通过 FTP 方式实现登录时，以下输入正确的是(　　)。

A. FTP://210.67.101.3　　B. FTP://210.67.101.3 : KITE
C. FTP://210.67.101.3/KITE:23　　D. FTP://210.67.101.3: 23

三、操作题

1. 配置 FTP 服务。

(1) 操作要求如下。

① 创建新的 FTP 站点：NEWFTP。

② NEWFTP 站点的 IP 地址为 192.168.0.29，TCP 端口为 1068，连接数不超过 100。

③ 允许匿名登录 NEWFTP 站点。

④ 登录 NEWFTP 的用户能看到“新的内容，新的享受，希望你能有新的感觉，新的收获”的欢迎界面。

⑤ 允许 192.168.0 网段的所有用户访问。

⑥ 允许用户读取此计算机上 E:\ftp 中的文件。

⑦ 验证是否配置成功。

(2) 操作提示

① 新建站点 NEWFTP。

② 配置“FTP 站点”选项卡。

③ 配置“安全账户”选项卡。

④ 配置“消息”选项卡。

⑤ 配置“目录安全性”选项卡。

⑥ 配置“主目录”选项卡。

⑦ 在 IE 浏览器地址栏中输入 ftp://192.168.0.29，能否看到欢迎界面，能否看到 E:\ftp 中的文件？

项目7　电子邮件服务的应用

电子邮件(Electronic mail,简称 E-mail,以@标识,昵称为"伊妹儿")又称电子信箱、电子邮政,是一种用电子手段提供信息交换的通信方式,是 Internet 应用最广的服务。通过网络的电子邮件系统,用户可以用非常低廉的价格(不管发送到哪里,都只需负担电话费和网费即可),以非常快速的方式(几秒钟之内可以发送到世界上任何你指定的目的地),与世界上任何一个角落的网络用户联系,这些电子邮件可以是文字、图像、声音等各种信息。同时,用户可以得到大量免费的新闻、专题邮件,并实现轻松的信息搜索。

教学导航

【内容提要】

电子邮件使用简易、投递迅速、收费低廉、易于保存、全球畅通无阻,其传输是通过 Internet 的一种电子邮件通信协议——简单邮件传输协议(Simple Mail Transfer Protocol,简称 SMTP)这一系统软件来完成的,将邮件传输到服务器上,然后通知用户到服务器上去取。本项目主要完成邮件服务器的架设和客户端软件的应用。

【知识目标】

- 了解邮件协议的工作原理和工作过程。
- 了解邮件服务器的主要组件。
- 知道电子邮件的使用格式。
- 掌握邮件服务器的安装和配置方法。
- 掌握客户端软件的安装和配置方法。

【技能目标】

- 学会电子邮件的使用。
- 熟悉电子邮件服务器的配置。
- 掌握电子邮件客户端软件的使用方法。
- 验证电子邮件服务的配置。

【教学组织】

- 每人一台计算机。

【考核要点】

- 电子邮件的正确格式。
- 使用电子邮件发送附件。

• 配置电子邮件服务器。

【准备工作】

安装好操作系统、配置好网络的计算机，与外网处于连通状态。

【参考学时】

4 学时（含实践教学）。

李勇自从建了 FTP 站点后，访问用户日渐增多，许多爱好者都希望通过电子邮件的方式与之交流，但是有时网络不是很好，网速很慢，网页半天都打不开，这让他很头疼。

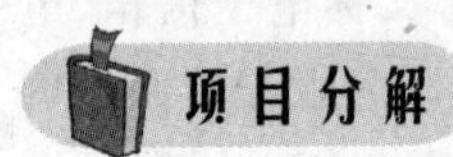

仔细分析该项目后发现，李勇同学所面临的问题是：

(1) 申请电子邮箱。

(2) 提高收发电子邮件的效率。

(3) 处理垃圾邮件。

分析后发现需要具体执行的任务如表 7-1 所示。

表 7-1　执行任务情况表

任务序号	任务描述
任务 7-1	以 Web 方式使用免费电子邮箱收发邮件
任务 7-2	以专用邮箱工具方式收发邮件
任务 7-3	处理垃圾邮件及安全防范

任务 7-1　以 Web 方式使用免费电子邮箱收发邮件

任务 7-1-1　申请免费电子邮箱

申请免费电子邮箱：李勇想通过电子邮件的方式与同学们交流，则首先需要申请一个电子邮箱。

收发电子邮件时需要一个电子邮箱，用来收发、存放信件。电子邮箱包括两种：一种是收费邮箱。这种邮箱需要用户通过付费的方式才能得到用户账号和密码。收费邮箱具有容量大、安全性高等特点，多用于商业用途。另一种是免费邮箱。这种邮箱由网站免费提供给用户，用户只需填写申请资料即可获得用户账号和密码。它具有免费、使用方便等特点。大部分普通用户都使用免费邮箱。

1. 如何选择免费电子邮箱

几乎每个网站都具有免费邮箱申请的功能,要在众多的网站中选取一个合乎自己要求的电子邮箱需要从下列几个方面考虑。

首先,看邮件服务器是否稳定可靠,是否经常出现邮件丢失等问题;其次,查看邮件服务器支持的是IMAP协议还是POP3协议;再次,还要考虑免费邮箱的容量大小,通常的免费邮箱容量从几兆到几十兆不等。

2. 申请免费电子邮箱

本任务以HTTP://www.163.com网站上免费电子邮箱的申请为例说明申请免费电子邮箱的全过程。

步骤1:启动IE浏览器,在URL地址栏中输入网易的网址:http://www.163.com,进入网易的主页面,如图7-1所示。

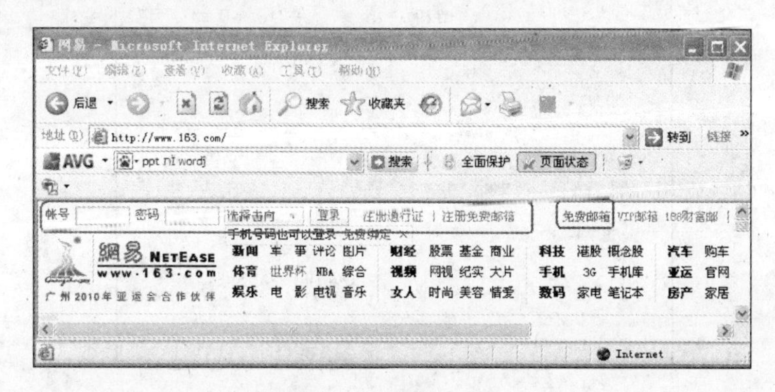

图7-1 网易主页面

步骤2:在网易主页面的右上角单击"注册免费邮箱"超链接,随后出现网易免费邮箱注册界面,如图7-2所示。在每个带*号的文本框中输入内容。

或者是单击"免费邮箱"超链接,打开免费邮箱登录界面,单击登录页面右下角的"立即注册"超链接,打开"注册"窗口,如图7-2所示。

步骤3:注册用户名。

在注册页面的"用户名"文本框中输入想要注册的用户名,单击文本框右侧的"检测"按钮,检查该用户名是否已经被使用,出现如图7-3所示的标识,如果后面括号中显示"已被注册"说明必须重新设置用户名。

如果显示可以注册则说明该用户名的邮箱还没有被注册,选择单选项,"用户名"项如图7-4所示,可以单击右侧的"更改"按钮变更用户名。

注意:用户名通常以字母或数字开头,由字母、数字、下划线组合而成,但不能包括空格等特殊符号。一般情况下不允许出现重复的用户名。

步骤4:把注册页面中所有带*的文本框都填写完毕后,选中"我已阅读并接受服务条款"复选框,单击"创建账号"按钮。打开如图7-5所示的"注册确认"界面。输入图上的验证码字符,单击"确定"按钮。

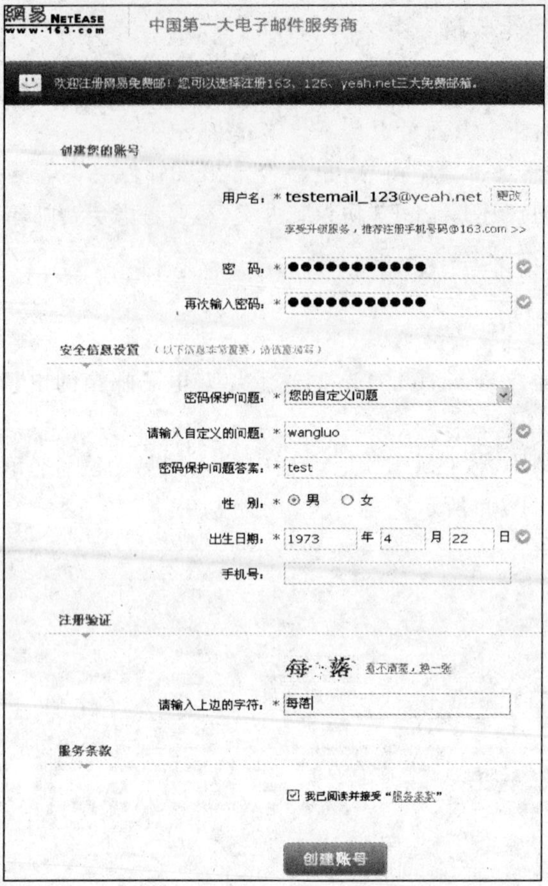

網易 NetEase www.163.com 中国第一大电子邮件服务商

欢迎注册网易免费邮！您可以选择注册163、126、yeah.net三大免费邮箱。

创建您的账号

用户名：* testemail_123@yeah.net 更改

享受升级服务，推荐注册手机号码@163.com >>

密　码：* ●●●●●●●●●●●●

再次输入密码：* ●●●●●●●●●●●●

安全信息设置

密码保护问题：* 您的自定义问题

请输入自定义的问题：* wangluo

密码保护问题答案：* test

性　别：* ⊙男　○女

出生日期：* 1973 年 4 月 22 日

手机号：

注册验证

每落 看不清楚，换一张

请输入上边的字符：* 每落

服务条款

☑ 我已阅读并接受“服务条款”

创建账号

图 7-2　网易免费邮箱注册页面

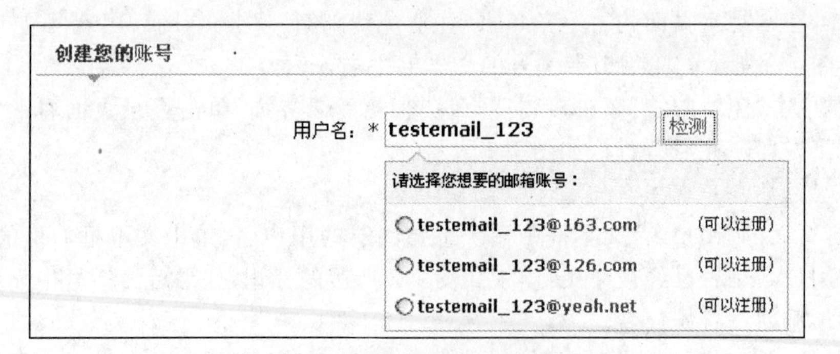

图 7-3　“创建您的账号”界面图

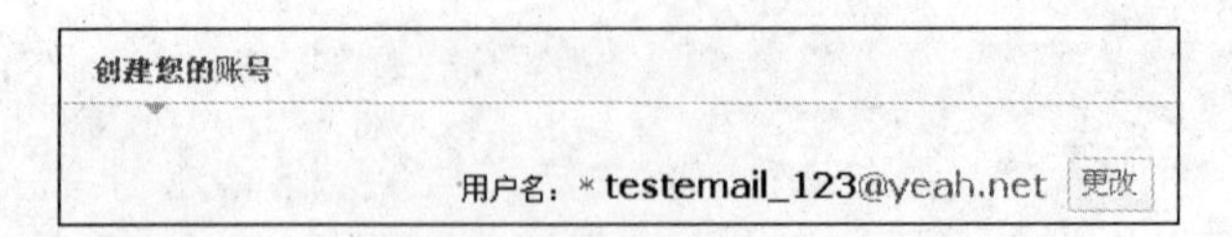

图 7-4　注册的用户名界面

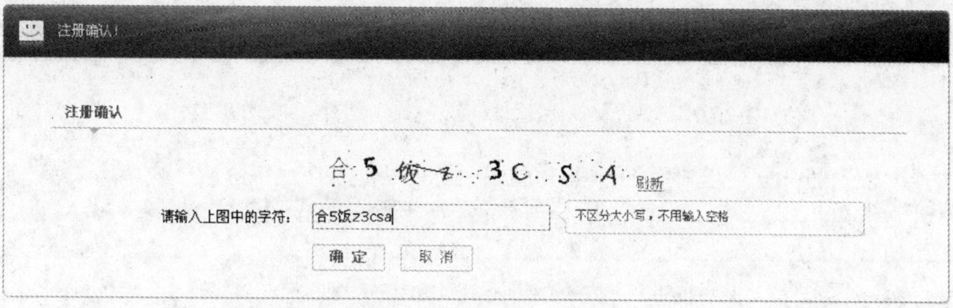

注册确认！

注册确认

请输入上图中的字符： 合5饭z3csa 不区分大小写，不用输入空格

确 定 取 消

图 7-5 “注册确认”界面

步骤 5：弹出“注册成功”窗口，如图 7-6 所示。

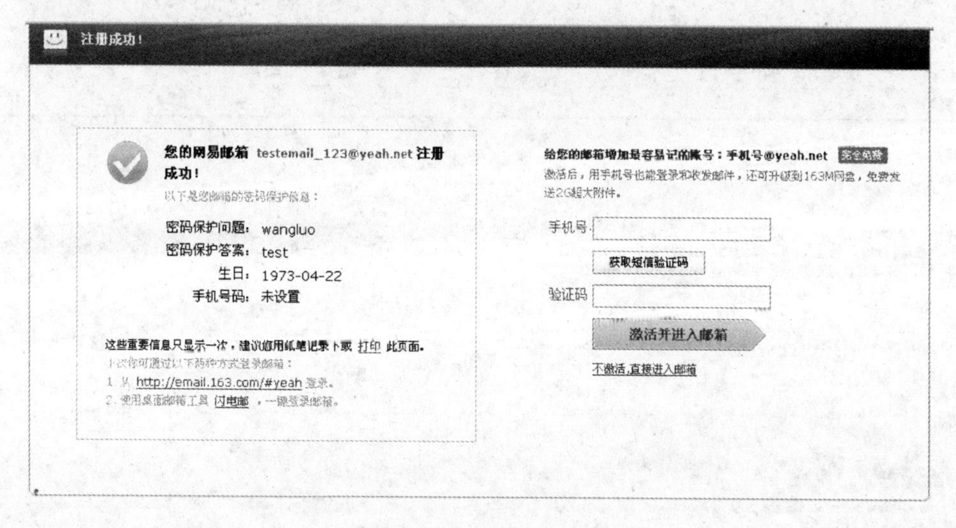

图 7-6 “注册成功”界面

步骤 6：可单击右边“不激活，直接进入邮箱”的超链接，打开邮箱，免费邮箱申请成功。

任务 7-1-2 使用免费电子邮箱收发邮件

使用免费电子邮箱收发邮件：李勇登录电子邮箱后，发现邮箱中有两封邮件，急切地想阅读，更重要的是他要把照片发给高中同学。

1. 收邮件

步骤 1：李勇打开 IE 浏览器，在 URL 地址栏中输入 http://www.163.com，在打开界面中输入“用户名”、“密码”等内容。

步骤 2：单击“登录”按钮，登录邮箱后，发现有两封新邮件，如图 7-7 所示。

步骤 3：单击“未读邮件”超链接，如图 7-8 所示，显示邮件主题。

步骤 4：单击邮件主题，打开邮件，如图 7-9 所示，显示邮件内容。收件箱的邮件数减 1。可通过标记部分的按钮对该邮件执行相应的操作。另外也可通过单击“收件箱”查看接收的邮件。

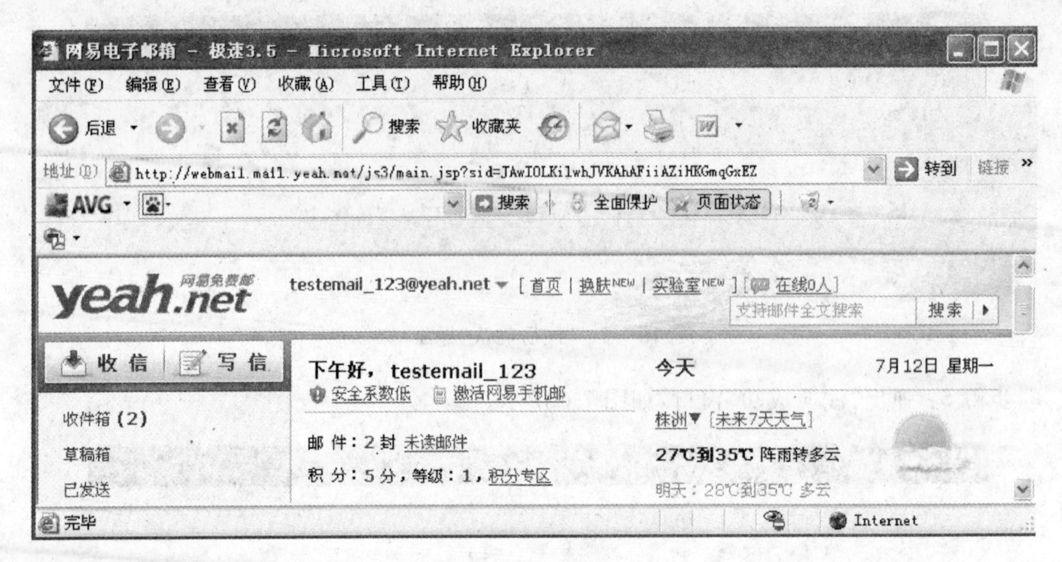

图 7-7 “登录邮箱”界面

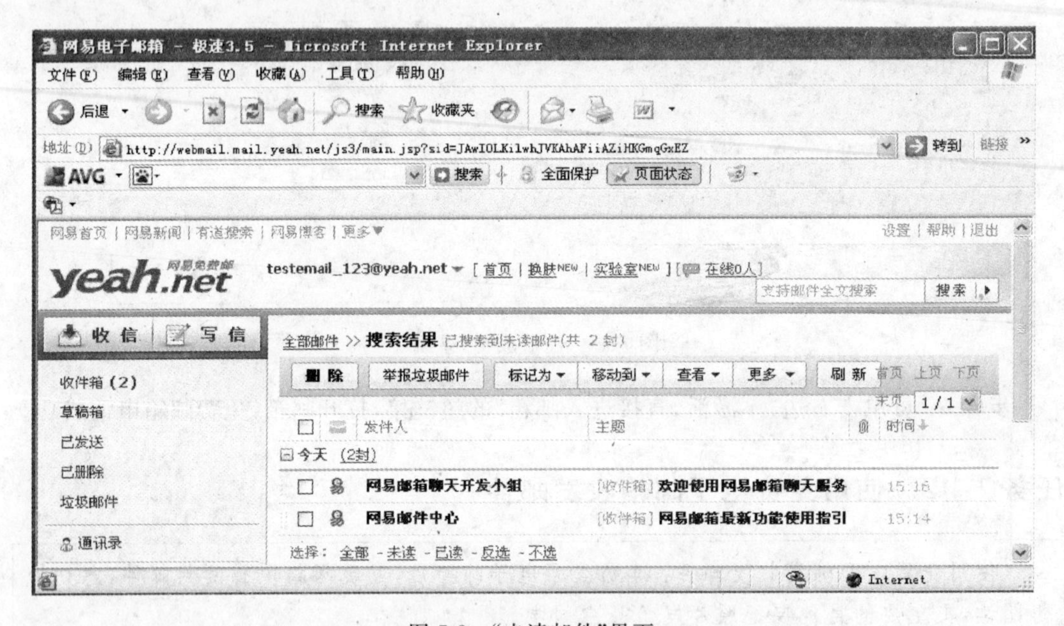

图 7-8 “未读邮件”界面

注意：左边窗格中包括“收件箱”、“草稿箱”、“已发送”、“已删除”、“垃圾邮件”等文件夹，具体含义是：

收件箱——存放本邮箱已收到的邮件。以列表形式按时间顺序显示收到的邮件。

草稿箱——存放已经写好或编写未完成的邮件。

已发送——存放发送成功的备份邮件。

已删除——存放删除的邮件，但并没有完全删除。

垃圾邮件——存放无用的邮件。

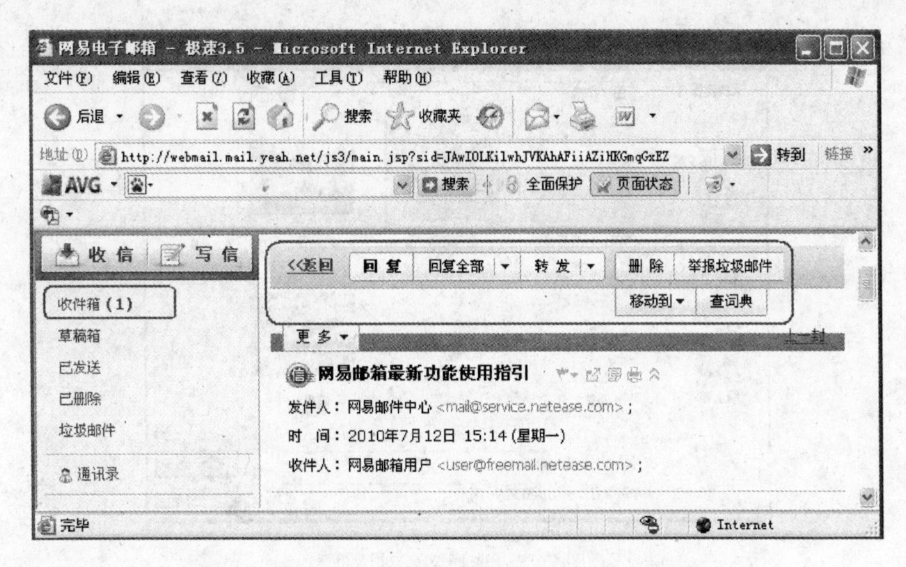

图 7-9　阅读“网易邮箱最新功能使用指引”主题的邮件

2. 编写和发送邮件

步骤 1：单击左侧窗格中的“写信”按钮，打开如图 7-10 所示邮件编写页面。

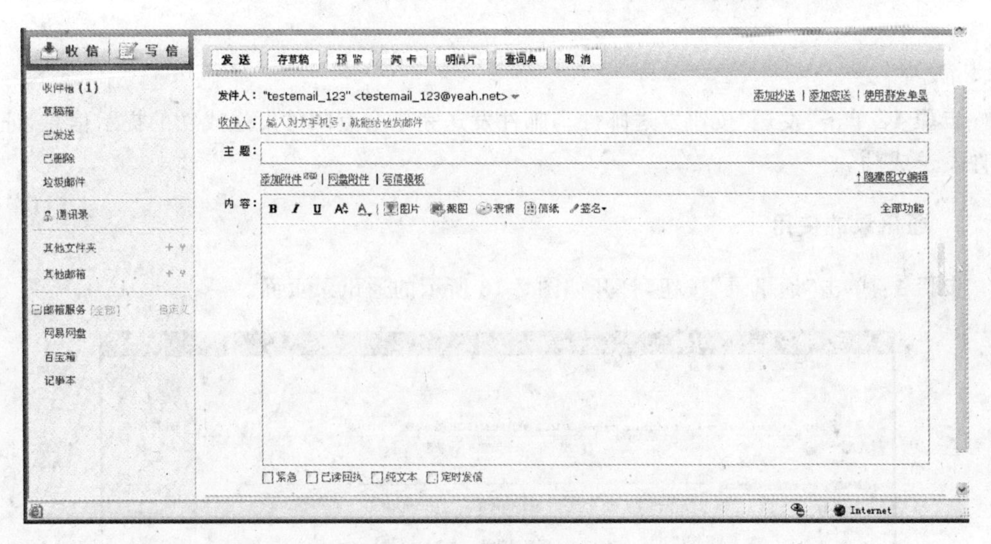

图 7-10　邮件编写页面

步骤 2：在“收件人”文本框中输入对方的邮箱，填写好发送邮件的主题，编写邮件的正文内容。根据邮件的具体情况选择正文下方的复选框。“紧急”表明邮件的紧要程度；“已读回执”要求对方在读到邮件后发送一个回执，证明对方已经读到了该邮件；“纯文本”代表没有其他格式的内容；“定时发送”是根据设定的具体时间发送邮件。

步骤 3：添加附件。李勇有照片需要发送，照片太大，不能直接粘贴在内容中，需要作为附件发送。单击“添加附件”超链接，打开如图 7-11 所示的选择文件对话框。

选择需要传送的文件，单击“打开”按钮，显示如图 7-12 所示附件添加进度。等待文件上传，直到全部上传完毕。一次可以添加多个文件。

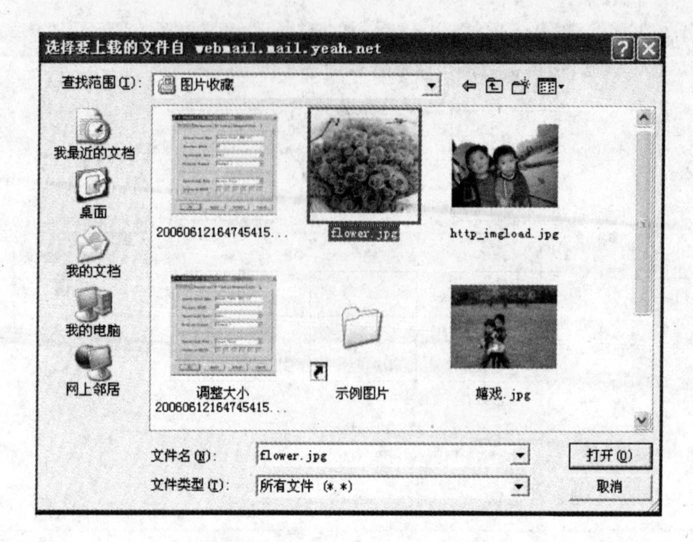

图 7-11　选择文件对话框

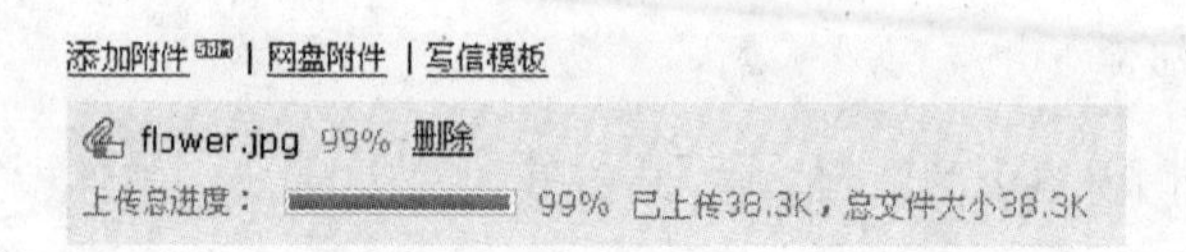

图 7-12　添加附件进度图

步骤 4：单击“发送”按钮发送邮件。邮件发送完毕会有邮件发送成功的提示信息，证明邮件发送成功。

3. 通讯录的使用

步骤 1：单击“通讯录”按钮，打开如图 7-13 所示的通讯录页面。

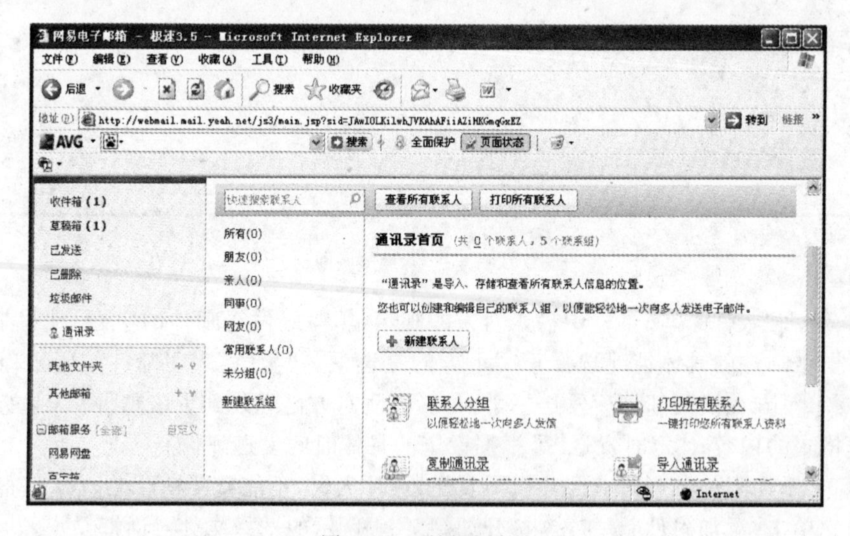

图 7-13　通讯录页面

步骤 2：单击“新建联系人”按钮，打开如图 7-14 所示新建联系人页面。在对应的文本框中输入详细信息，单击“保存”按钮。也可直接对新建联系人分组，只需在输入信息后选择所属组的某个复选框，则该联系人就添加到了相应的分组中。也可以新建联系人任务完成后重新进行分组。

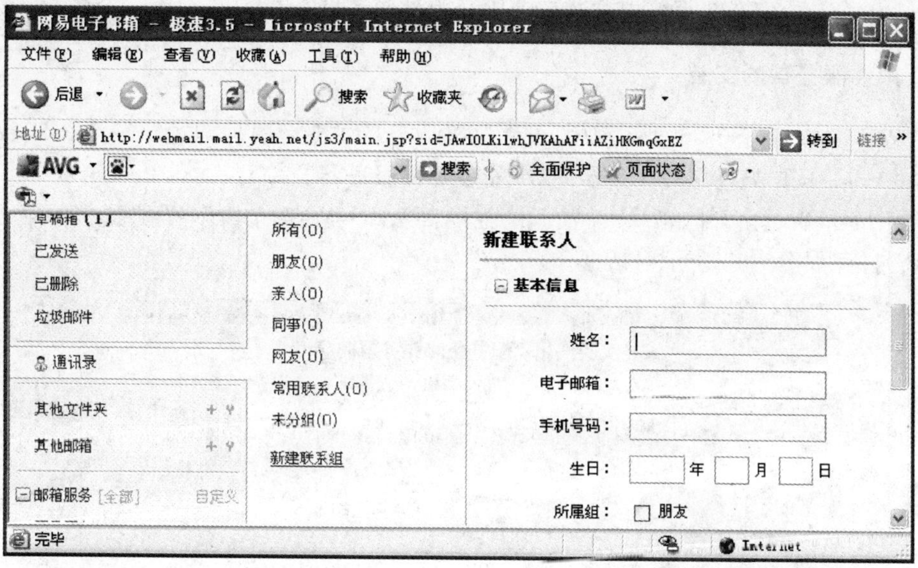

图 7-14　“新建联系人”界面

步骤 3：编写电子邮件时，收件人的地址可以直接从通讯录中选取。通讯录也可以被导出保存起来。

任务 7-2　以专用邮箱工具方式收发邮件

以 Web 方式发送和接收电子邮件操作必须在接入 Internet 的前提下才能完成，如果不能接入互联网或者网络不畅通，就不能登录电子邮箱，也就不能编写和发送电子邮件了。李勇的网络情况恰恰很糟糕，因此，需要选取更好的方式，如果在离线的方式也能处理邮件就好了。

其实，除了用上述方式编写和发送电子邮件外，还有一种更好的方法，那就是微软的 Outlook 等电子邮件管理软件，本任务以 Outlook 的配置和收发邮件为例详细说明如何在离线的情况下编写电子邮件。

任务 7-2-1　配置邮件服务器

配置邮件服务器：邮件服务器系统由 POP3 服务、简单邮件传输协议(SMTP)服务以及电子邮件客户端三个组件组成。其中的 POP3 服务与 SMTP 服务一起使用，POP3 为用户提供邮件下载服务，SMTP 用于发送邮件。

下面介绍在 Windows Server 2003 系统中,如何安装及配置邮件服务器。

同 FTP 服务器一样,邮件服务器的配置方法也非常多,但对于中小型企业说,利用网络操作系统自带的方式进行配置是最经济的。Windows Server 2003 就提供了完整的电子邮件服务,为中小企业的邮件服务提供了成本低廉、简单易行的解决方案。本节主要介绍如何在 Windows Server 2003 系统中配置企业内部邮件服务器。

1. 邮件服务器的安装

在 Windows Server 2003 系统中,配置邮件服务器主要有两种方式。

方式一:利用"配置您的服务器向导"安装邮件服务器

步骤 1:依次单击"开始"→"设置"→"控制面板"→"管理工具"→"配置您的服务器向导"命令,打开如图 7-15 所示对话框。

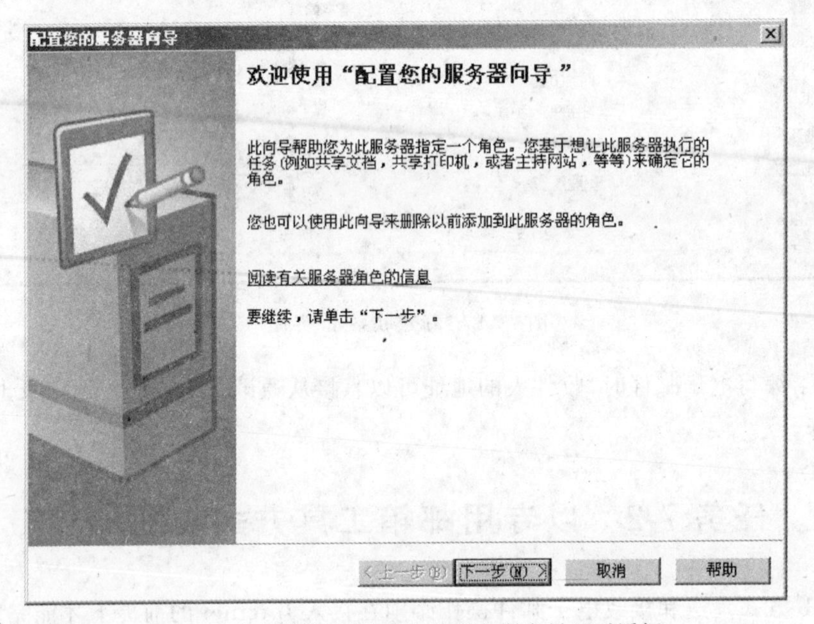

图 7-15 "欢迎使用'配置您的服务器向导'"对话框

步骤 2:单击"下一步"按钮,弹出"预备步骤"对话框,在其中提示了在进行以下步骤前需要做好的准备工作。

步骤 3:单击"下一步"按钮,打开图 7-16 所示对话框。在其中选择"邮件服务器(POP3,SMTP)"选项。在这儿一定要注意观察"已配置"中显示内容为"否"。如果为"是",则变成了删除操作。

步骤 4:单击"下一步"按钮,打开如图 7-17 所示对话框。要求选择邮件服务器中所使用的用户身份验证方法。如果在域网络中,选择"Active Directory 集成的"这种方式,这样邮件服务器就会以用户的域账户进行身份认证。然后在"电子邮件域名"中指定一个邮件服务器名,本示例为 test. com。

步骤 5:单击"下一步"按钮,进入总结对话框,在列表中总结了以上的配置选择。

步骤 6:单击"下一步"按钮,系统开始安装邮件服务器所需的组件,弹出"正在配置组件"对话框。

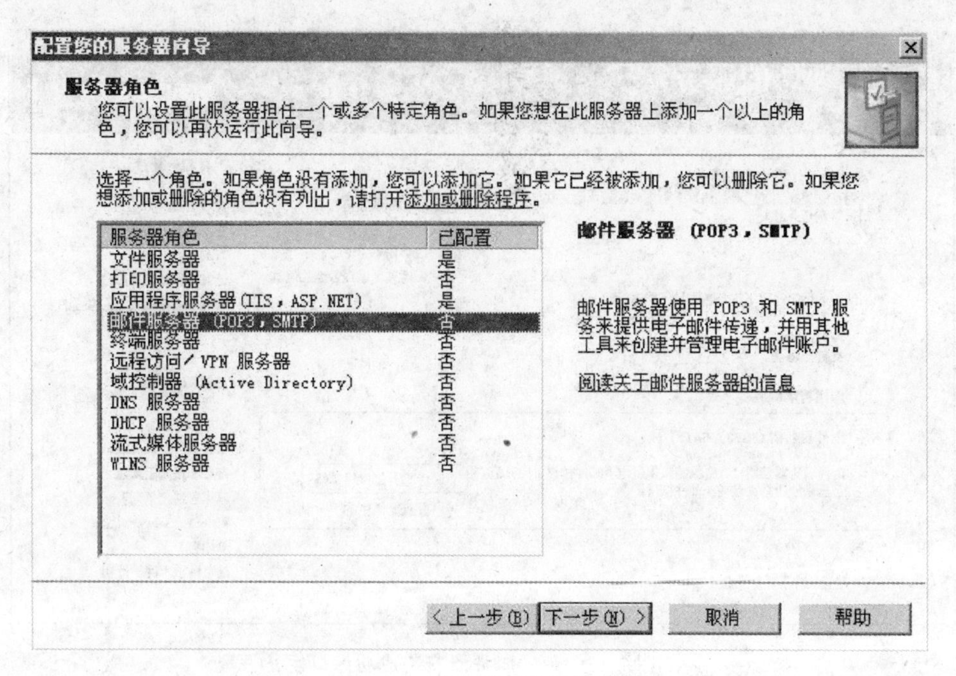

图 7-16　“服务器角色”对话框

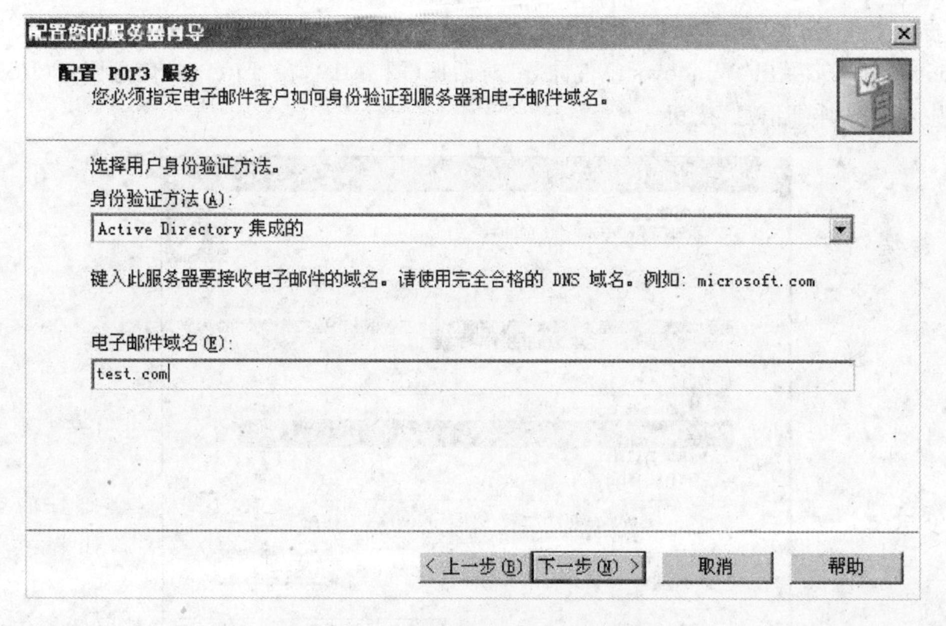

图 7-17　“配置 POP3 服务”对话框

步骤 7：完成文件复制后系统会自动弹出“向导完成”对话框。直接单击“完成”按钮完成邮件服务器的整个安装过程。

完成后依次单击“开始”→“管理工具”→“管理您的服务器”命令，在打开的如图 7-18 所示“管理您的服务器”窗口即可见到刚才安装的邮件服务器了。单击“管理此邮件服务器”按钮，即可打开邮件服务器窗口。

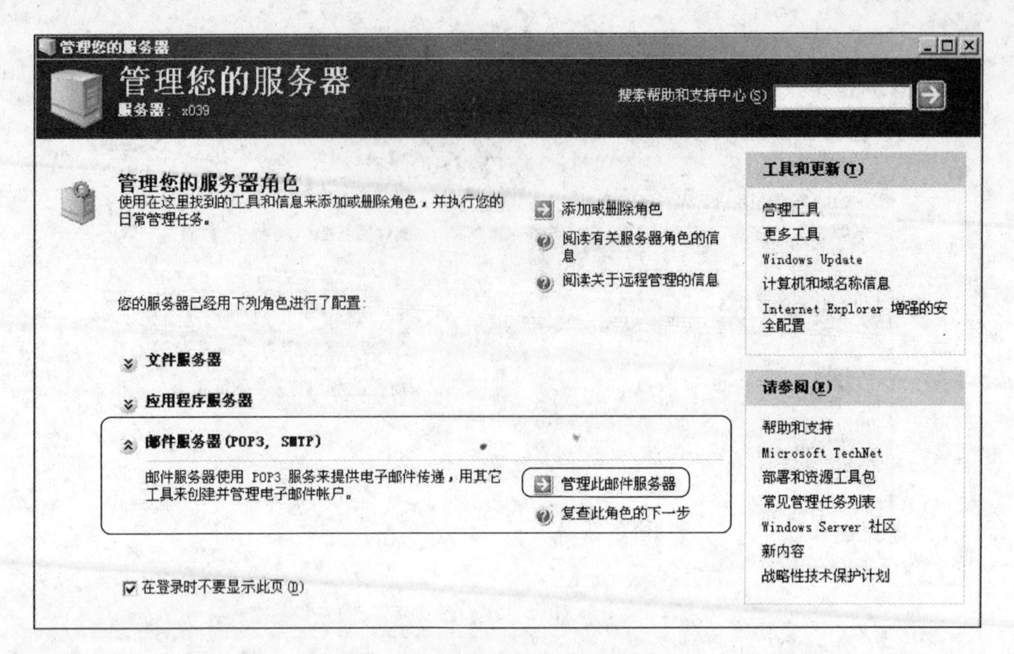

图 7-18　邮件服务器安装成功窗口

方法二：通过“添加或删除程序”安装相关组件

步骤 1：依次单击“开始”→“控制面板”→“添加或删除程序”命令，单击“添加/删除 Windows 组件”，弹出“Windows 组件向导”对话框(图 7-19)，在“Internet 信息服务(IIS)”前面选中，单击“详细信息”按钮。

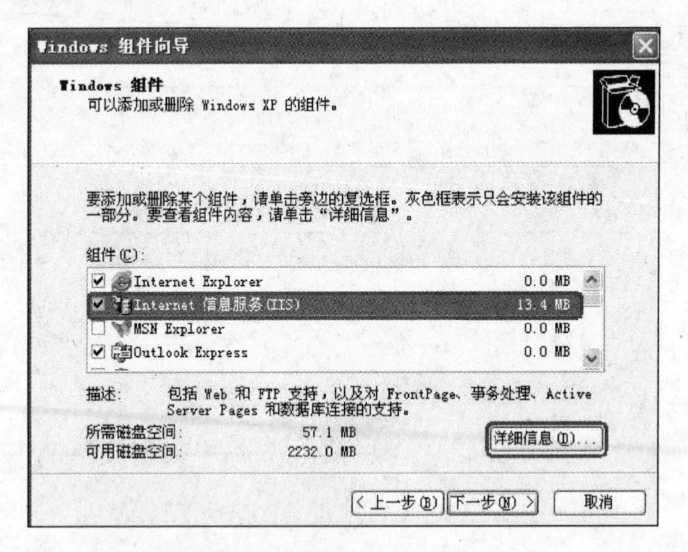

图 7-19　Windows 组件选择

步骤 2：在“Internet 信息服务(IIS)”对话框中选择“SMTP Service”复选框(图 7-20)。

步骤 3：单击“详细信息”按钮，弹出“SMTP Service”对话框，如图 7-21 所示。

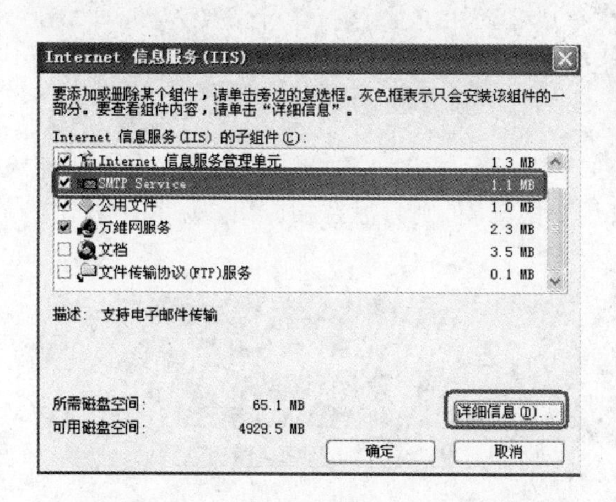

图 7-20 “Internet 信息服务(IIS)”对话框

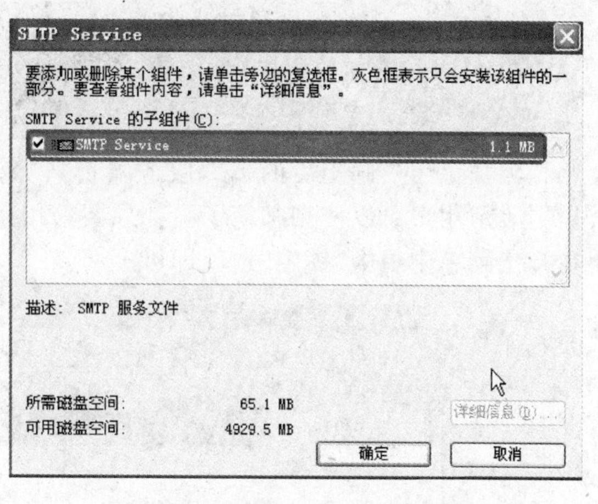

图 7-21 “SMTP Service”对话框

步骤 4：连续单击“确定”按钮，回到“Windows 组件向导”对话框，单击“下一步”按钮，弹出“正在配置组件”对话框，在需要的时候插入系统盘，等待安装完成。

2. 邮件服务器的基本配置

邮件服务器安装好后还需要进行一定的配置才能正常工作。下面是具体的配置步骤。

步骤 1：依次单击“开始”→“管理工具”→“POP3 服务”命令，打开的“POP3 服务”窗口如图 7-22 所示。右击“邮件服务器”图标，在打开的快捷菜单中单击“属性”命令，弹出“邮件服务器属性”对话框，查看和设置邮件服务器的属性。

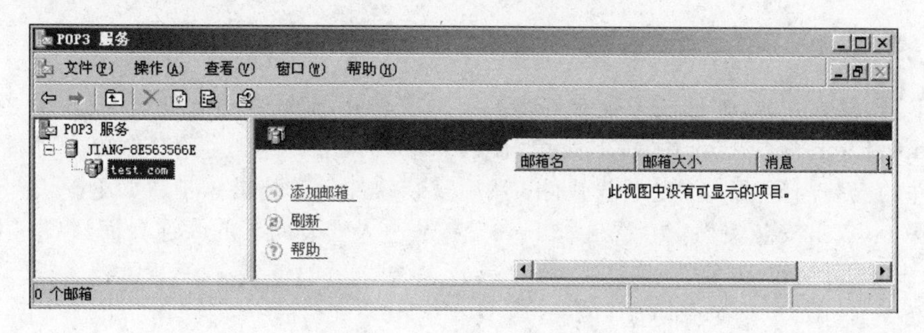

图 7-22 “POP3 服务”窗口

步骤 2：在如图 7-22 所示邮件服务器窗口左边窗格中选择相应的邮件服务器域名，在右边窗格中单击“添加邮箱”链接，弹出“添加邮箱”对话框(图 7-23)。

步骤 3：在文本框中输入邮箱名。如果要同时为系统创建一个用户账户，则要选择“为此邮箱创建相关联的用户”复选项，输入邮箱名和密码后单击“确定”按钮，系统会弹出提示对话框。

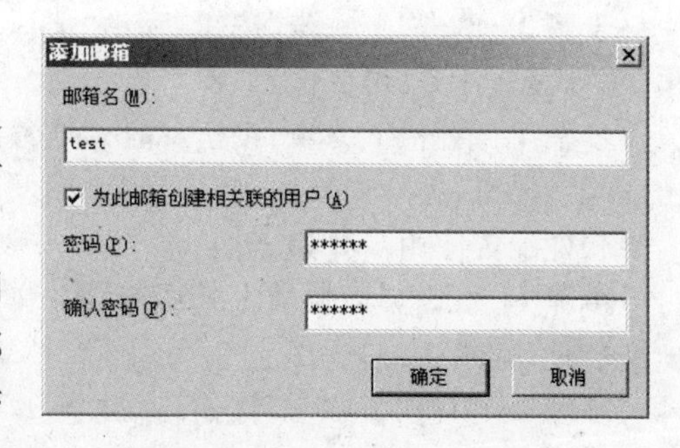

图 7-23 “添加邮箱”对话框

注意：当所创建的用户邮箱名与域系统中已有的用户账户一样时，就不要选择“为此邮箱创建相关联的用户”复选项，直接输入与用户账户一样的邮箱名即可。这样，系统会自动在用户账户中配置以邮件服务器域名为后缀的电子邮件地址。

添加了用户邮箱后的邮件服务器窗口如图 7-24 所示。此时在“状态”列中显示“已解锁”，表示用户可以使用邮箱了。如果要禁用某用户的邮箱，则只需在相应用户邮箱上右击，在弹出菜单中单击“锁定”选项即可。

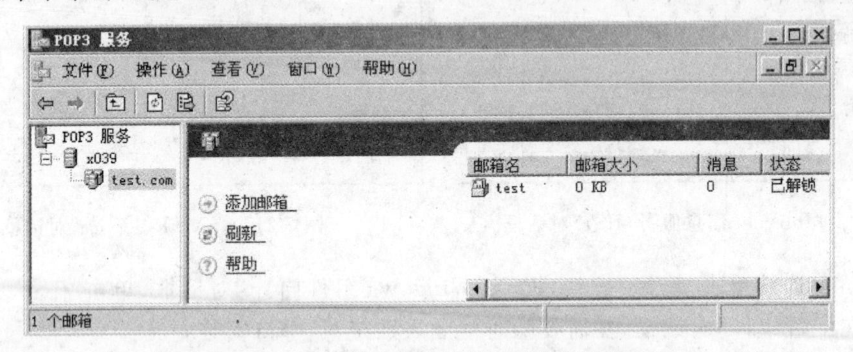

图 7-24　添加了用户邮箱的邮件服务器窗口

任务 7-2-2　配置邮件客户端软件

配置邮件客户端软件：利用客户端软件可以在离线的方式下接收和发送邮件。E-mail 客户端软件有很多种，微软自带的 Outlook，Foxmail 等。设置 E-mail 客户端软件首先要准备好邮箱地址和服务器名称等信息。

1. 客户端软件一的安装与配置

同 FTP 服务一样，邮件服务也有许多的第三方软件，如服务器软件 Sendmail，客户端软件 Outlook Express、Foxmail 等，下面我们以 Foxmail 6.0 Beta5 为例介绍电子邮件服务客户端软件的安装与配置。首先下载软件；然后安装软件。安装具体步骤如下。

步骤 1：双击安装文件 Foxmail6.0beta5.exe，进入安装向导的欢迎界面，单击“下一步”按钮，弹出“许可协议”对话框，如图 7-25 所示。

步骤 2：选中“我接受此协议”单选框(只有选中才允许进一步操作)，单击“下一步”按钮，弹出“选择安装目的目录”对话框，通过下拉按钮选择你需要的目录，如图 7-26 所示。

步骤 3：单击“下一步”按钮，弹出“选择开始菜单文件夹”对话框，单击“下一步”按钮，弹出“选择额外任务”对话框，如图 7-27 所示。

步骤 4：单击“下一步”按钮，弹出“准备安装”对话框，核对刚才所作的设置是否正确，单击“安装”按钮，进行安装，直到出现“完成 Foxmail 安装向导”对话框，如图 7-28 所示。

软件配置使用步骤如下。

步骤 1：双击桌面快捷方式图标，弹出“向导”对话框，建立新的用户账户，输入邮件地址信息(见图 7-29)。

步骤 2：单击“下一步”按钮，弹出“账户建立完成”对话框，如图 7-30 所示。

步骤 3：单击“完成”按钮，进入软件，如图 7-31 所示。

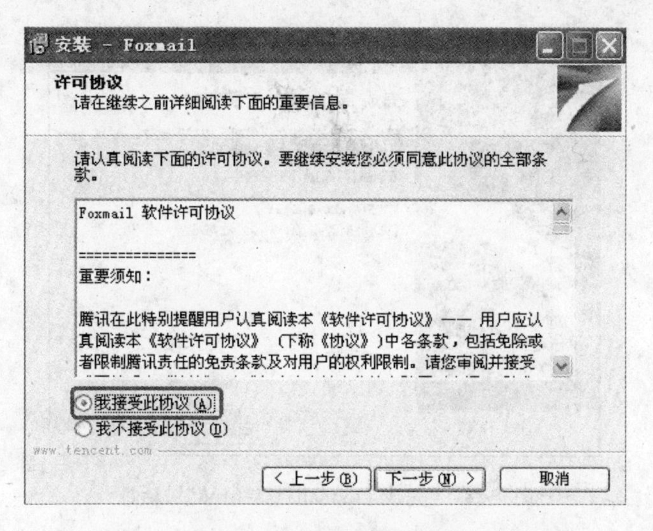

图 7-25　“许可协议”对话框

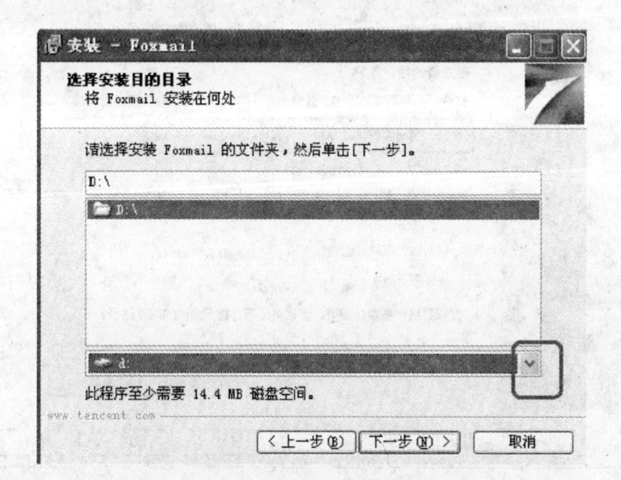

图 7-26　“选择安装目的目录”对话框

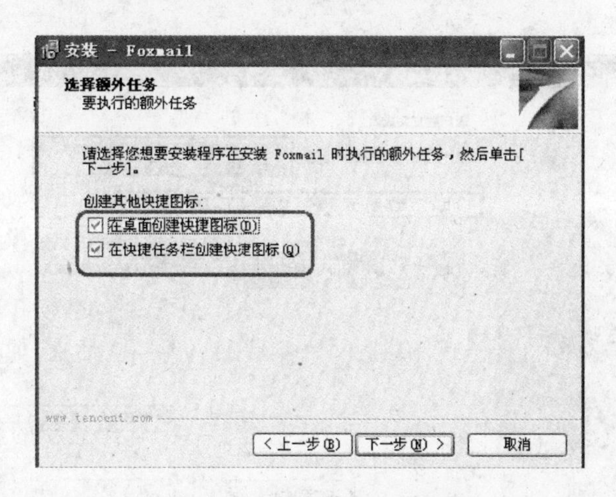

图 7-27　“选择额外任务”对话框

图 7-28 “完成 Foxmail 安装向导”对话框

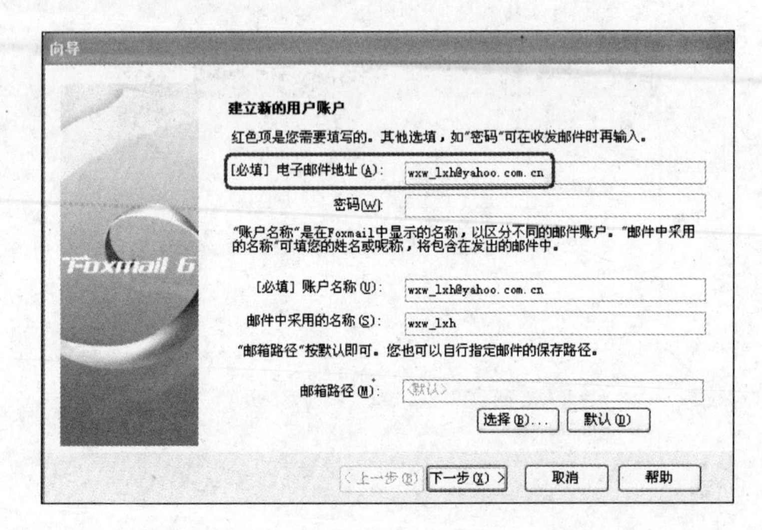

图 7-29 “建立新的用户账户”对话框

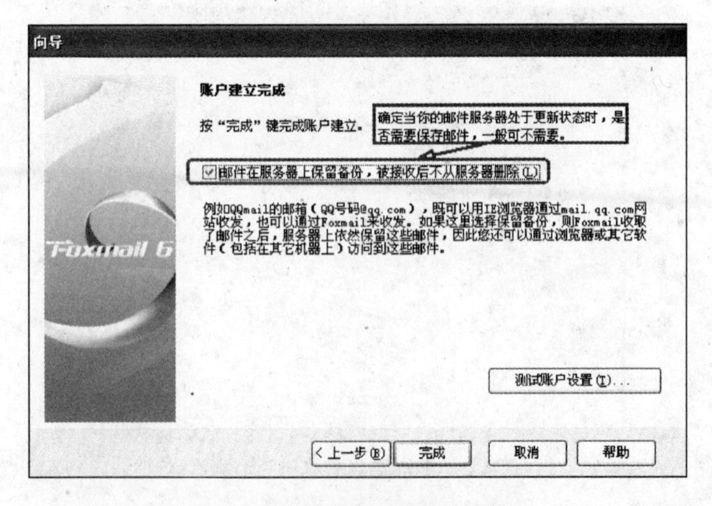

图 7-30 “账户建立完成”对话框

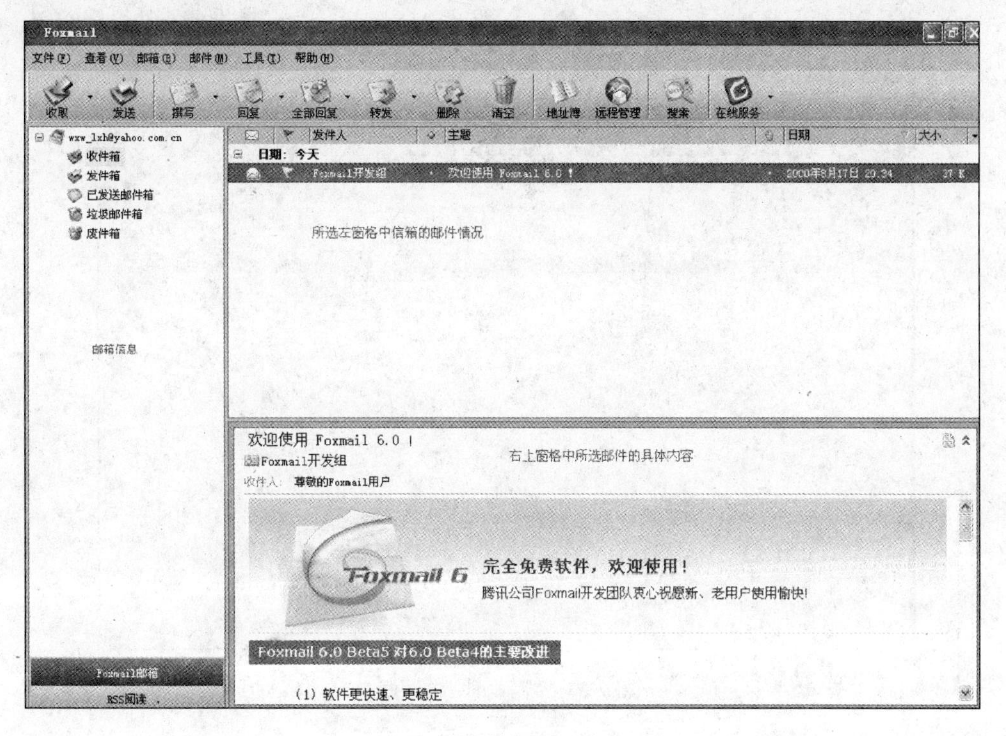

图 7-31　软件使用界面

步骤 4：单击"收取"菜单按钮，要求输入用户口令(见图 7-32)，只有当口令验证正确后才能进入收取邮件状态，并由邮件收取进度栏。

步骤 5：根据软件的菜单可进行邮件发送、删除、转发、回复、新建用户等操作，以"发送"为例进行详细说明。

图 7-32　"口令"对话框

单击"撰写"工具，在弹出的"写邮件"对话框(见图 7-33)中输入"收件人"地址信息、抄送地址、主题，然后写好信，如果要求快速发送到对方，可以选择"特快专递"发送；如果不是非常急则可以选择"发送"就将你的信件发送出去了。如果需要同时将邮件发送给多个用户，在"收件人"栏内输入多个邮箱名，用"；"隔开。

2. 客户端软件二的安装与配置

(1) 下载软件。

(2) 安装软件(下载和安装软件与客户端软件一的方式完全相同，不再详细介绍)。

(3) 配置软件。

步骤 1：启动 Outlook 2007。

在任务栏依次单击"开始"→"Microsoft Office"→"Microsoft Office Outlook 2007"，即可进入 Outlook 2007，Outlook 2007 的窗口结构，如图 7-34 所示。

在使用 Outlook 2007 的电子邮件服务之前，用户需要设置自己的电子邮件账号，以便建立与邮件服务器的连接。

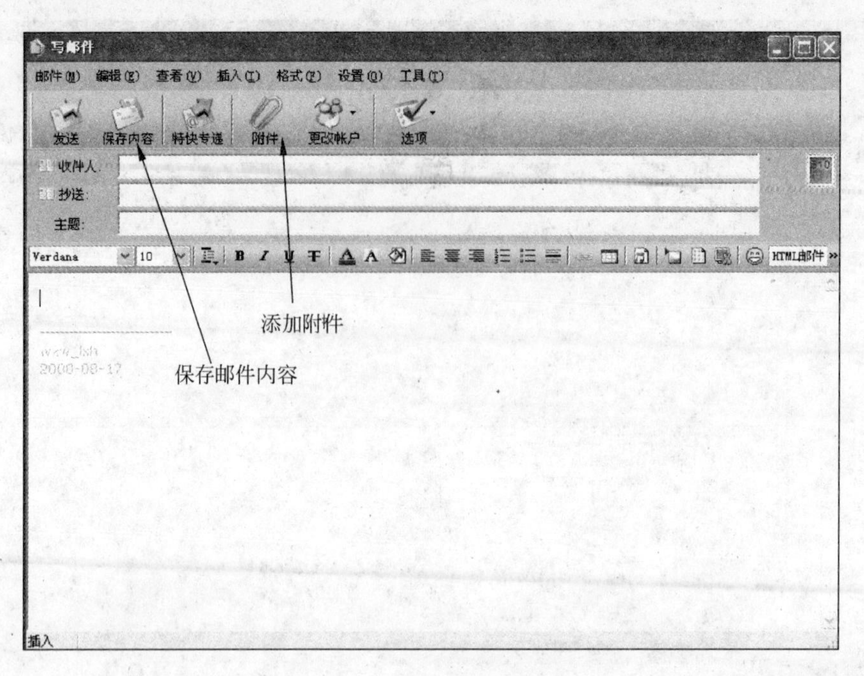

图 7-33 “写邮件”对话框

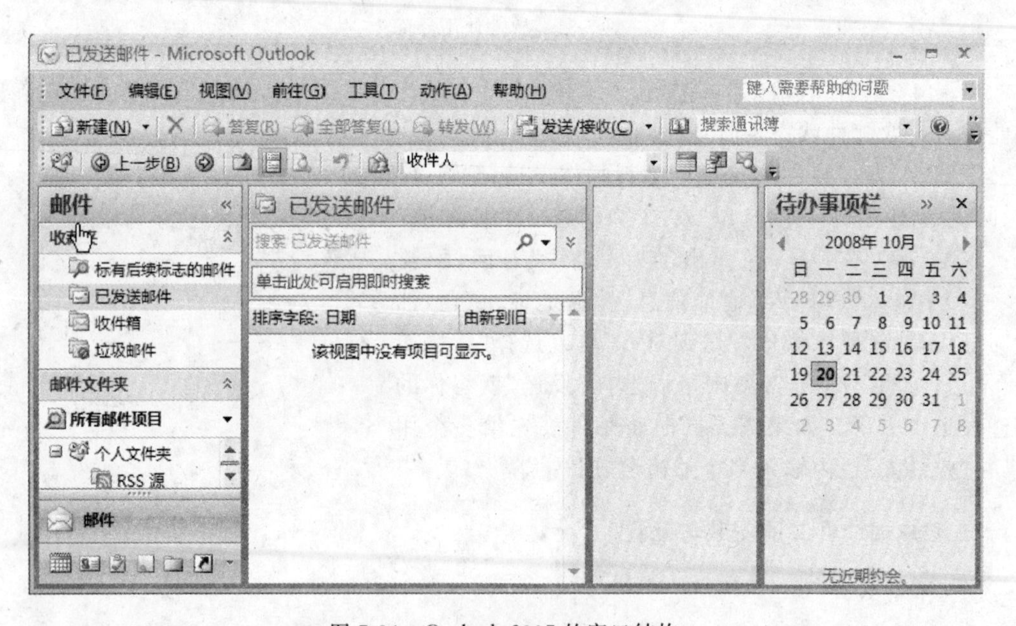

图 7-34 Outlook 2007 的窗口结构

步骤 2：在 Outlook 主窗口下单击“工具”菜单按钮，选择“账户设置”命令，弹出“账号设置”对话框，单击“电子邮件”选项卡，已建立的电子邮件账户将显示在列表框中，增加新的邮件账户时，单击“新建”按钮，如图 7-35 所示。

步骤 3：弹出“选择电子邮件服务”对话框，如图 7-36 所示。在对话框中单击选中“Microsoft Exchange、POP3、IMAP 或 HTTP”复选框，单击“下一步”按钮。

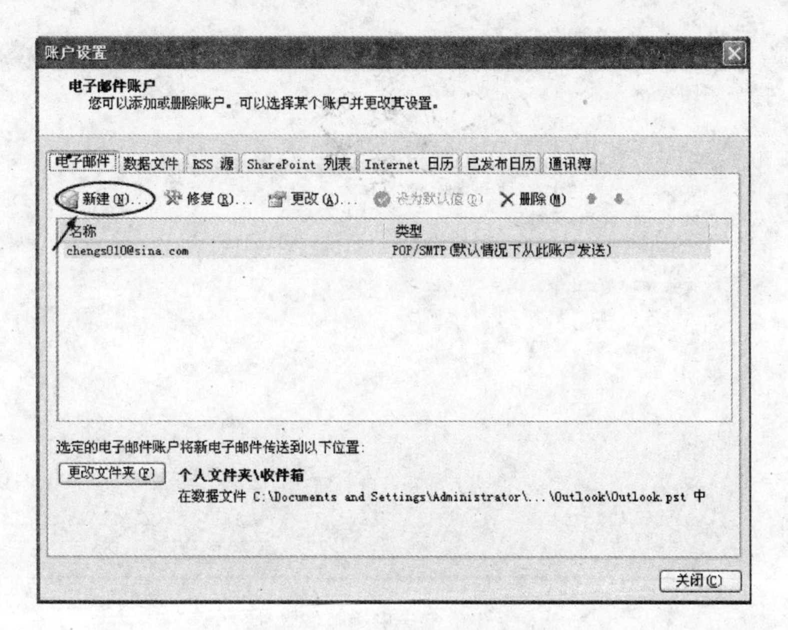

图 7-35　添加新电子邮件账户

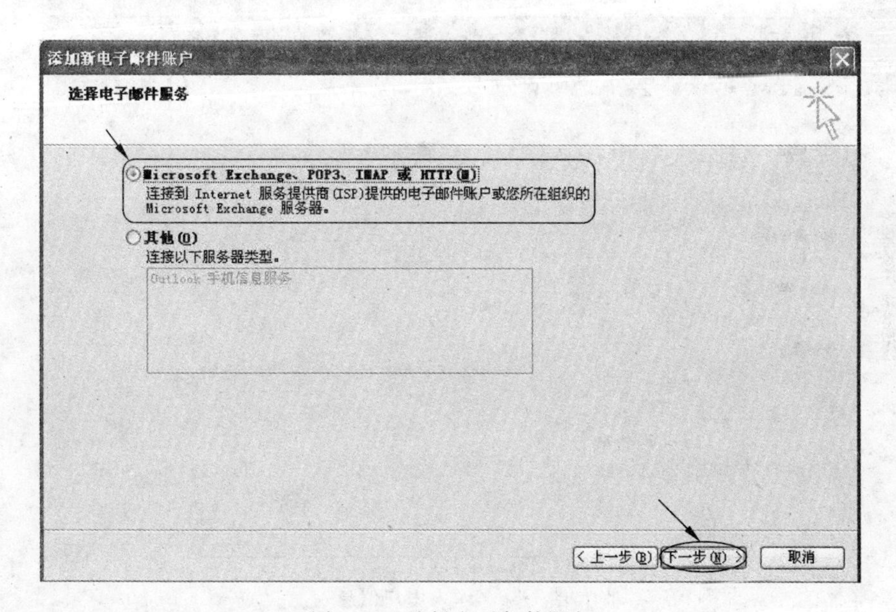

图 7-36　选择电子邮件服务

步骤 4：弹出“自动账户设置”对话框，选择“手动配置服务器设置或其他服务器类型(M)”，单击“下一步”按钮。

步骤 5：弹出的“选择电子邮件服务”对话框，如图 7-37 所示。在对话框中单击选中“Internet 电子邮件”复选框，单击“下一步”按钮。

步骤 6：在“Internet 电子邮件设置”对话框中，如图 7-38 所示。认真填写用户相关信息，注意用户名要填写完整邮件地址，然后单击“其他设置”按钮，暂时不要单击“测试账户设置”按钮。

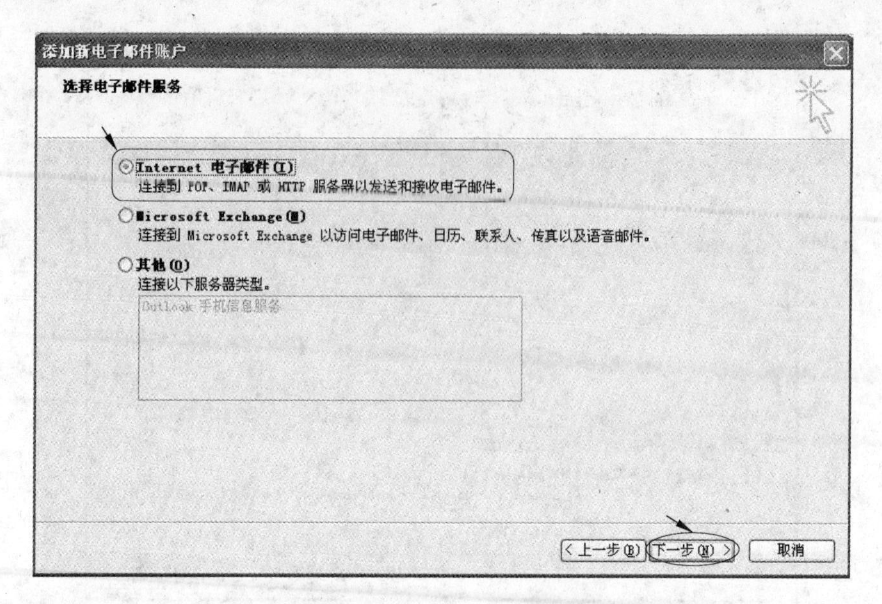

图 7-37　选择电子邮件服务

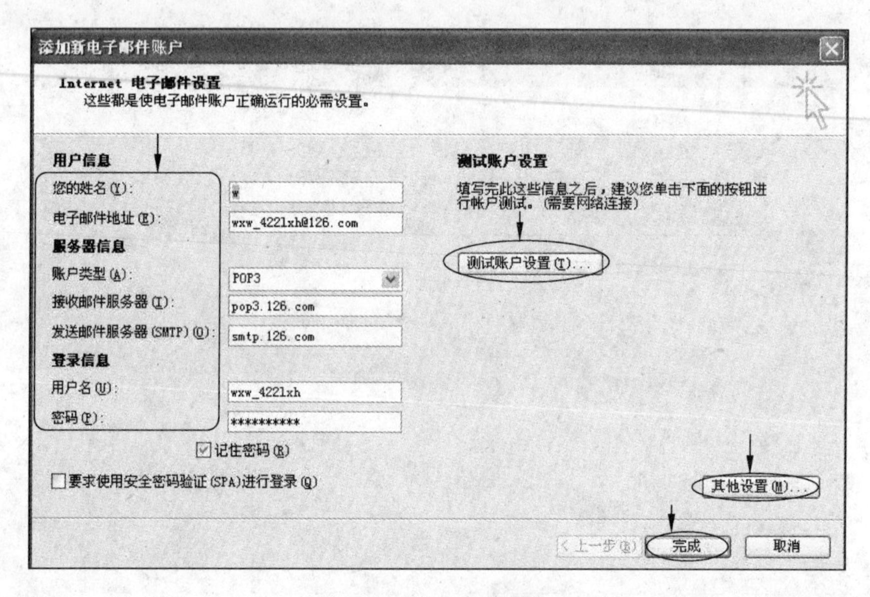

图 7-38　输入用户信息

步骤 7：单击“发送服务器”选项卡，选中“我的发送服务器(SMTP)要求验证”复选框，同时选中“使用与接收邮件服务器相同的设置”单选按钮，如图 7-39 所示。

单击“高级”选项卡，在“高级”选项卡里选中“在服务器上保留邮件的副本”复选框，如图 7-40 所示。以保证你的邮件在服务器上不会被删除。单击“确定”按钮返回“Internet 电子邮件设置”界面。

步骤 8：在“Internet 电子邮件设置”窗口，单击“测试账户设置”按钮，若出现图 7-41 所示界面，表示测试失败，检查设置是否有误，重新设置。

如果出现图 7-42 所示界面，表示设置正确。

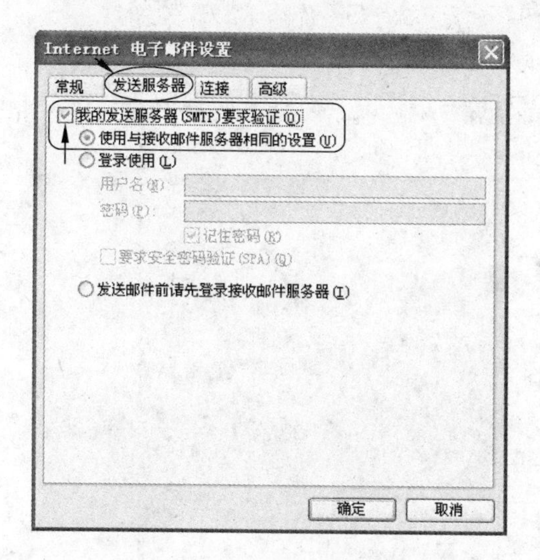

图 7-39　“发送服务器”选项卡

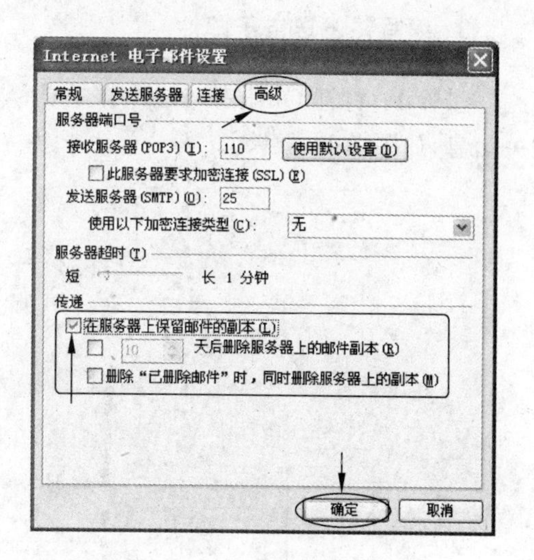

图 7-40　“高级”选项卡

图 7-41　测试失败

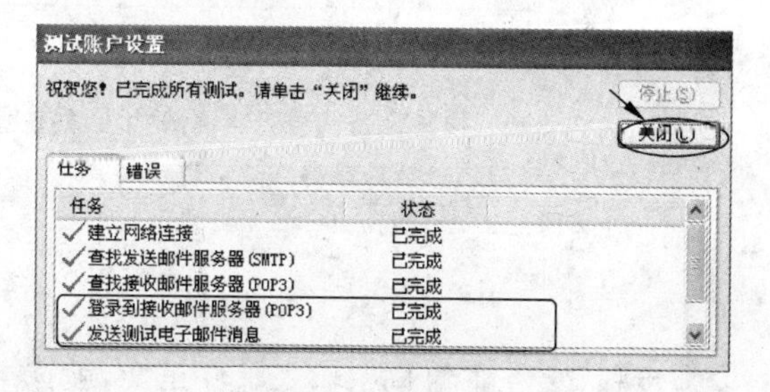

图 7-42　测试成功

步骤 9：返回“Internet 电子邮件设置”界面，单击“下一步”按钮弹出“电子邮件账户设置完成”对话框，如图 7-43 所示，单击“完成”按钮即可。

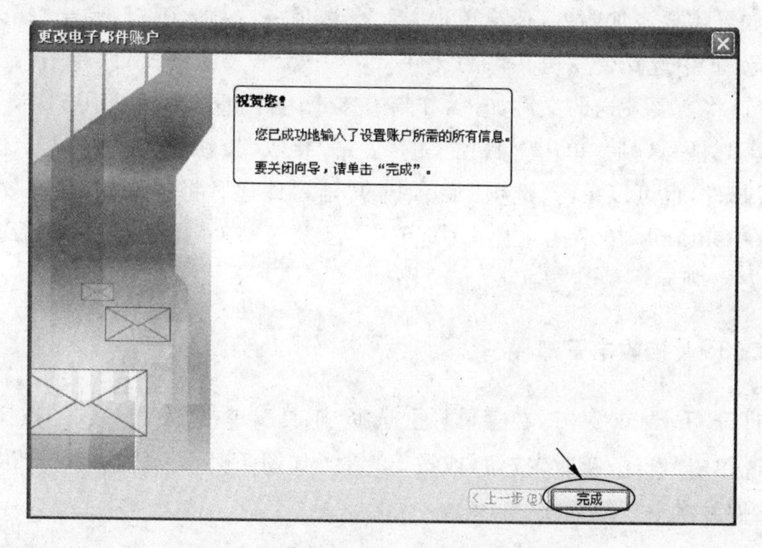

图 7-43　“电子邮件账户设置完成”对话框

3. 编写并发送电子邮件

步骤 1：打开 Outlook 2007，在工具栏上，单击“新建”按钮，弹出“新邮件”窗口，输入相关信息，如图 7-44 所示。

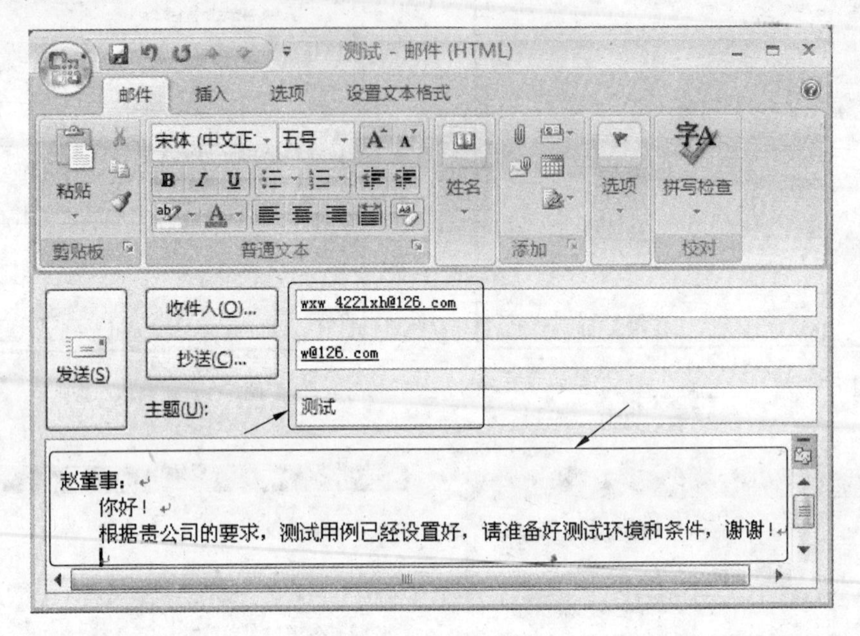

图 7-44 编写新邮件窗口

步骤 2：在主窗口中输入邮件正文，就像平时写信一样。在邮件中应包含对方的称呼、写信的主要事由，最后是签名。在“新邮件”窗口左上方有一块工具按钮区，用户通过工具栏上的“撤销”、“裁剪”、“复制”、“粘贴”等按钮，可以轻松地实现对邮件的编辑工作。还可以设置邮件内容的格式，如字号、字体、颜色等。

步骤 3：如果需要添加附件，依次单击“插入”选项→“附加文件”，弹出“插入文件”对话框。在“查找范围”中选择要发送文件的文件夹，选中所需发送的文件，单击“插入”按钮，在“插入文件”窗口将需要发送的文件加入，如果有多个附件，重复插入即可。

步骤 4：新邮件写好后，单击工具栏上的“发送/接收”按钮可将它立即发送出去。如果正在脱机撰写邮件，也可以单击“选项”菜单中的“延迟传递”，将邮件保存在“发件箱”中，如果发送成功，在 Outlook 2007 的主界面中，单击“已发送邮件”按钮可以查看到已发送的电子邮件，如图 7-45 所示。

4. 利用 Outlook 接收电子邮件

步骤 1：打开 Outlook 2007，在菜单栏上选择“工具”，单击“发送/接收”按钮，选择“全部发送/接收”，或单击“发送/接收”按钮，或按 F9 键。如图 7-46 所示，Outlook 2007 就开始检查新的电子邮件并将它下载下来。

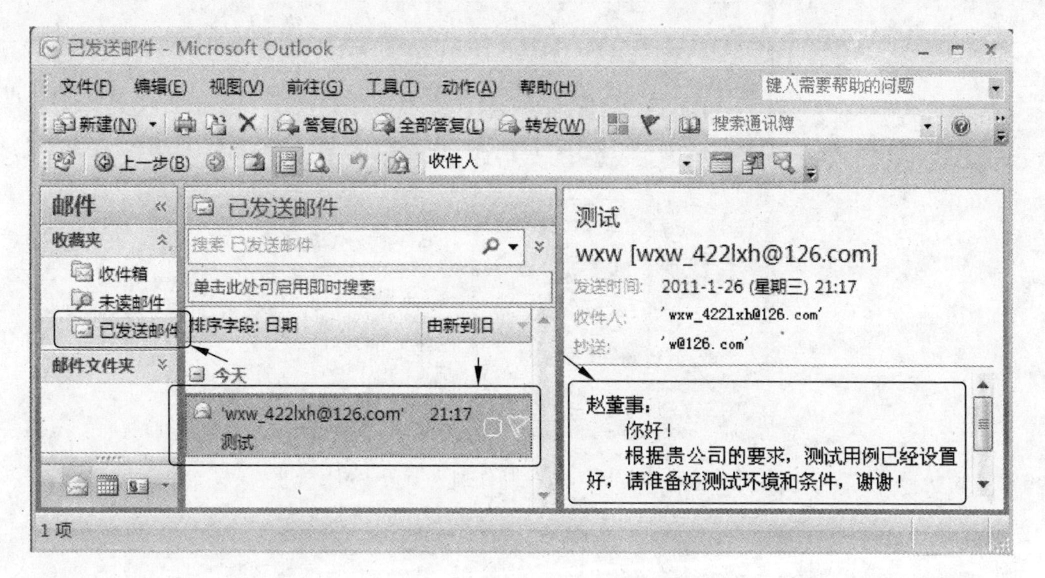

图 7-45　查看“已发送邮件”

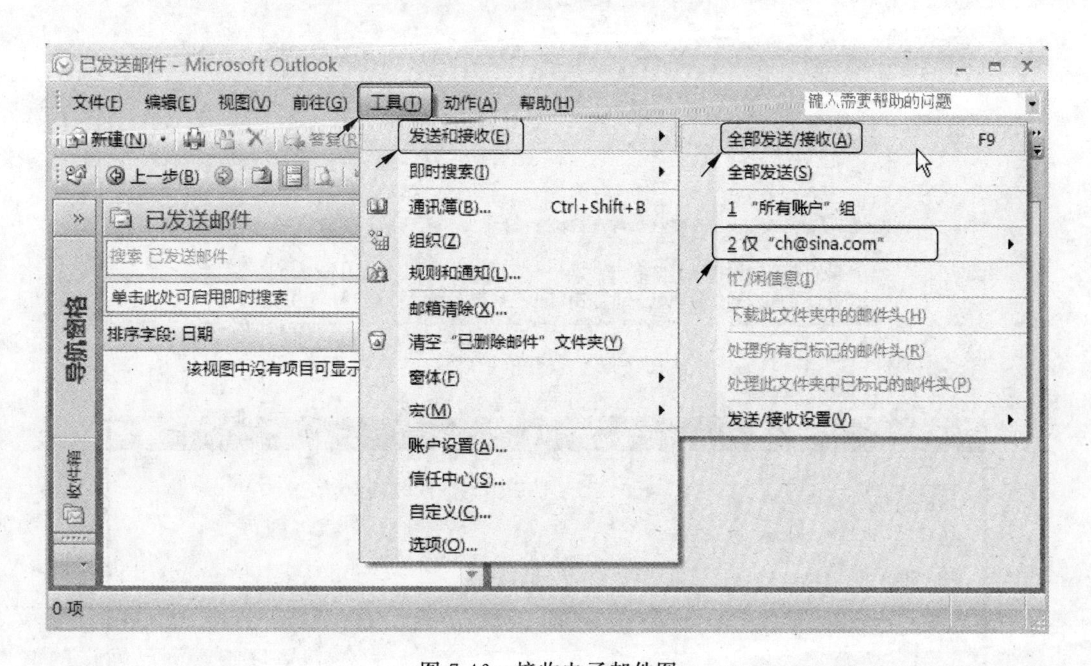

图 7-46　接收电子邮件图

步骤 2：下载完成以后，就可以在单独的窗口或预览窗口中阅读电子邮件，如图 7-47 所示。

步骤 3：如果要查看电子邮件详细信息，可以双击电子邮件的标题即可打开如图 7-48 所示电子邮件查看窗口。

步骤 4：如果电子邮件有附件，可以右击“附件”图标，在弹出的菜单中选择“另存为”命令，弹出“保存附件”对话框，如图 7-49 所示，选择保存位置后，单击“保存”按钮即可。

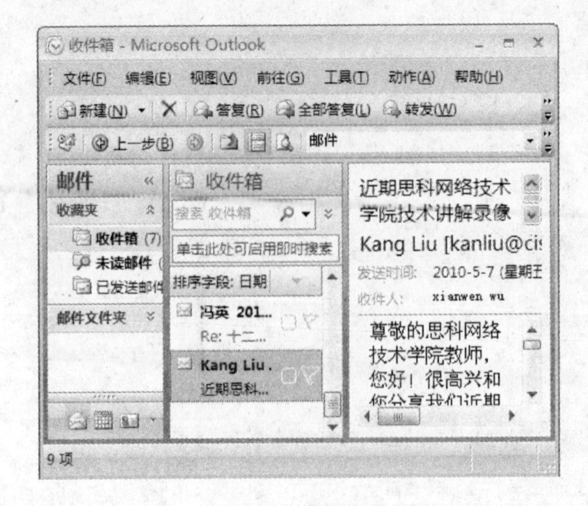

图 7-47　邮件列表

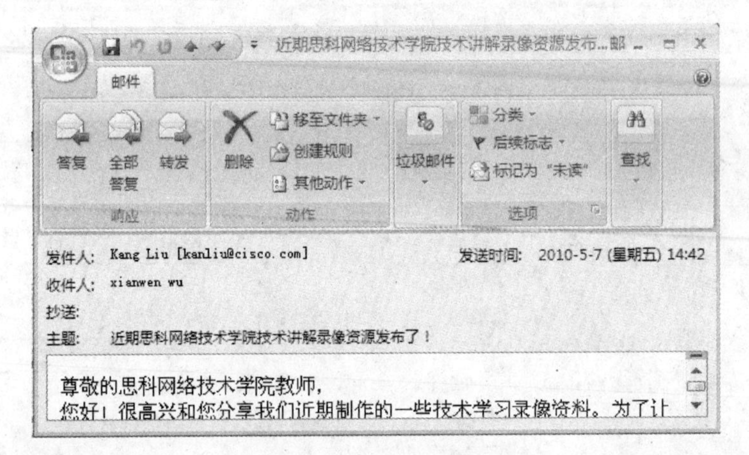

图 7-48　查看电子邮件

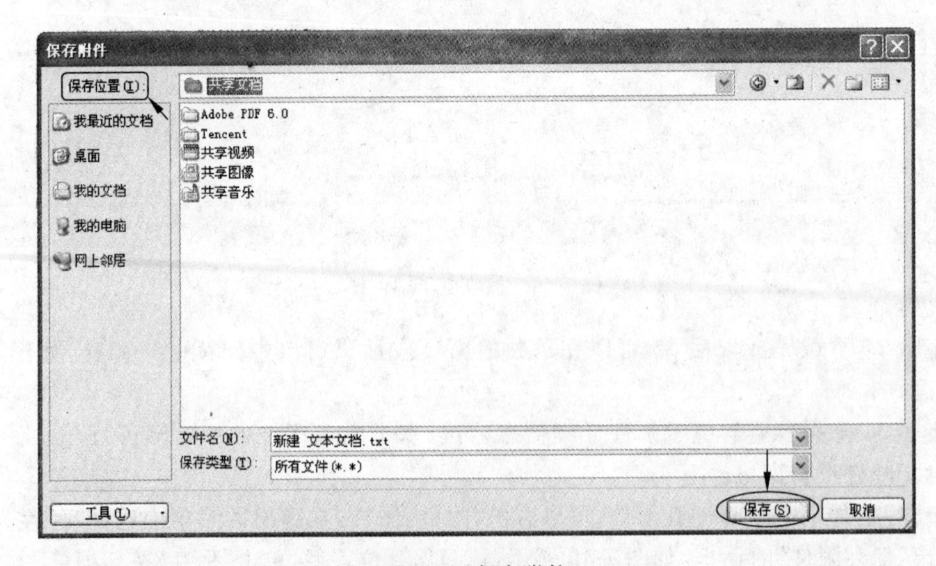

图 7-49　保存附件

任务 7-3　处理垃圾邮件及安全防范

使用电子邮件的过程中，经常会收到很多的垃圾邮件。目前对垃圾邮件还没有非常严格的定义。通常是指未经用户许可就强行发送到用户邮箱中的任何电子邮件。《中国互联网协会反垃圾邮件规范》中是这样定义的：

(1) 收件人事先没有提出要求或者同意接收的广告、电子刊物、各种形式的宣传品等宣传性的电子邮件。

(2) 收件人无法拒收的电子邮件。

(3) 隐藏发件人身份、地址、标题等信息的电子邮件。

(4) 含有虚假的信息源、发件人、路由等信息的电子邮件。

> 处理垃圾邮件及安全防范：垃圾邮件一般采取批量发送的方式，良性垃圾邮件会占用邮箱空间、增加收件人工作量；而恶性垃圾邮件则可能携带网络病毒，给计算机或网络造成威胁。

1. 处理垃圾邮件

垃圾邮件通常的处理办法是：

(1) 设置黑名单：将发送垃圾邮件的发件人设为黑名单。来自黑名单中的所有来信，系统会直接拒收。

(2) 设置过滤器：系统会根据过滤规则对收到的邮件进行不同的处理。

(3) 如果用户在 Web 页面中看到垃圾邮件，可单击邮件显示页面右上方的“拒收发件人”按钮，此垃圾邮件的发件人将自动进入用户的黑名单列表中，以后凡属来自于此地址的邮件都将被拒收。

(4) 如果用户将邮件下载到了本地计算机之后才发现是垃圾邮件，则通过邮箱工具提供的“阻止发件人”来设置拒收。

2. 垃圾邮件防范

要从根本上治理并解决垃圾邮件，需要考虑如下几个方面。

(1) 有法可依。通过立法来防治垃圾邮件，严惩垃圾邮件的制造者。

(2) 大家要共同合作，成立一个反垃圾邮件的组织，协调反垃圾邮件工作。

(3) 提升反垃圾邮件的技术水平，消除垃圾邮件。目前反垃圾邮件技术主要有 3 大类，分别是垃圾邮件过滤技术、邮件服务器的安全管理技术以及对简单邮件通信协议(SMTP)的改进研究等。

垃圾邮件过滤技术是根据邮件格式、发送时间、文件大小、内容以及其他特性来识别并过滤垃圾邮件。

改进研究 SMTP 协议是对 SMTP 协议进行修改，制定一个新的安全可靠的邮件协议，消除垃圾邮件泛滥的环境，减少或消灭垃圾邮件的产生。

邮件服务的管理是通过提高垃圾邮件的发送成本，来抑制垃圾邮件的发展。后两种反

垃圾邮件技术属于主动防御型,前一种属于被动防御型。

(4) 不要随意打开陌生人的邮件,特别是附件。

(5) 小心应对垃圾邮件。不要订阅不健康的电子杂志和垃圾广告产品,不要回复垃圾邮件,慎用"自动回复"功能,避免陷入互相回复的恶性循环。

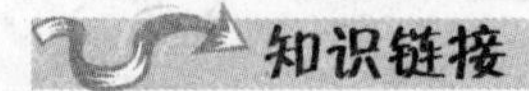

知识链接

【知识链接 1】 电子邮件结构

电子邮件系统由客户端和服务器端组成,其组件包括邮件客户端程序、SMTP 服务和 POP3 服务。

SMTP(Simple Mail Transfer Protocol)即简单邮件传输协议,是一组用于由源地址到目的地址传送邮件的规则,由它来控制信件的中转方式。SMTP 协议属于 TCP/IP 协议族,它帮助每台计算机在发送或中转信件时找到下一个目的地。通过 SMTP 协议所指定的服务器,就可以把 E-mail 寄到收信人的服务器上了,整个过程只要几分钟。SMTP 服务器是遵循 SMTP 协议的发送邮件服务器,用来发送或中转电子邮件。

POP3(Post Office Protocol 3)是适用于 C/S 结构的电子邮件协议,目前已发展到第三版,称 POP3。它规定怎样将个人计算机连接到 Internet 的邮件服务器和下载电子邮件的电子协议。它是因特网电子邮件的第一个离线协议标准,POP3 允许用户从服务器上把邮件存储到本地主机(即自己的计算机)上,同时删除保存在邮件服务器上的邮件,而 POP3 服务器则是遵循 POP3 协议的接收邮件服务器,用来接收电子邮件的。

在处理客户端和服务器的连接成功与失败时,POP3 协议中有三种状态:认可状态、处理状态、更新状态,如图 7-50 所示。

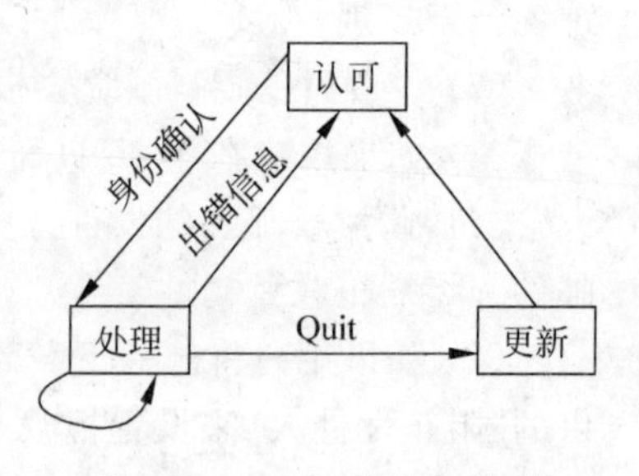

图 7-50 POP3 协议状态图

认可状态:客户端在接收邮件前首先发送用户名和密码给服务器进行验证,如果用户名、密码不匹配,则服务器返回出错信息;如果用户名和密码匹配,则客户端和服务器成功连接。

处理状态:当客户端与服务器成功连接时,即由认可状态转入处理状态。客户端向服务器发送 POP3 命令,服务器接收并响应 POP3 命令,如果命令能被 POP3 协议解释,则响应,然后退出,中断与服务器的连接;如果命令不能被 POP3 协议解释,则返回客户端出错信息。

更新状态:当客户端与服务器中断连接后,则进入更新状态,更新之后最后重返认可状态。

【知识链接 2】 电子邮件工作方式

电子邮件服务采用"存储转发"的工作方式,从发送端到接收端的网络传输过程中,经历了邮件服务器的存储,其具体传输过程如图 7-51 所示。

(1) 处于同一邮件服务器上的用户间的通信(即本地网络邮件传送)。

① 首先发送者利用 TCP 连接端口 25,将电子邮件传送到本地邮件服务器,先保存在队列中。

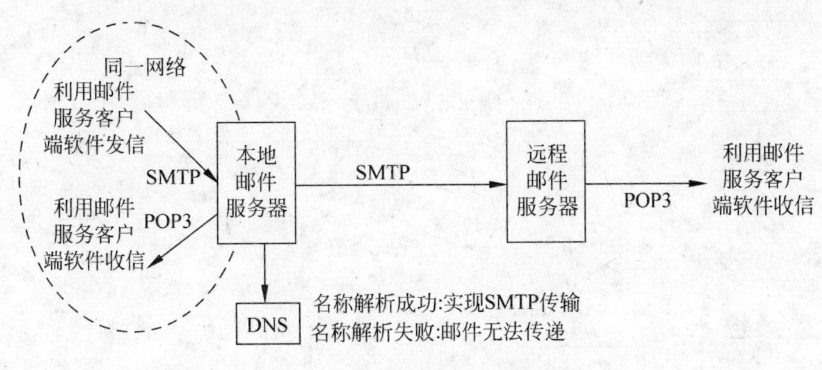

图 7-51　电子邮件工作方式

② 然后经过服务器的判断，如果收件人属于本地网络的用户，则此邮件就由本地服务器直接传送到收件人邮箱。

③ 收件人利用 POP3 或 IMAP 软件（MUA），连接到邮件服务器下载或直接读取电子邮件。整个邮件传递过程完成。

注意：如果网络中断或拥塞，邮件会一直暂存在系统的队列中，等一段时间后再尝试传送。

（2）处于不同邮件服务器上的用户间的通信（即远程网络邮件传送）。

① 首先发送者利用 TCP 连接端口 25，将电子邮件传送到本地邮件服务器，先保存在队列中。

② 经过服务器的判断，如果收件人属于远程网络的用户，则此服务器会先向 DNS 服务器要求解析远程邮件服务器的 IP 地址。

③ 如果 DNS 成功解析远程邮件服务器的 IP 地址，则本地的邮件服务器将利用 SMTP 将邮件传送到远程服务器（这就是邮件转发功能）。

④ SMTP 将尝试和远程的邮件服务器连接，如果远程服务器目前无法接受邮件，则这些信件会继续停留在队列中（这就是电子邮件采用的“延迟”机制），然后在指定的重试间隔再次尝试连接，直到成功或放弃传送为止。如果传送成功，则本地邮件服务器将此邮件交由远程邮件服务器进行处理，并放入用户邮箱。

⑤ 远程收件人即可利用 POP3 或 IMAP 软件，连接到邮件服务器下载或读取电子邮件。整个邮件传递过程完成。

上述两种不同情况的邮件传输可用图 7-52 所示的流程图表示。

（3）电子邮件收发过程

电子邮件收发过程如图 7-53 所示。

【知识链接 3】　电子邮件格式

1. 电子邮件地址格式

就像找人一样，需要被找人的姓名、家庭住址，电子邮件传输也需要一个全球范围内独一无二的地址，才能准确无误地将邮件送到。电子邮件地址格式如图 7-54 所示。

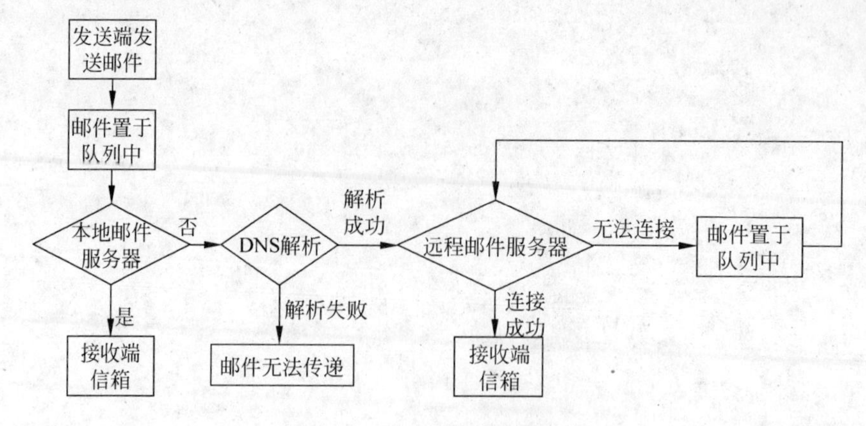

图 7-52　电子邮件传输流程图

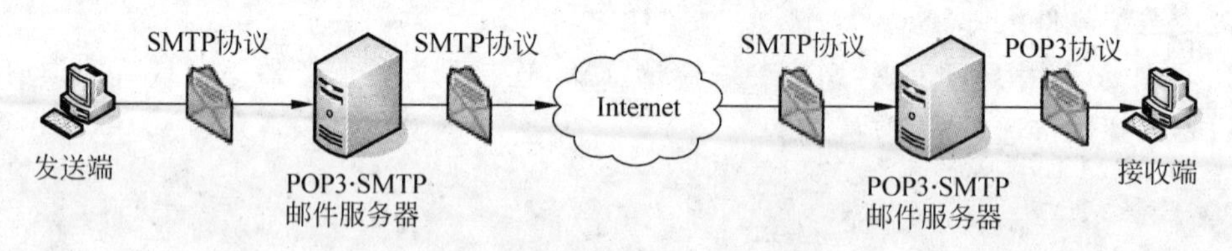

图 7-53　电子邮件收发过程示意图

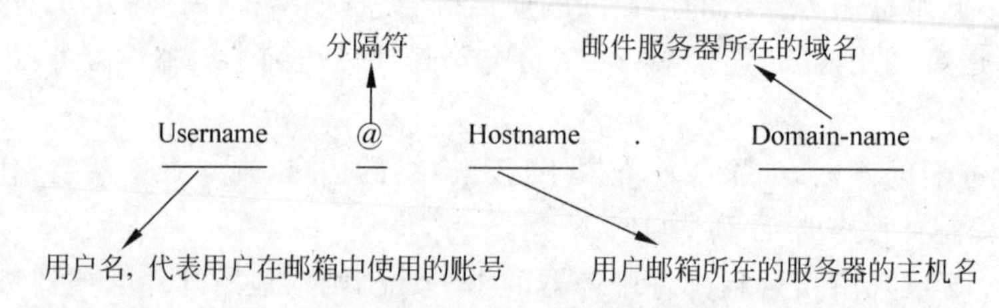

图 7-54　电子邮件地址格式

例如：某用户在 163.com 网站上申请了一个邮箱，用户名为 netpractice，则该用户的电子邮件地址为 netpractice@163.com。

2. 电子邮件信息格式

一封电子邮件由两部分组成，即邮件头和邮件体。

邮件头包含有发信者与接收者有关的信息，就像普通信件的信封一样，如发送端和接收端的网络地址、计算机系统中的用户名、信件的发出时间与接收时间，以及邮件传送过程中的路径等，但邮件头不由发信人书写，而是在电子邮件传送过程中由系统形成。

邮件体是信件本身的具体内容，一般是 ASCII 码表达的邮件正文，像普通邮件的信笺，是发信人输入的信件内容，通常用编辑器预先写成文件，或者在发电子邮件时用电子邮件编辑器编辑或联机输入。

【知识链接 4】　电子邮件相关协议

在电子邮件的发送、传输和接收过程中，电子邮件系统要遵循一些基本的协议，这些协

议有 SMTP、POP3(或 IMAP)和 MIME 等,这些协议保证了电子邮件在不同的系统间顺利进行传输。

(1) SMTP 协议

SMTP(Simple Mail Transfer Protocol)协议,即简单邮件传送协议,是基于 TCP/IP 应用层协议,它的目标是向用户提供高效、可靠的邮件传输。

(2) POP3 协议

POP(Post Office Protocol)协议,即邮局协议,用于电子邮件的接收,现在常用的是第 3 版,所以简称为 POP3。POP3 采用客户机/服务器的工作模式,使用该协议,客户端程序能够动态、有效地访问服务器上的邮件。

(3) IMAP4 协议

IMAP4(Internet Message Access Protocol 4) 即 Internet 信息访问协议的第 4 版本,是用于从远程服务器上访问电子邮件的标准协议,它是一个客户机/服务器(Client/Server)模型协议,用户的电子邮件由服务器负责接收保存,用户可以通过浏览信件头来决定是不是要下载此邮件。

(4) MIME 协议

MIME(Multipurpose Mail Extensions)协议,即多目的 Internet 邮件扩展协议,解决了 SMTP 协议仅能传送 ASCII 码文本的限制。使用该协议,不但可以发送各种文字和各种结构的文本信息,而且还能以附件的形式发送语音、图像和视频等信息。

疑难解析

疑难 1:发送邮件为什么还需要有附件?

答:附件不是发送邮件所必需的,是当你需要传送文件、图像或动画的时候,在电子邮件的邮件体中发送不了,就采用附件的形式加在你的邮件上发送。

疑难 2:能够在网站上收发邮件,为什么还要用客户端的第三方软件?

答:如 Foxmail 这样的第三方客户端软件能方便用户收取和发送邮件,使用户不需要登录网站就可以收取和发送邮件,尤其是有多个邮箱的用户,不必要在各网站间转换,关了这个邮箱又必须重新登录另一个网站开启另一个邮箱才行,客户端软件只需在用户间切换。

疑难 3:电子邮件为什么能加密和签名?

答:电子邮件加密是利用 PKI 的公钥加密技术,以电子邮件证书作为公钥的载体,发件人使用邮件接收者的数字证书中的公钥对电子邮件的内容和附件进行加密,加密后的邮件只能由接收者持有的私钥才能解密,因此只有邮件接收者才能阅读,其他人截获该邮件时看到的只是加密后的乱码信息,这确保了电子邮件在传输过程中不被他人阅读,从根本上防止了机密信息的泄露,具体原理图如图 7-55 所示。

邮件签名是利用 PKI 的私钥签名技术,以电子邮件证书作为私钥的载体,邮件发送者使用自己数字证书的私钥对电子邮件进行数字签名,邮件接收者通过验证邮件的数字签名以及签名者的证书,来验证邮件是否被篡改,并判断发送者的真实身份,以确保电子邮件的真实性和完整性。邮件签名的工作原理如图 7-56 所示。

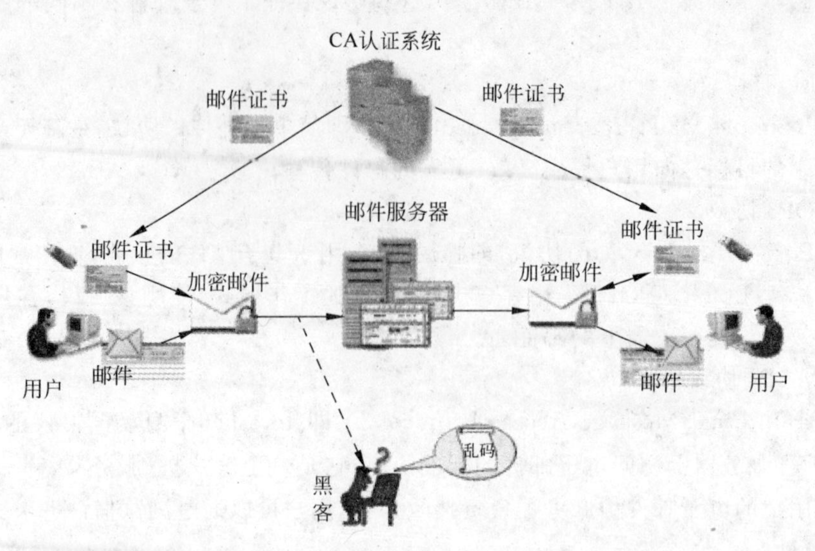

图 7-55 邮件加密工作原理图

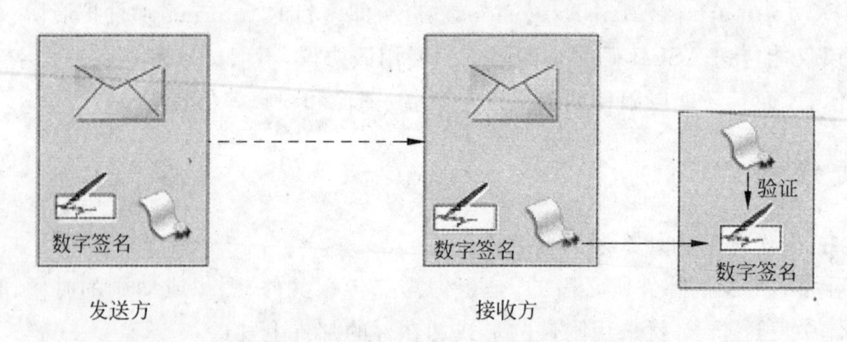

图 7-56 邮件签名工作原理图

启用了邮件加密和数字签名功能后,发送信件时的状态如图 7-57 所示。

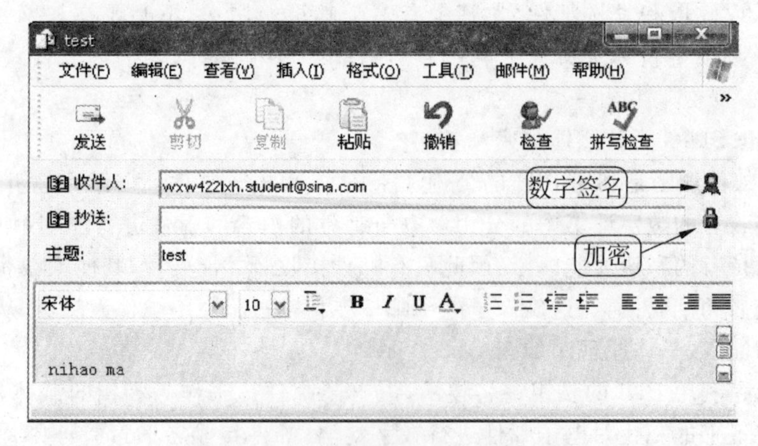

图 7-57 邮件加密和数字签名状态图

课后练习

一、填空题

1. 邮件服务器的协议主要包括________和________，其中________是 Post Office Protocol 3 的缩写，代表接收邮件协议的第三个版本；________是 Simple Mail Transfer Protocol 的缩写，表示是发送邮件服务器，其中文含义是________。

2. 在处理客户端和服务器的连接成功与失败 POP3 协议中有三种状态：________、________、________，服务器通过了用户名和密码确认后，即由________转入________。

3. 某用户在 sohu.com 网站上申请了一个邮箱，用户名为 wangluo12，则该用户的电子邮件地址为________。

4. 一封电子邮件由两部分组成，即________和________。

5. 每个电子邮箱的地址格式为________@________。

6. 收取电子邮件的方式有两种，一种是利用浏览器登录邮件系统的 Web 方式，另一种是________，常用的软件有________、________和________等。

7. 若要同时将邮件发送给多个人，可以在“收件人”栏中填入多个邮件地址，使用________和________符号分隔。

二、选择题

1. 用户在利用客户端邮件应用程序从邮件服务器接收邮件时通常使用的协议是(　　)，发送时一般采用(　　)协议。

A. FTP　　B. POP3　　C. HTTP　　D. SMTP

2. 下面关于电子邮件的说法中，(　　)是不正确的。

A. 电子邮件只能发送文本文件　　B. 电子邮件可以发送图形文件

C. 电子邮件可以发送二进制文件　　D. 电子邮件可以发送主页形式的文件

3. (　　)不是邮件服务器使用的协议。

A. SMTP　　B. MIME　　C. PPP　　D. POP3

4. 用户必须在邮件服务器上取得账号才可使用的服务是(　　)。

A. SMTP　　B. HTML　　C. PPP　　D. POP3

5. zhangsan@citiz.net 是一个合法的(　　)地址。

A. E-mail　　B. HTTP　　C. URL　　D. HTML

6. 一个电子邮件从中国往美国大约(　　)内可以到达。

A. 几分钟　　B. 几天　　C. 几星期　　D. 几个月

7. (　　)不属于信头的内容。

A. 收信人　　B. 抄送　　C. 附件　　D. 主题

8. 打开 Outlook Express 后，(　　)不包含在 Outlook Express 的主窗口中。

A. 工具栏　　B. 文件夹列表窗格

C. 联系人列表窗格　　D. 收件人地址栏

9. 在对 Outlook Express 进行设置时，在“外发邮件服务器”栏最可能填的邮件服务器的地址是(　　)。

A. SMTP. CITIZ. NET　　B. POP. CITIZ. NET

C. POP3. CITIZ. NET　　D. WWW. CITIZ. NET

10. 在对 Outlook Express 进行设置时，会要求输入用户的账号，此时应输入(　　)。

A. 用户自己的姓名　　B. 用户自己姓名的汉语拼音

C. 用户的完整电子邮件地址　　D. 用户的部分电子邮件地址

11. 电子邮件应用程序在向邮件服务器发送邮件时使用(　　)。

A. SMTP 协议　B. IMAP 协议　C. SNMP 协议　D. POP3 协议

12. 发送电子邮件时，如果接收方没有开机，则邮件会(　　)。

A. 丢失　　B. 开机时重新发送

C. 退回给发件人　　D. 保存在邮件服务器上

三、操作题

1. 编写与发送电子邮件

学习电子邮件的编写与发送。将电子邮件课件发送给 Luckystar1@0733.com。并将发送的信息保存到“已发送”文件夹中，要求对方在读到该邮件后发个反馈信息。

2. 邮件客户端的操作

(1) 操作要求如下：

① 搜索下载客户端软件。

② 客户端软件安装。

③ 客户端软件配置。

④ 写邮件：主题为“测试邮件客户端软件操作”；将“操作指南.doc”文件发送给对方；先把写的邮件保存一份，然后再发给对方。

⑤ 建立第二个邮箱的账户，并收取第二个邮箱的邮件。

(2) 操作提示

① 第四步中要求将“操作指南.doc”文件发送给对方，就是把该文件作为附件发送

② 第五步要建立第二个邮箱账户，是你已经申请的其他邮箱。单击“邮箱”菜单，选择“新建邮箱账户”命令(见图 7-58)，进入“新建邮箱账户”对话框，建立第二个账户。

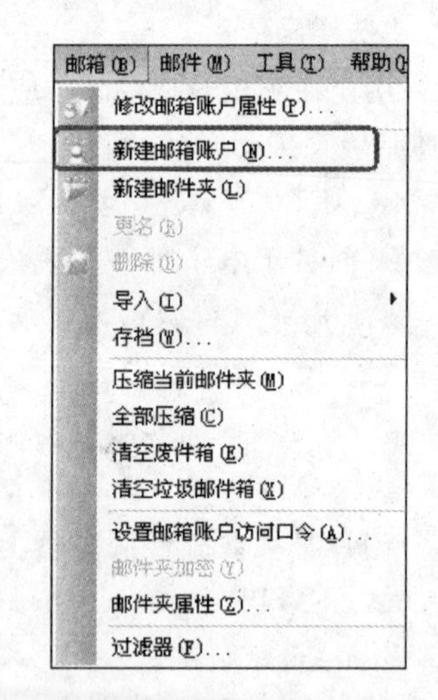

图 7-58　“新建邮箱账户”选择图

项目8 Telnet与BBS服务应用

Telnet用于Internet的远程登录，使用户可以通过Internet进入到网络上已上网的另一台计算机，并且使用另一台计算机如使用本地计算机一样方便。通常把被连通并为网络上所有用户提供服务的计算机称为服务器(Server)，把在本地使用的机器称为客户机(Client)。连通后，客户机可以享有服务器所提供的一切服务，用户可以运行通常的交互过程(注册进入、执行命令)，也可以进入很多特殊的服务器，如寻找图书索引等。

Telnet是登录BBS的传统方式，对经常灌水的人来说操作方便快捷。BBS论坛是供大家讨论的一个平台，方便技术交流。

教学导航

【内容提要】

Telnet是TCP/IP体系结构中应用层的一个协议，用于远程登录网络中在线的计算机，使用客户机/服务器端(C/S)模式，通常用于登录BBS共享资料，或者对远程计算机进行管理等。

【知识目标】

- 了解BBS。
- 了解Telnet的作用。
- 掌握Telnet服务的使用方法。
- 掌握BBS的发布。

【技能目标】

- 学会登录BBS。
- 熟悉BBS、Telnet工具的使用。
- 知道BBS的发布和维护。

【教学组织】

- 每人一台计算机，配备一个系统盘。

【考核要点】

- Telnet登录。
- BBS发布。
- 相应工具的使用。

【准备工作】

安装好操作系统、配置好网络的计算机；系统盘。

📖【参考学时】

4 学时(含实践教学)。

项目描述

在浏览网页过程中,李勇发现了很多大学都使用 BBS,并且提供了很多好的资源。他希望能够到这些 BBS 中一方面找一些好的学习资源;另一方面同大学的学生探讨一些技术问题,解决自己碰到的一些故障;还希望将自己的一些心得传到 BBS 中供大家参考。

项目分解

仔细分析该项目后发现,李勇同学所面临的问题是:

(1) 快速登录到 BBS

(2) 上传心得到 BBS 中发表,探讨技术难题

李勇需要具体执行的任务情况如表 8-1 所示。

表 8-1　执行任务情况表

任务序号	任 务 描 述
任务 8-1	Telnet 的应用
任务 8-2	BBS 的应用

任务实施

Telnet 是登录 BBS 比较便捷且古老的方式。在 www 方式下必须要刷新网页才能看到最新的帖子或邮件,而在 Telnet 方式下,就不存在这个问题,BBS 用户时刻和服务器保持同步。比如,别人发表一篇文章后,在 www 下如果没有刷新,你就看不到,而 Telnet 下则只要动一下键盘就知道这个版中有没有新文章,可以让你感觉到快速灌水的乐趣。

任务 8-1　Telnet 的应用

在 Win XP/2003 等操作系统中可以使用“远程协助”和“远程桌面”这两种功能实现远程控制。如果是进行一些简单的远程管理工作,可以利用 Win XP 操作系统自带的 Telnet 实现。

任务 8-1-1　Telnet 简单应用

Telnet 简单应用:许多 Internet 主机为用户提供了某种形式的公共 Telnet 信息资源,这种资源对于每一个 Telnet 用户都是开放的。Telnet 是使用最为简单的 Internet 工具之一。

以 Windows XP 操作系统为客户端，Windows 2003 操作系统为服务端为例对 Telnet 的简单应用进行说明。下面介绍具体步骤。

1. 启动 Telnet 服务

在 Windows 2003 操作系统中，一般情况下可通过在“运行”文本框中输入 CMD 命令后，单击“确定”按钮进入 DOS 操作窗口，在命令提示符下输入“net start Telnet”后，按 Enter 键便可开启 Telnet 服务。但如果是出现“无法启动服务”这样的提示，则需要先在系统中开启 Telnet 服务。

(1) 依次单击打开“开始”→“管理工具”→“服务”命令，在打开的“服务”对话框中，双击对话框右侧窗格服务列表中的“Telnet”图标，弹出如图 8-1 所示的“Telnet 的属性(本地计算机)”对话框，发现“启动类型”为“已禁用”，而“服务状态”处于“已停止”状态。

(2) 单击“启动类型”右侧的下三角图标，在拉出的选项中单击“自动”选项，单击该对话框的下方的“确定”按钮。此时在“服务对话框”的右侧服务列表中可发现“启动类型”已变为“自动”。

(3) 右击 Telnet 服务，在菜单项中单击“启动”项，就可以启动 Telnet 服务。也可以在弹出的菜单项中单击“属性”按钮，重新弹出“Telnet 的属件(本地计算机)”对话框，发现“启动类型”已变为“自动”，在“服务状态”项下单击“启动”按钮(见图 8-2)，单击该对话框的下方的“确定”按钮，就启动了 Telnet 服务。

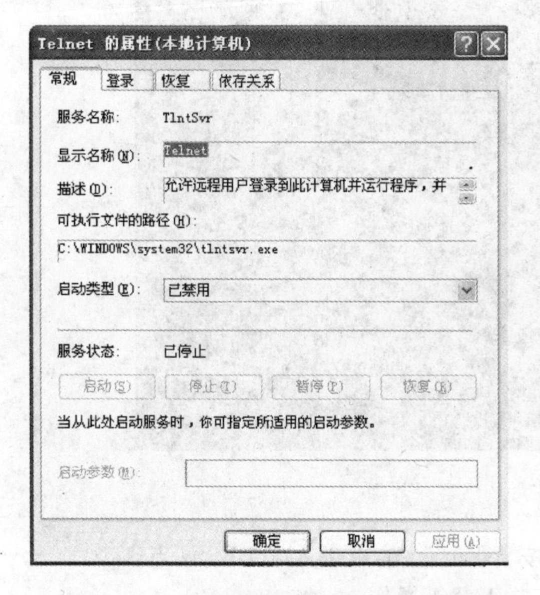

图 8-1 “Telnet 的属性(本地计算机)”对话框

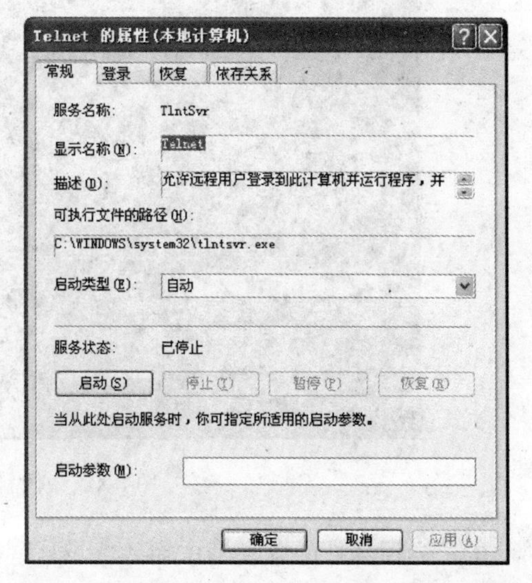

图 8-2 “Telnet 的属性(本地计算机)”对话框

2. Telnet 连接

在 Windows XP 客户端中，可进入命令提示符窗口，在提示符后按如下要求输入：Telnet 主机名(或 IP 地址)端口号，比如“Telnet 188.171.135.126”，其中 188.171.135.126 为服务器端计算机的 IP 地址，这儿没有带端口号，就表示使用默认的 Telnet 服务端口号 23。如果该服务的端口号发生了变化，则在命令中就需要加上端口号，否则登录不上。

登录时,如果出现“你将要把你的密码信息送到 Internet 区内的一台远程计算机上,这可能不安全。你还要发送吗?”这样的提示,为安全起见,可输入“n”,这样便可有效地保证密码安全。在随后出现的登录提示中,分别在 login 和 password 后输入服务端计算机赋予的用户名及密码,然后按下 Enter 键,如果出现了“用户不是 Telnet 客户端组成员,跟主机连接中断”这样的提示,表明登录用户没有取得相应的管理权限。

以连接中国科技大学 BBS 为例说明连接过程(其主机名为 bbs. ustc. edu. cn)。

(1) 在 DOS 提示符下输入“Telnet bbs. ustc. edu. cn”,按 Enter 键,出现如图 8-3 所示窗口。

图 8-3 Telnet 登录对话框

(2) 连接成功后,出现如图 8-4 所示中国科大 BBS 登录界面。

图 8-4 中国科大 BBS 登录界面

在光标闪烁处的登录框中输入“guest”,按下 Enter 键,就进入了 BBS 站点。

(3) 按各分栏,选择自己关心的主题浏览或下载等操作。

3. 设置管理权限

回到 Windows 2003 服务端,依次单击“开始”→“管理工具”→“计算机管理”命令,选择左侧列表中的“用户”选项,双击右侧窗口中的登录用户名,在出现的窗口中单击“隶属于”选项卡,单击“添加”按钮,在“选择组”窗口中选择管理员组,单击“确定”按钮,就可以使该用户具备管理权限。最后回到 Windows XP 客户端,按照上面 Telnet 的登录步骤,即可顺利进

行登录。现在已经可以对服务端进行远程控制，在DOS状态下进行简单的文件操作及远程管理工作了。

任务 8-1-2 Telnet 工具应用

Telnet 工具很多，如远程桌面专家（网络神偷）、Cterm、Fterm 等，在 Telnet 方式下，用户时刻和服务器保持同步，服务相对比较稳定，这些工具给熟悉用 Telnet 的网友提供了上传 BBS、灌水、快捷快速使用等方面的一个平台，下面以 Fterm 为例进行说明。

Fterm 是一个以 Telnet 方式的访问软件，操作简单，功能强大。在使用过程中遇到不会的问题，可以使用"h"寻求帮助。

步骤 1：下载安装软件

(1) 下载软件，如图标 所示，下载的是一个压缩文档，并非是可安装软件文件，安装先需要释放文档。双击该图标，弹出如图 8-5 所示的"自释放档案"对话框。

(2) 单击"释放"按钮，会看到如图所示的文件夹，该文件夹中存放该软件的所有文件，双击打开该文件夹，找到相应文件并双击，弹出如图 8-6 所示"笑书亭"对话框。

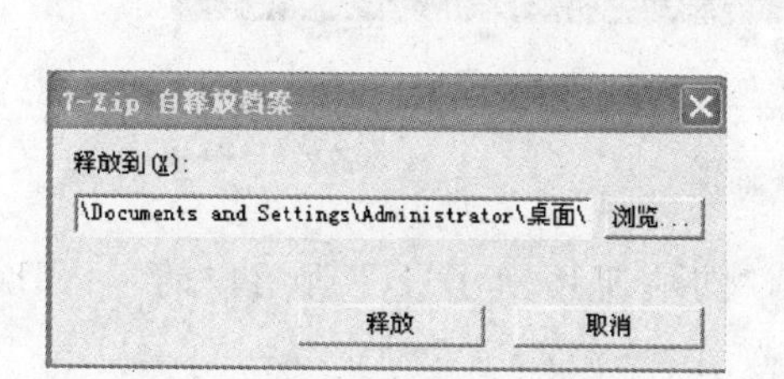

图 8-5 "自释放档案"对话框

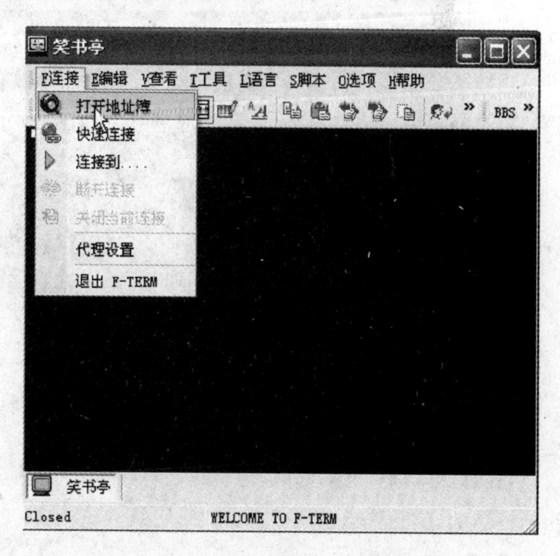

图 8-6 "笑书亭"对话框

步骤 2：使用软件

(1) 单击菜单栏中的"F 连接"菜单项，单击"打开地址簿"选项，弹出如图 8-7 所示的"地址簿"对话框，在地址簿中选择你所需要连接的地址，如同舟共济。

(2) 单击"连接"按钮，然后等待，连接成功则会显示如图 8-8 所示的界面。匿名浏览只需输入 guest，就可以使用东西南北四个方向键(→、←、↓、↑)尽情地享受同济大学 BBS 同舟共济站了。

步骤 3：注册账号

如果希望能注册账号，则需要进一步操作。根据首页上的提示信息，输入 new 后，按两次 Enter 键，出现如图 8-9 所示的界面。按照界面中的提示逐步完成信息填写(填写过程可能有些缓慢，请耐心等待)。

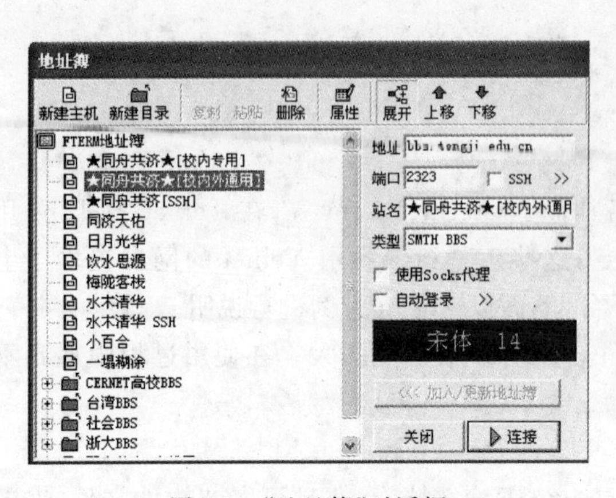

图 8-7 “地址簿”对话框

图 8-8 连接成功界面图

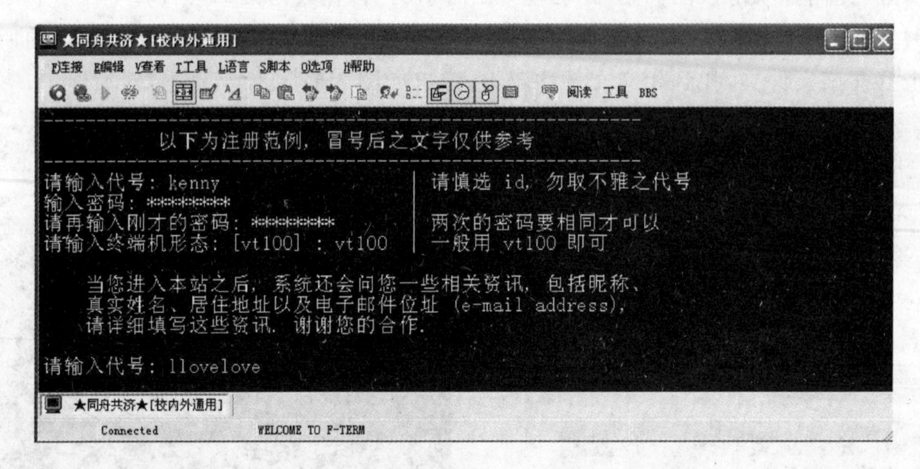

图 8-9 注册账户界面图

注册成功后，你就成为同济大学同舟共济 BBS 的注册用户了。注册用户的权限比 guest 要大。

步骤 4：应用设置

(1) 闹钟应用

具体进入方法及设置步骤如下。首先打开“个人工具箱”，找到“小闹钟”，然后根据需要选择各项。

① 按“a”增加。

② 请选择闹铃种类(1～7)？[0]：

- 1：普通闹铃（设置系统几分钟后提醒你，不在线忽略）。
- 2：定时闹铃（某年某月某日某分提醒你，不在线忽略）。
- 3：每日闹铃。
- 4：每周闹铃。
- 5：每月闹铃。
- 6：重要闹铃（闹铃时未在线下次登录时自动提示）。

- 7：停留闹铃(在 BBS 上停留到达几分钟时提醒)。

③ 比如选择“7 停留闹铃”(可以控制上 BBS 的时间)。

④ 填写“每次上站几分钟后系统闹铃：”如填写“25”。

⑤ 填写“系统闹铃自定义提醒内容：”如填写“做作业”。

设置完毕出现“停留 上站停留 25 分钟后 要去做作业了……”的提示，当上 BBS 的时间到了 25 分钟时，系统自动以信息的形式提示你。

(2) 安全应用

为了安全起见，希望自己的 ID 只有在特定的 IP 网段中才能登录，如校园网段中。那么就可以避免他人猜测你的密码而登录。在“个人工具箱”中找到“S)自定义登录 IP 控制”，然后按照提示设置相应的 IP 内容。如果你登录时不在该 IP 段，则在输入 ID 登录系统时马上会被踢掉。

(3) 网络穿梭

在某个 BBS 中，突然想到别的 BBS 去，但很快发现直连速度很慢，可以使用穿梭的方式快速实现。具体操作是找到“C)系统信息及服务；B)穿梭银河”，来到穿梭列表，列表中选择需要进入的 BBS，按 Enter 键就可连上那个 BBS.(选择不同地区的 BBS 用空格键，退出穿梭列表用 Ctrl+C)组合键。

(4) 浏览内容

使用 Fterm 浏览很简单，可以不用鼠标，使用“→”、“←”、“↑”、“↓”加上 Enter 键就能完成大部分的要求，按“→”键进入，按“←”键退出，按“↑”、“↓”键移动光标选择上下条目。

(5) 发文

进入版面，比如“football”版，发新文章：按下 Ctrl+P 组合键，接着输入标题，按两次 Enter 键，写正文，写完后按“Ctrl+X”组合键发文。写文章的时候如果不知道怎么办，可以按 Ctrl+Q 组合键，求助回复文章：和发新文章差不多，只不过回复文章不是“Ctrl+P”，而是“r”(Ctrl+R)是给作者写信。

(6) 聊天

有三种方式，最常用的是用信息聊天，按“u”键查询 id，再按“s”键写正文，按 Enter 键发送，回信息按“r”键或按 Enter。按完“u”键再按“t”键，是另一种方式聊天。最后一种是进入“聊天广场”聊天。

(7) 写信

按“u”键查询 id 时按“m”键，写法和发文章一样。

(8) 查询

版内查询，按“a/A”键按照作者搜索，按“/”键或“?”键按标题搜索。

任务 8-2 BBS 的应用

动网论坛由海口动网先锋网络科技有限公司(以下简称动网)开发，享有自主知识产权，中国国家版权局著作权登记号 2004sr00001。动网论坛是目前国内使用量最多、覆盖面积最广的一款基于 ASP 环境论坛软件，国内 60%以上的网站论坛系统均采用了动网论坛。

动网论坛安装：BBS需要平台的支持，动网论坛是新手容易上手的一个工具，操作简单方便，但安装环境相对比较复杂，本任务详细介绍其安装过程。

国内主流的论坛程序有Discuz、PHPwind、Dvbbs、vBulletin等。开发的语言主要有PHP(personalhome page)、ASP(activeserver page)和JSP(javaserver page)。

1. 准备安装环境

Windows 2000+IIS 5或Windows 2003+IIS 6或Windows XP+IIS 5.1，商业版需安装SQL Server 2000，安装前确保满足安装环境。

(1) 如果使用Windows XP系统，默认情况下是没有安装IIS的，因此需要重新安装该组件。打开"控制面板"，双击"添加/删除程序组件"图标，选择IIS组件，单击"下一步"按钮进行安装，如图8-10所示。

图8-10 "Windows组件向导"对话框

(2) 安装过程中会出现如图8-11所示的"所需文件"对话框，这时需要插入安装系统盘(Ghost版本的光盘不行)。

(3) 在图8-11中单击"浏览"按钮，弹出如图8-12所示的"查找文件"对话框，找到"文件名"中提示的文件，单击"打开"按钮，则会开始复制和安装该组件，直至整个组件安装过程完成。

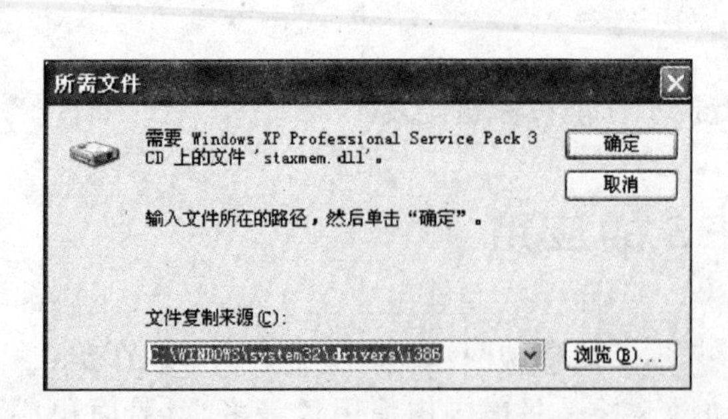

图8-11 "所需文件"对话框

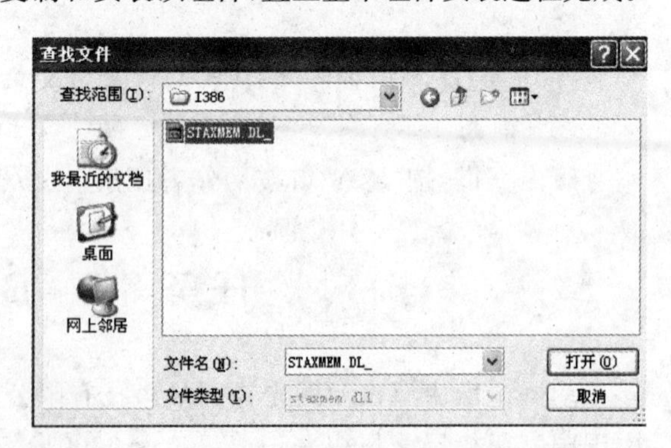

图8-12 "查找文件"对话框

(4) 重新启动计算机,依次单击"程序"→"管理工具"→"Internet 信息服务",如图 8-13 所示,说明安装成功。

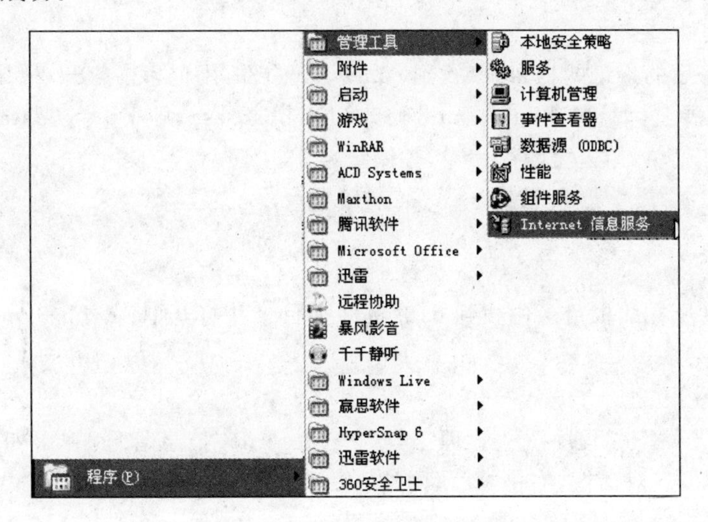

图 8-13　安装成功界面图

2. 动网论坛软件下载与安装

动网论坛每次发布的最新版本论坛,都会第一时间公布于动网先锋(www.cndw.com)。另外也可以通过访问动网论坛的动态更新页面(www.cndw.com/download.asp)随时了解动网论坛的最新情况。

(1) 软件下载

确定计算机或者虚拟主机支持 ASP,下载动网论坛版本如 dvbbs8.2.0(www.aspsky.net 或 www.dvbbs.net/download.asp),下载的文件为一个压缩包。

(2) 软件安装

将压缩文件解压缩到指定的目录,如图 8-14 所示。然后把解压的文件复制到 IIS 的默认 Web 目录 C:\inetpub\wwwroot 中。如果新建了一个目录 dvbbs,则可解压缩到 C:\

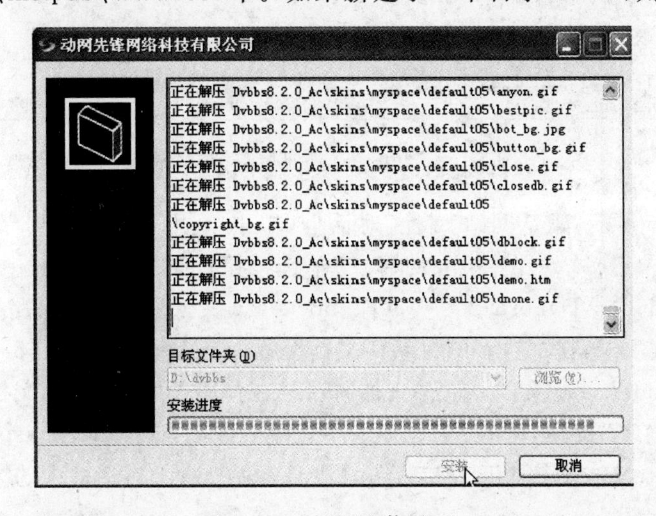

图 8-14　解压安装界面

inetpub\wwwroot\dvbbs 目录下，也可以放在其他的盘如 D:\dvbbs，在后面 IIS 的“主目录”设置需要与此设置的文件夹目录保持一致，否则不能访问到主页。

(3) 修改文件名

进入解压好后的论坛的根目录，找到 conn. asp 文件，用记事本打开，把数据库名改为以 asp 为后缀的扩展名，如：将 dvbbs8. mdb 修改为 dvbbs8. asp，即 Db = “data/dvbbs8. asp”，然后单击“文件”菜单，单击“保存”命令，关闭记事本。

注意：免费用户第一次使用时需要修改本处数据库地址并修改相应的 data 目录中数据库名称。

在解压文件所在的根目录中找到 data 文件夹目录并打开，将 dvbbs8. mdb 数据库更名为 dvbbs8. asp。

(4) IIS 属性设置

依次单击“开始”→“程序”→“管理工具” →“Internet 信息管理”弹出如图 8-15 所示的“Internet 信息服务”对话框，右击“默认网站”，在弹出菜单项中单击“属性”命令。

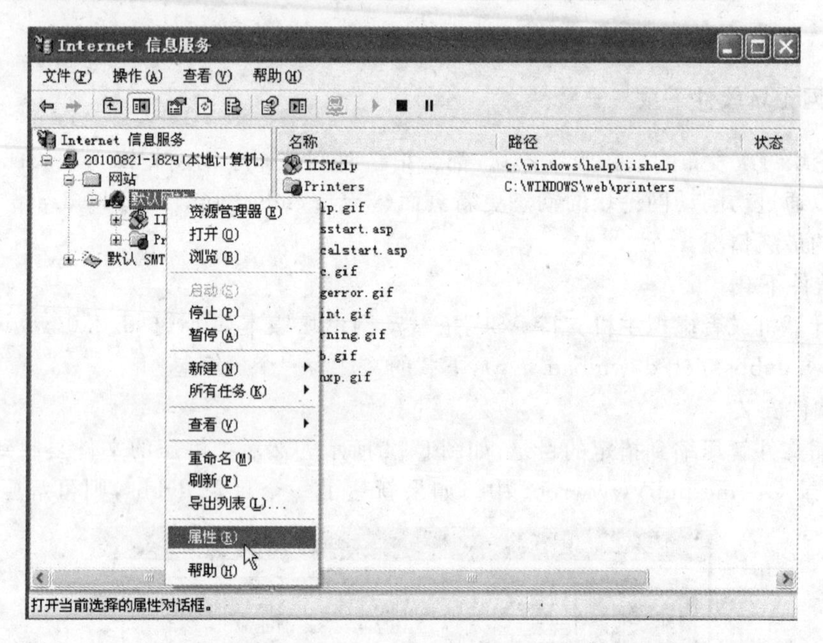

图 8-15 “Internet 信息服务”对话框

打开如图 8-16 所示“默认网站 属性”对话框，单击“主目录”选项卡，在“连接此资源时的内容来源”选项中选择“此计算机上的目录”单选按钮；在“本地路径”中选择动网论坛安装的路径，如 D:\dvbbs\Dvbbs8. 2. 0_Ac(即 index. asp 文件所在的目录路径)。

单击“文档”选项卡，在“文档”中将默认文档设置为 index. asp，如图 8-17 所示。如果该默认文档中没有 index. asp 文档，单击“添加”按钮，在弹出的“添加默认文档”对话框中输入 index. asp，单击“确定”按钮，则在“启动默认文档”项中添加了 index. asp 文档，单击左边的 按钮，将 index. asp 文档置顶，然后单击“默认网站 属性”对话框中的“确定”按钮，动网论坛安装成功。

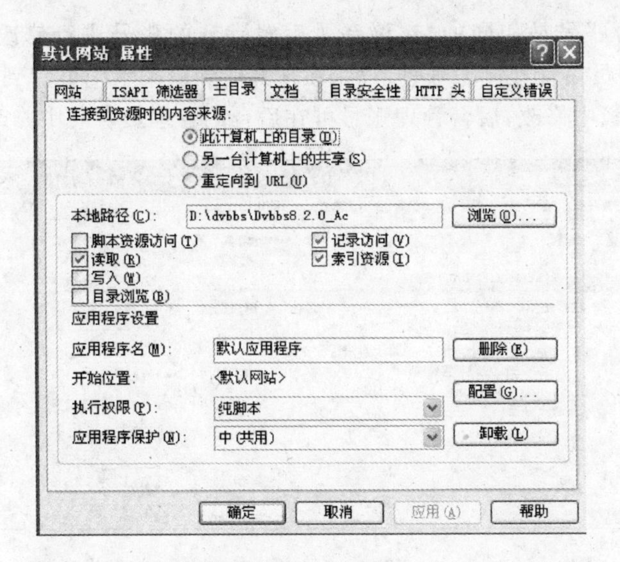

图 8-16　“默认网站 属性”对话框，单击“主目录”选项卡

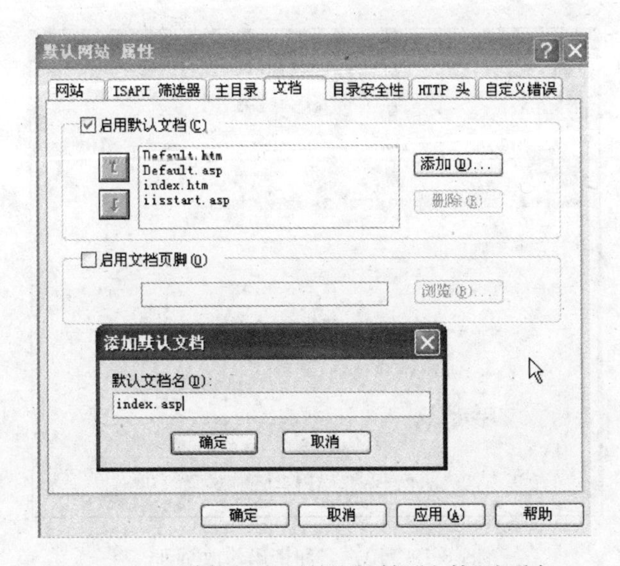

图 8-17　“默认网站 属性”对话框“文档”选项卡

（5）测试

主文档如在默认 Web 目录下，则在浏览器中输入 http://localhost；如在 C:\inetpub\wwwroot\dvbbs 下则输入 http://localhost/dvbbs/index.asp。本项目中主目录设置为 index.asp 文档所在的目录，因此在浏览器地址栏中直接输入 http://localhost/index.asp 即可(localhost 与 127.0.0.1 所指的都是本地计算机)，动网论坛的首页就出现了，如图 8-18 所示。

3. 论坛的配置和调试

（1）默认管理账号：用户名：admin，密码：admin888

（2）使用默认管理账号登录论坛，动网论坛出于安全性方面的考虑，前后台密码可设置

为不同,默认前后台账号是相同的,建议登录后对默认的账号进行修改操作,修改页面如图 8-19 所示。管理员用管理员账号登录后,在顶部的导航菜单中可看到管理链接。前台账号可在用户控制面板中修改,后台管理账号可在后台的管理员管理中修改。

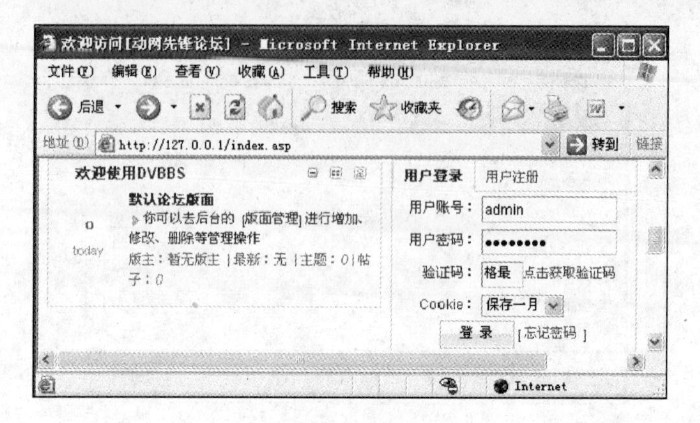

图 8-18　测试页

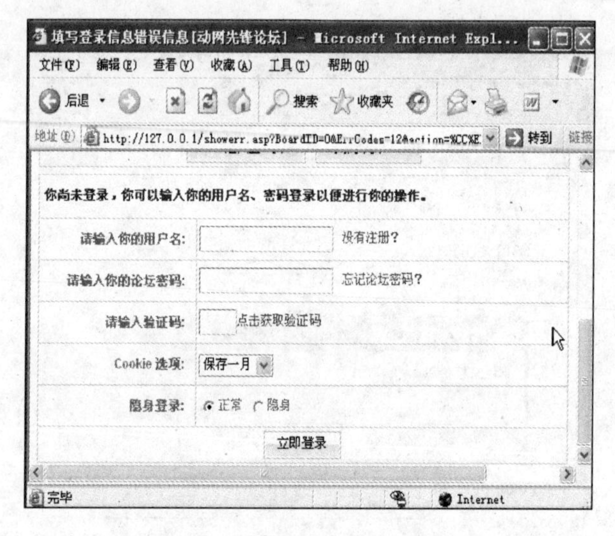

图 8-19　用户名和密码修改页面

(3) 更改版面,进行版面设置。

【知识链接 1】 Telnet 服务和组成

1. Telnet 服务

Telnet 是 TCP/IP 协议簇中的一员,是 Internet 远程登录服务的标准协议。应用 Telnet 协议来工作的软件是最常用的远程登录服务器软件,是一种典型的客户机/服务器模型的服务,应用 Telnet 协议能够把本地用户所使用的计算机变成远程主机系统的一个终端。它提供了三种基本服务:

(1) Telnet 定义一个网络虚拟终端(NVT)为远程系统提供一个标准接口。客户机程序不必详细了解远程系统,只需构造使用标准接口的程序。

(2) Telnet 包括一个允许客户机和服务器协商选项的机制,而且它还提供一组标准选项。

(3) Telnet 对称处理连接的两端,即 Telnet 不强迫客户机从键盘输入,也不强迫客户机在屏幕上显示输出。

2. Telnet 组成

Telnet 主要由以下三部分组成。

(1) 网络虚拟终端

网络虚拟终端是 Telnet 协议为了适应异构环境定义的数据和命令在 Internet 上的传输方式,其主要应用过程如图 8-20 所示,其应用包括数据发送和数据接收两大方面。

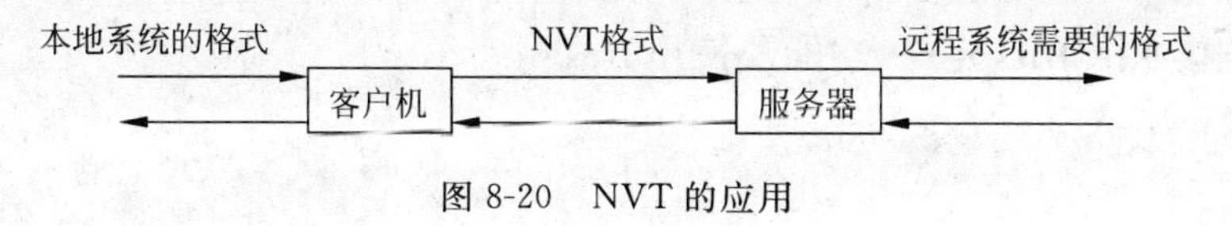

图 8-20 NVT 的应用

数据发送:客户机软件把来自用户终端的按键和命令序列转换为 NVT(Net Virtual Terminal)格式,并发送到服务器,服务器软件将收到的数据和命令,从 NVT 格式转换为远程系统需要的格式。

数据接收:远程服务器将数据从远程系统的格式转换为 NVT 格式,而本地客户机软件将接收到的 NVT 格式数据再转换为本地系统的格式。

(2) 操作协商定义

(3) 协商有限自动机

【知识链接 2】 Telnet 登录

Telnet 登录是用户使用 Telnet 命令,使自己的计算机暂时成为远程主机的一个仿真终端的过程。

仿真终端等效于一个非智能的机器,它只负责把用户输入的每个字符传递给主机,再将主机输出的每个信息回显在屏幕上。

登录:分时系统允许多个用户同时使用一台计算机,为了保证系统的安全和记账方便,系统要求每个用户有单独的账号作为登录标识,系统还为每个用户指定了一个口令。用户在使用该系统之前要输入标识和口令,这个过程被称为“登录”。

【知识链接 3】 Telnet 远程登录必须满足的条件和实现过程

1. Telnet 远程登录需要满足的条件

使用 Telnet 协议进行远程登录时需要满足以下条件:

(1) 本地计算机上必须装有包含 Telnet 协议的客户程序。

(2) 必须知道远程主机的 IP 地址或域名。

(3) 必须知道登录标识与口令。

2. Telnet 远程登录服务的实现过程

Telnet 远程登录可分为以下四个过程：

(1) 本地与远程主机建立连接。该过程实际上是建立一个 TCP 连接，用户必须知道远程主机的 IP 地址或域名。

(2) 将本地终端上输入的用户名和口令及以后输入的任何命令或字符以 NVT(Net Virtual Terminal)格式传送到远程主机。该过程实际上是从本地主机向远程主机发送一个 IP 数据包。

(3) 将远程主机输出的 NVT 格式的数据转化为本地所接受的格式送回本地终端，包括输入命令回显和命令执行结果。

(4) 本地终端对远程主机撤销连接。该过程是撤销一个 TCP 连接。

【知识链接 4】 BBS 定义、功能及使用方式

1. BBS 定义

BBS 的英文全称是 Bulletin Board System，即电子公告牌，是 Internet 上的一种电子信息服务系统，是一种即时性的双向的综合性布告栏系统。大部分 BBS 由教育机构、研究机构或商业机构管理。BBS 提供一块公共电子白板使每个已注册的用户都可以在上面发布信息或提出看法。BBS 上提供的服务包括分类讨论区、精华公布栏和谈天说地等，按不同的主题分成很多个栏目，使用者可以阅读他人关于某个主题的最新看法，也可以将自己的想法毫无保留地贴到公告栏中。在 BBS 里，人们之间的交流打破了时间、空间的限制，参与 BBS 的人可以以一个平等的位置与其他人进行任何问题的探讨。

BBS 是免费开放的，其界面是字符模式，操作只需使用光标键、回车键和退格键等。

2. BBS 功能

每个 BBS 的设计风格和模式都有所不同，但归纳起来，其主要功能包括以下方面。

(1) 软件交流：通信联络和问题讨论及软件共享与下载。

(2) 信息发布：寻找和公布自己感兴趣的信息。

(3) 网络游戏：作为娱乐或联络志趣相投者共同探讨和促进。

3. BBS 的使用方式

BBS 的使用方式很多，目前主要有以下两种。

(1) 在浏览器中登录。

因为 WWW 得到了广泛应用，Internet 上的 BBS 更多地以 WWW 形式出现。这种登录方式很简单，直接在 IE 浏览器的地址栏中输入 BBS 的网址就行，如图 8-21 所示。

(2) 使用 Telnet 登录。

该方式已在 Telnet 的应用中做了详细介绍，在本节中不再赘述。

图 8-21　BBS 登录方式

疑难解析

疑难：为什么 Telnet 登录时有时候要加端口号，有时候又不用带端口号？

答：其后的端口是用来指明 TCP 连接的，当连接端口没有做修改，采用默认端口时就可以不带，但如果修改了默认端口就需要加上端口。

课外拓展

【拓展任务】　动网论坛基本设置

动网论坛安装完成后，需要调整版面设置、论坛基本设置等，使论坛的风格更符合个人性格，与主题更相关，该如何设置。

在浏览器的地址栏中输入 http://127.0.0.1/index.asp 按 Enter 键后，会进入论坛的首页，此时的身份为游客身份，只能查看版面内容，不能进行任何操作。如果希望注册则填写用户名、密码等信息进行注册，然后使用注册的用户名和密码进行登录。

用户的权限设置、论坛版面设置、基本信息设置、版面风格设置等都由管理员在后台进行管理。

单击论坛前台界面上端菜单项中的“管理”命令，进入后台登录界面，输入后台登录的用户名和密码，进入后台管理界面，如图 8-22 所示。

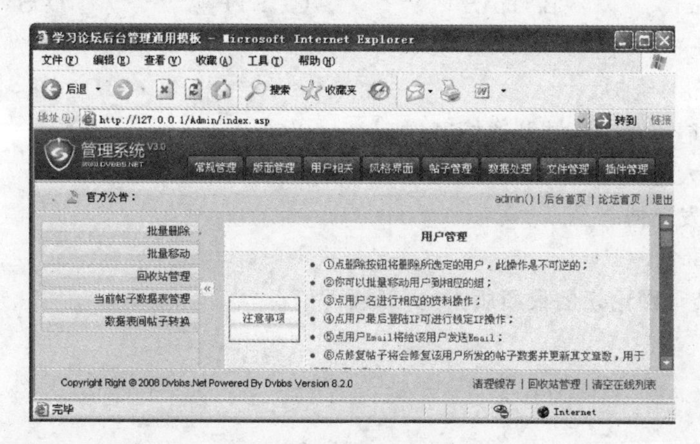

图 8-22　后台管理界面

课后练习

一、填空题

1. 目前主要有两个主要的协议标准用来访问远程应用，分别是________和________。

2. NVT 的中文含义是________；BBS 的英文全称是________即电子公告牌。Internet 中的用户远程登录，是指用户使用________命令，使自己的计算机暂时成为远程计算机的一个仿真终端的过程。

3. ________是一个简单的远程终端协议。

二、选择题

1. 下面哪一项不是 Internet 上的搜索软件(　　)。
   A. SOHU　　B. Infoseek　　C. Yahoo　　D. Telnet

2. 下列哪一个是对 BBS 的正确描述(　　)。
   A. 资源共享　　B. 域名解析服务
   C. 电子公告系统　　D. 新闻组

3. Telnet 服务器的作用是(　　)。
   A. 它是一个新闻组服务器　　B. 它是一个聊天服务器
   C. 它是一个远程登录服务器　　D. 它是一般常用的服务器

4. 下列哪一个不是 Internet 提供的基本信息服务(　　)。
   A. 电子邮件 E-mail　　B. 文件传输 FTP
   C. 动态地址分配 DHCP　　D. 远程登录 Telnet

5. Telnet 的功能是(　　)。
   A. 软件下载　　B. 远程登录　　C. WWW 浏览　　D. 新闻广播

6. 下列不是常用网上交流方式的是(　　)。
   A. ftp　　B. BBS　　C. 网络新闻组　　D. 电子邮件通信组

7. 以下选项中，可以用于 Internet 信息服务器远程管理的是(　　)。
   A. Telnet　　B. RAS　　C. FTP　　D. SMTP

三、操作题

1. Blog 发布与维护。

(1) 免费申请博客空间并开通博客(如 http://blog. sina. com. cn)。

(2) 登录个人博客空间(school. it168. com/special/ptpress/page/2007716155220)。

(3) 写作和发表博客文章。

(4) 博客维护。

2. 下载安装动网论坛的最新版本，更新版面信息。

项目9　域名系统服务配置与应用

在前面项目中已经介绍了如何利用 Windows 操作系统集成的 IIS 部件部署 WWW 服务，通过设置后局域网内部用户可以使用 IP 地址访问内部网站。但大家都明白，IP 地址是一串没有意义、很抽象的数字，如果要记忆的 IP 地址很多，不但会很麻烦而且也记不住。如果能够让内部用户像访问 Internet 上的网站一样使用友好的名称（如 www. yesky. com）访问内部网站，那么就解决了这个难题，本项目主要介绍如何来实现解决这个难题。

教学导航

【内容提要】

域名系统（Domain Name System，DNS）是一种组织成层次结构的分布式数据库，里面包含有从 DNS 域名到各种数据类型（如 IP 地址）的映射。这通常需要建立一种 A（Address）记录，意为“主机记录”或“主机地址记录”，是所有 DNS 记录中最常见的一种。通过 DNS，用户可以使用友好的名称查找计算机和服务在网络上的位置。

【知识目标】

- 知道 DNS 的功能与作用。
- 掌握 DNS 服务配置方法。
- 掌握 DNS 服务的使用方法。

【技能目标】

- 学会安装 DNS 服务的方法。
- 熟悉 DNS 的配置方法。
- 应用 DNS 解决实际问题。
- 熟练使用 DNS 服务。

【教学组织】

- 每人一台计算机，配备一个系统盘。

【考核要点】

- 安装 DNS 服务。
- 添加主机记录、别名记录。
- 配置 DNS 客户端。
- 检测 DNS 设置。

【准备工作】

安装好操作系统、配置好网络的计算机；系统盘。

□【参考学时】

4 学时(含实践教学)。

李勇设置了 WWW 服务、FTP 服务,并分别为每个服务设置了 IP 地址,但是在使用过程中经常出现 IP 地址记错、不记得的情况,这给服务使用带来很多不便。如果能把这些枯燥的 IP 地址转化为有意义的符号则会给应用带来极大的方便。如新浪(www.sina.com.cn)、百度(www.baidu.com)等,大家都非常熟悉,但对访问的是哪个 IP 地址却并没有印象,怎样才能实现呢。

项目分解

仔细分析该项目后发现,李勇同学所面临的问题是:

(1) 设置有意义、好记的符号。

(2) 将原来设置的 IP 地址与该符号对应起来,形成映射关系。

要实现该目标,李勇同学首先要架设 DNS 服务,并对其进行配置管理,然后应用该服务访问,避免记不住 IP 地址的尴尬。分析后发现需要具体执行的任务如表 9-1 所示。

表 9-1 执行任务情况表

任务序号	任务描述
任务 9-1	安装 DNS 服务器
任务 9-2	配置和管理 DNS 服务
任务 9-3	设置 DNS 客户端
任务 9-4	检测 DNS 设置

要能轻易记住 Web 服务器的地址可以想不同的办法,但不要 IP 地址是不行的,因为在网络上,IP 地址就好像是门牌号码,没有 IP 地址就不可能找到确定的主机,就不可能实现通信。因此关键问题是能否把 IP 地址转化为好记的字符或者有意义的符号,DNS 就可以达到这个目的。如访问 www.baidu.com 并不是直接访问这个字符串,而是通过 DNS 把它解析为 IP 地址,然后找到实际主机。

默认情况下 Windows Server 2003 系统中没有安装 DNS 服务器,李勇首先需要做的就是安装 DNS 服务器。

任务 9-1 安装 DNS 服务器

本任务是在 Windows Server 2003 环境下完成。要安装 DNS 服务器,首先要做好准备工作。

任务 9-1-1　准备安装 DNS 服务

准备安装 DNS 服务：要想成功部署 DNS 服务，运行 Windows Serve 2003 的计算机必须配置一个静态 IP 地址，只有这样才能让 DNS 客户端定位 DNS 服务器；如果希望该 DNS 服务器能够解析 Internet 上的域名，还需保证该 DNS 服务器能正常连接至 Internet。

1. 配置静态 IP 地址

右击“网上邻居”图标，单击“属性”命令，打开“网络连接”窗口，右击“本地连接”图标，单击“属性”命令，弹出“本地连接属性”对话框，选择“Internet 协议(TCP/IP)”复选框，单击“属性”按钮，选中“使用下面的 DNS 服务器地址”单选按钮，在“首选 DNS 服务器”地址设为 192.168.1.20，单击“确定”按钮。

2. 设置 DNS

步骤 1：右击“我的电脑”图标，单击“属性”命令，弹出“系统属性”对话框，单击“计算机名”选项卡，如图 9-1 所示。

步骤 2：单击“更改”按钮，弹出“计算机名称更改”对话框，如图 9-2 所示。

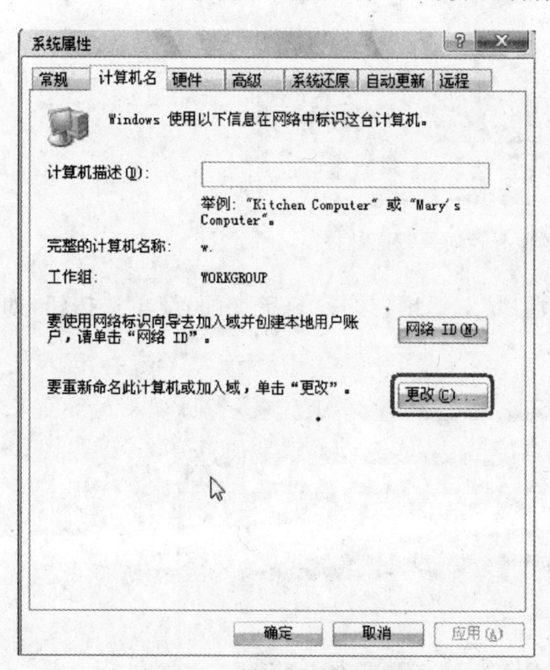

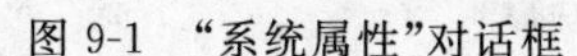
图 9-1　“系统属性”对话框

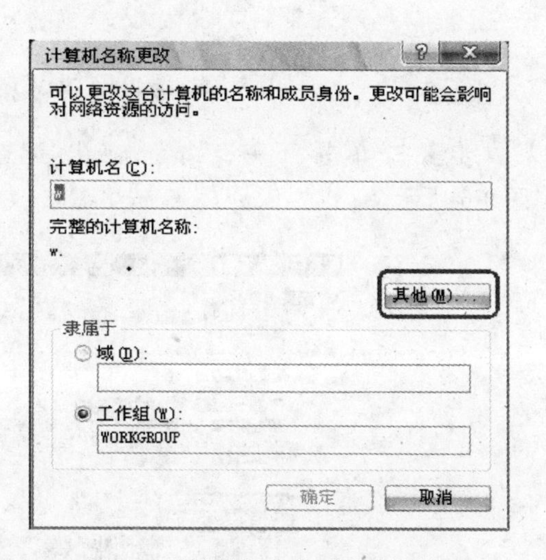

图 9-2　“计算机名称更改”对话框

步骤 3：单击“其他(M)”按钮，弹出“DNS 后缀和 NetBIOS 计算机名”对话框，如图 9-3 所示。

步骤 4：连续单击“确定”按钮，弹出“计算机名更改”对话框，如图 9-4 所示。

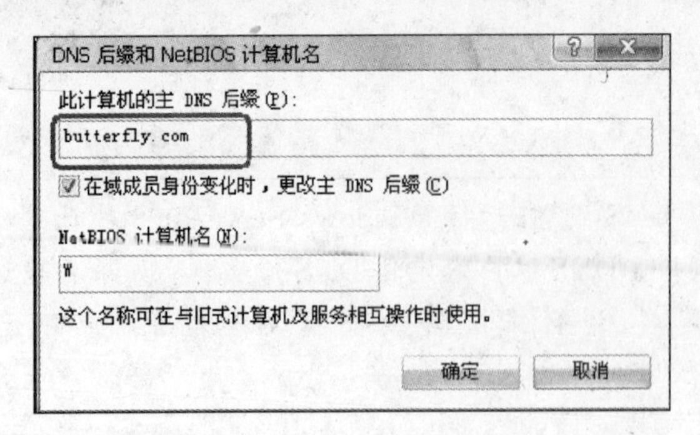

图 9-3 “DNS 后缀和 NetBIOS 计算机名”对话框

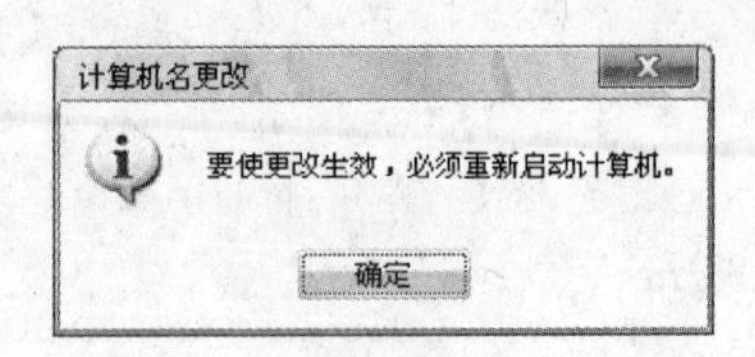

图 9-4 “计算机名更改”对话框

任务 9-1-2 安装 DNS 服务

安装 DNS 服务：做好前面的准备工作后，就可以正式进行 DNS 服务安装了。

方式一：

步骤 1：打开“管理你的服务器”窗口，然后在窗口里单击“添加或删除角色”按钮，弹出“配置你的服务器向导”对话框，如图 9-5 所示。

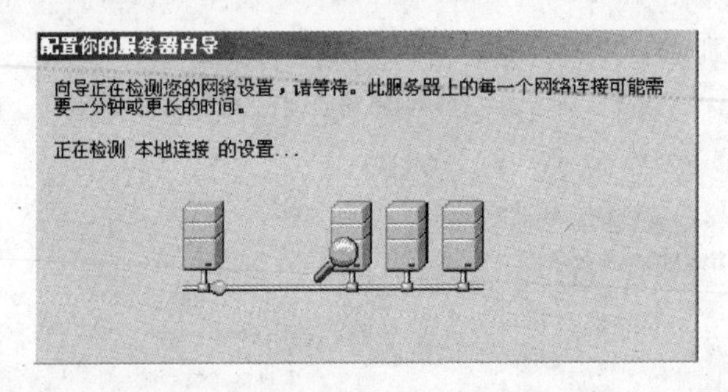

图 9-5 “配置你的服务器向导”对话框

步骤 2：单击“下一步”按钮，弹出“配置选项”对话框，选择“自定义配置”单选按钮，如图 9-6 所示。

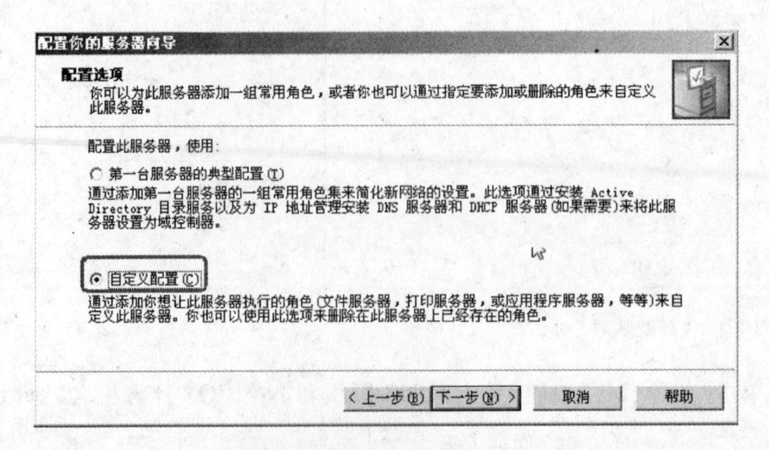

图 9-6 “配置选项”对话框

步骤 3：单击“下一步”按钮，弹出“服务器角色”对话框，如图 9-7 所示。

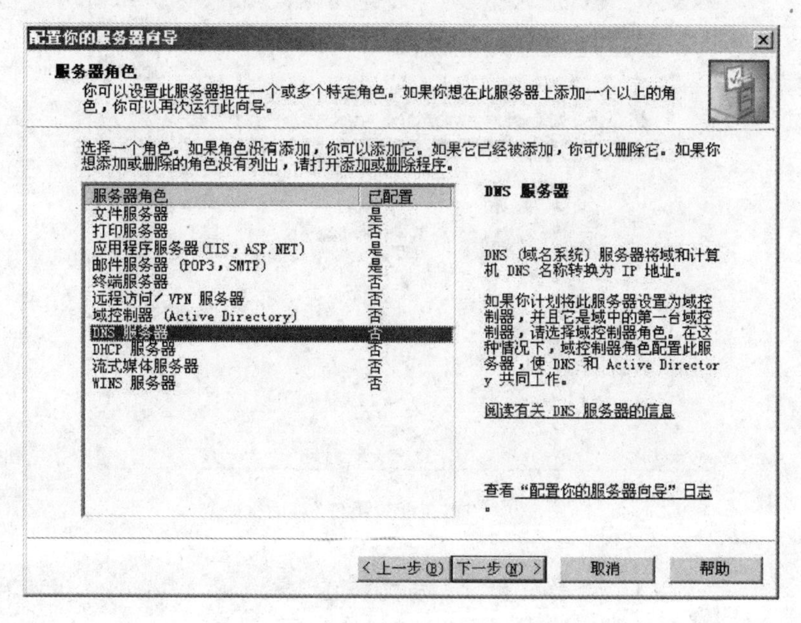

图 9-7　“配置你的服务器向导”对话框

步骤 4：选择“DNS 服务器”，单击“下一步”按钮，弹出“选择总结”对话框，如图 9-8 所示。

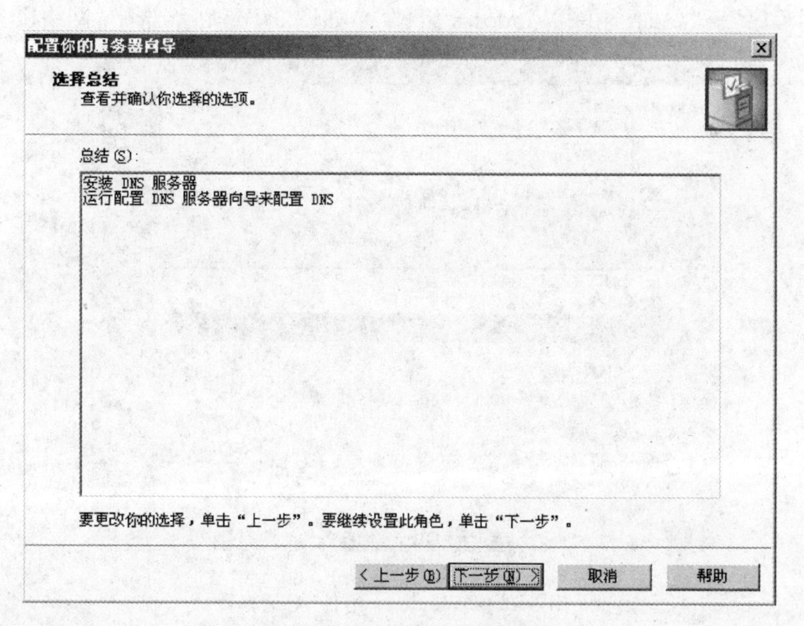

图 9-8　“选择总结”对话框

步骤 5：单击“下一步”按钮，弹出“正在配置组件”对话框，如图 9-9 所示。

步骤 6：将系统安装盘放入光驱中，单击“确定”按钮，等待文件复制完毕，则 DNS 服务器安装完毕。

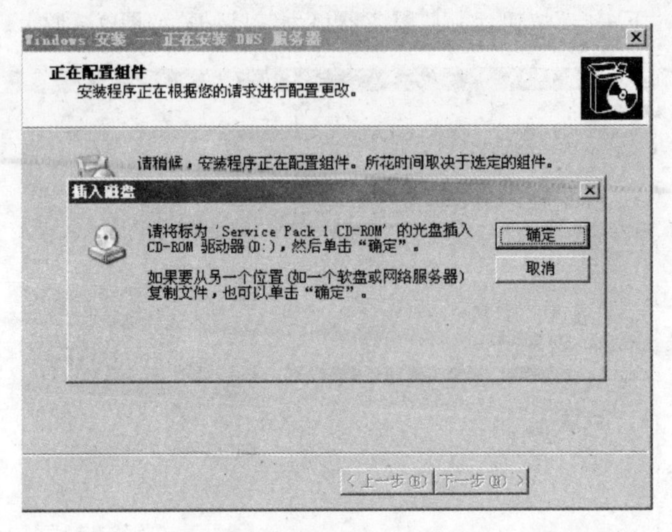

图 9-9　“正在配置组件”对话框

注意：如果该服务器当前配置为自动获取 IP 地址，则“Windows 组件向导”的“正在配置组件”页面就会出现提示信息，要求用户使用静态 IP 地址配置 DNS 服务器。

方式二：

步骤 1：打开“网络和拨号连接”，或者打开控制面板(依次单击“开始”→“控制面板”→“添加/删除程序”→“添加/删除 Windows 组件”)，如图 9-10 所示，选中“网络服务”复选框。

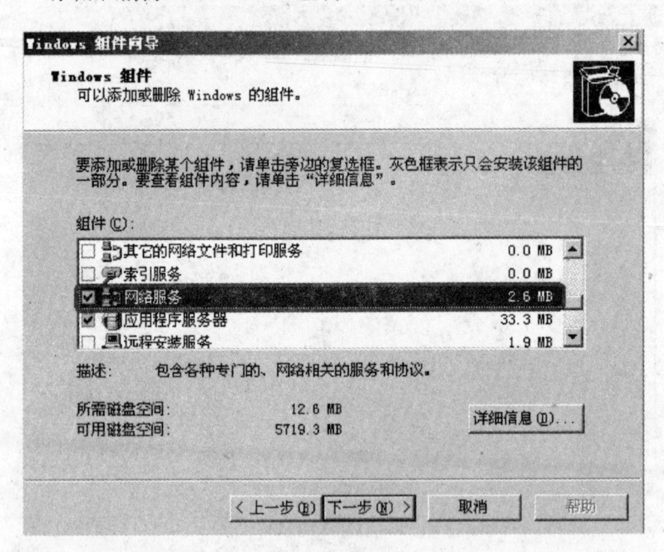

图 9-10　“Windows 组件”对话框

步骤 2：单击“详细信息”按钮，弹出“网络服务”对话框，如图 9-11 所示。

步骤 3：选择“域名系统 DNS”复选框，单击“确定”按钮，回到“Windows 组件向导”对话框，单击“下一步”按钮。

步骤 4：插入“Windows Server 2003”光盘，安装 DNS 系统文件，如图 9-9 所示。

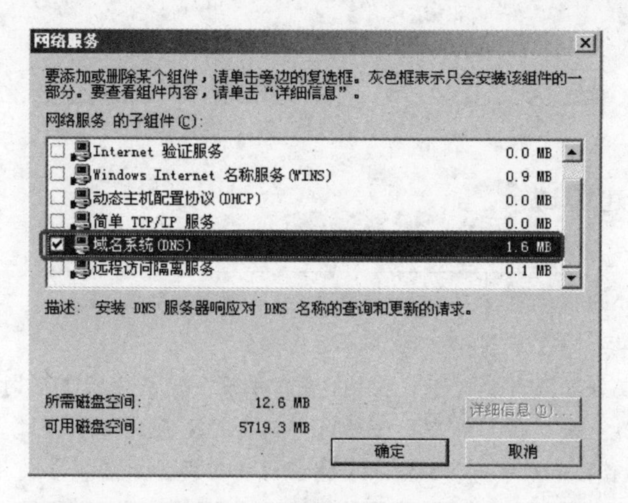

图 9-11　“网络服务”对话框

步骤 5：安装完成以后，在“管理你的服务器”对话框中增加了“DNS 服务器”，如图 9-12 所示。

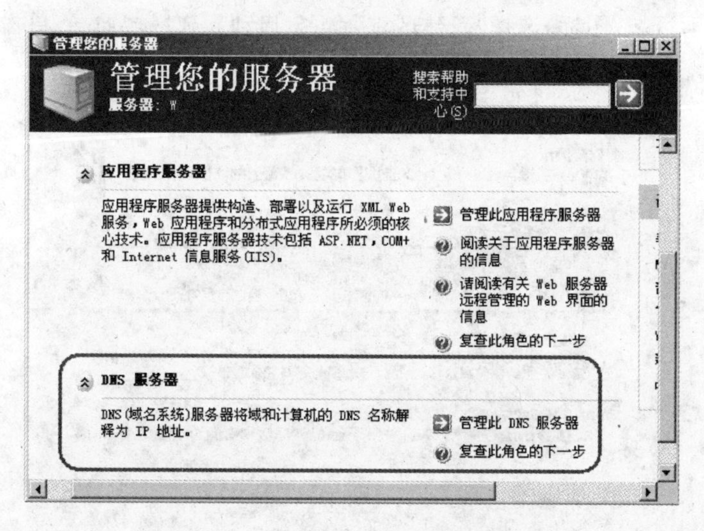

图 9-12　增加了“DNS 服务器”

步骤 6：依次单击“开始”→“程序”→“管理工具”→DNS，打开 DNS 管理工具，如图 9-13 所示。

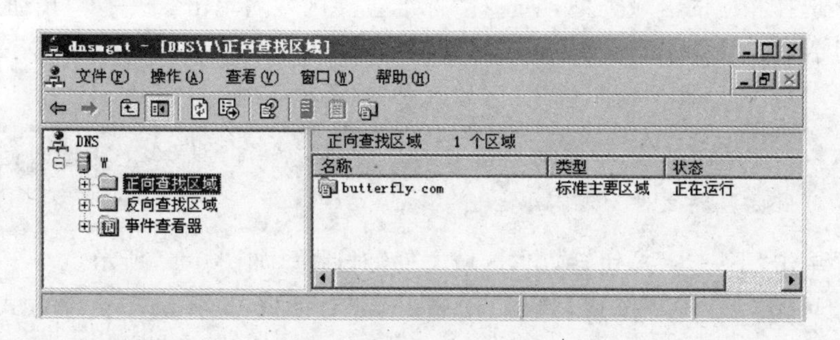

图 9-13　DNS 管理工具

任务 9-2　配置和管理 DNS 服务

任务 9-2-1　创建区域

创建区域：DNS 服务器安装完成以后会自动弹出“配置 DNS 服务器向导”对话框，用户可以在该向导的指引下创建区域。

区域分正向查找区域和反向查找区域，用户并不一定必须使用反向查找功能，但当需要利用反向查找功能来加强系统安全管理时则需要配置反向查找区域。如通过 IIS 发布网站，需利用主机名称来限制 DNS 客户端登录所发布网站时就需要使用反向查找功能。

1. 创建正向查找区域（主机名解析为 IP 地址）

步骤 1：依次单击“开始”→“程序”→“管理工具”→DNS，选择相应的 DNS 服务器。然后右击“正向搜索区域”图标，选择“新建区域”命令，启动新建区域向导，单击“下一步”按钮，如图 9-14 所示。

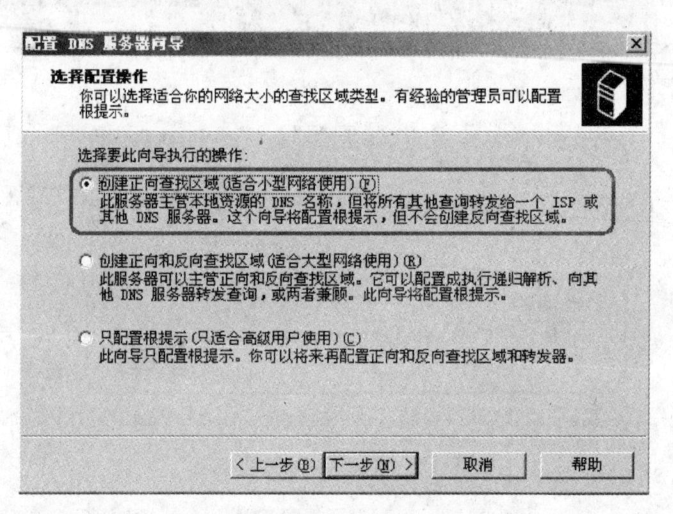

图 9-14　“选择配置操作”对话框

步骤 2：选择相应的区域类型，即选择“标准主要区域”，单击“下一步”按钮，弹出“主服务器位置”对话框，如图 9-15 所示。

步骤 3：单击“下一步”按钮，弹出“区域名称”对话框，如图 9-16 所示。

注意：如选择的是“标准辅助区域”，则区域的名称须与标准主要区域的名称相同，DNS 服务器对该区域的文件存在只读权限。

步骤 4：单击“下一步”按钮，弹出“区域文件”对话框，如图 9-17 所示。

步骤 5：单击“下一步”按钮，弹出“动态更新”对话框，选择动态更新方式，如图 9-18 所示。

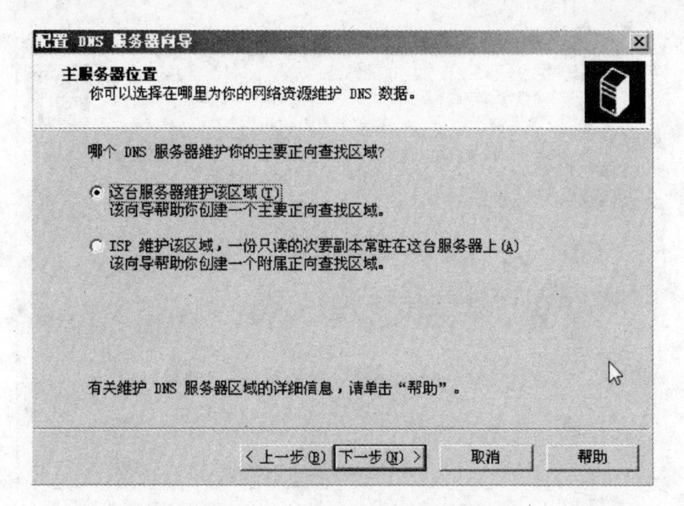

图 9-15　“主服务器位置”对话框

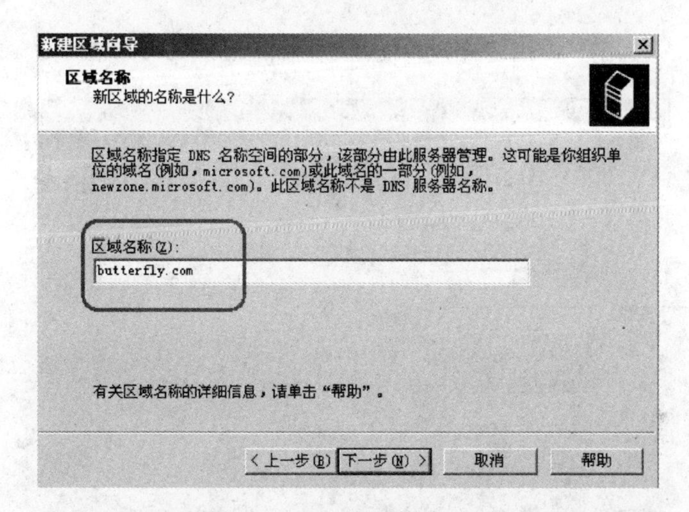

图 9-16　“区域名称”对话框

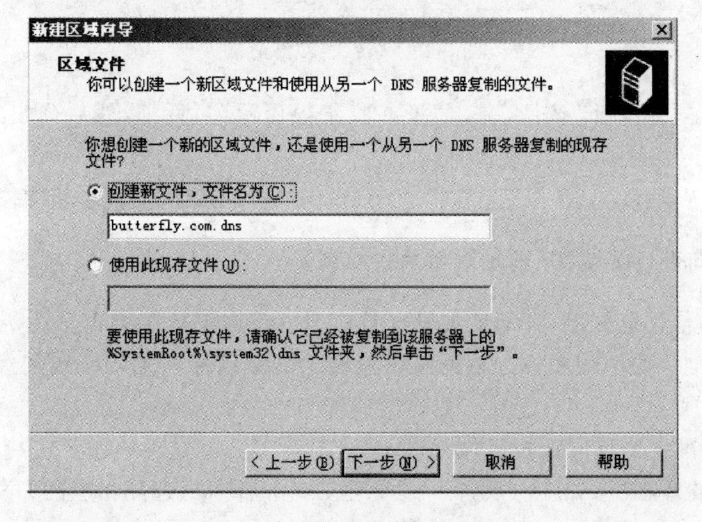

图 9-17　“区域文件”对话框

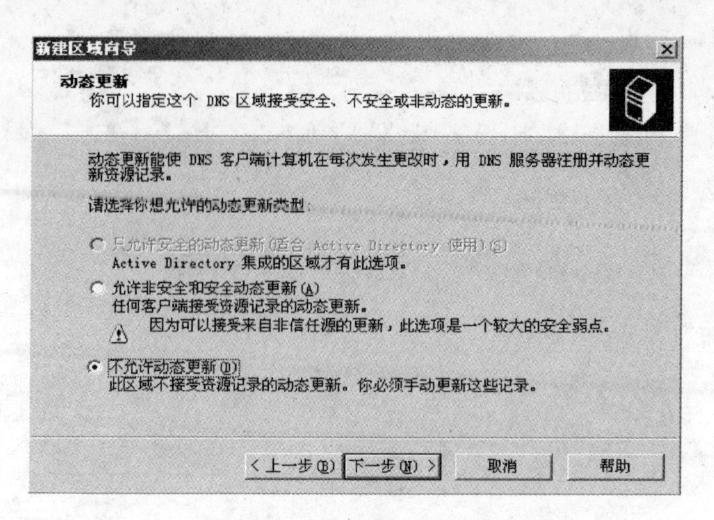

图 9-18 “动态更新”对话框

步骤 6：单击“下一步”按钮，弹出“转发器”对话框，如图 9-19 所示。

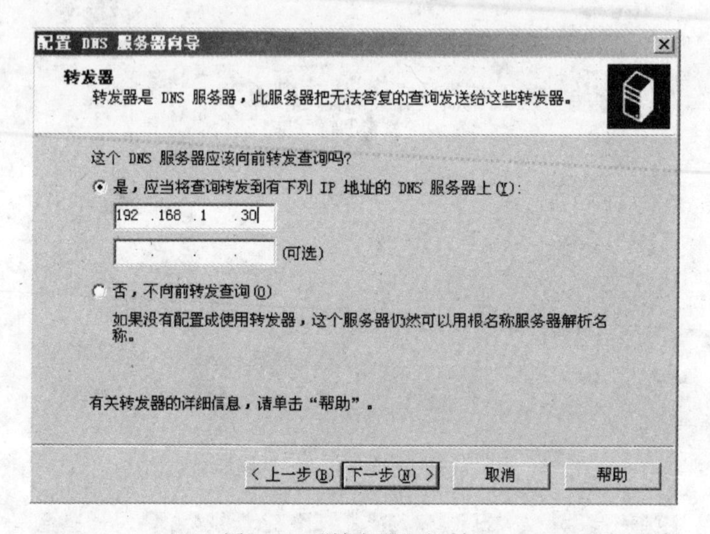

图 9-19 “转发器”对话框

步骤 7：单击“下一步”按钮，弹出“正在收集根提示”对话框，然后弹出“正在完成配置 DNS 服务器向导”对话框，如图 9-20 所示。

步骤 8：检查设置信息是否正确，如正确则单击“完成”按钮，实现了正向搜索区域的创建。

2. 创建反向查找区域(IP 地址解析为主机名)

反向解析是使用已知的 IP 地址搜索计算机名。反向解析区域也分为 Active Directory 集成的区域、标准主要区域和标准辅助区域三种。下面以标准主要区域和标准辅助区域为例说明。

(1) 创建标准主要反向解析区域

步骤 1：依次单击“开始”→“程序”→“管理工具”→DNS，选择相应的 DNS 服务器，然后右击“反向搜索区域”图标，如图 9-21 所示。

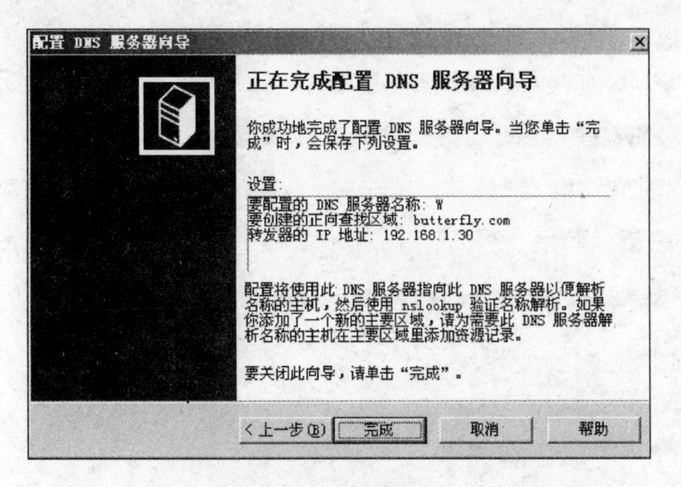

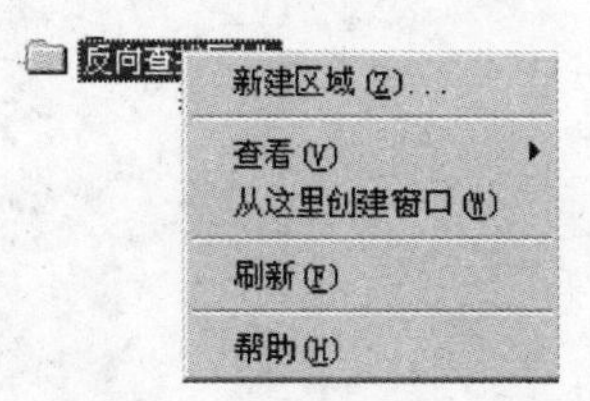

图 9-20　“正在完成配置 DNS 服务器向导”对话框　　　　图 9-21　“反向搜索区域”菜单

步骤 2：单击“新建区域”按钮，启动“新建区域向导”对话框，如图 9-22 所示。

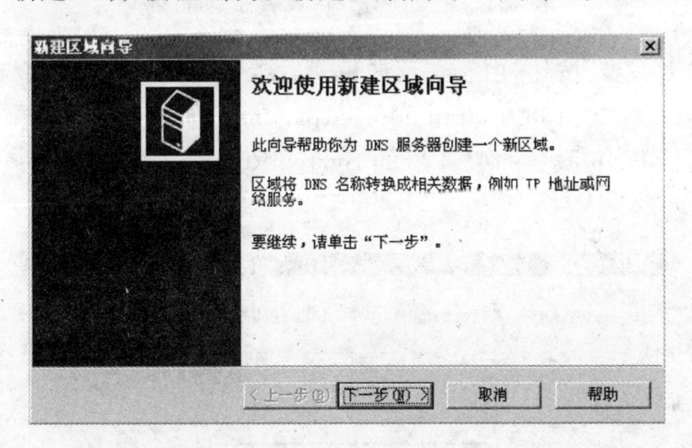

图 9-22　启动“新建区域向导”对话框

步骤 3：单击“下一步”按钮，弹出“区域类型”对话框，本例中选择“主要区域”单选按钮，如图 9-23 所示。

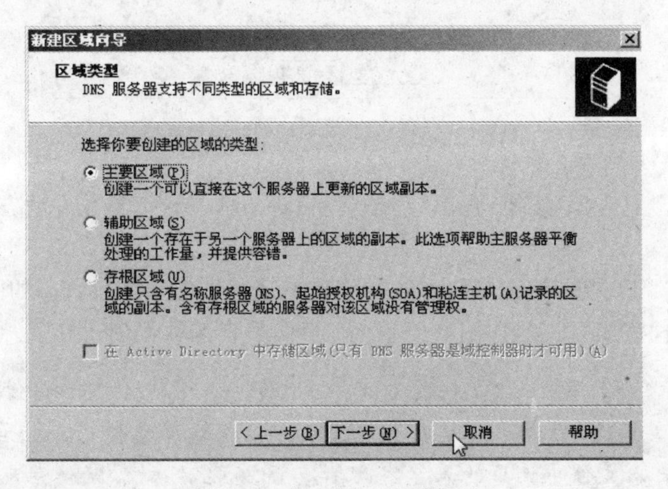

图 9-23　“区域类型”对话框

步骤 4：单击“下一步”按钮，弹出“反向查找区域名称”对话框，输入网络 ID，如 www1.butterfly.com 的 IP 地址为 192.168.1.30，就在网络 ID 中输入 192.168.1，如图 9-24 所示。

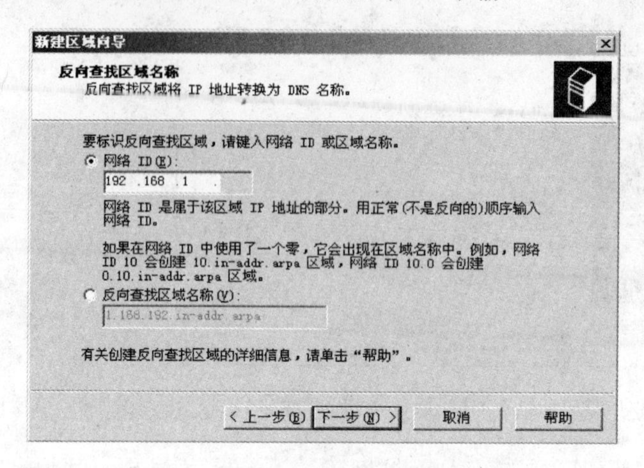

图 9-24 “反向查找区域名称”对话框

步骤 5：单击“下一步”按钮，由于是反向解析，区域文件的命名默认与网络 ID 的顺序相反，以 dns 为扩展名。如“1.168.192.in-addr.arpa.dns”，如果选择现存文件单选按钮，必须先把文件复制到运行 DNS 服务的服务器的 SystemRoot\System32\dns 目录中，如图 9-25 所示。

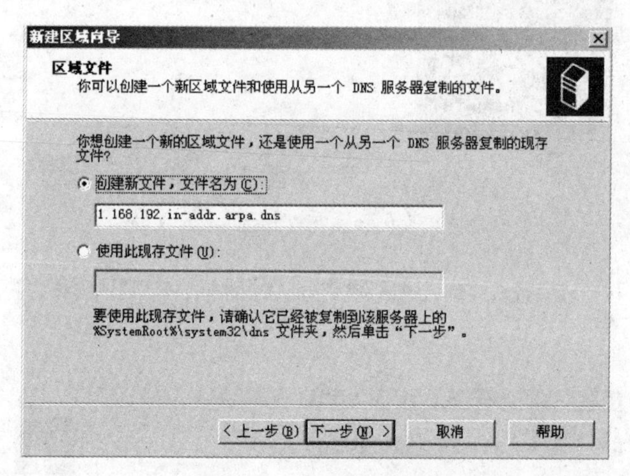

图 9-25 “区域文件”对话框

步骤 6：单击“下一步”按钮，弹出“动态更新”对话框，选择“不允许动态更新”单选按钮，如图 9-26 所示。

步骤 7：单击“下一步”按钮，弹出“正在完成新建区域向导”对话框，如图 9-27 所示。

步骤 8：单击“完成”按钮，如图 9-28 所示，反向搜索区域就创建好了。

注意：大部分的 DNS 搜索一般都执行正向解析。在已知 IP 地址搜索域名时，反向解析并不是必须设置的，因为正向解析也能完成。但是如果要使用 nslookup 等故障排除工具及在 IIS 中日志文件中记录的是名字而不是 IP 地址时，就必须使用反向解析。

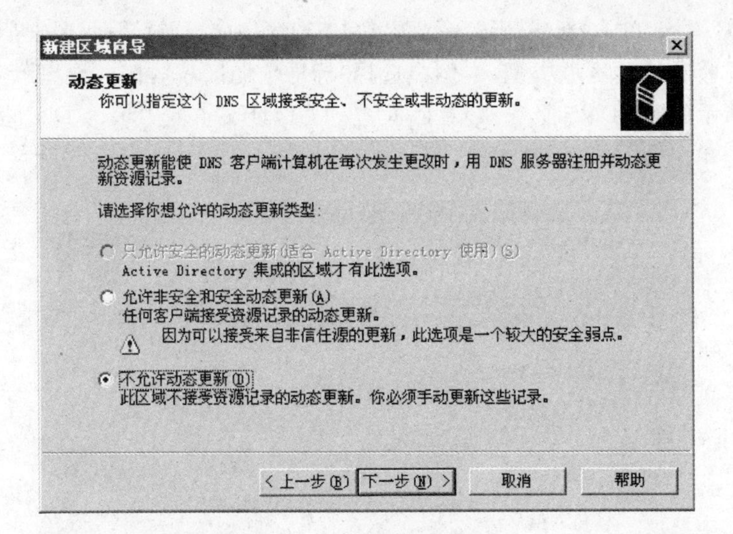

图 9-26　“动态更新”对话框

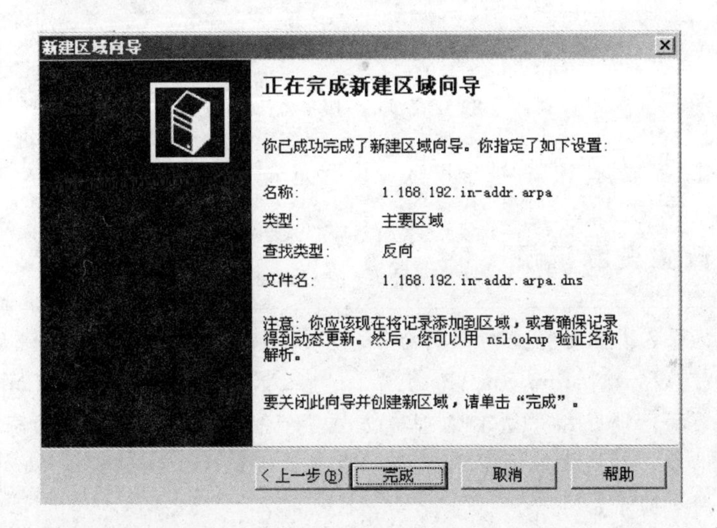

图 9-27　“正在完成新建区域向导”对话框

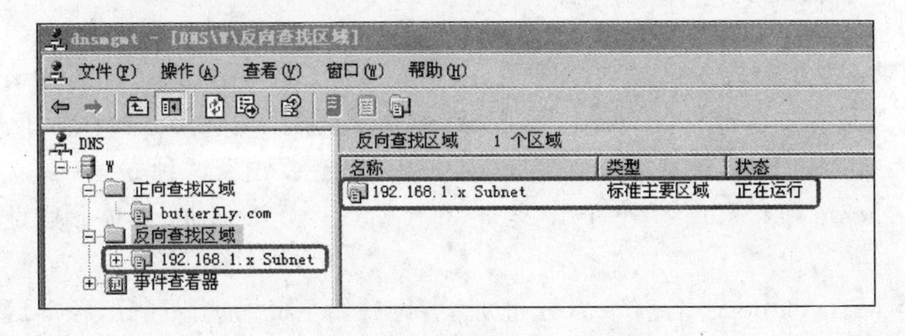

图 9-28　成功创建反向搜索区域图

(2) 标准辅助反向解析区域的创建

步骤 1：依次单击“开始”→“程序”→“管理工具”→DNS，选择相应的 DNS 服务器，右击

“反向搜索区域”图标，单击“新建区域”命令启动“新建区域向导”对话框，单击“下一步”按钮。

步骤 2：选择相应的区域类型，本例中选择“标准辅助区域”，按向导提示一步步进行，进入如图 9-29 所示的“主 DNS 服务器”对话框，在 IP 地址文本框中填入 DNS 服务器地址，如 192.168.0.27，单击“添加”按钮，单击“下一步”按钮。

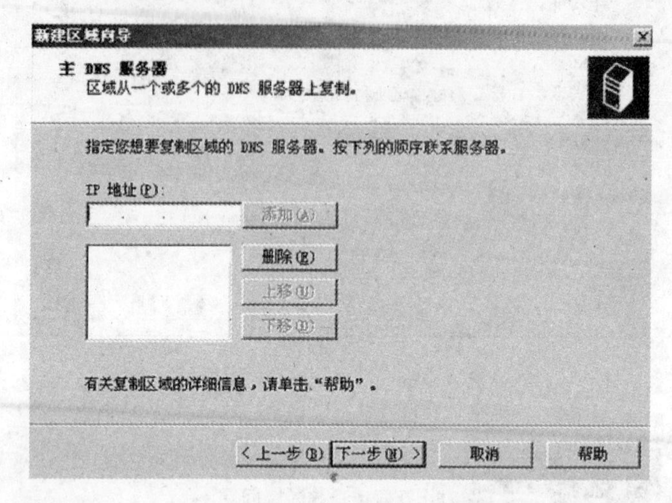

图 9-29 “主 DNS 服务器”对话框

步骤 3：单击“完成”按钮，标准辅助区域设置完毕。

任务 9-2-2 配置资源记录

配置资源记录：不管是企业内部网络，还是 Internet，在访问相关资源记录时一般都是使用如 http://www.baidu.com、http://ftp.tsinghua.com、http://mail.126.com 等 http 的方式。前面已经介绍了域名的创建方法，要通过域名访问不同的资源，就需要配置相应的资源记录。目前常用的资源记录主要有主机记录、邮件、别名等，本任务主要完成主机记录和别名的添加。

1. 添加主机记录

任务要求：为正向搜索区域建立主机，李勇把 2 个 Web 网站、2 个 FTP 站点及辅助 DNS 服务器架设在一台计算机 hosta 上，主要 DNS 服务器架设在另一台计算机 hostb 上。

根据 Web 网站、FTP 站点的建立情况，对主机的创建提出了两种方案。

方案 1：hosta 和 hostb 各有一个 IP 地址，每个站点一个 IP 地址，具体参数设置如表 9-2 所示。

方案 2：hosta 和 hostb 各有一个 IP 地址，各网站用主机头进行区分，各 FTP 站点用端口号区分，具体参数如下表 9-3 所示。

步骤 1：启动 DNS 服务器，弹出 DNS 服务器管理器窗口。

步骤 2：右击“正向查找区域”，然后在弹出的快捷菜单中选择“新建主机”命令，如图 9-30 所示。

表 9-2　参数列表

位置	服务器	IP 地址	端口号	主机头	域　　名
hostb	主要 DNS 服务器	192.168.1.20	默认		
	辅助 DNS 服务器	192.168.1.30	默认		
	Web 网站 1	192.168.1.200	80	无	www1. butterfly. com
hosta	FTP 站点 1	192.168.1.200	21		ftp1. butterfly. com
	Web 网站 2	192.168.1.210	80	无	www2. butterfly. com
	FTP 站点 2	192.168.1.210	21		ftp2. butterfly. com

表 9-3　参数列表

位　置	服务器	IP 地址	端口号	主　机　头	域　　名
hostb	主要 DNS 服务器	192.168.1.20	默认		
	辅助 DNS 服务器	192.168.1.30	默认		
	Web 网站 1	192.168.1.30	80	www1. butterfly. com	www1. butterfly. com
hosta	FTP 站点 1	192.168.1.30	21		ftp1. butterfly. com
	Web 网站 2	192.168.1.30	8080	www2. butterfly. com	www2. butterfly. com
	FTP 站点 2	192.168.1.30	2121		ftp2. butterfly. com

步骤 3：系统弹出“新建主机”对话框，如图 9-31 所示。要求输入主机名称和主机 IP（按照各参数表设置），输入主机名称 WWW1。用户还可以选择“创建相关的指针（PTR）记录”，选择该复选框。

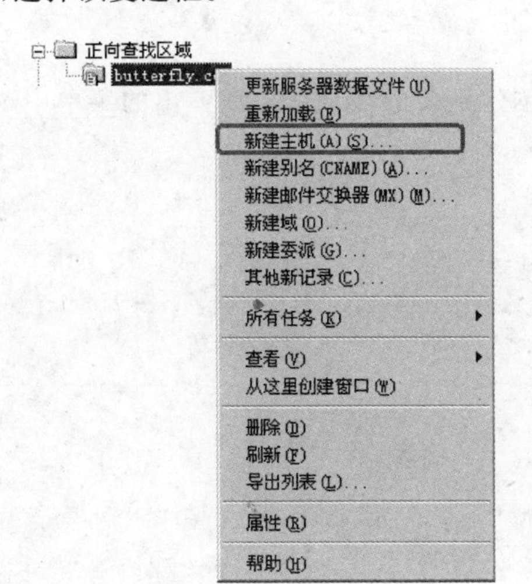

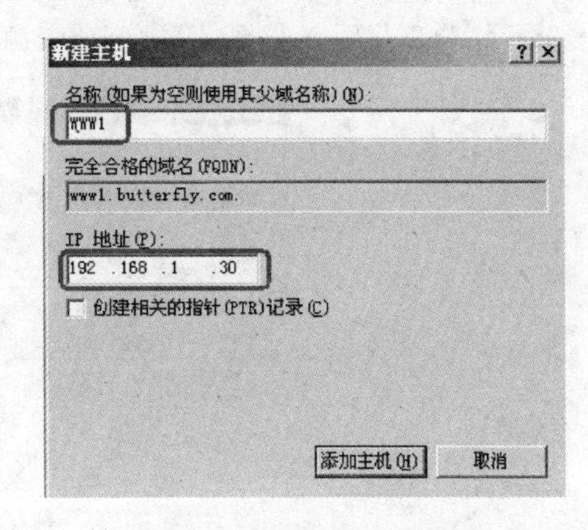

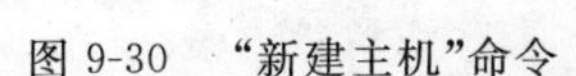
图 9-30　“新建主机”命令

图 9-31　“新建主机”对话框

步骤 4：单击“添加主机”按钮，系统弹出 DNS 对话框，表示主机记录已经创建成功，如图 9-32 所示。

其余网站和站点的建设与此相同。

注意：主机记录并不一定都需要使用 www，绝大多数网站使用 www 作为主机记录仅仅是个习惯，如文件传输可以使用 ftp 作为主机记录，视频服务可以使用 vod 作为主机记录。

图 9-32　主机记录已经创建成功

步骤 5：打开 IE 浏览器，在浏览器的地址栏中输入 http://www1.butterfly.com，则可访问 Web 网站 1 了，输入 ftp://ftp1.butterfly.com，则可查看 FTP 服务器上的资料。其余的站点访问方式相同。设置好以后，就不需要记忆 IP 地址了。

2. 添加别名

别名(CNAME)资源记录：用于将 DNS 域名的别名映射到一个主要名称。该资源记录允许使用多个名称指向单台主机，如在同一台计算机上维护 FTP 服务器和 Web 服务器时就需要使用该资源。

别名即指对 DNS 服务器内已添加一个主机记录再创建一个其他的名称。DNS 中的别名与人名的别名在作用上是一致的，一个人可以同时拥有几个名字，其中一个是主名，其余的名称都是别名。如前面已经创建了 www.butterfly.com，其中 www 是主机记录，butterfly.com 是创建的域名，如果用户再创建一个别名，如 station，则主机的别名就是 station.butterfly.com。当用户在 IE 浏览器 URL 地址栏中输入 www.butterfly.com 或者 station.butterfly.com，都会打开同一个 Web 站点。

添加别名的步骤如下。

步骤 1：在 DNS 控制台的对象树中找到要创建别名的域，右击，在弹出的菜单中选择"别名"命令，弹出如图 9-33 所示的"新建资源记录"对话框。

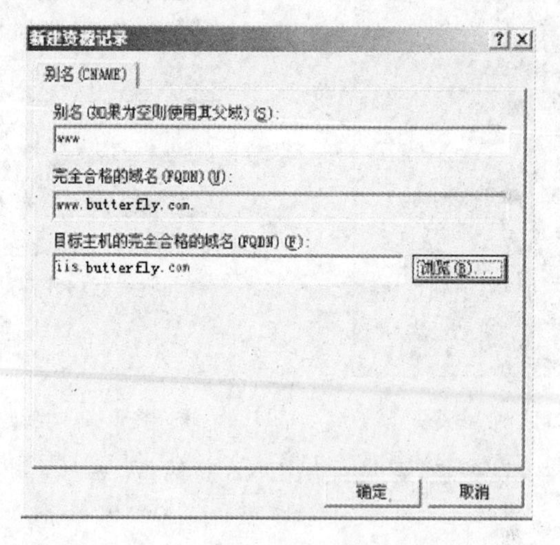

图 9-33　"新建资源记录"对话框

步骤 2：在"别名(如果为空则使用其父域)"文本框中输入别名字符，如 www。然后在"目标主机的完全合格的域名(FQDN)"框中输入主机名，如 iis.butterfly.com，最后单击"确定"按钮。

任务 9-3　设置 DNS 客户端

设置 DNS 客户端：在 TCP/IP 体系的网络中，对于要求得到 DNS 服务器解析服务的客户端，必须正确设置其 TCP/IP 属性。

使用 DNS 服务器进行域名解析的客户端的设置是通过对 TCP/IP 的属性参数设置完成的。不同的客户端操作系统 TCP/IP 属性的设置界面稍有不同。下面以 Windows Professional 2000 为例来设置 DNS 客户端。

步骤 1：右击“网上邻居”图标，选择“属性”命令，进入“本地连接 属性”对话框，选择“Internet 协议(TCP/IP)”复选框，单击“属性”按钮，如图 9-34 所示。

步骤 2：弹出“Internet 协议(TCP/IP)属性”对话框，输入相应 DNS 服务器的 IP 地址，如图 9-35 所示。

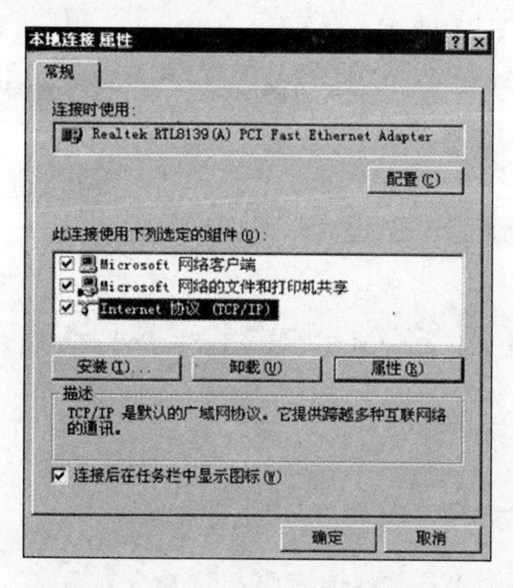

图 9-34　“本地连接 属性”对话框

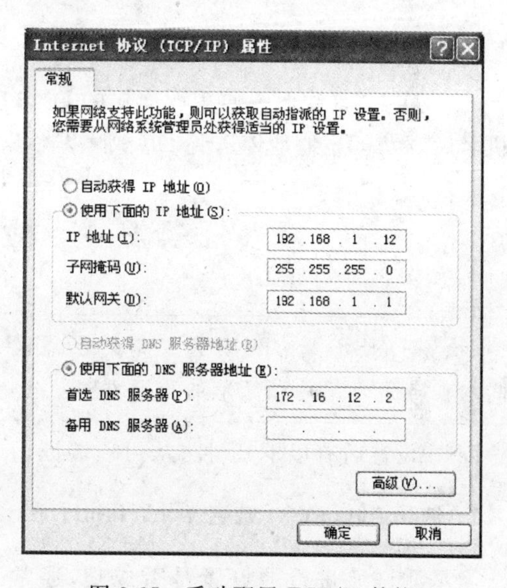

图 9-35　手动配置 TCP/IP 协议

步骤 3：单击“高级”按钮，配置 DNS 选项卡。如图 9-36 所示。

(1)“附加主要的和连接特定的 DNS 后缀”：系统在无法解析的名称后加上主要的和特定的 DNS 后缀，再次尝试，其中主要的 DNS 后缀就是计算机所在域的名称；特定的 DNS 后缀是指通过“附加这些 DNS 后缀(按顺序)”中添加的 DNS 后缀。

(2)“附加主 DNS 后缀的父后缀”：附加域最顶层以下全部 DNS 后缀。如在域 lanzujian.com 中 ping 主机名为 www 的主机，则主机会依次向 DNS 服务器询问 www.lanzujian.com www.com。

(3)“此连接的 DNS 后缀”：可附加域以外的其他域名。如在上例中 ping www 主机，选中该项后，除了访问 www.lanzujian.com 外，还会访问主机名为 www 域名的其他主机。

(4)“在 DNS 中注册此连接的地址”：客户端会将包含主机名称与主要的 DNS 后缀名称以及其对应 IP 地址更新到服务器中。

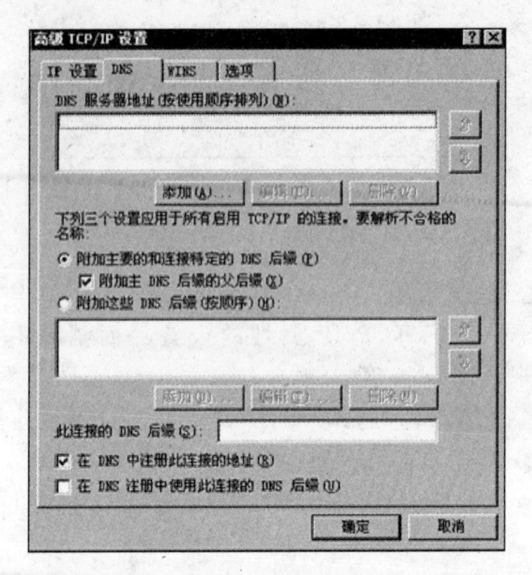

图 9-36 “高级 TCP/IP 设置”对话框 DNS 选项卡

(5)“在 DNS 注册中使用此连接的 DNS 后缀”：客户端会将此连接的 DNS 后缀附加到主机名后，随其 IP 地址传送到 DNS 服务器。

任务 9-4 检测 DNS 设置

检测 DNS 设置：DNS 设置完成后，需要验证 DNS 设置是否成功，检测的方式有很多种，本任务只介绍几种简单的验证办法。

DNS 设置后有以下几种方法可以验证。

1. 使用 Ping 命令(域名 www.baidu.com 与 119.75.218.45 IP 地址对应)

为了测试所进行的设置是否成功，通常采用 Windows 自带的 Ping 命令来完成。在 MSDOS 模式下输入：ping www.baidu.com，按 Enter 键后，屏幕显示如图 9-37 所示，表示域名 www.baidu.com 与 IP 地址 119.75.218.45 的映射关系已经成立。

2. 使用 IE 浏览器

直接在客户机的资源管理器或 IE 浏览器的地址栏输入域名 http://www.butterfly.com，按 Enter 键后，查看是否成功地访问到了 192.168.0.4 的 Web 站点。

3. Nslookup 查询 DNS 域名

在 Windows 2003 中提供的工具 nslookup 可用于 DNS 查询，但只能在命令行下使用，其工作方法分非互动查询和互动查询。

(1) 非互动查询

其常用格式为：nslookup 域名或 IP 地址，如图 9-38 所示。

```
C:\WINDOWS\system32\CMD.exe
Microsoft Windows XP [版本 5.1.2600]
(C) 版权所有 1985-2001 Microsoft Corp.

C:\Documents and Settings\Administrator>ping www.baidu.com

Pinging www.a.shifen.com [119.75.218.45] with 32 bytes of data:

Reply from 119.75.218.45: bytes=32 time=1480ms TTL=54
Reply from 119.75.218.45: bytes=32 time=1412ms TTL=54
Reply from 119.75.218.45: bytes=32 time=1499ms TTL=54
Reply from 119.75.218.45: bytes=32 time=1456ms TTL=54

Ping statistics for 119.75.218.45:
    Packets: Sent = 4, Received = 4, Lost = 0 (0% loss),
Approximate round trip times in milli-seconds:
    Minimum = 1412ms, Maximum = 1499ms, Average = 1461ms

C:\Documents and Settings\Administrator>
```

图 9-37　cmd 命令对话框

```
C:\WINDOWS\system32\CMD.exe
Microsoft Windows XP [版本 5.1.2600]
(C) 版权所有 1985-2001 Microsoft Corp.

C:\Documents and Settings\Administrator>nslookup www.baidu.com
Name:    www.a.shifen.com
Addresses:  119.75.217.56, 119.75.218.45
Aliases:  www.baidu.com
```

图 9-38　nslookup 非互动查询

(2) 互动查询

首先按格式调用 nslookup 命令。其中“＞”是 nslookup 命令的提示符,在提示符下可以输入域名或 IP 地址等,执行情况如图 9-39 所示。

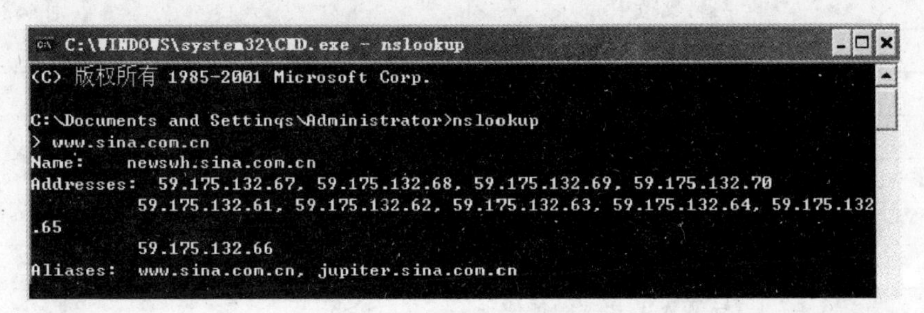

图 9-39　nslookup 互动查询

【知识链接 1】　DNS 组成

DNS 采用分层管理的方式管理着整个 Internet 上的主机名和 IP 地址,一个完整的域名空间应该包括根域、顶级域、二级域、子域和主机五部分。如图 9-40 所示。完整的域名书

写是从最低层开始，写向最高层。如 www.tsinghua.edu.cn。

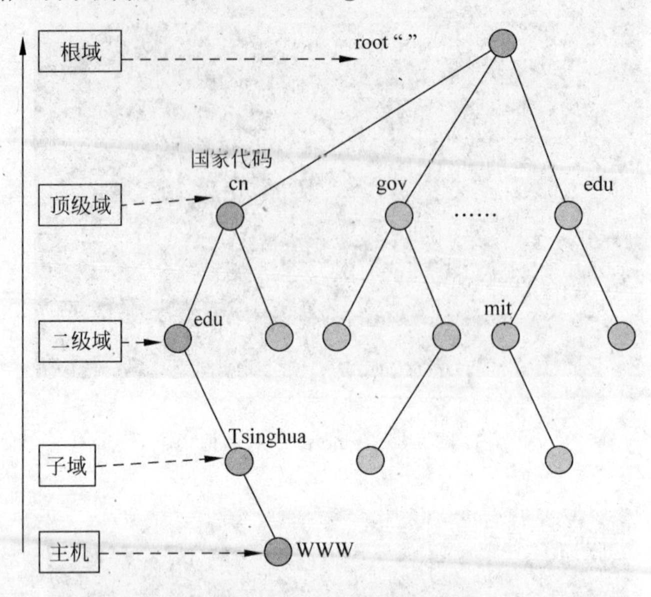

图 9-40　域名空间图

（1）根域是域名空间的最高层，根名为空。

（2）顶级域指示国家或主机所属单位的类型，如表 9-4 所示。

表 9-4　顶级域名

域名代码	含　义	地区代码	国家或地区
edu	教育机构	cn	中国
com	商业组织	au	澳大利亚
gov	政府部门	jp	日本
net	网络支持中心	kr	韩国
mil	军事部门	ru	俄罗斯
org	其他组织	tw	中国台湾
int	国际组织	uk	英国
country code	国家代码	de	德国
firm	商业公司	hk	中国香港
store	商品销售企业	ca	加拿大
web	与 WWW 相关的单位	br	巴西
arts	文化和娱乐单位	fr	法国
info	提供信息服务的单位	mo	中国澳门

（3）二级域表明顶级域内的特定组织。

（4）子域是各组织单位根据需要创建的名称。

（5）主机标识特定资源的名称。如 WWW 标识 Web 服务器；FTP 标识 FTP 服务器；SMTP 标识电子邮件发送器等。

【知识链接 2】 DNS 工作过程

1. 工作过程

(1) 客户机提出域名解析请求，并将该请求发送给本地的域名服务器。

(2) 当本地的域名服务器接收到请求以后，先查询本地的缓存，如果有该记录项，则本地的域名服务器就直接把查询的结果返回。

(3) 如果本地的缓存中没有该记录项，则本地域名服务器就直接把请求发给根域名服务器，然后根域名服务器再返回给本地域名服务器一个所查询域(根的子域)的主域名服务器的地址。

(4) 本地服务器再向上一步返回的域名服务器发送请求，然后接受请求的服务器查询自己的缓存，如果没有该记录，则返回相关的下级的域名服务器的地址。

(5) 重复第(4)步，直到找到正确的记录。

(6) 本地域名服务器把返回的结果保存到缓存，以备下一次使用，同时还将结果返回给客户机。

2. 实例

某用户要与 www. tsinghua. edu 通信。通信之前应该先获取该主机的 IP 地址，这就需要使用域名服务器。具体解析过程如图 9-41 所示，各步骤含义见表 9-5。

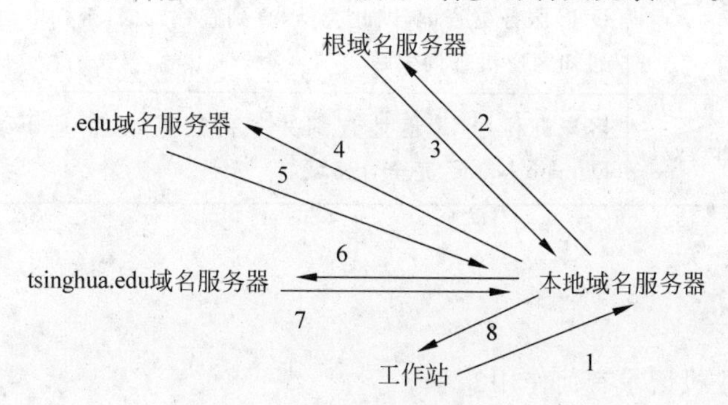

图 9-41　域名解析过程

表 9-5　域名解析过程

步骤	含　义
1	工作站向本地域名服务器查询 www. tsinghua. edu 的 IP 地址，本地域名服务器先查询自己的数据库，没有发现相关记录
2	本地域名服务器向根域名服务器发出查询 www. tsinghua. edu 的 IP 地址的请求
3	根域名服务器给本地域名服务器返回一个指针信息，指向. edu 域名服务器
4	本地域名服务器向. edu 域名服务器发出查询 tsinghua. edu 的 IP 地址的请求
5	edu 域名服务器给本地域名服务器返回一个指针信息，指向 tsinghua. edu 域名服务器
6	本地域名服务器向 tsinghua. edu 域名服务器发出查询 www. tsinghua. edu 的 IP 地址的请求
7	tsinghua. edu 域名服务器给本地域名服务器返回 www. tsinghua. edu 的 IP 地址，本地域名服务器将 www. tsinghua. edu 的 IP 地址发送给解析器
8	解析器使用 IP 地址与 www. tsinghua. edu 进行通信，返回主页信息

【知识链接3】 DNS解析方法

DNS是域名服务(Domain Name Service)的缩写,是一种组织成域层次结构的计算机和网络服务命名系统。DNS命名用于在TCP/IP网络中通过用户友好的名称定位计算机和服务。但是TCP/IP网络中的计算机通常是用IP地址来标识的,因此,需要将用户提出的名字转换成对应的网络IP地址,这一过程称为域名解析,该过程实际上是在域名和IP地址间形成一一对应的关系(域名—IP地址),由DNS服务器完成。例如,在IE浏览器地址栏中输入www.sina.com,系统会自动转换成对应的IP地址。

通常DNS地址解析的方法有三种,如表9-6所示。

表9-6 DNS地址解析方法

解析方法	工作过程
递归查询(Recursive Query)	客户机送出查询请求以后,如果客户机直接连接的DNS服务器中没有客户所需要查询的数据,则会向其他服务器查询,不管经过了多少节点,直到最后DNS服务器返回客户机所需的数据(IP地址)或通知客户机找不到为止
迭代查询(Iterative Query)	客户机送出查询请求后,若该DNS服务器中不包含所需数据,它会告诉客户机另外一台DNS服务器的IP地址,使客户机自动转向另外一台DNS服务器查询,以此类推,直到查到数据,否则由最后一台DNS服务器通知客户机查询失败
反向查询(Reverse Query)	客户机利用IP地址查询其主机完整域名,即FQDN(Fully Qualified Domain Name,完全合格域名)

疑难1:添加主机记录有何作用?

答:主机记录集A(Address,地址)记录。将主机名称与IP地址添加到DNS服务器的区域后,就可以让DNS服务器为客户端提供这台主机的IP地址服务。如,在IE浏览器地址栏中输入http://www.sina.com.cn就可以访问新浪网的主页,其中sina.com.cn是新浪网的域名,www是主机记录,www.sina.com.cn对应着新浪网的主机地址。那么在配置时首先在Windows Server 2003作为DNS服务器的计算机上创建一个sina.com.cn的区域,然后在该区域下添加一个名为www的主机记录,最后将新浪网的主页发布在主机www.sina.com.cn上,这样就实现了用户在IE浏览器URL地址栏中输入http://www.sina.com.cn就可以访问新浪网的主页。

疑难2:为什么在创建主机记录的过程中,还需要输入DNS服务器的IP地址?

答:并不是所有创建主机记录的过程中,都需要输入DNS服务器的IP地址。当一台服务器上配置了多种服务,存在多个IP地址的情况时才需要输入IP地址。

课外拓展

【拓展任务】 DNS子域设置

一些大、中型机构或一些部门也拥有较多的服务器，在域名下面存在子域，如 www.butterfly.com 下还有教务处的 Web 服务器 www.jwc.butterfly.com 和 FTP 服务器 ftp.jwc.butterfly.com，如何设置 DNS 子域。

本任务是在区域 butterfly.com 下创建一个部门子域 jwc.butterfly.com，并为该部门的服务器添加主机地址资源记录。该部门的 Web 服务器和 FTP 服务器的 IP 地址分别为 192.168.2.1 和 192.168.2.2，服务器域名分别为 www.jwc.butterfly.com 和 ftp.jwc.butterfly.com。

操作步骤如下(在主要区域所在 DNS 服务器上完成)。

步骤 1：正向查找区域 butterfly.com，在弹出的菜单中单击“新建域”按钮，新建域命名为 jwc。

步骤 2：右击区域 butterfly.com 下的子域 jwc，在弹出菜单中单击“新建主机”按钮，创建两条名为 www 和 ftp，IP 地址依次为 192.168.2.1 和 192.168.2.2 的主机地址记录。

课后练习

一、填空题

1. DNS 服务器配置的检测方式主要有两种，一种是________，另一种是________。

2. DNS 是________的简称，在 Internet 上访问 Web 站点是通过 IP 寻址方式解决的，而 IP 地址是一串数字，难于记忆，这就产生了________与________的映射关系。

3. 某 Internet 主页的 URL 地址为 http://www.abc.com.cn/product/index.html，该地址的域名是________。

4. 在 Windows 2000 中为了配置一项服务而不得不打开多个窗口，进行多个步骤，同时还需要具有一定的经验才可以完成。这项工作在 Windows Server 2003 中被命名为________________的统一配置流程向导所替代。

5. Web 服务器 http://www.abc.edu/的域名记录存储在 IP 地址为 213.210.112.34 的域名服务器中。某主机的 TCP/IP 属性配置如图 9-42 所示，该主机要访问 http://www.abc.edu/站点，则首先查询 IP 地址为________的域名服务器。

二、选择题

1. 在 Windows 命令窗口中输入(　　)命令来查看 DNS 服务器的 IP 地址。

A. DNSserver　　B. nslookup　　C. DNSconfig　　D. DNSip

2. 下面用于地址解析的是(　　)。

A. Archie 服务器　　B. WAIS 服务器

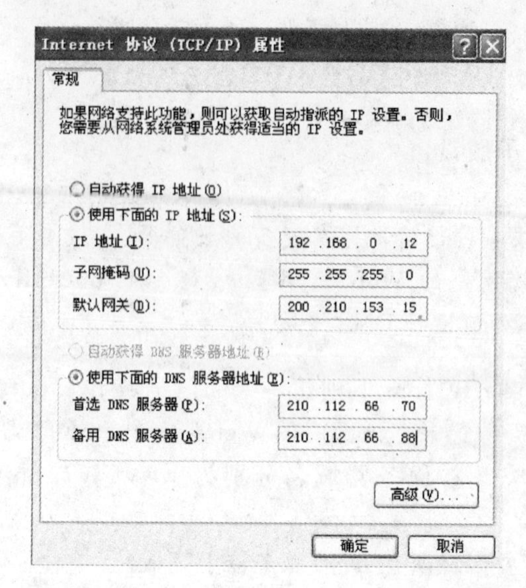

图 9-42 “Internet 协议(TCP/IP)属性”对话框

C. DNS 服务器　　　　D. TCP 服务器

3. 在 Windows 的网络属性配置中,“默认网关”应该设置为(　　)的地址。

A. DNS 服务器　　B. Web 服务器　　C. 路由器　　D. 交换机

4. 以下有关 DNS 的组织结构描述,不正确的是(　　)。

A. DNS 使用层次结构

B. DNS 由名字分布数据库组成

C. DNS 是一种类似于目录结构的命名方案

D. DNS 由关系数据库组成

5. 以下关于 DNS 的解析过程,描述正确的是(　　)。

A. 解析器首先在本机的 DNS 缓存中查询记录

B. 解析器直接向指定的 DNS 服务器查询记录

C. 解析器直接向 DNS 的根域服务器查询记录

D. 解析器向网络中所有的 DNS 服务器查询记录

6. 下面有关 DNS 查找的描述,不正确的是(　　)。

A. Windows Server 2003 中的 DNS 服务没有提供反向查找功能

B. Windows Server 2003 中的 DNS 服务默认提供正向查找功能

C. 正向查找是通过 DNS 主机名查找对应的 IP 地址

D. 反向查找是通过 IP 地址查找对应的 DNS 主机名

7. 在一台 DNS 服务器上同时支持多个 DNS 域名解析的方法是(　　)。

A. 添加新的活动目录域名　　B. 添加新的“区域”

C. 添加新的资源记录本　　D. 添加新的反向查找区域

8. 下面有关 DNS 中的记录描述不正确的是(　　)。

A. 名字服务器用于记录管辖此区域的名称服务器

B. 主机记录用来静态地建立主机名与 IP 地址之间的对应关系

C. 指针记录的功能与主机记录相同

D. 邮件交换记录告诉用户哪些服务器可以为该域接收邮件

9. 以下关于 DNS 服务器配置的描述中,错误的是(　　)。

A. DNS 服务器必须配置固定的 IP 地址

B. 在默认情况下,Windows 2003 服务器已经安装了 DNS 服务

C. DNS 服务器基本配置包括正向查找区域和反向查找区域的创建、增加资源记录等

D. 动态更新允许 DNS 客户端在发生更改的任何时候,使用 DNS 服务器注册和动态地更新其资源记录

三、操作题

1. 配置 DNS 服务。

某单位有 3 个 Web 服务器,1 个 FTP 服务器。3 个 Web 服务器的 IP 地址分别为 192.168.0.1、192.168.0.2、192.168.0.3,FTP 服务器的 IP 地址为 192.168.0.4,Web 服务器域名分别为 www1.butterfly.com、www2.butterfly.com、www3.butterfly.com,FTP 服务器域名为 Ftp.butterfly.com。

操作要求:

(1) 为各服务器在 DNS 服务器添加主机地址资源,为了均衡 3 个 Web 服务器负荷,使用 www.butterfly.com 实现对 Web 服务器的循环编址。

(2) 将与 www3.butterfly.com 有关的资源记录删除。

(3) 将 www2.butterfly.com 的 IP 地址修改为 172.16.12.13。

操作提示:

(1) 在 DNS 服务器的正向查找区域 butterfly.com 中增加 4 条主机地址记录 www1.butterfly.com(192.168.0.1)、www2.butterfly.com(192.168.0.2)、www3.butterfly.com(192.168.0.3)和 Ftp.butterfly.com(192.168.0.4),并在创建主机地址记录时创建相关的指针记录。

(2) 在 DNS 服务器的正向查找区域 butterfly.com 中增加 3 条主机地址记录 www.butterfly.com(192.168.0.1)、www.butterfly.com(192.168.0.2)、www.butterfly.com(192.168.0.3),并在创建主机地址记录时创建相关的指针记录。

(3) 将与 www3.butterfly.com 有关的资源记录删除,包括主机资源记录、指针记录以及 IP 地址为 192.168.0.3 的主机资源记录。

(4) 将 www2.butterfly.com 的 IP 地址修改为 172.16.12.13,同时还应将 IP 地址为 192.168.0.2 且主机名为 www.butterfly.com 的主机资源记录的 IP 地址改为 172.16.12.13。

2. 执行 nslookup 命令的显示结果如下,试解释显示信息的含义:

```
C:> nslookup 192.168.0.1
Server: lan.butterfly.com
Address:192.168.0.5

Name: Ftp.butterfly.com
Address:192.168.0.1
```

项目10　动态主机配置服务应用

Internet上使用的TCP/IP协议，要求网络上的每台计算机都必须有唯一的IP地址及与之相关的子网掩码。当计算机从一个子网移到另一个子网时，IP地址就必须更改，对于大型局域网，这项工作非常复杂，为了简化网络配置操作和管理，可采用DHCP动态主机配置协议自动完成配置工作。

教学导航

【内容提要】

DHCP是动态主机配置协议，是一种用来简化主机IP配置管理的TCP/IP标准。当采用该方式的计算机连接到Internet时，该计算机将首先寻找本地网络上的DHCP服务器，然后服务器从IP地址数据库中获得1个IP地址及其他的相关配置信息，动态指派给客户机。

该方式避免了因误操作而引起的配置错误，有助于防止IP地址冲突，减轻网络管理员的工作量和管理难度。

【知识目标】

- 知道DHCP的功能与作用。
- 掌握DHCP服务配置方法。
- 掌握DHCP服务的使用方法。

【技能目标】

- 学会安装DHCP服务。
- 熟悉DHCP的配置。
- 应用DHCP解决实际问题。
- 熟练使用DHCP服务。

【教学组织】

- 每人一台计算机，配备一个系统盘。

【考核要点】

- 安装DHCP服务。
- 添加、激活DHCP服务器。
- 配置DHCP客户端。
- 检测DHCP设置。

【准备工作】

安装好操作系统、配置好网络的计算机；系统盘。

【参考学时】

4 学时(含实践教学)。

项目描述

李勇暑期到教务处帮忙，他所在的局域子网为 jwc. butterfly. com，员工有 20 多个，但经过调查统计，发现经常在单位使用网络的员工不到 50%，网段为 192.168.0.129～192.168.0.158。教务处领导希望李勇能够节省 IP 地址资源，对网络进行有效配置。

项目分解

仔细分析该项目后发现，李勇同学所面临的问题是：

(1) 节约 IP 地址资源。

(2) 保证用户有需求时能够上网。

要实现该目标，李勇同学确定使用 DHCP 自动分配方式来分配 IP 地址，这样既满足了用户上网需求，又能充分利用 IP 地址。DHCP 服务器的配置有不同的方法，一种是新添加 DHCP 服务器，另一种则是在现有的 DHCP 服务器中添加新的作用域，当然也可以修改现有作用域。本项目以新添加 DHCP 服务器为例进行介绍，需要具体执行的任务如表 10-1 所示。

表 10-1 执行任务情况表

任务序号	任务描述
任务 10-1	安装 DHCP 服务器
任务 10-2	配置和管理 DHCP 服务器
任务 10-3	配置 DHCP 客户端

任务实施

李勇进行仔细勘察后，绘制了教务处的网络拓扑结构图，如图 10-1 所示。

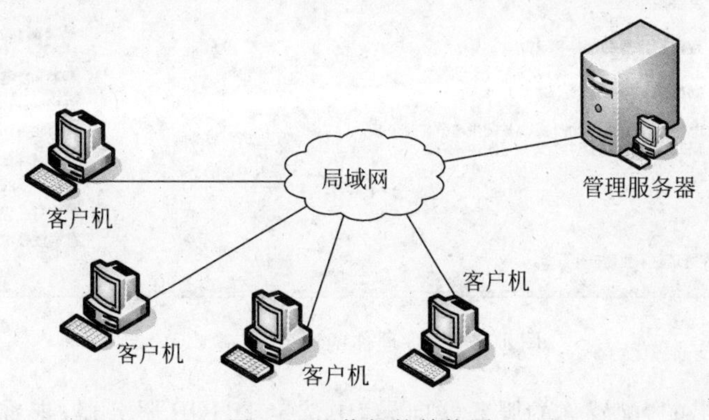

图 10-1 网络拓扑结构图

在该网络中,服务器使用 Windows Server 2003 操作系统,客户机均使用 Windows XP 操作系统。李勇决定首先在服务器上安装 DHCP 服务,然后进行配置和管理,最后来配置客户端。

任务 10-1 安装 DHCP 服务器

本任务是在 Windows Server 2003 环境下完成。安装 DHCP 服务具体操作方式如下。

安装 DHCP 服务:要想利用 DHCP 为网络中的计算机提供动态地址分配服务,首先必须在网络中安装 DHCP 服务。

1. 安装前的准备工作

(1) DHCP 服务器本身必须采用固定的 IP 地址。
(2) 规划 DHCP 服务器的可用 IP 地址。

2. 安装 DHCP 服务

方式一:

步骤 1:依次单击"开始"→"管理工具"→"管理你的服务器",打开"管理你的服务器"窗口,然后在窗口里单击"添加或删除角色"按钮,如图 10-2 所示,在这个窗口中显示向导进行所必须做的准备步骤。

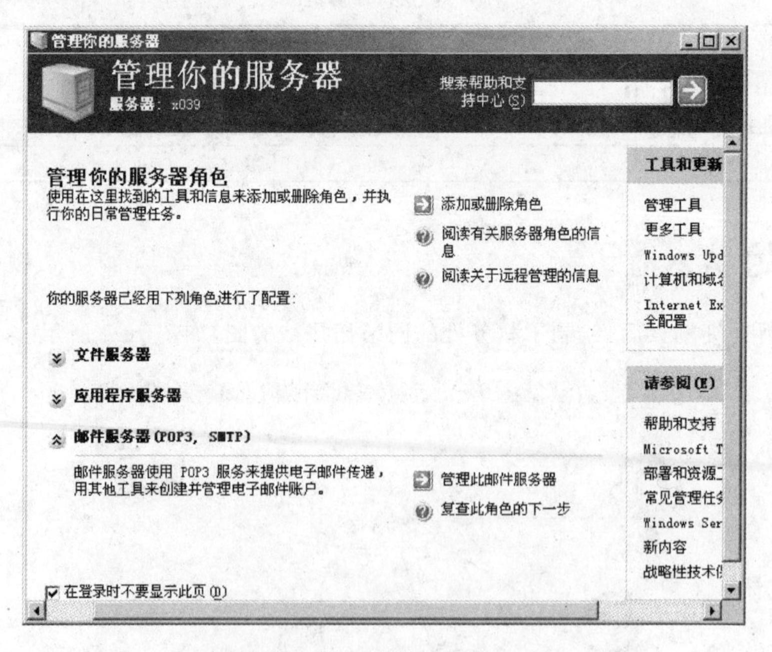

图 10-2 "管理你的服务器"窗口

步骤 2:在弹出的"配置你的服务器向导"中选定 DHCP 服务器,查看是否已经安装该服务,可以看到当前没有配置成 DHCP 服务器角色(Windows Server 2003 系统默认状态并

没有安装 DHCP 服务)，按照向导进行安装。

步骤 3：选择了"DHCP 服务器"项后，单击"下一步"按钮，弹出对话框。在这个对话框中总结了所要选择的服务器角色配置说明。

步骤 4：直接单击"下一步"按钮，弹出"正在配置组件"对话框。这是服务器安装组件的进程对话框。显示为了安装 DHCP 服务器所进行的组件安装进程。

方式二：

步骤 1：依次打开"控制面板"→"添加/删除程序"→"Windows 组件"，打开"Window 组件向导"对话框，在组件列表中选择"网络服务"复选框，如图 10-3 所示。

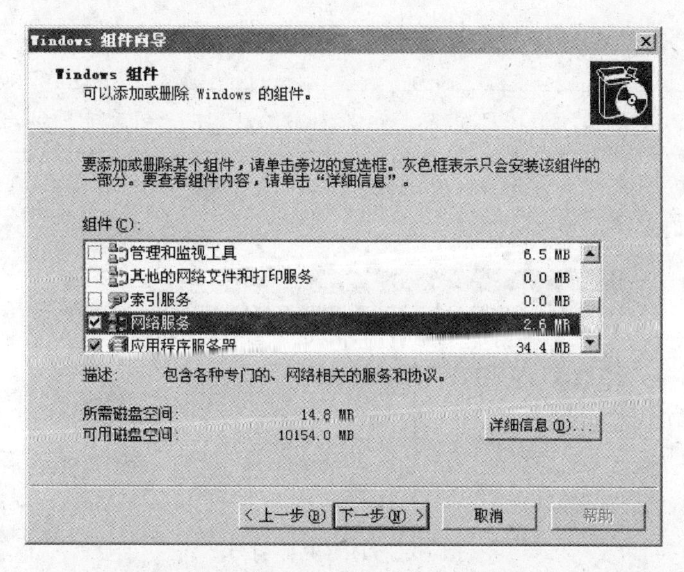

图 10-3　"Windows 组件向导"对话框

步骤 2：单击"详细信息"按钮，在打开的对话框中选择"动态主机配置协议(DHCP)"复选框，单击"确定"按钮，如图 10-4 所示。

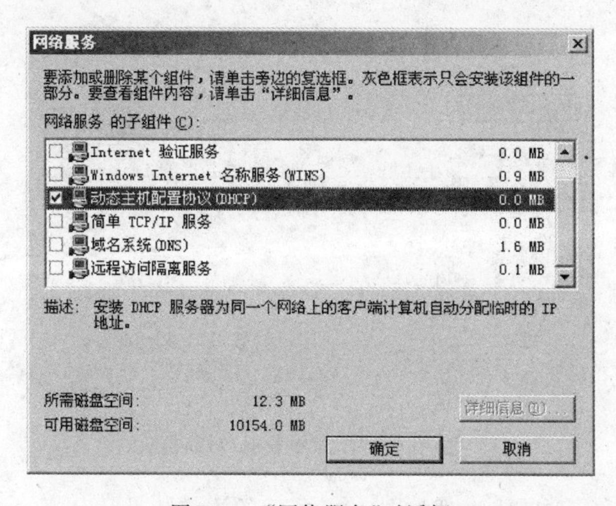

图 10-4　"网络服务"对话框

步骤 3：DHCP 组件安装完后，单击“完成”按钮。

DHCP 服务安装完毕。

任务 10-2 配置和管理 DHCP 服务器

要想构成一台 DHCP 服务器，必须对计算机进行必要的配置，才能具有为网络上计算机动态分配 IP 地址的功能。

任务 10-2-1 添加 DHCP 服务器

添加 DHCP 服务器：DHCP 服务组件安装完成后，并没有直接显示，还需要添加。

步骤 1：DHCP 组件安装完后，可通过“开始”→“程序”→“管理工具”→DHCP，打开 DHCP 控制台，如图 10-5 所示。

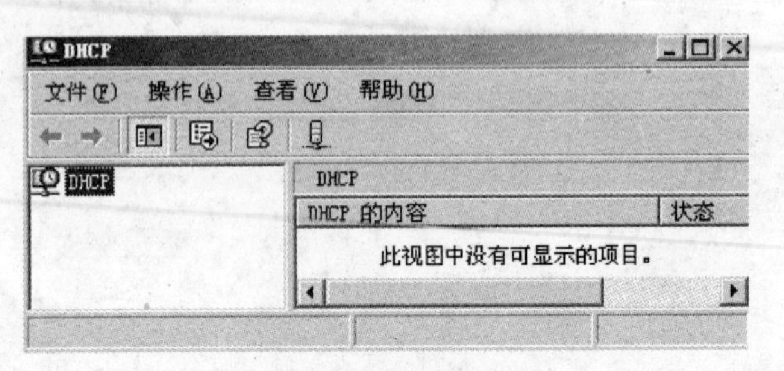

图 10-5 DHCP 控制台

步骤 2：如果 DHCP 控制台与服务器连接不成功，则需添加 DHCP 服务器。右击 DHCP 图标，选择“添加服务器”命令，打开“添加服务器”对话框，如图 10-6 所示。选择“此服务器”单选按钮，单击“浏览”按钮，在其中选择服务器。

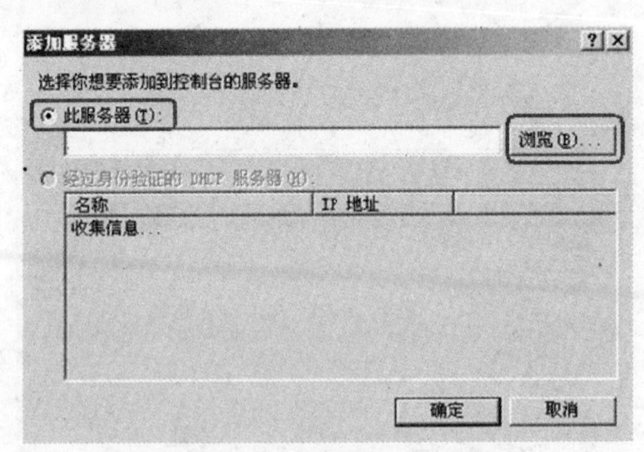

图 10-6 “添加服务器”对话框

步骤 3：单击“确定”按钮，出现如图 10-7 所示的添加结果。

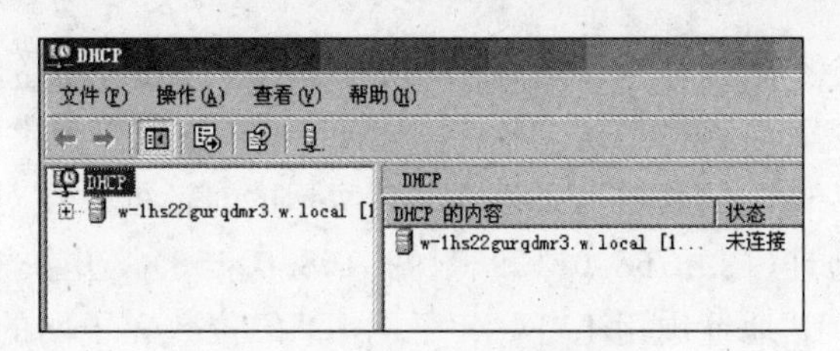

图 10-7　添加 DHCP 服务器后

任务 10-2-2　DHCP 服务基本配置

DHCP 服务基本配置：DHCP 服务添加后，要创建作用域、设置 IP 地址、租约期限等。

1. 创建作用域

步骤 1：在 DHCP 控制台中，右击 DHCP 服务器，从弹出的菜单中选择“新建作用域”命令(见图 10-8)，打开“新建作用域”向导。

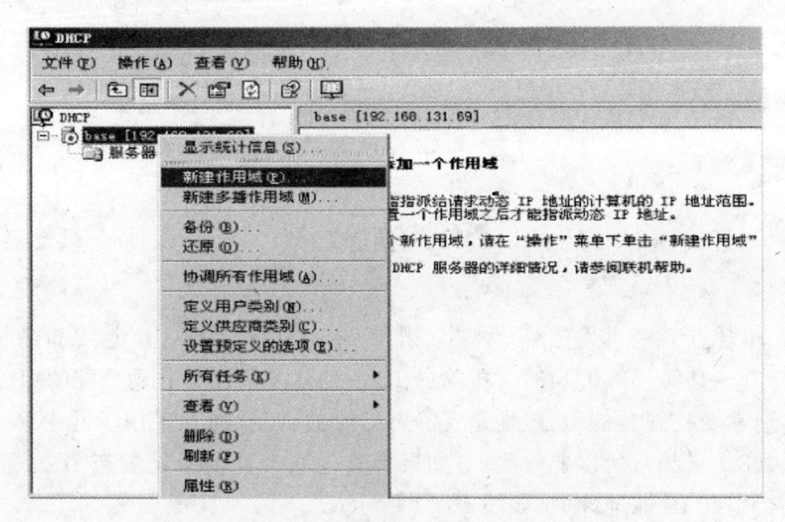

图 10-8　“新建作用域”菜单项

步骤 2：在新建作用域向导中，单击“下一步”按钮，弹出如图 10-9 所示的对话框。在这

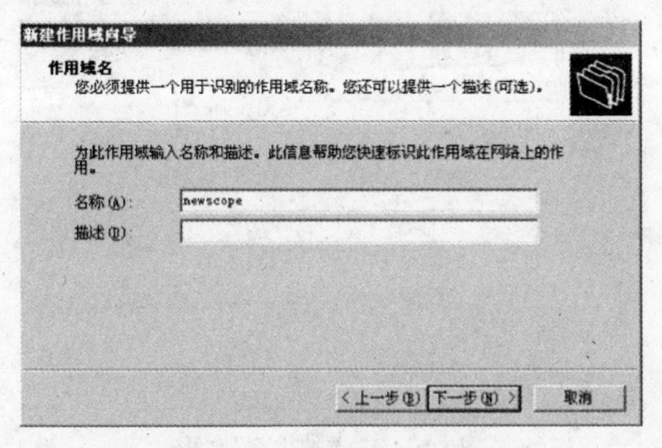

图 10-9　“作用域名”对话框

个对话框中要求输入一个新建作用域的名称，如 test、newscope，描述信息可填可不填，主要是帮助快速寻找作用域。填入作用域名称后，当“下一步”按钮变为黑色时，即可以使用了。

步骤 3：单击“下一步”按钮，打开如图 10-10 所示的对话框。在对话框中输入子网的起始 IP 地址和结束 IP 地址(192.168.0.129～192.168.0.158)。并在下面的“长度”和“子网掩码”项中设置该子网 IP 地址中用于“网络/子网 ID”的位数和子网的子网掩码。这个子网中，是用了 27 位作为网络/子网 ID 的，子网掩码为 255.255.255.224。

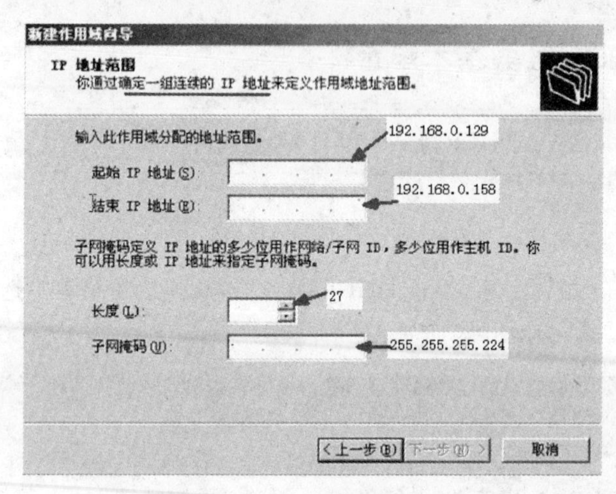

图 10-10 “IP 地址范围”对话框

注意：“长度”和“子网掩码”这两项是有关联的，不是随意的，如果配置错了，系统会自动修正。

步骤 4：单击“下一步”按钮，弹出“排除地址”对话框，指定要排除的 IP 地址(192.168.0.135～192.168.0.143)。排除的 IP 地址就是不用于自动分配的 IP 地址。这在一个子网中，通常域控制器的 IP 地址是要静态配置的，而且通常采用子网中第一个可用 IP 地址(如192.168.0.129)，所以要排除。(如果有其他服务器要采用静态 IP 地址，则也需排除在外，否则会引起 IP 地址冲突)如图 10-11 所示。

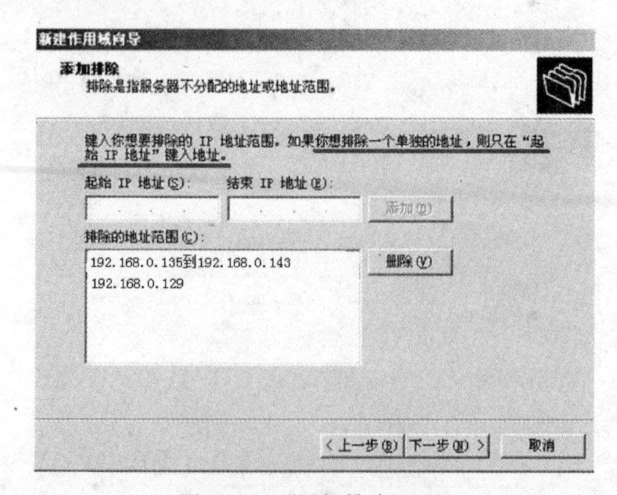

图 10-11 “添加排除”地址

步骤5：单击“下一步”按钮，弹出“租约期限”对话框，指定IP地址一次使用的期限。系统默认为8天，通常不用配置，如果这台服务器是为那些临时用户而配置，则可在此限制他们的使用时间(见图10-12)。

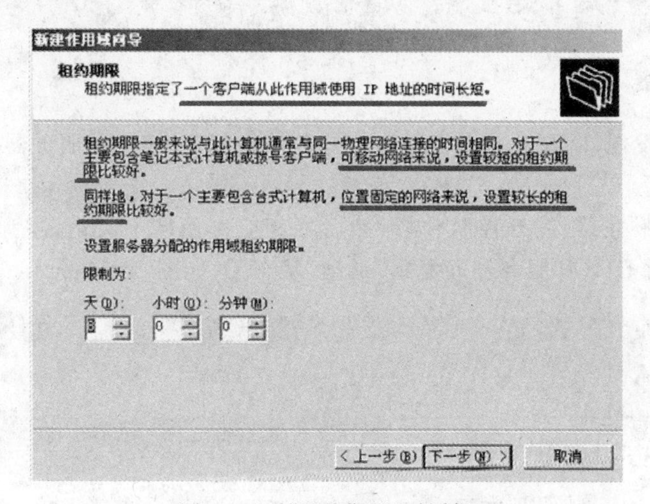

图10-12　“租约期限”对话框

步骤6：单击“下一步”按钮，弹出“配置DHCP选项”对话框(见图10-13)，选择是否现在配置DHCP选项。根据需要进行处理。一般可先不选，留到后面再配置。最常用的DHCP选项主要包括路由器(默认网关)地址(如果存在多个路由器，则IP地址列表最上面的优先级最高)、DNS服务器地址(DNS服务器IP地址：192.168.0.18；服务器名：test)。

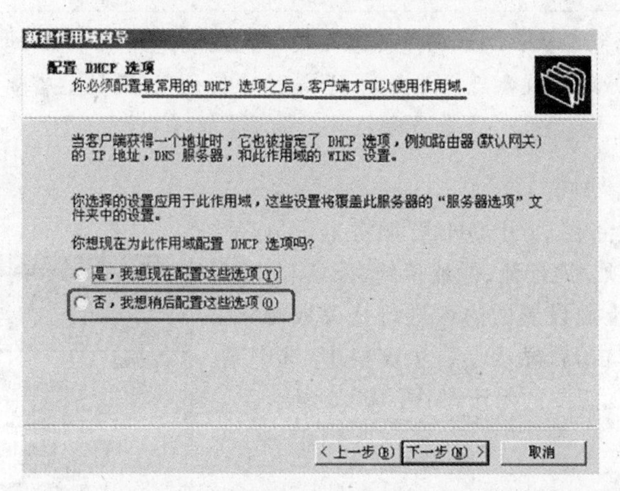

图10-13　“配置DHCP选项”对话框

步骤7：单击“下一步”按钮，弹出“作用域配置”对话框，完成“新建作用域”向导。单击“完成”按钮后返回到“管理你的服务器向导”对话框。单击“完成”按钮即完成DHCP服务器角色配置了。重新启动系统即可生效。

依次选择“开始”→“管理工具”→DHCP命令，打开DHCP服务器窗口，打开DHCP控制台。

注意：DHCP 作用域是 DHCP 服务器分配 IP 地址的单位，一般一个作用域对应一个子网。创建 DHCP 作用域的过程中可以设置作用域 IP 地址范围、不能分配的 IP 地址、与 DHCP 作用域集成的 DNS 服务器、WINS 服务器等内容。

2. 激活服务器

从图 10-7 可发现，DHCP 服务器前没有绿色箭头标识，表明该服务器处于未连接状态，也就是并没有激活。

双击 DHCP 服务器，展开控制台树，然后在相应作用域上右击，在弹出的菜单中选择“激活”命令。此时 DHCP 服务器即显示“活动”状态了，如图 10-14 所示。

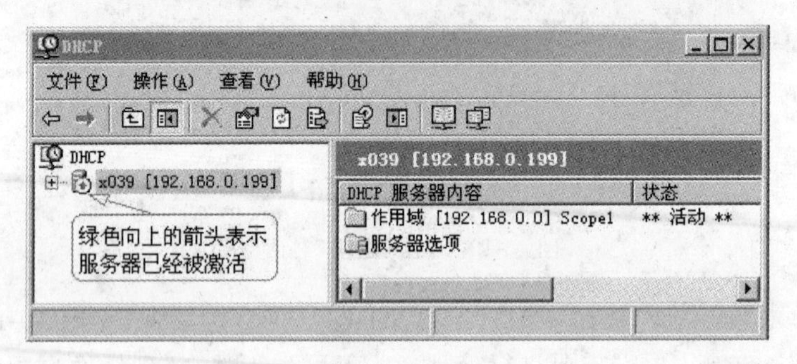

图 10-14　激活服务器

任务 10-2-3　DHCP 服务高级配置

DHCP 服务高级配置：DHCP 服务基本配置能满足地址池中 IP 地址的动态分配，但如果出现 IP 地址修改等现象就无法解决 IP 地址冲突的问题，这些需要高级配置来完成。

1. 管理作用域

在 DHCP 控制台中，展开 DHCP 服务器，可以看到“作用域”下有四项：地址池、地址租约、保留和作用域选项。如果要对上面设置的内容进行修改或删除，则选择相应项目，单击，就显示在右边窗格中，选中某一项，右击，就可实现想要的操作，如图 10-15 所示。

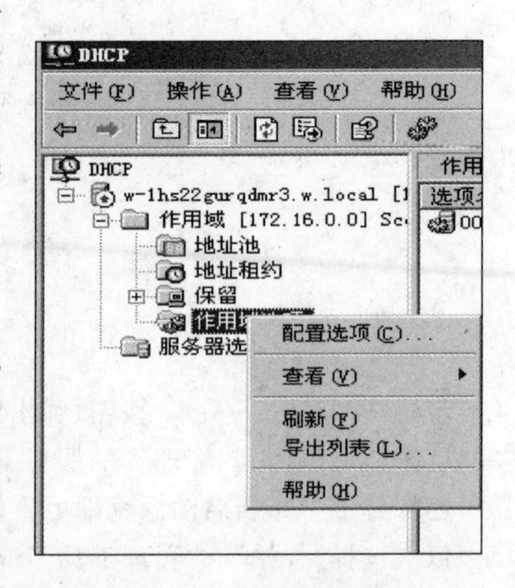

图 10-15　管理作用域框图

2. 保留地址

在网络管理的过程当中，经常会遇到一些用户私自更改 IP 地址，造成 IP 地址冲突，引起其他用户无法上网的情况，通常会采用 IP 地址与 MAC 地址绑定的策略来防止 IP 地址被盗用。在 DHCP 服务器中，通常的策略是保留一些 IP 地址给一些特殊用途的网络设备，如路由器、打印服务器等，如果客户机私自将自

己的 IP 地址更改为这些地址，就会造成这些设备无法正常工作。需要将这些 IP 地址与 MAC 地址进行绑定，来防止保留的 IP 地址被盗用。

为了某个特定的原因，计算机需要不变的 IP 地址，则要设置保留。保留其实就是把 IP 地址与 MAC 地址绑定。前面已经讲过使用 Ipcon/all 命令如何查看 MAC 地址。

步骤 1：单击“保留”项，右击，从弹出的菜单中选择“新建保留”命令，如图 10-16 所示。

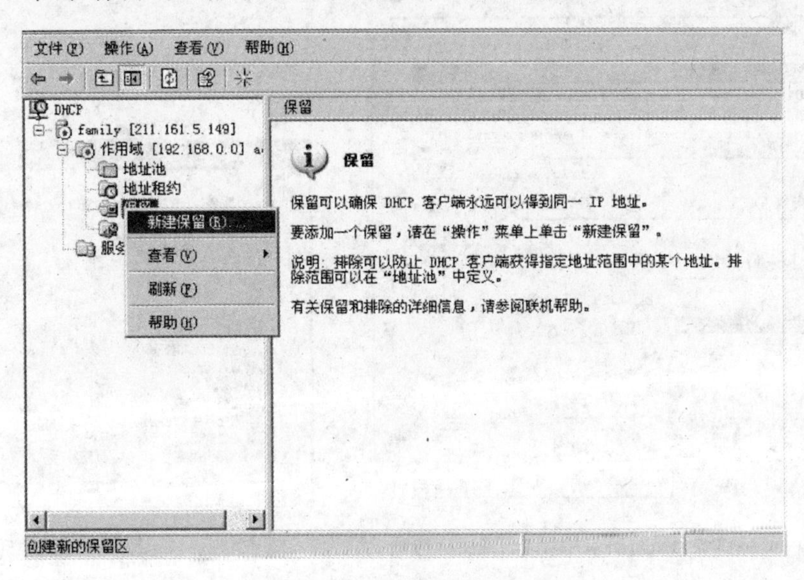

图 10-16　“新建保留”菜单项

步骤 2：单击“新建保留”按钮，弹出“新建保留”对话框(见图 10-17)，在文本框中输入保留名称、IP 地址、MAC 地址(用 Ipcon/all 命令查看需要绑定的 MAC 地址)，单击“添加”按钮，记录保存完毕后，单击“关闭”按钮，退出“新建保留”设置，则完成了 IP 地址的保留。

通过这些设置，就添加了一个 IP 地址与 MAC 地址绑定，不会出现该 IP 地址被盗用的情况了。

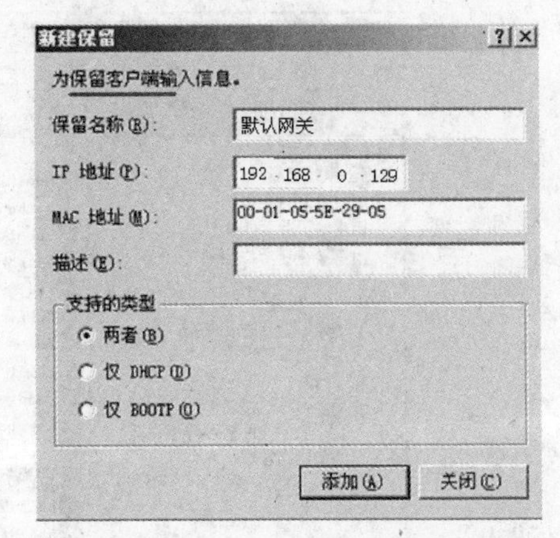

图 10-17　“新建保留”对话框

3. 设置 DHCP 选项

前面创建作用域时没有设置 DHCP 选项，右击“作用域 选项”，在弹出的菜单中选择“配置选项”，如图 10-18 所示，如“003 路由器”或“006DNS 服务器”等。完成设置后单击“确定”按钮，则完成了所选选项的配置。

该配置也可在“高级”选项卡中完成。

4. 管理用户

基于安全性的考虑，Windows 服务器操作系统都采用多用户管理方式，比较安全的做法是使用一个 Administrator 账户，新建一个权限较低的账户。在一般的操作状态下用权限较低的用户，避免因 Administrator 账户权限过高引起的误操作，使用这个权限较低的用户

来管理 DHCP 服务器。具体设置步骤如下。

步骤 1：在控制面板的管理工具中选择“计算机管理(本地)”，在打开的对话框中单击“本地用户和组”选项，如图 10-19 所示。

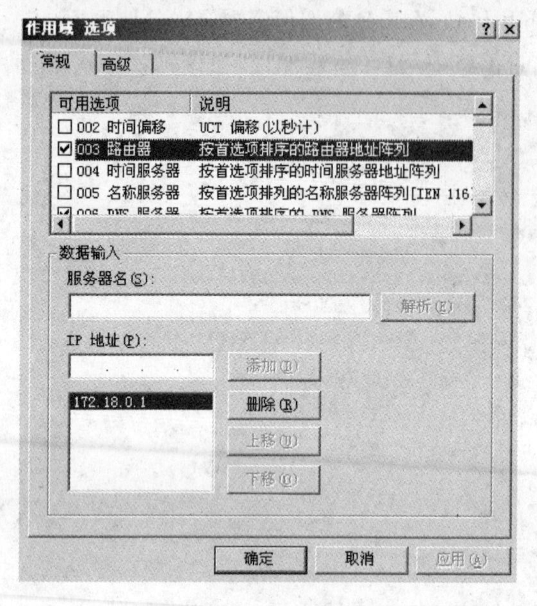

图 10-18 在“常规”选项卡中设置 DHCP 选项

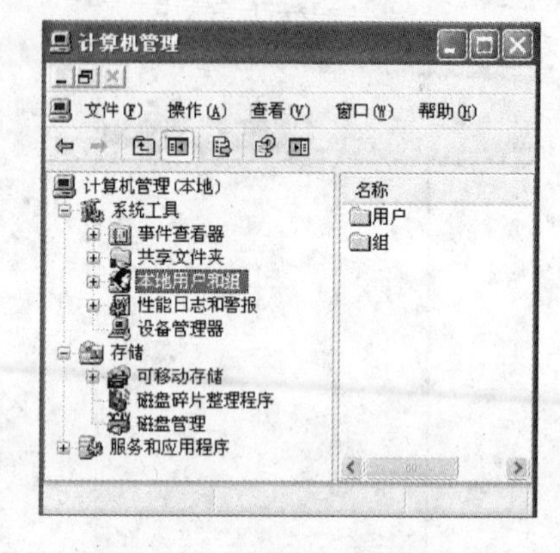

图 10-19 “计算机管理”对话框

步骤 2：建立一个权限较低的用户，如 new 用户，隶属于 users 用户组。

步骤 3：给新建用户增加对 DHCP 服务器的控制权限，打开组管理选项，在右侧的用户组中单击“DHCP Administrators”键值，如图 10-20 所示。

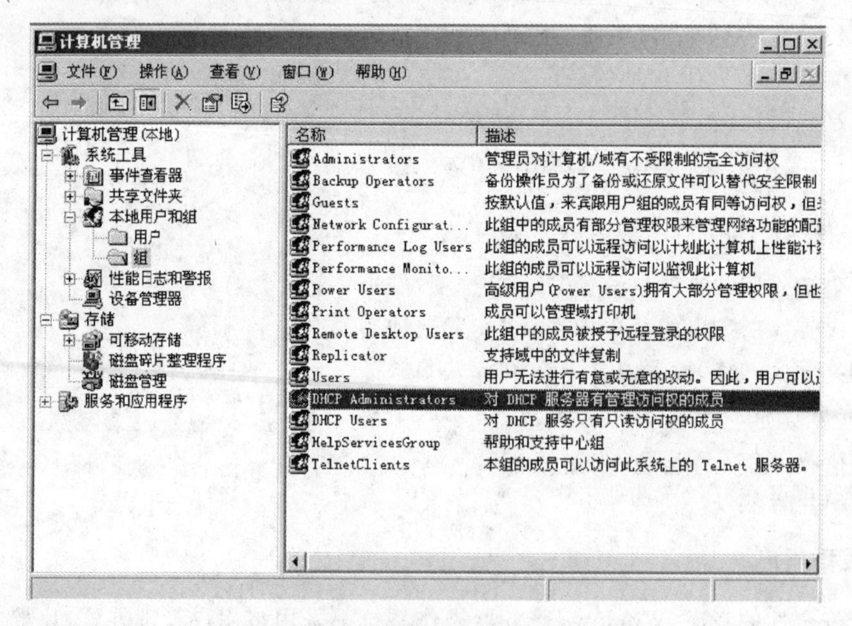

图 10-20 单击“DHCP Administrators”键值

步骤4：右击并选择“属性”命令，打开如图10-21所示“DHCP Administrators属性”对话框，单击“添加”按钮。

步骤5：将建立的new用户添加到DHCP管理员用户组，单击“确定”按钮，users组的new用户，就有了管理DHCP服务器的权限，如图10-22所示。

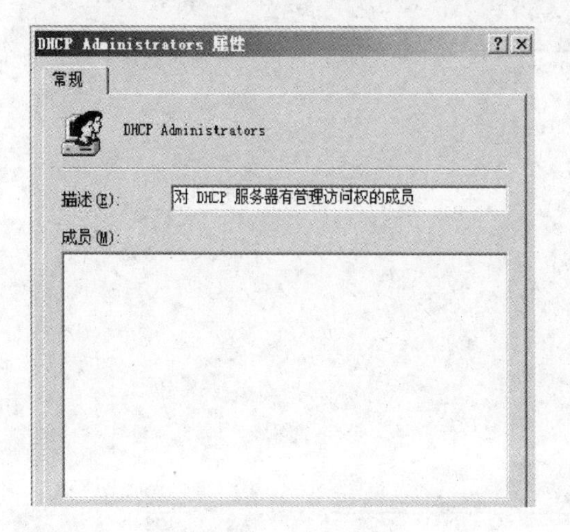

图10-21　“DHCP Administrators属性”对话框

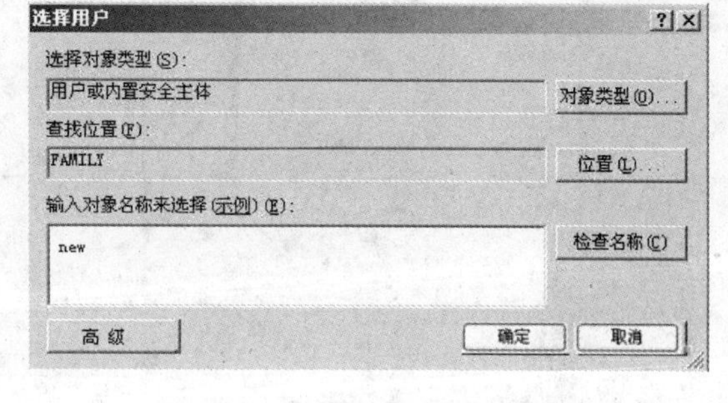

图10-22　添加管理用户

任务10-2-4　备份和还原DHCP

> 备份和还原DHCP：操作系统安装配置完成以后，首先就是备份操作系统，以便在系统遭到破坏或者出现故障时能够快速恢复。DHCP服务配置也一样，为了保障网络正常运行，DHCP配置完成后首先要进行备份。

在网络管理工作中，备份一些必要的配置信息是一项重要的工作，以便当网络出现故障时，能够及时恢复正确的配置信息，保障网络正常的运转。配置DHCP服务器也不例外，Windows 2003服务器操作系统中，提供了备份和还原DHCP服务器配置的功能。

1. 备份DHCP

步骤1：打开DHCP控制台，在控制台窗口中，展开DHCP选项，选择已经建立好的DHCP服务器，右击服务器名，选择“备份”命令，如图10-23所示。

步骤2：弹出一个要求用户选择备份路径的对话框。默认情况下，DHCP服务器的配置信息是放在系统安装盘的“windows\system32\dhcp\backup”目录下。如有必要，可以手动更改备份的位置。单击“确定”按钮后就完成了对DHCP服务器配置文件的备份工作，如图10-24所示。

2. 还原DHCP

当出现配置故障时，需要还原DHCP服务器的配置信息，右击DHCP服务器名，选择“还原”选项即可，同样会有一个确定还原位置的选项，选择备份时使用的文件夹，单击“确定”按钮，这时会弹出“关闭和重新启动服务”的对话框，单击“确定”按钮后，DHCP服务器

就会自动恢复到最初的备份配置，如图 10-25 所示。

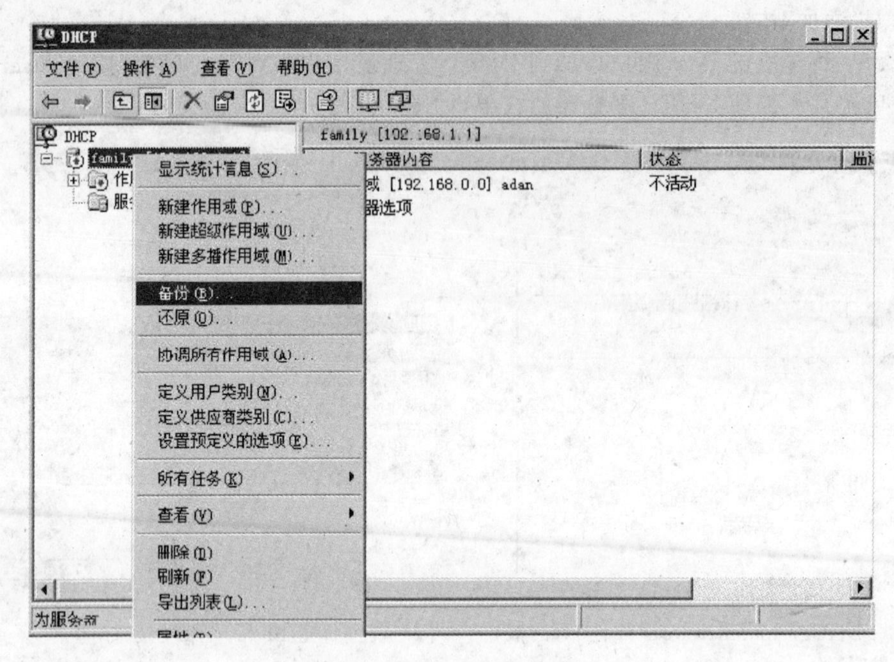

图 10-23 “系统属性”对话框

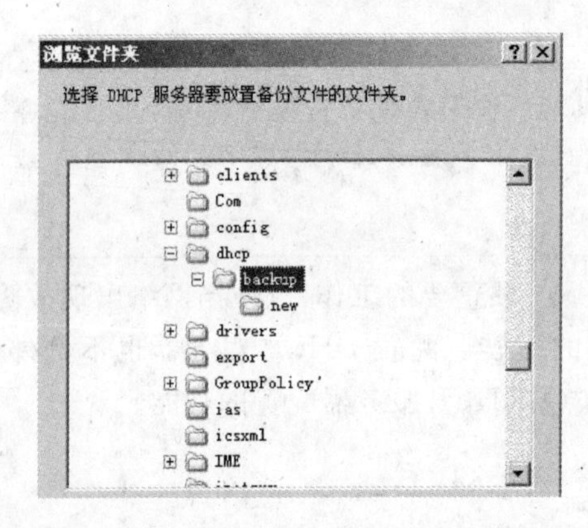

图 10-24 “浏览文件夹”对话框

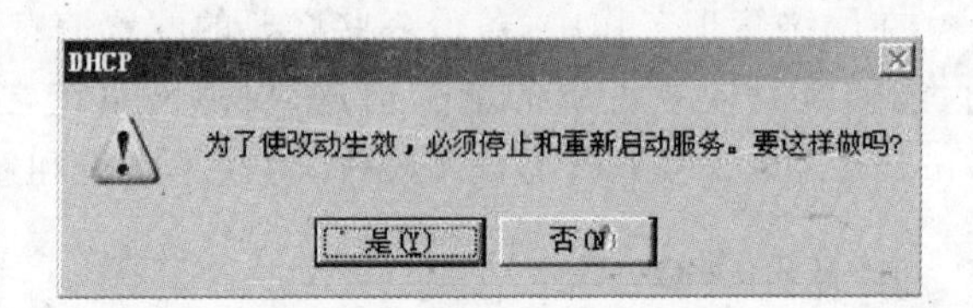

图 10-25 确定停止和重新启动 DHCP 服务

任务 10-3 配置 DHCP 客户端

DHCP 客户端配置比较简单，因为教务处部门的客户机都采用 Windows XP 操作系统，本任务以 Windows XP 计算机配置来说明 DHCP 客户端配置。

配置 DHCP 客户端：将使用 Windows XP 操作系统的计算机配置为 DHCP 客户端。

步骤 1：右击“网上邻居”图标，选择“属性”命令，在出现的对话框中右击“本地连接”图标，在出现的对话框中单击“Internet 协议(TCP/IP)”选项，单击“属性”按钮，如图 10-26 所示。

步骤 2：选择“自动获得 IP 地址”和“自动获得 DNS 服务器地址”单选按钮，如图 10-27 所示。

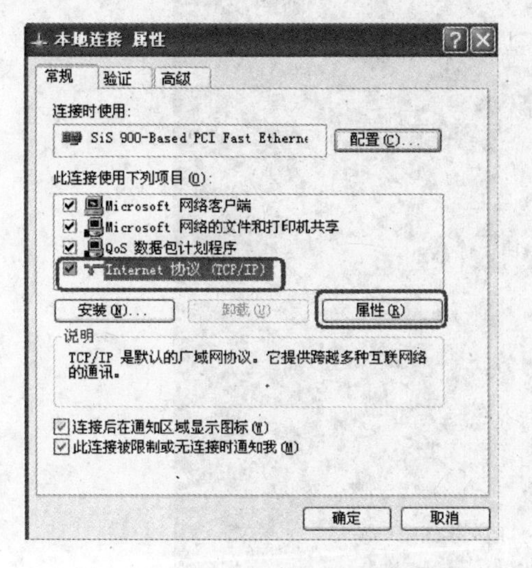

图 10-26　“本地连接 属性”对话框

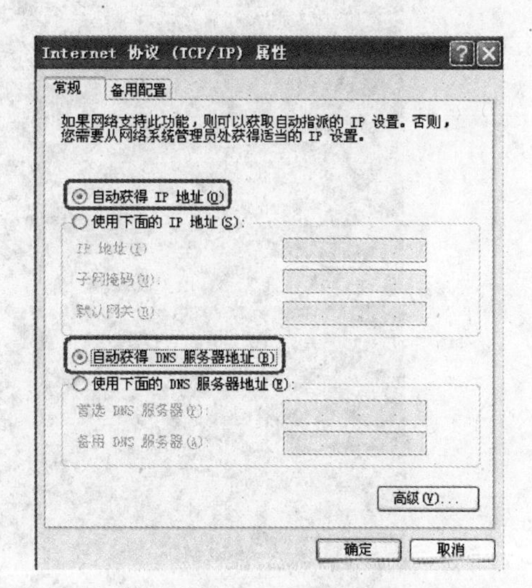

图 10-27　“Internet 协议(TCP/IP)属性”对话框

步骤 3：单击“高级”按钮，打开如图 10-28 所示的“高级 TCP/IP 设置”对话框，选择“IP 设置”选项卡。在“IP 地址”区域出现“DHCP 被启用”提示信息，表明客户机已经成功从 DHCP 服务器获得了 IP 地址和其他配置参数。单击“确定”按钮，配置完毕。

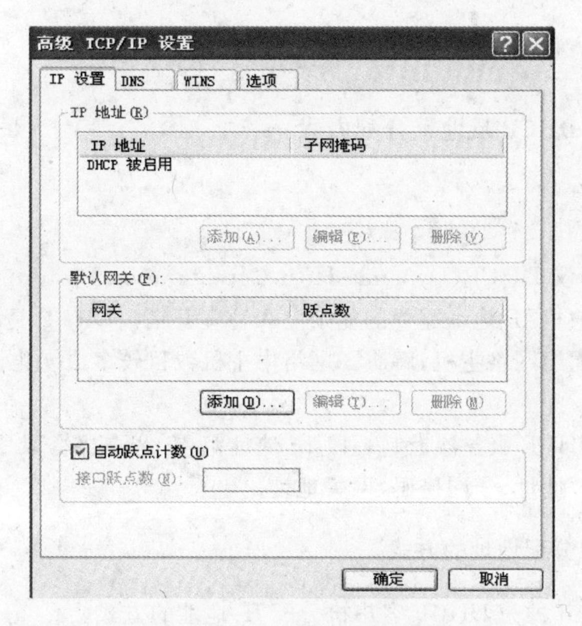

图 10-28　“IP 设置”选项卡

步骤 4：重新启动客户端计算机，依次单击“开始”→“运行”，打开“运行”文本框，在文本框中输入 CMD 命令，打开 MSDOS 命令窗口。在 MSDOS 提示符下输入 ipconfig/all 命令后按 Enter 键，显示如图 10-29 所示信息。从中可以查看客户机的 IP 地址、主机名、DHCP 服务器 IP 地址、租约期限等信息。

```
C:\WINDOWS\system32\CMD.exe
Microsoft Windows XP [版本 5.1.2600]
(C) 版权所有 1985-2001 Microsoft Corp.

C:\Documents and Settings\Administrator>ipconfig/all

Windows IP Configuration

        Host Name . . . . . . . . . . . . : 20090523 1006
        Primary Dns Suffix  . . . . . . . :
        Node Type . . . . . . . . . . . . : Unknown
        IP Routing Enabled. . . . . . . . : No
        WINS Proxy Enabled. . . . . . . . : No

Ethernet adapter 无线网络连接:

        Connection-specific DNS Suffix  . :
        Description . . . . . . . . . . . : Realtek RTL8187 Wireless 802.11g 54M
bps USB 2.0 Network Adapter
        Physical Address. . . . . . . . . : 00-15-AF-A3-71-4A
        Dhcp Enabled. . . . . . . . . . . : Yes
        Autoconfiguration Enabled . . . . : Yes
        IP Address. . . . . . . . . . . . : 192.168.1.100
        Subnet Mask . . . . . . . . . . . : 255.255.255.0
        Default Gateway . . . . . . . . . : 192.168.1.1
        DHCP Server . . . . . . . . . . . : 192.168.1.1
        DNS Servers . . . . . . . . . . . : 222.246.129.80
                                            59.51.78.210
        Lease Obtained. . . . . . . . . . : 2010年7月19日 星期一 16:49:15
        Lease Expires . . . . . . . . . . : 2010年7月19日 星期一 18:49:15

C:\Documents and Settings\Administrator>_
```

图 10-29　查看 DHCP 服务器设置情况

可通过在客户机上设置一个静态 IP 地址，然后重新使用 Ipconfig/all 命令查看 DHCP 是否生效。

【知识链接 1】 DHCP 及地址分配方式

1. DHCP

动态主机配置协议 DHCP(Dynamic Host Configuration Protocol)是一个 TCP/IP 标准，用于减少网络客户机 IP 地址配置的复杂度和管理开销。DHCP 是基于 C/S 模式的，能将 IP 地址动态地分配给网络主机，解决了网络中主机数目较多或变化比较大时手动配置的困难。

DHCP 是指由 DHCP 服务器控制一段 IP 地址范围，客户机登录服务器上就可以自动获取服务器分配的 IP 地址、子网掩码、网关地址。

2. DHCP 服务器分配地址的方式

DHCP 服务器有 3 种为 DHCP 客户机分配 IP 地址的方式。

(1) 手工分配

网络管理员在 DHCP 服务器上手动配置 DHCP 客户机的 IP 地址。当 DHCP 客户机要求网络服务时，DHCP 服务器把手工配置的 IP 地址传递给 DHCP 客户机。

(2) 自动分配

DHCP 客户机第一次向 DHCP 服务器租用到某个 IP 地址后就永久占用该地址，不会

再分配给其他客户机。

（3）动态分配

DHCP 客户机向 DHCP 服务器租用 IP 地址时，DHCP 服务器只是将某个 IP 地址暂时分配给客户机，租约一到期，客户机就释放这个地址，DHCP 服务器可将该 IP 地址重新分配给其他客户机。

【知识链接 2】 DHCP 工作原理

DHCP 客户机第一次登录网络主要通过 4 个阶段与服务器建立联系，具体工作如下。

（1）客户机寻找服务器阶段（见图 10-30）

初始化阶段 DHCP 客户机没有 IP 地址，也并不知道服务器的 IP 地址，所以用 0.0.0.0 作为源地址，255.255.255.255 作为目的地址，以广播的方式发送 DHCP discover 消息，网络上每一台装有 TCP/IP 协议的主机都会收到广播信息，但只有 DHCP 服务器才会做出响应。

（2）DHCP 服务器提供 IP 地址阶段（见图 10-31）

此时客户机仍然没有 IP 地址，DHCP 服务器在收到客户机的请求后，在未出租的 IP 地址中任选一个，附带子网掩码、IP 地址的有效时间及原来 DHCP discover 中携带的客户机的 MAC 地址等信息向客户机发出广播信息。

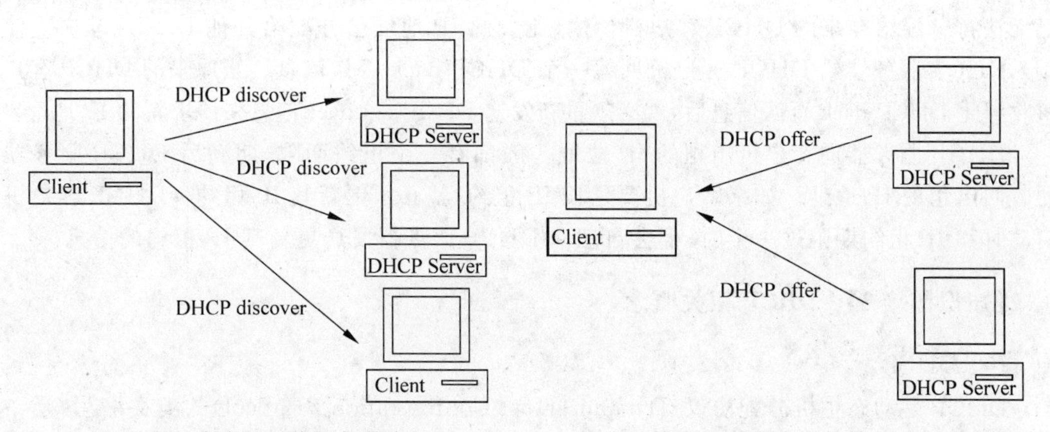

图 10-30　客户机寻找服务器阶段　　　图 10-31　DHCP 服务器提供 IP 地址阶段

（3）客户机选择 IP 地址阶段（见图 10-32）

如果有多台 DHCP 服务器向客户机发出 DHCP offer 信息，客户机只接收第一个 DHCP offer 提供的信息，为了通知所有服务器它所选择的 IP 地址，仍采用广播的方式发送 DHCP request 消息。

（4）DHCP 服务器确认提供 IP 地址阶段（见图 10-33）

当 DHCP 服务器接收到客户机的 DHCP request 信息之后，便向客户机发送一个包含它所提供的 IP 地址和其他设置的 DHCP ack 确认信息，告诉客户机可以使用它所提供的 IP 地址。然后 DHCP 客户机便将其 TCP/IP 协议与网卡绑定。另外，除 DHCP 客户机选中的服务器外，其他的 DHCP 服务器都将收回曾提供的 IP 地址。

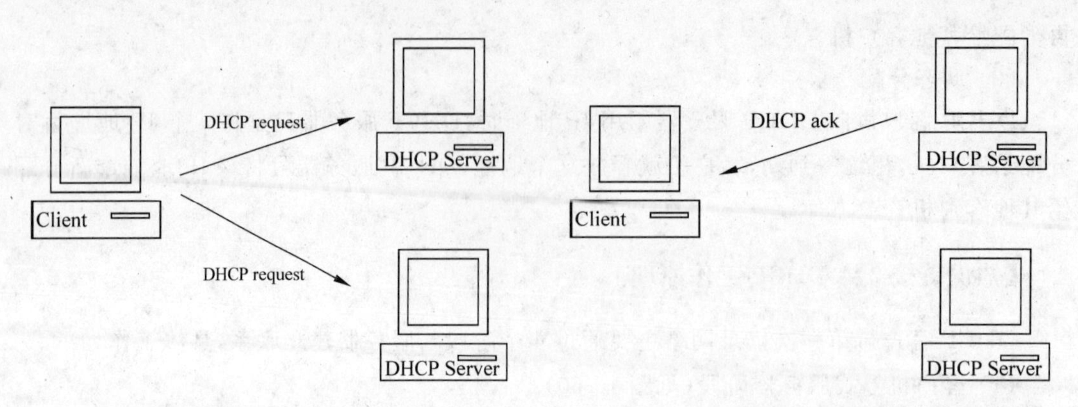

图 10-32　客户机选择 IP 地址阶段　　　图 10-33　DHCP 服务器确认提供 IP 地址阶段

注意：如果客户机经过上述过程未能从服务器端获得 IP 地址，就会使用自动私有 IP 地址配置（ARIPA，Automatic Private IP Addressing）169.254.0.1～169.254.255.254 中的一个。该方法可以保证没有 DHCP 服务器网络中的主机能正常通信。

客户机再次登录网络时，就不需再发送 DHCP discover 信息，而是直接发送包含前一次所分配 IP 地址的 DHCP request 请求信息。DHCP 服务器收到这一信息后会尝试让 DHCP 客户机继续使用原来的 IP 地址，并回答一个 DHCP ack 确认信息。如果此 IP 地址已无法再分配给原来的 DHCP 客户机使用（比如此 IP 地址已分配给其他 DHCP 客户机使用），DHCP 服务器给 DHCP 客户机回答一个 DHCP nack 否认信息。当原来的 DHCP 客户机收到此 DHCP nack 否认信息后，就必须重新发送 DHCP discover 信息来请求新的 IP 地址。

DHCP 服务器向客户机出租的 IP 地址一般都有一个租约期限，期满后 DHCP 服务器便收回出租的 IP 地址。如果客户机要延长 IP 租约，就必须更新其 IP 租约。DHCP 客户机启动时和 IP 租约期限过一半时，都会自动向 DHCP 服务器发送更新其 IP 租约的信息。

【知识链接 3】 DHCP 相关概念

（1）DHCP

DHCP 是动态主机分配协议（Dynamic Host Configuration Protocol）的英文缩写，是一个简化主机 IP 地址分配管理的 TCP/IP 标准协议。用户可以利用 DHCP 服务器管理动态的 IP 地址分配及其他相关的环境配置工作（如 DNS、WINS、Gateway 的设置）。

（2）作用域

作用域是一个网络中的所有可分配的 IP 地址的连续范围，主要用来定义网络中单一的物理子网的 IP 地址范围，是服务器用来管理分配给网络客户的 IP 地址的主要手段。

（3）超级作用域

超级作用域是一组作用域的集合，它用来实现同一个物理子网中包含多个逻辑 IP 子网。在超级作用域中只包含一个成员作用域或子作用域的列表。然而超级作用域并不用于设置具体的范围。子作用域的各种属性需要单独设置。

（4）排除范围

排除范围是不用于分配的 IP 地址序列。它保证在这个序列中的 IP 地址不会被

DHCP 服务器分配给客户机。

(5) 地址池

在用户定义了 DHCP 范围及排除范围后，剩余的地址构成了一个地址池，地址池中的地址可以动态地分配给网络中的客户机使用。

(6) 租约

租约是 DHCP 服务器指定的时间长度，当客户机获得 IP 地址时租约被激活后在这个时间范围内客户机可以使用所获得的 IP 地址。在租约到期前客户机需要更新 IP 地址的租约，当租约过期或从服务器上删除则租约停止。

疑难解析

疑难 1：为什么要使用 DHCP?

答：一方面是针对用户移动频繁，为了减轻网络管理员的负担。在使用 TCP/IP 协议的网络上，每一台计算机都拥有唯一的计算机名和 IP 地址。IP 地址(及其子网掩码)使用与鉴别它所连接的主机和子网，当用户将计算机从一个子网移动到另一个子网的时候，一定要改变该计算机的 IP 地址。如果采用静态 IP 地址的分配方法将增加网络管理员的负担，而 DHCP 可以让用户将 DHCP 服务器中的 IP 地址数据库中的 IP 地址动态地分配给局域网中的客户机，从而减轻了网络管理员的负担。

另一方面是为了节约 IP 地址资源。目前使用的 TCP/IP 协议采用 32 位二进制来表示网络中计算机的 IP 地址，随着 Internet 的迅猛发展，IP 地址已经匮乏，为了节约 IP 地址资源，只有在使用网络的时候才获取 IP 地址，在不使用网络时就释放 IP 地址供另外的用户选择，例如，通过 ADSL 等方法接入 Internet，会发现用户每次分配的 IP 地址都在变化，这就是应用了 DHCP。

疑难 2：要在一台服务器上分配 192.168.1.1～192.168.1.30 和 192.168.1.40～192.168.1.80 的地址，该如何设置动态分配的地址范围?

答：因为一台 DHCP 服务器只能针对一个子网设置一个 IP 作用域，所以分为两次创建作用域肯定会提示出错，提示已经创建了一个作用域。

只能够将创建作用域范围设置成 192.168.1.1～192.168.1.80，然后将中间不要的 192.168.1.31～192.168.1.39 的 IP 地址范围填入排除范围中，则可实现该操作。

课外拓展

【拓展任务】 超级作用域

为了便于管理，办公室客户端计算机采用动态分配 IP 地址，设置有 2 个作用域，一个为 net-in，另一个为北区地址，为了将两个作用域的 IP 地址资源由 DHCP 服务器统一支配，避免出现有的作用域 IP 地址资源不够，而另外作用域的 IP 地址资源根本没有租用而闲置的现象，决定将两个作用域绑定名为本地地址的超级作用域。

步骤 1：分别创建要添加到超级作用域上去的 net-in 和北区地址作用域。

步骤 2：右击 DHCP 服务器，从弹出的菜单中选择“新建超级作用域”命令，在出现的“新建超级作用域向导”对话框中单击“下一步”按钮。

步骤 3：打开如图 10-34 所示“超级作用域名”对话框，输入新建超级作用域名称。

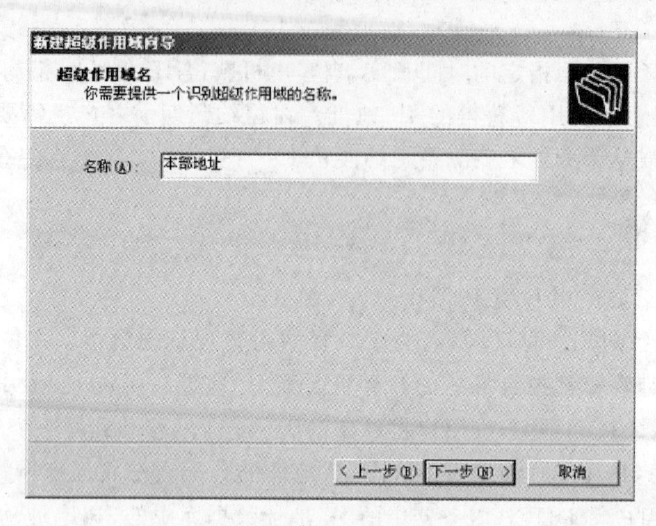

图 10-34 “超级作用域名”对话框

步骤 4：单击“下一步”按钮，弹出如图 10-35 所示的“选择作用域”对话框，选择需要加入超级作用域的作用域。按 Ctrl 键单击可选择多个作用域。

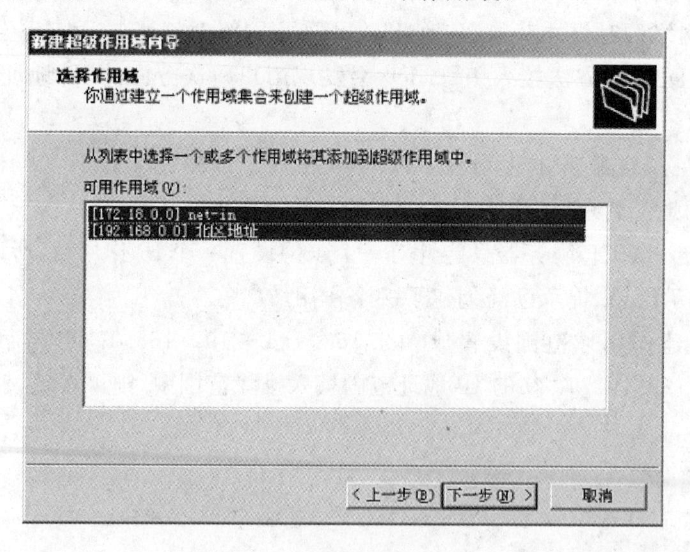

图 10-35 “选择作用域”对话框

步骤 5：单击“下一步”按钮，在弹出的新对话框中再单击“完成”按钮，显示如图 10-36 所示结果。

超级作用域是作用域的容器，由多个作用域组合而成。当创建的作用域较大时，系统会建议创建超级作用域。若要删除超级作用域，右击超级作用域，在弹出的菜单中选择“删除”命令。删除超级作用域仅仅只删除了超级作用域，而不删除其内的作用域。

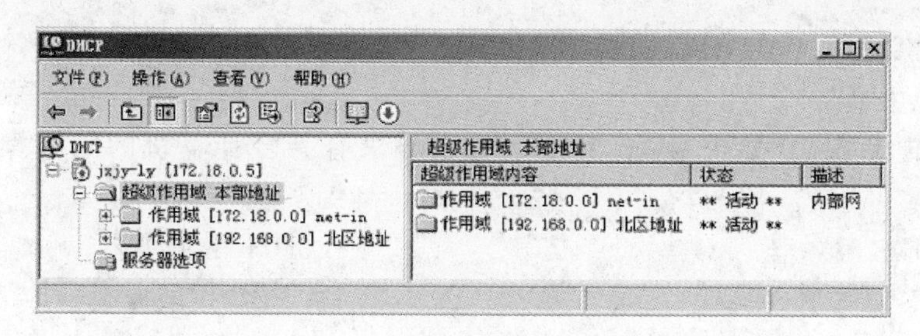

图 10-36　创建超级作用域后结果图

课后练习

一、填空题

1. ________服务器能够为客户机动态分配 IP 地址。

2. ________就是 DHCP 客户机能够使用的 IP 地址范围。

3. DHCP 是________的简称，用于网络中计算机________，是一个简化主机 IP 地址分配管理的 TCP/IP 协议标准。

4. DHCP 服务器安装好后并不是立即就可以给 DHCP 客户端提供服务，它必须经过一个________步骤。未经此步骤的 DHCP 服务器在接收到 DHCP 客户端索取 IP 地址的要求时，并不会给 DHCP 客户端分派 IP 地址。

5. DHCP 地址池配置如图 10-37 所示，请写出可用来分配的地址范围________。

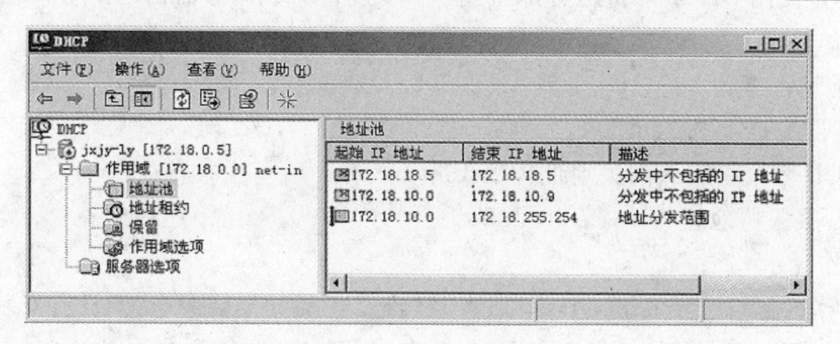

图 10-37　查看地址池

二、选择题

1. 下列 DHCP 服务器属性不可以在 DHCP 作用域中设定的是(　　)。

A. IP 地址　　B. DNS 服务器　　C. 网关地址　　D. 计算机名

2. 在安装 DHCP 服务之前，在 Windows Server 2003 的计算机上设置不对的是(　　)。

A. 静态 IP　　B. 动态 IP　　C. 子网掩码　　D. 网关

3. 使用“DHCP 服务器”功能的好处是(　　)。

A. 降低 TCP/IP 网络的配置工作量

B. 增加系统安全与依赖性

C. 对那些经常变动位置的工作站 DHCP 能迅速更新位置信息

D. 以上都是

4. 要实现动态 IP 地址分配，网络中至少要求有一台计算机的网络操作系统中安装(　　)。

A. DNS 服务器　　B. DHCP 服务器

C. IIS 服务器　　D. PDC 主域控制器

5. 以下关于 DHCP 技术特征的描述中，错误的是(　　)。

A. DHCP 是一种用于简化主机 IP 地址配置管理的协议

B. 在使用 DHCP 时，网络上至少有一台 Windows 2003 服务器上安装并配置了 DHCP 服务，其他要使用 DHCP 服务的客户机必须配置 IP 地址

C. DHCP 服务器可以为网络上启用了 DHCP 服务的客户端管理动态 IP 地址分配和其他相关环境配置工作

D. DHCP 降低了重新配置计算机的难度，减少了工作量

6. 下列关于 DHCP 的配置的描述中，错误的是(　　)。

A. DHCP 服务器不需要配置固定的 IP 地址

B. 如果网络中有较多可用的 IP 地址并且很少对配置进行更改，则可适当增加地址租约期限长度

C. 释放地址租约的命令是 ipconfig/release

D. 在管理界面中，作用域被激活后，DHCP 才可以为客户机分配 IP 地址

三、操作题

1. 某单位使用 DHCP 服务器分配 IP 地址，配置 DHCP 服务器创建作用域的要求如下。

(1) 操作要求

① IP 地址范围为 192.168.1.1～192.168.1.255。

② 服务器地址 192.168.1.1。

③ DHCP 客户端默认网关地址 192.168.1.255。

④ DNS 服务器地址为 192.168.1.88。

(2) 操作提示

查看计算机是否已经安装 DHCP 服务，已经安装就可直接操作，如没有安装要先安装。

① 在 DHCP 控制台中右击 DHCP，在弹出的菜单中选择“添加服务器”命令。

② 在“连接服务器”对话框的“此服务器”框中输入 DHCP 服务器名称或 IP 地址，单击“确定”按钮。

③ 右击新添加的服务器，在弹出菜单中选择“新建作用域”命令，按照向导完成各项操作。

④ 右击新建的作用域，在弹出菜单中选择“激活”命令，激活新建的作用域。

⑤ 在作用域中查看各项是否配置正确。

⑥ 配置 DHCP 客户端，用 Ipcongfig/all 检查各项的设置。

2. 完成 1 个 DHCP 服务器配置，使其可以出租的 IP 地址为 192.168.0.1～192.168.0.100(但不含有 192.168.0.10～192.168.0.19 范围内的 IP 地址)，另外，将 192.168.0.1 保留给 MAC 地址为 00-c0-9f-21-5c-06 的服务器。

项目11 即时通信

即时通信(Instant Messenger,IM)是指能够即时发送和接收互联网消息等业务。随着功能的不断丰富,即时通信已不再是一个单纯的聊天工具,逐渐集成了电子邮件、博客、音乐、电视、游戏和搜索等多种功能。即时通信已经逐步发展成集交流、资讯、娱乐、搜索、电子商务、办公协作和企业客户服务等为一体的综合化信息平台。目前,微软、AOL、Yahoo 等重要即时通信提供商都提供通过手机接入互联网即时通信的业务,用户可以通过手机与其他已经安装了相应客户端软件的手机或计算机收发消息。

教学导航

【内容提要】

即时通信是互联网时代人们不可缺少的一个综合化信息平台。即时通信工具种类非常多,比较常见的包括 QQ、淘宝旺旺、百度 hi、E 话通、UC、商务通等,其中微软的 MSN 和腾讯的 QQ 尤为突出,本项目主要介绍这两大工具的使用。

【知识目标】

- 了解即时通信的概念和功能。
- 了解即时通信工具的种类。
- 了解即时通信工具的工作原理和应用。

【技能目标】

- 学会下载安装即时通信工具的方法。
- 熟悉即时通信工具的使用方法。
- 熟练应用即时通信工具软件实现相关应用。

【教学组织】

- 每人一台计算机,保证网络畅通。

【考核要点】

- 利用即时通信工具实现文件共享。
- 实现语音聊天、视频聊天。
- 查找、添加联系人。
- 查看信件。

【准备工作】

安装好操作系统、配置好网络的计算机;通畅的网络。

💻【参考学时】

4 学时(含实践教学)。

项目描述

李勇在与同学和朋友交流学习的过程中发现,利用电子邮件沟通速度比较慢,而且需要一个等待过程,有时在悟到一些操作技巧或者遇到不懂的问题时无法与朋友及时交流,耽误了技术的提升,他希望能够充分利用即时通信工具,在第一时间解决沟通问题。

项目分解

仔细分析该项目后发现,李勇同学所面临的问题是:

(1) 当前使用的交流工具阻碍了他的学习进程。

(2) 所使用的工具需要满足及时、迅速、快捷,最好能面对面沟通。

因此,李勇同学想要使用即时通信工具解决目前的问题,当前应用比较广泛的即时通信工具主要是腾讯 QQ 和微软的 MSN,需要具体执行的主要任务如表 11-1 所示。

表 11-1 执行任务情况表

任务序号	任 务 描 述
任务 11-1	腾讯 QQ 即时通信工具的应用
任务 11-2	微软 MSN 即时通信工具的应用

任务实施

李勇发现很多人在无聊的时候使用腾讯 QQ 工具搜索陌生人,随便加个人聊聊天,以解寂寞;而许多公司的白领则使用 MSN 进行业务洽谈,不会受到陌生人的打扰。使用这些工具就仿佛是面对面地交流,什么问题立即就能说清楚,非常方便。

任务 11-1　腾讯 QQ 即时通信工具的应用

腾讯 QQ 是国内最早的即时通讯软件,用户比较多,连接稳定,数据传输速度快,功能强大,可以实现语音视频聊天、在线和离线文件传输、文件共享等,方便朋友联络和工作。

任务 11-1-1　QQ 应用准备

> 应用准备:要使用 QQ 即时通信工具,首先需要下载并安装好该软件,然后注册申请一个 QQ 账号。

步骤 1：下载 QQ 软件。

打开 IE 浏览器，在 URL 地址栏中输入 http://im.qq.com/qq/，打开 QQ 官方网站页面，单击“下载”按钮即可获得最新发布的 QQ 正式版本。

步骤 2：安装 QQ 软件。

(1) 找到下载的 QQ 软件版本，如 ，双击该图标，弹出“腾讯 QQ2010 安装向导”对话框，如图 11-1 所示。在出现的《腾讯 QQ 用户协议》中选择“我已阅读并同意软件许可协议和青少年上网安全指引”复选框。

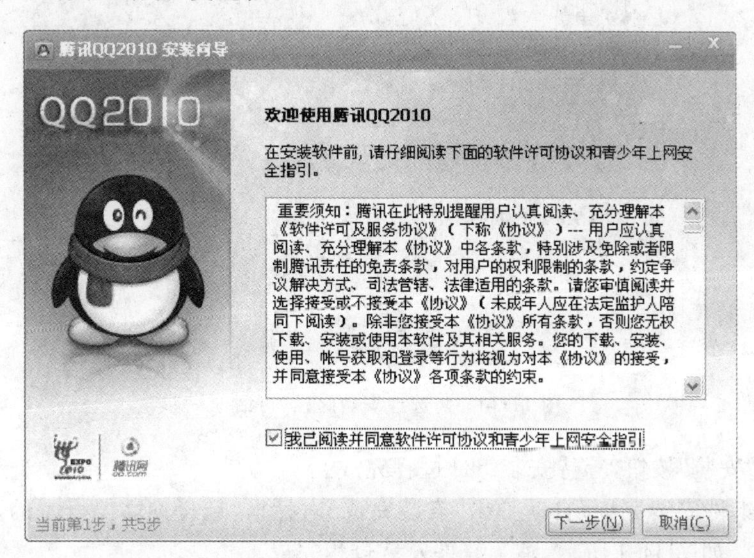

图 11-1 “腾讯 QQ2010 安装向导”对话框

(2) 单击“下一步”按钮，弹出“请选择自定义安装选项与快捷方式选项”对话框，选择需要安装的选项，如图 11-2 所示。

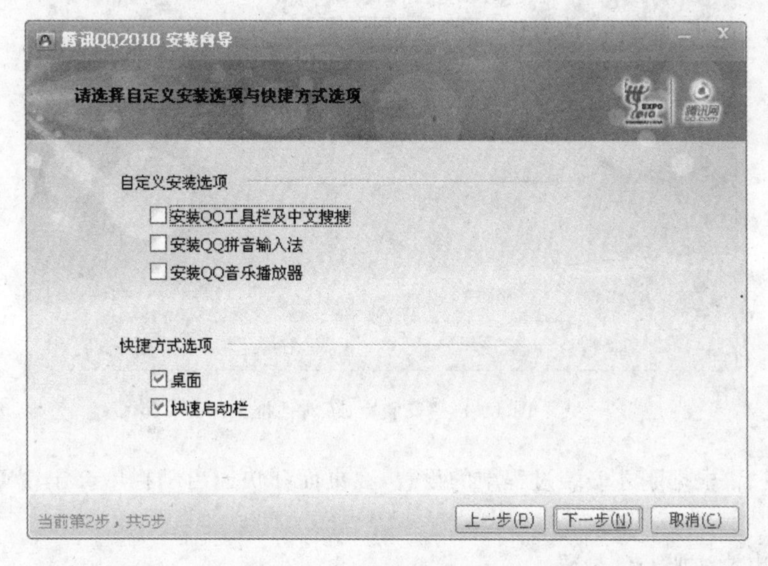

图 11-2 “请选择自定义安装选项与快捷方式选项”对话框

(3) 单击“下一步”按钮，弹出“请选择安装路径”对话框，如图 11-3 所示。程序安装目录可使用系统默认的目录，也可单击“浏览”按钮自己选择相应的安装目录；个人文件夹的设置同样可以使用默认项“保存到安装目录下”，也可以选择其他的单选项。

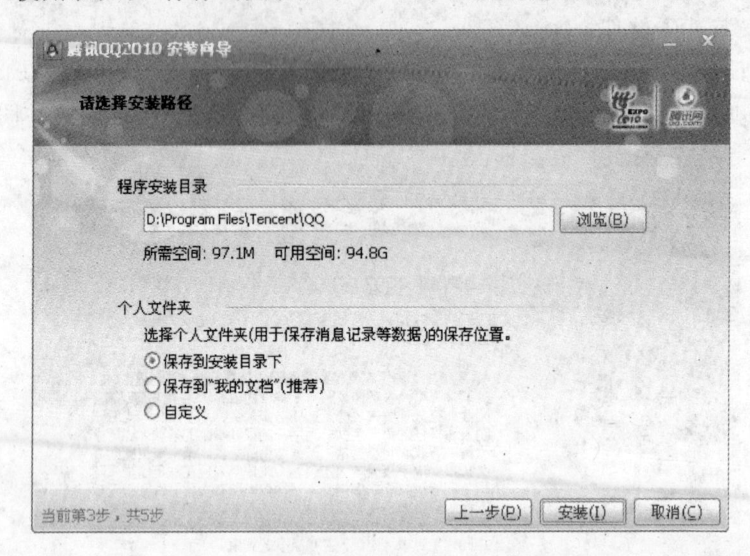

图 11-3 “请选择安装路径”对话框

(4) 单击“安装”按钮，等待安装组件进程完成。

(5) 所有组件安装完毕，自动弹出“安装完成”对话框，选择你需要设置的复选框项，单击“完成”按钮。如图 11-4 所示，整个软件安装过程完成。

图 11-4 “安装完成”对话框

安装完成后，根据刚才安装过程中的设置，在桌面和快速启动栏中会出现 QQ 标识(一只小企鹅)。

步骤 3：申请注册 QQ 号码。

使用 QQ 即时通信工具，需要申请一个 QQ 号码。具体操作步骤如下：

（1）双击QQ标识，弹出如图11-5所示的QQ2010对话框。

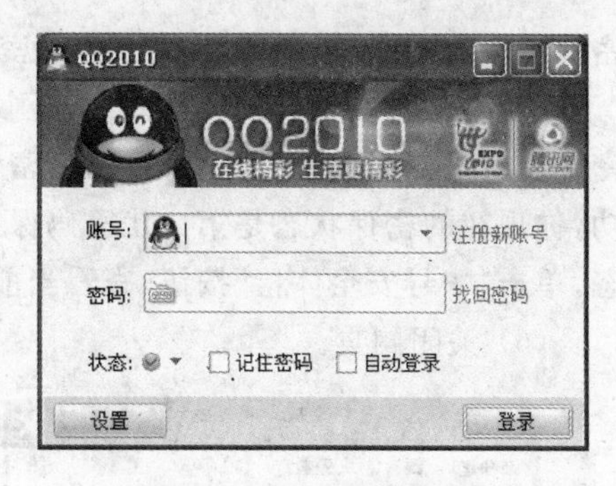

图11-5　QQ2010对话框

（2）单击账号文本框右侧的“注册新账号”超链接，打开如图11-6所示的“申请QQ账号-Microsoft Internet Explorer”的网页，选择申请免费QQ号码、QQ行号码、靓号地带号码等需要的号码服务。本项目以申请免费账号为例，申请免费的QQ号码，也可直接进入QQ号码申请的页面http://freeqqm.qq.com/申请。

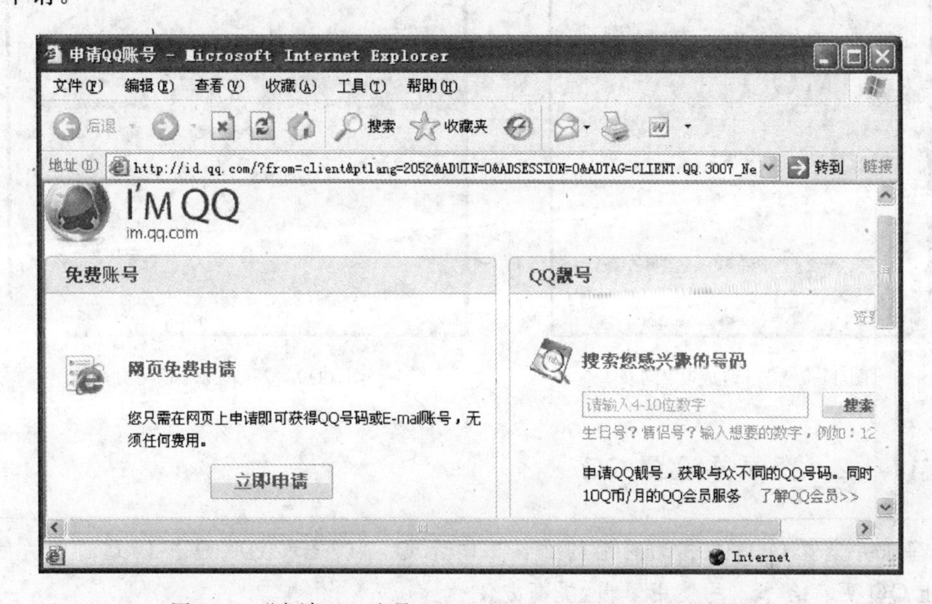

图11-6　“申请QQ账号-Microsoft Internet Explorer”的网页

（3）单击“免费账号”下的“立即申请”按钮，打开如图11-7所示“选择QQ账号类型”的网页，选择QQ号码或者E-mail账号，两者只是表现形式的不同，前者以数字表示，是经典账号，后者以E-mail形式登录，使用功能没有什么差别。

图11-7　“选择QQ账号类型”网页

（4）单击希望申请的QQ号码类型，填写必要的信息后单击“确定”按钮，则号码申请成功，如图11-8所示。

（5）当前申请的号码处于未保护状态，为了防止盗号，保证QQ号码安全，需要申请保护，单击上图中的“立即获取保护”按钮，进入登录页面，输入刚才申请的QQ号码和设置的密码登录，进入如图11-9所示的“我的密保”页面。在此页面中，单击“现在升级”按钮，在“密保问题”和“密保手机”中任选一种

密保手段。单击“下一步”按钮，进入密保问题填写页面，填写三个密保问题和答案。单击“下一步”按钮，在打开的页面中回答刚才你设置的问题。回答完毕单击“下一步”按钮，填入密保手机号码。单击“下一步”按钮，密保问题设置成功，出现“密保问题和密保手机设置成功，你现在的密保状态是第二代密码保护”的提示信息，说明本号码处于第二代密码保护状态，单击“账号安全体检”按钮，查看当前账号的安全状态。

(6) 关闭网页。

图 11-8 “申请成功”网页

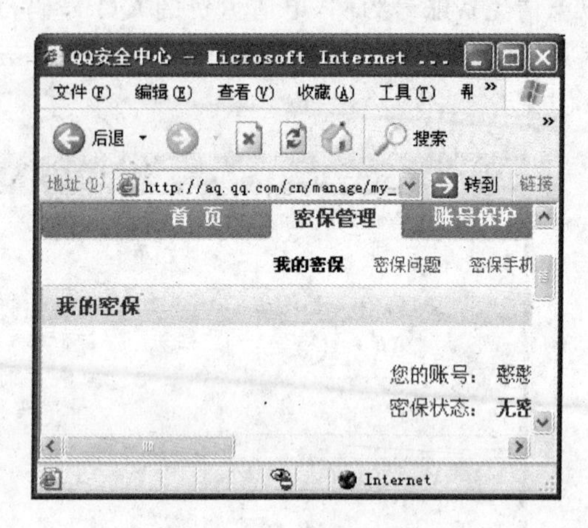

图 11-9 “我的密保”网页

任务 11-1-2 登录并设置 QQ

> 登录并设置 QQ：在做好前面的准备工作后，就可以登录使用 QQ 了，通过相关的设置，让 QQ 更符合个人的使用习惯，提高方便性。

步骤 1：登录 QQ。

双击桌面 QQ 标识，打开登录 QQ 界面，分别在“账号”和“密码”文本框中输入相应的内容，单击“登录”按钮。如果在桌面右下角工具栏中显示 的图标，表明该号码登录成功。

步骤 2：设置 QQ。

(1) 设置在线状态

右击桌面右下角工具栏中的 图标，打开如图 11-10 所示的 QQ 在线状态图，选择用户需要设置的状态。“我在线上”表示希望好友看到我在线；“Q 我吧”表示希望好友主动联系你；“离开”表示离开暂时无法处理消息；“忙碌”表示忙碌不会及时处理消息；“请勿打扰”表示不想被打扰；“隐身”表示好友看到你是离线的，不过你能正常收到好友的即时消息；“离线”表示断开与服务器的连接。

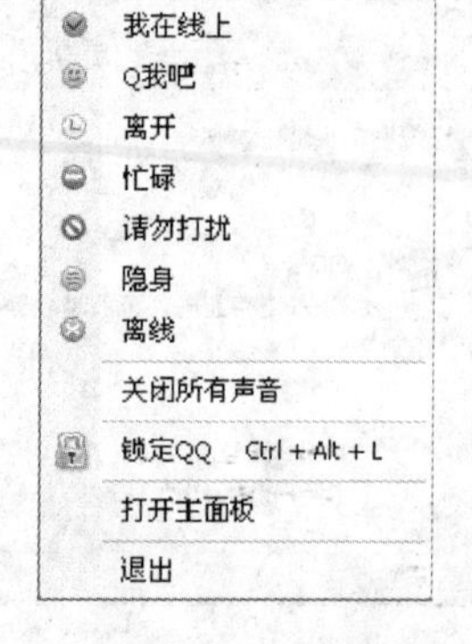

图 11-10 QQ 在线状态图

(2) 系统设置

在 QQ 面板的下方找到 图标并单击，弹出如图 11-11 所

示的“系统设置”对话框，分别单击左边窗格中的“基本设置”、“状态和提醒”、“好友和聊天”、“安全和隐私”各项，打开对各自具体的内容进行设置，设置完毕，单击“应用”、“确定”按钮使设置生效。

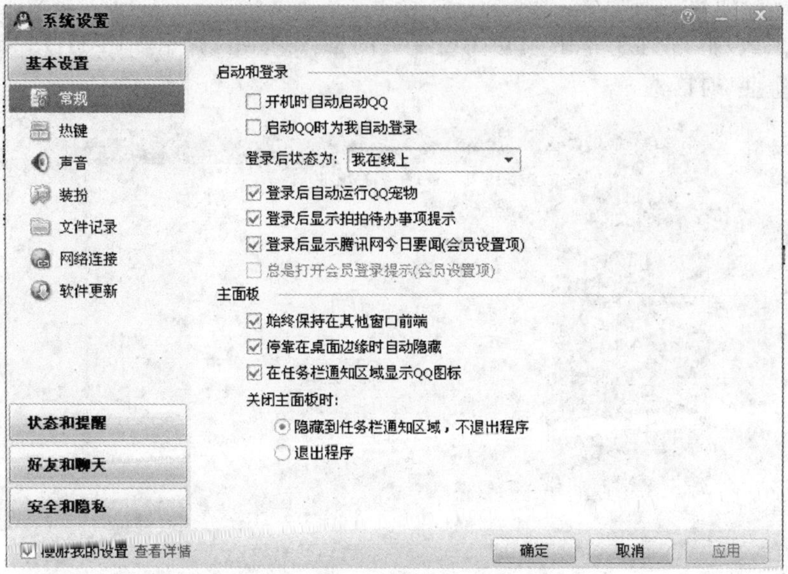

图 11-11　“系统设置”对话框

（3）面板设置

QQ 面板上有很多的图标，但并不是每项功能都会用到，那么可以把不常用的功能项隐藏起来，让面板更简洁。

单击面板左侧的图标，弹出如图 11-12 所示的“界面管理器”对话框，单击“侧边栏”选项卡，选择需要在侧边栏中显示图标前的复选框。另外，选中某个显示项，如“世博频道”，右

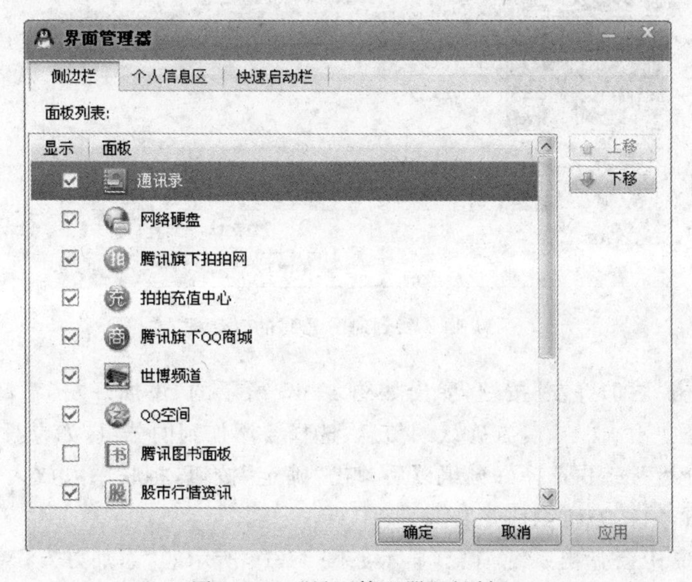

图 11-12　“界面管理器”对话框

边的“上移”、“下移”按钮则显示为黑色，表明可操作，单击“上移”按钮则“世博频道”项往上移动一个位置。“个人信息区”和“快速启动栏”选项卡的设置与“侧边栏”选项卡的设置相同。设置完毕，单击“应用”、“确定”按钮使设置生效。

(4) 查找添加和管理好友

查找联系人/群/企业：单击 QQ 面板下方的 查找 按钮，弹出如图 11-13 所示的“查找联系人/群/企业”对话框。

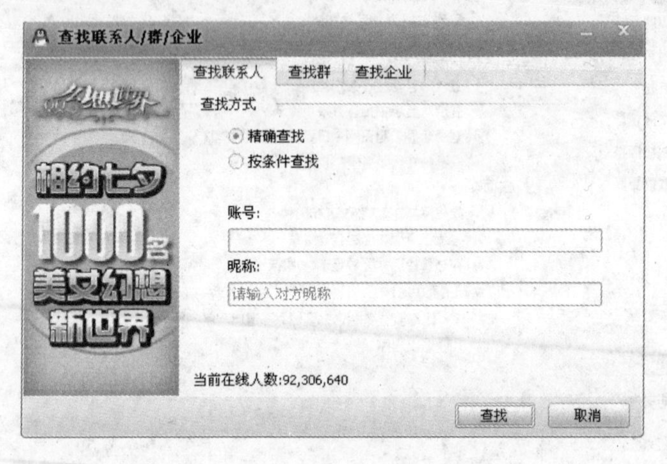

图 11-13 “查找联系人/群/企业”对话框

如果知道对方的 QQ 号码，则可单击“精确查找”单选项，在“账号”文本框中输入对方的账号，单击“查找”按钮，弹出找到对方号码的对话框(见图 11-14)。

图 11-14 找到对方号码的对话框

在上图中单击“添加好友”按钮，弹出如图 11-15 所示的“添加好友”对话框，在“请输入验证信息”文本框中输入能让对方确认的信息，选择要添加到的分组，如果没有相应的分组，则可单击“新建分组”按钮，选择好分组以后单击“确定”按钮，将联系人放入分组中。“备注姓名”可填可不填，用来方便识别好友。

在对方的 QQ 中会弹出系统消息，显示如图 11-16 所示的“添加好友”对话框，选择“同意并添加对方为好友”单选项，单击“确定”按钮。然后填写“备注名称”和“分组”选项，单击

“确定”按钮。则对方显示成功添加好友的信息。单击“完成”按钮，则对方已将你添加为好友了。

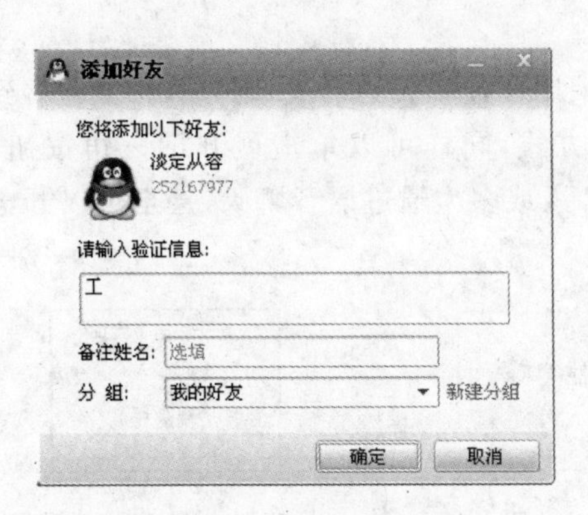

图 11-15　“添加好友”对话框

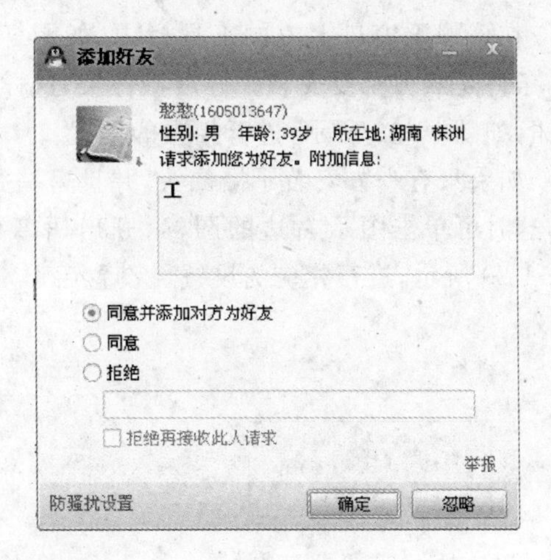

图 11-16　对方“添加好友”对话框

同时会有系统消息提示：对方已成功将您添加为好友。你单击“完成”按钮后，整个好友的查找和添加过程就已完成。

(5) 发送即时消息设置

与好友聊天是 QQ 最基本的功能，操作很简单。在 QQ 好友列表中，双击好友头像，打开如图 11-17 所示的聊天窗口，在下面窗格中输入文本信息，可单击 A 按钮设置字体大小等，另外可在文本信息后加入表情等信息增强文字的表现力，然后单击“发送”按钮(见图 11-17)即可将信息发送到对方，在上面的窗格中显示你所发送的信息内容。

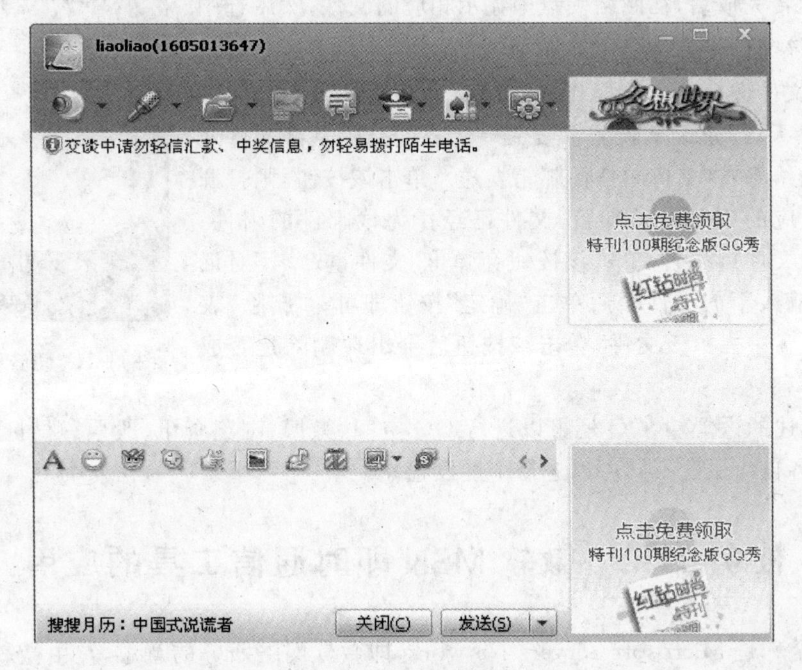

图 11-17　发送消息

为了加快聊天速度或者聊天方便，单击“发送”按钮右侧的下三角按钮，在发送消息时可设置发送的快捷键，如图 11-18 所示，选择合适的发送方式。

在该聊天窗口上方的工具栏中，如图标 所示，单击左边的按钮可实现视频聊天，条件是双方都要安装并开启摄像头，这样双方才能相互看到对方，并且可以单击下三角按钮，如图 11-19 所示，进行相应的设置。

如果只有一方安装了摄像头，并且另一方也采用视频聊天的形式，则只有一方能看到对方，这时可单击图示右边的图标，开启语音聊天方式，同样可以单击展开下三角按钮，如图 11-20 所示，进行相应的设置。设置后可实现 2 人或多人通过语音聊天，甚至可以开电话会议。

按Enter键发送消息
按Ctrl+Enter键发送消息
消息发送后关闭窗口

图 11-18　发送消息方式设置

开始视频会话
给对方播放影音文件
视频设置
语音测试向导

图 11-19　视频会话设置

开始语音会话
发起多人语音
语音设置
语音测试向导

图 11-20　语音聊天设置

(6) 共享文件设置

网络硬盘是腾讯公司推出的在线存储服务。服务面向所有 QQ 用户，提供文件的存储、访问、共享、备份等功能。

在 QQ 面板左侧找到 图标，单击打开，如图 11-21 所示。要将文件上传到网络硬盘中可选择需要上传的文件或文件夹，直接将文件或文件夹拖到网络硬盘中即可。另外也可单击“上传”按钮，然后选中需要上传的文件即可。

文件上传完成后，在网络硬盘中显示相应的文件，然后选中该文件，在该文件下方会显示如图标 下载 续期 发送 改名 删除 所示的功能，可对该文件进行相应的操作。“续期”表示文件剩余存储的时间不足 7 天，通过续期设置恢复到 7 天；“发送”是将文件通过邮件发送给好友(支持向任何邮箱发送)，单击该按钮，则打开 QQ 号码对应的 QQ 电子邮箱，文件已经作为该邮件的附件；“改名”是给文件重命名，单击该按钮会弹出“文件重命名”对话框，给文件输入新的文件名后单击“确定”按钮即可；“删除”表示在网络硬盘中去掉该文件，单击该按钮后会出现删除是否成功的提示信息。

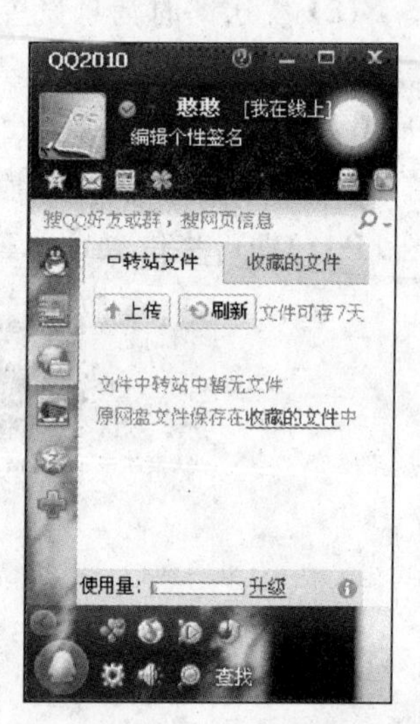

图 11-21　语音聊天设置

除了上述的设置外，QQ 还可以进行 QQ 空间、微博、浏览资讯、股票、财付空间等功能设置，根据各自应用的不同可以进行个性设置。

任务 11-2　微软 MSN 即时通信工具的应用

MSN 全称是 Microsoft Servers Network，即微软网络服务的意思，是由微软公司推出的网络即时工具。

使用 MSN Messenger 可以与他人进行文字聊天、语音对话、视频会议等即时交流，还可以通过此软件来查看联系人是否联机。该软件界面简洁，易于使用，是一款与亲人、朋友、工作伙伴保持紧密联系的优秀的即时通信工具。

任务 11-2-1 MSN 应用准备

> 应用准备：要使用 MSN 即时通信工具，首先需要下载并安装好该软件，然后注册申请一个 MSN 账号。

要使用 MSN，必须先下载 MSN 客户端软件，然后进行 MSN 注册。

步骤 1：下载 MSN 软件。

打开 IE 浏览器，在 URL 地址栏中输入 http://cn.MSN.com/，打开 MSN 官方地址网站页面，单击“下载”按钮即可获得最新发布的 MSN 正式版本。

步骤 2：准备安装环境。

安装 MSN 软件与 QQ 软件不同，需要开启 Windows 自动更新，关闭防火墙，保证安装软件的计算机能连接上 Internet 网络。

(1) 开启自动更新

在 Windows XP 操作系统环境中开启自动更新的过程如下。

依次单击“开始”→“设置”→“控制面板”→“自动更新”，打开如图 11-22 所示的“自动更新”对话框，开启自动更新功能。

(2) 关闭防火墙

双击桌面右下角工具栏中的图标，弹出“本地连接 状态”对话框，单击该对话框中的“属性”按钮，弹出“本地连接属性”对话框。选择“高级”选项卡，单击“设置”按钮，弹出如图 11-23 所示的“Windows 防火墙”对话框，选择“关闭(不推荐)(F)”单选项，单击“确定”按钮。

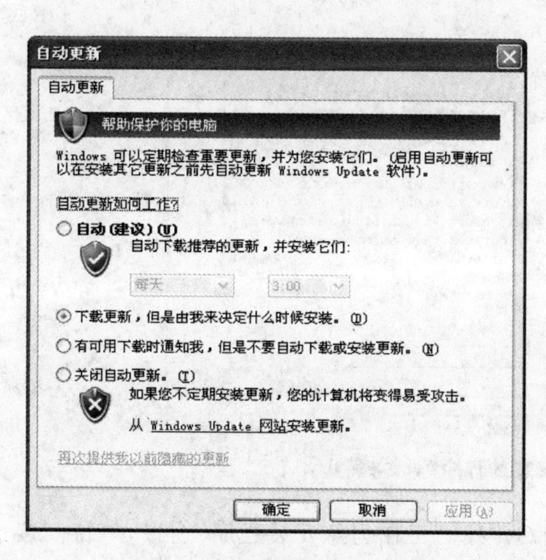

图 11-22 “自动更新”对话框

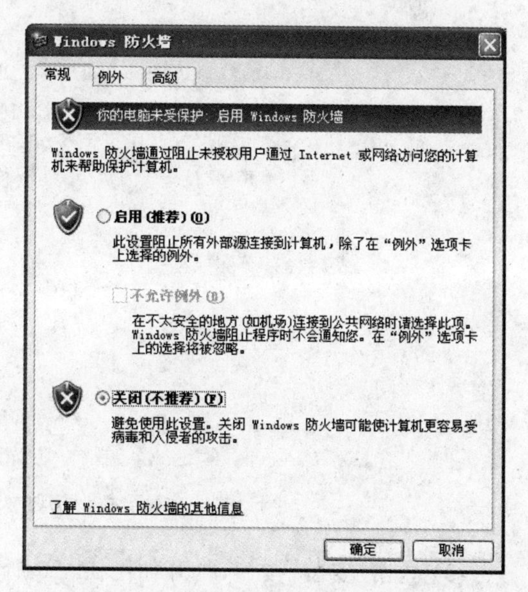

图 11-23 “Windows 防火墙”对话框

步骤 3：安装 MSN 软件。

（1）双击下载的软件，如 ，弹出如图 11-24 所示的 Windows Live 对话框，等待“正在准备安装程序...”进程完成，这个过程需要一段时间，请耐心等待。

图 11-24　Windows Live 对话框

（2）完成以后自动弹出如图 11-25 所示的“选择要安装的程序”对话框，根据各自需求的不同选择不同的程序，选择程序前面的复选框。

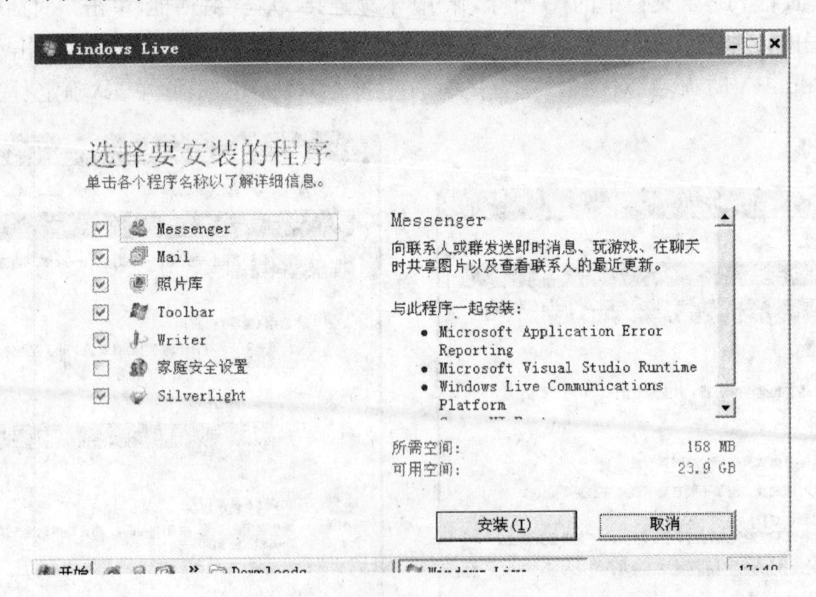

图 11-25　“选择要安装的程序”对话框

（3）单击“安装”按钮，打开如图 11-26 所示的“我们正在为您安装程序”窗口，等待安装过程完成，由于需要从网上下载相关的组件，因此在这儿需要等待一段时间。

图 11-26　“我们正在为您安装程序”窗口

(4) 过一段时间后，安装程序会自动进入如图 11-27 所示的“马上完成！”窗口，在此窗口中选择相应的设置项，如果都不需要，可以不选择。

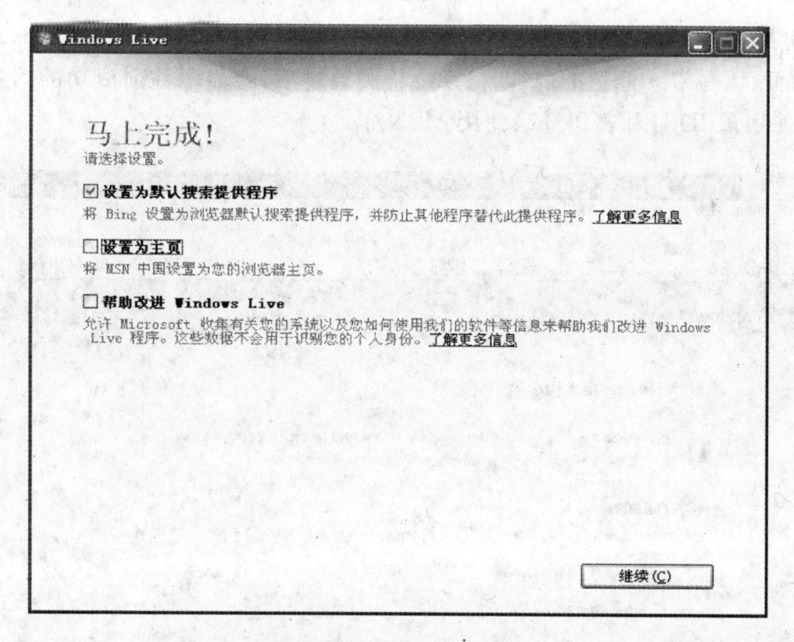

图 11-27　“马上完成!”窗口

(5) 单击“继续”按钮，进入如图 11-28 所示的“欢迎使用 Windows Live!”窗口。

阅读欢迎信息，如果还没有申请 Windows Live ID 则还需要申请一个 ID 号，即 MSN 账号。如果已经拥有则直接单击“关闭”按钮即可。

在此处申请 Windows Live ID 号的步骤如下(也可以直接进入 MSN 账号申请页面进行申请)：

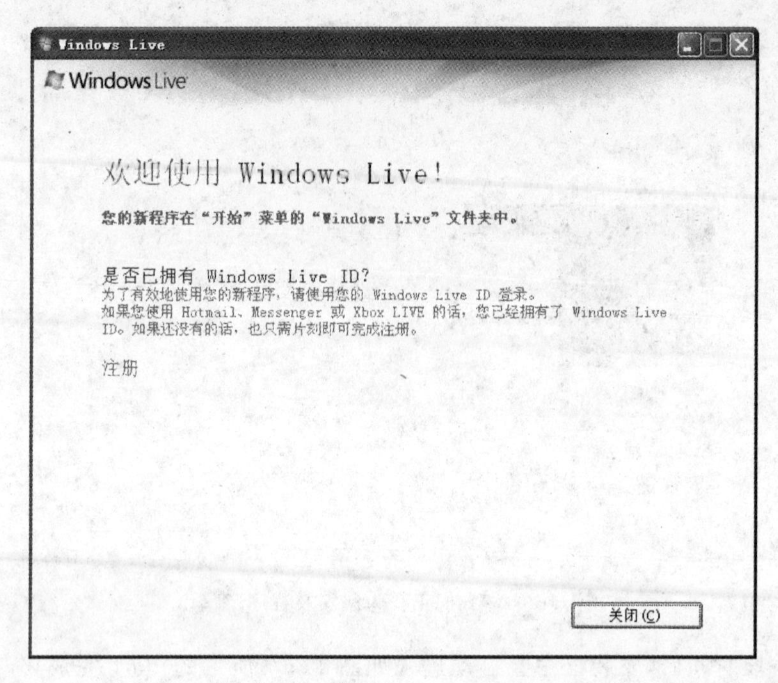

图 11-28 "欢迎使用 Windows Live!"窗口

单击"注册"链接，进入如图 11-29 所示的"注册 Windows Live-Microsoft Internet Explorer"网页，填写带 * 标记的内容，待系统检测通过后，会显示注册成功的信息。注册成功后就可以使用该 ID 号和密码登录使用 MSN 了。

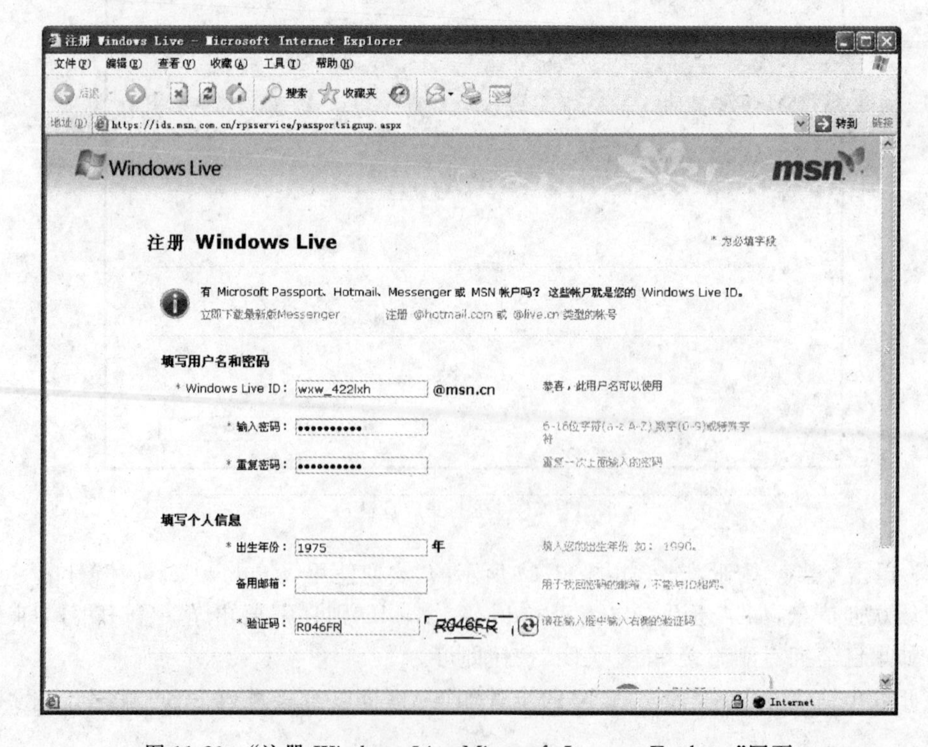

图 11-29 "注册 Windows Live-Microsoft Internet Explorer"网页

软件的安装过程到这儿就全部完成了，依次选择“开始”→“程序”命令，会显示 Windows Live 选项，光标置于其上会展开下拉菜单，如图 11-30 所示，表明 MSN 软件安装成功。其中 Windows Live Mail 表示使用该项可以在一个位置管理好你所有的邮件、日历、联系人、订阅源和新闻组；Windows Live Messenger 表示使用该项可以显示你的朋友是否已联机并允许你进行联机对话；Windows Live 照片库表示使用该项可以查看、编辑、组织和共享照片。

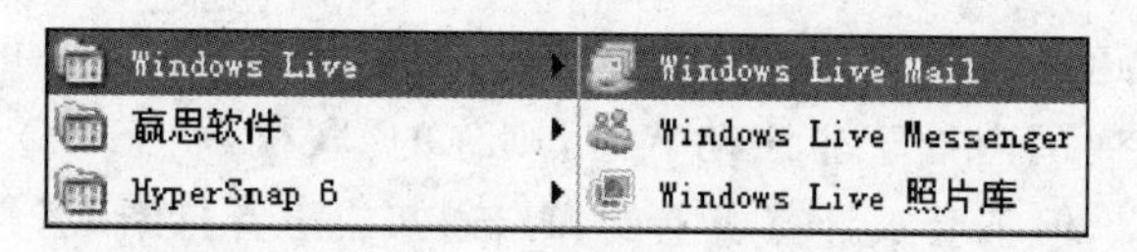

图 11-30 Windows Live 程序项及其下拉菜单

任务 11-2-2 登录并设置 MSN

登录并设置 MSN：在做好前面的准备工作后，就可以登录使用 MSN 了，通过相关的设置，让 MSN 成为一款安全、快捷的即时聊天工具。

步骤 1：登录 MSN。

(1) 依次选择“开始”→“程序”→Windows Live 命令，选择并单击 Windows Live Messenger，弹出如图 11-31 所示的 Windows Live Messenger 对话框。

(2) 将光标定位到“示例 555@hotmail. com”的文本框，按空格键，在其中输入前面申请的 Windows Live ID 号；将鼠标定位到下面的“密码”文本框中，输入前面申请 ID 号时设置的密码，单击下方的“登录”按钮，在 ID 号和密码正确的前提下，MSN 登录成功，显示如图 11-32 所示的界面。如果在右下角出现图标，表明 MSN 登录成功。

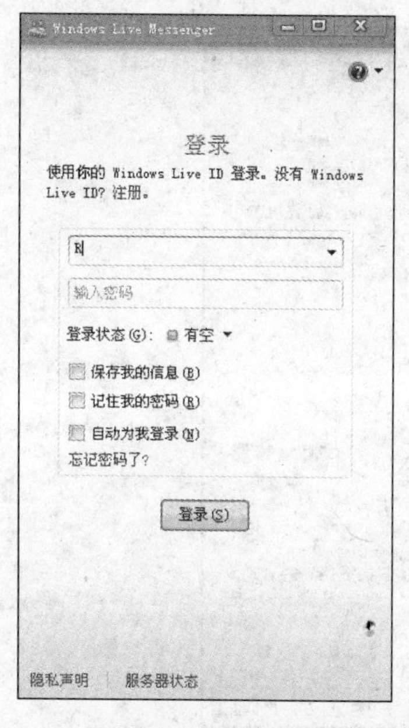

图 11-31 Windows Live Messenger 对话框

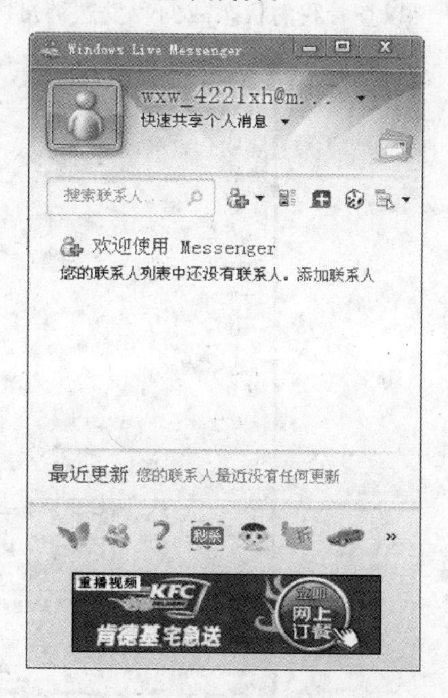

图 11-32 Windows Live Messenger 登录成功界面

步骤 2：设置 MSN。

MSN 的基本设置如添加、编辑、删除联系人、创建群等方法与 QQ 相同，不再赘述。

(1) 设置联机状态

在 Windows Live Messenger 主界面中，找到主菜单图标 并单击，显示如图 11-33 所示的主菜单。

展开"文件"菜单中的"状态"子菜单，如图 11-34 所示，可设置当前的联机状态。"离开"表示让你的联系人知道你当前不能与其交流即时消息，但是，你仍然可以接收消息，如果你的 messenger 在一定时间内处于非活动状态，则你的"联机"状态就会切换为"离开"；"忙碌"表示可以接收消息，但不会被计算机上的弹出通知或声音打断，当你开会时，可以选择此状态。"显示为脱机"表示关闭 MSN messenger，这样就不能发送或接收消息了。

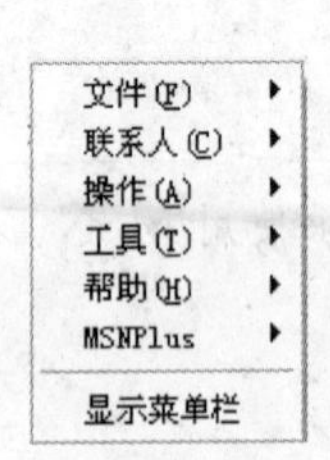

图 11-33　MSN 主菜单

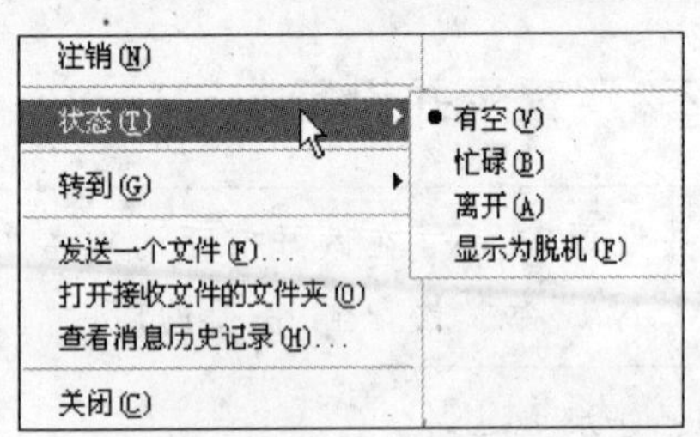

图 11-34　"状态"菜单项

在"文件"菜单中，还可进行"转到"、"查看消息历史记录"、"发送一个文件"等内容的设置。

(2) 阻止垃圾消息

在 Windows Live Messenger 主界面中，打开主菜单，选中"工具"项并展开，然后单击"选项"，弹出如图 11-35 所示的"选项"对话框，单击"隐私"选项卡，选择"只有位于'允许列表'中的人才可以查看我的状态或向我发送消息"旁边的复选框，也可以右击联系人，选择阻止。

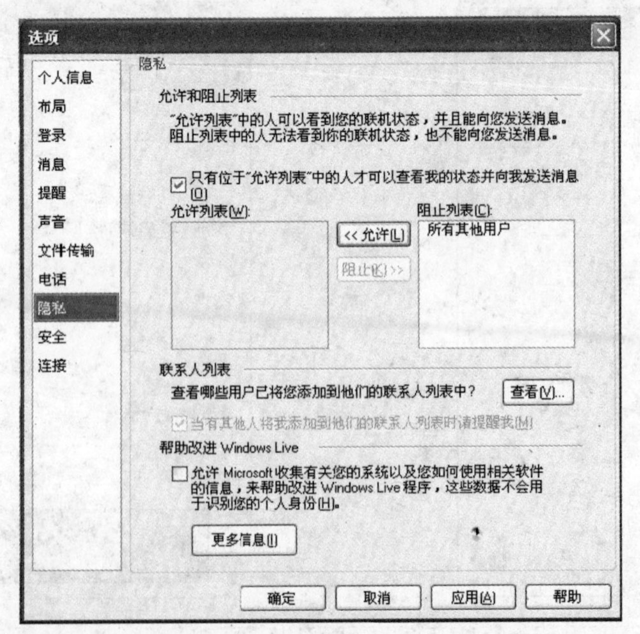

图 11-35　"选项"对话框

在"工具"菜单中还可以进行"更改显示图片"(在"工具"下拉菜单中单击"更改显示图片"命令,从列表中选择一张图片,单击"确定"按钮,然后单击"浏览"按钮,从计算机上选择一张图片,然后单击"打开"按钮即可)、"更改主题图案"等设置。

(3) MSN 空间保密设置

在默认情况下 MSN 空间是任何人都能看到的,如果只希望让某些人看到,则根据如图 11-36 所示进行设置。单击"设置/权限",在这儿可以设置三种权限"公共"、Messenger 和"私人",可根据需要选中 Messenger 或"私人"单选项。

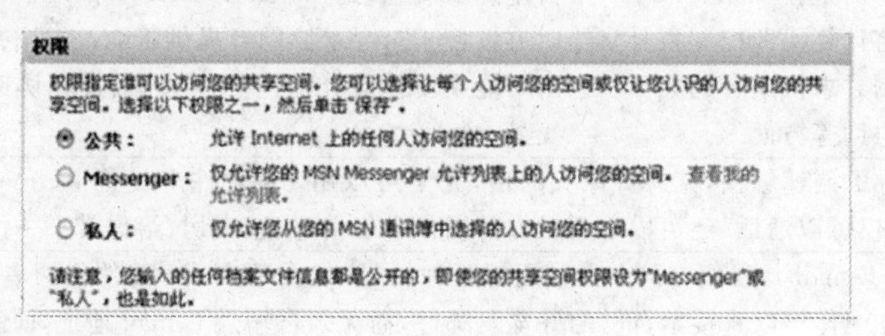

图 11-36　"权限"对话框

【知识链接 1】　即时通信工具(QQ)的工作原理与应用

1. 工作原理

QQ 使用 UDP 协议进行发送和接收"消息"。安装 QQ 软件的机器实际上既是服务端(Server),又是客户端(Client)。QQ 登录时,作为 Client 连接到腾讯公司的主服务器上,从 QQ Server 上读取在线网友名单,选择聊天对象聊天,在连接比较稳定时,聊天内容都以 UDP 的形式在计算机之间传送,当连接不是很稳定时,则聊天内容首先在 QQ 服务器存储起来,对方再到服务器上读取,服务器充当"中转站"。基本过程如下:

(1) 用户首先从 QQ 服务器上获取好友列表,以建立点对点的联系。

(2) 用户 Client1 和好友 Client2 之间采用 UDP 方式发送信息。

(3) 如果无法直接点对点联系,则用服务器中转的方式完成。

其他即时通信工具的工作原理与此相同。

2. 即时通信工具的应用

即时通信工具应用主要包括如下几个方面,如表 11-2 所示。

表 11-2　即时通信工具的应用

应用名称	作　用
文字聊天	这是 IM 软件最基本、也是最重要的功能,用户想与联系人进行聊天,双击 IM 中联系人的头像,在弹出的对话框中输入文字信息单击"发送"按钮即可。QQ 的特点是可以给不在线的朋友发送信息,对方下次上线的时候可以收到,MSN 虽然不具备这样的功能,但是它在聊天过程中可以使用各种漂亮的表情图标为聊天添加不少情趣

续表

应用名称	作　用
语音聊天	语音聊天首先要准备音箱或者耳机、麦克风，然后向网友发送语音聊天的请求，连通后双方不仅可以用文字聊天，还可以直接对话
传送文件	当对方在线时，可使用IM软件实现点对点的传输文件，有时候利用此功能要比使用E-mail还方便许多
拨打电话	在MSN Messenger中提供了PC-PHONE的拨打电话功能
远程协助	远程协助是在Windows XP中引进的新概念，是Windows Messenger独有的功能，远程协助可以将计算机的控制权分享给对方以便于对寻求协助者提供帮助，通过它，对方可以很容易地控制寻求协助者的桌面。它的功能主要体现在应用程序共享、远程协助、白板共享、寻求远程协助等方面
视频聊天	如果你的网速够快，又有摄像头的话，完全可以用IM软件来代替Netmeeting，在聊天的同时，不仅可以通话，还可以看到对方的图像和表情，倍感亲切，给你带来一份全新的感受
邮件辅助	IM和E-mail是我们在网上最常用的两种工具，如今不少IM软件将两者作了完美的结合。在QQ中你可以直接给自己的好友发邮件，而无须再输入E-mail地址，而且还可以检查是否有新邮件到达。MSN Messenger的邮件功能必须有一个邮件账号，也可以自动提示是否有新邮件到达
发送短信	只要手机开通移动QQ服务，使用即时通信工具就可以直接向手机发送短信

除此之外，即时通信工具还在信息浏览、资源共享等方面有广泛的应用。

【知识链接2】 QQ号分类

QQ号分类如表11-3所示。

表11-3　QQ号分类表

QQ号类型	说　明
会员号	就是腾讯靓号地带的号。每个月要向腾讯支付10元的使用费(可以通过QB、QQ卡、手机等方式支付)
QQ行号	就是QQ行的号码。每个月要向腾讯支付2元的使用费(可以通过QB、QQ卡、手机等方式支付)
有保护普通号	普通的号码，无须向腾讯支付费用，但在腾讯申请了保护。当忘记了密码，可以通过腾讯的取回号码服务修改新的密码
无保护普通号	普通的号码，无须向腾讯支付任何的费用，也没有申请保护。所以，当忘记了密码，就很难取回密码了
手机绑定	可以发短信，由手机支付费用(无论是否是会员号，是否有保护，都可以手机绑定的，也就是存在无保护但与手机绑定的号码)

【知识链接3】 MSN相关词汇

(1) MSN账号。MSN账号就是MSN注册时的邮箱，同时也可以使其他邮箱账号，不过最好是MSN自己的Hotmail邮箱。

(2) SkyDrive。Windows Live SkyDrive是一款有密码保护的25GB超大网络硬盘，可以随时随地存取文件。同时，也可以让你与你的朋友、同事或家人一起在共享文件夹中添加或更新文件，轻松共享生活信息。

(3) Windows Live。Windows Live是一种Web服务平台，由微软的服务器通过互联网向用户的计算机等终端提供各种应用服务。提供内容包括个人网站设置、电子邮件、VoIP、即时消息、检索等与互联网有关的多种应用服务。

疑难解析

疑难：即时通信工具的应用越来越广泛，所占用的内存也就越来越多，怎样减少内存的占用？

答：随着QQ的功能越来越强大，QQ占用的资源也是越来越多，为了减小它的资源占用量，可以把面板中不用的一些功能去掉，去掉多安装的一些组件，禁用一些不常用的功能，减少内存的占用。

方法一：结束一些关系不大的进程

在键盘上同时按下Ctrl+Alt+Del组合键，打开任务管理器，选择“进程”选项卡，如图11-37所示。找到TXPlatform.exe进程，单击该进程，单击“结束进程”按钮，弹出一个“任务管理器警告”对话框，提示结束该进程会导致的后果，单击“是”按钮，结束该进程后，QQ并没有退出，该进程主要用来禁止在一台机子上登录相同的QQ账号，与QQ的正常使用没有关系，但占用了2MB的内存。为了彻底清除，需要到QQ安装目录下找到TIMPlatform和TIMProxy.dll(TIMPlatform的动态链接库文件)这两个文件，删掉它，这样下次QQ登录就不会启动TXPlatform.exe进程。

Windows 任务管理器

文件(F)　选项(O)　查看(V)　关机(U)　帮助(H)

应用程序　进程　性能　联网　用户

映像名称	用户名	会.	CPU	内存使用
iexplore.exe	Administrator	0	00	24,048 K
iexplore.exe	Administrator	0	00	91,452 K
taskmgr.exe	Administrator	0	00	5,528 K
TXPlatform.exe	Administrator	0	00	2,344 K
QQ.exe	Administrator	0	00	10,088 K
ctfmon.exe	Administrator	0	00	3,420 K
alg.exe	LOCAL SERVICE	0	00	3,820 K
Explorer.EXE	Administrator	0	00	22,844 K
wdfmgr.exe	LOCAL SERVICE	0	00	1,928 K
nvsvc32.exe	SYSTEM	0	00	4,468 K
spoolsv.exe	SYSTEM	0	00	4,800 K
svchost.exe	LOCAL SERVICE	0	00	4,568 K
svchost.exe	NETWORK SERVICE	0	00	4,864 K
svchost.exe	SYSTEM	0	00	23,032 K
svchost.exe	NETWORK SERVICE	0	00	4,564 K
svchost.exe	SYSTEM	0	00	4,920 K
lsass.exe	SYSTEM	0	00	1,140 K

☑显示所有用户的进程(S)　结束进程(E)

进程数：25　CPU 使用：0%　内存使用：389M / 3876M

图11-37　“Windows任务管理器”对话框

方法二：删除不必要的组件

有些QQ版本取消了选择安装的选项，直接默认安装TM、腾讯TT、QQ游戏、旋风下载等组件，这些组件对QQ使用没有影响，但却会使桌面东西多，不清爽，因此要去除这些组件。

找到并打开QQ安装目录(如C:\ProgramFiles\Tencent\QQ)，双击运行“uninst.exe”程序 uninst.exe，打开QQ对应版本的卸载窗口，单击“下一步”按钮将会出现“选定组件”窗口，

在该窗口中“选择要卸载的组件”列表中，选中“腾讯 TT”、“腾讯 TM”以及“QQ 游戏”等要卸载的程序，然后单击“移除”按钮，即可卸载不需要的组件。

方法三：禁用一些少用的功能

(1) 使用标准皮肤并删除多余的皮肤

QQ 皮肤很占系统资源，可在 QQ 面板中依次单击“菜单”→“更换皮肤”→“标准界面”，将 QQ 的皮肤设置为“标准界面”，然后删除多余的皮肤，找到 QQ 安装目录的 NewSkins 文件夹，将整个文件夹删除即可。

(2) 删除 QQ 场景

与删除皮肤相同，找到安装目录，删除 QQ→IMScene→Scene 文件夹下的所有场景文件即可，注意在设置 QQ 场景时要取消“接受场景邀请”前面的选中标识，这样将不接受别人发送的场景。

(3) 删除声音文件

在 QQ 文件夹中删除 QRingFiles 文件夹下的所有声音文件，同时再删除整个 Sound 文件夹。

课外拓展

【拓展任务】 查看和编辑照片库中无法显示的照片

> Windows Live 照片库是一种管理照片的工具，可以用来查看、管理、共享和编辑数码照片和视频。硬盘驱动器上“我的图片”文件夹中的所有照片(包括刚导入的照片)都会显示在照片库中，可以将硬盘驱动器上的其他文件夹添加到照片库中。照片库可以显示来自相机或扫描仪的数码照片，但不能显示某些文件类型的照片，那要查看或编辑照片库无法显示的照片该怎么办呢？

本任务是需要查看和编辑照片库无法显示的照片，也就是说照片的文件类型与照片库所能识别的文件类型不符，如何更改照片的文件类型？

注意：Windows Live 照片库并不是可以显示的所有文件类型都可以编辑。

更改照片的文件类型的具体操作步骤如下：

步骤 1：单击“开始”按钮，打开 Windows Live 照片库。在搜索框中，输入“照片库”，然后在结果列表中，单击“Windows Live 照片库”。

步骤 2：双击要编辑的照片，单击“编辑”按钮，然后单击“生成副本”按钮，选择一个文件类型，然后单击“保存”按钮。

课后练习

一、填空题

1. MSN 是________的英文缩写，表示________的含义，目前的 MSN 平台是 Windows

Live,集成了 Messenger、________、________、________等功能。

2. 在使用 QQ 即时通信工具传输文件时,需要将接收的文件保存到一个新的文件夹中,该选择“________”下的“传输文件设置”修改文件存放目录。文件接收安全等级分为________、________、________,一般情况设为________即可,但为了保证文件接收安全,需在________的________项中将安全级别设为“高”。

二、选择题

1. QQ 号码的申请提供了(　　)等几种号码申请类型。

A. 免费账号 QQ 靓号 普通号码　　B. 免费账号 QQ 靓号 QQ 行号

C. QQ 靓号 QQ 行号 数字号码　　D. 免费账号 QQ 行号 E-mail 号码

2. 即时通信工具中最常使用的功能是(　　)。

A. 语音聊天　　B. 视频聊天

C. 发送即时消息　　D. 搜索商家和路线

3. 在中国使用较广泛的即时通信工具是(　　)。

A. 新浪 UC　　B. 微软 MSN　　C. 腾讯 QQ　　D. 百度 Hi

4. Windows Live Messenger 使用(　　)登录。

A. 电子邮箱用户名　　B. Windows Live ID

C. 账号　　D. 以上都不对

5. 使用腾讯 QQ 即时通信工具查找联系人时,最方便、快捷而且最准确的查找方式就是(　　)。

A. 精确查找　　B. 模糊查询

C. 匹配查询　　D. 以上都不对

6. 使用(　　)即时通信工具可以查询驾车从甲地到乙地的最短车程,并能显示详细的行车路线。

A. 新浪 UC　　B. 微软 MSN　　C. 腾讯 QQ　　D. 百度 Hi

7. (　　)以其超强的稳定性及高速度,在中国成为许多商务用户常用的聊天工具,它最大的优点就是语音功能非常好,也是跨国聊天的首选工具。

A. 新浪 UC　　B. 微软 MSN　　C. 腾讯 QQ　　D. 百度 Hi

8. 腾讯 QQ 即时通信工具的登录界面上有“自动登录”和“状态”两个选项,选择(　　),则在下次打开 QQ 程序时,会自动登录到 QQ,而不需要输入 QQ 账号和密码。

A. 自动登录　　B. 状态

C. 两个都选　　D. 两个都不选

三、操作题

1. MSN 状态自动更换:当 MSN 用户登录后,如果因为有事情需要离开一会儿,就需要手动将 MSN 状态修改为“离开”,以免引起好友的误会,但每次都需要手动操作非常麻烦,怎样对系统进行简单的设置就能在用户离开一段时间后就自动转为“离开”状态,请设置并写明操作步骤。

2. 小明为了赶任务,非常繁忙,但又需要使用 MSN 即时工具与客户沟通,但每次一上线,就会有很多的应酬,这样让他的工作进度受到了严重影响,是否可以通过设置不让联系人知道小明已经上线了呢?请写出具体的设置方法,并通过操作检验。

项目12　网络安全设置

前面各项目中分别介绍了资源共享、网络接入、电子邮件、Web服务、FTP服务等内容，每个项目都离不开网络，人们在享受Internet方便快捷的同时，也必须重视网络安全，只有保证网络安全，才能正常享用网络。

网络安全是一门涉及计算机科学、网络技术、通信技术、密码技术、信息安全技术、应用数学、数论、信息论等多种学科的综合性学科。本项目主要针对应用过程中的常见现象进行安全设置，保障应用的正常进行。

教学导航

【内容提要】

随着计算机和网络在各个领域的广泛应用，网络安全成为计算机网络用户极其关注的一个问题，病毒的传播、非法入侵、信息泄露和窃取、网络瘫痪等破坏行为，不但造成了巨大的经济损失，同时也扰乱了工作和生活，存在巨大的威胁。本项目通过常见安全现象的设置，以了解网络安全的基本概念，提高保护网络安全重要性的认识、了解网络病毒、黑客等在网络中的破坏作用，加强安全防范。

【知识目标】

- 了解网络安全基本概念和主要特征。
- 掌握病毒、黑客等在网络中的破坏性和存在的威胁。
- 掌握网络常见的安全威胁。
- 掌握基本的防御手段。

【技能目标】

- 了解如何保护账号和密码。
- 熟悉IE浏览器的安全设置方法。
- 熟悉电子邮件的安全设置方法。
- 熟练使用杀毒软件扫描查杀病毒。

【教学组织】

- 每人一台计算机，配备杀毒软件光盘。

【考核要点】

- IE浏览器安全设置。
- 电子邮件安全设置。

- 杀毒软件的设置。

💻【准备工作】

安装好操作系统、配置好网络的计算机；杀毒软件光盘；网络畅通。

💻【参考学时】

4 学时(含实践教学)。

项目描述

李勇同学通过不断的学习和实践，构建了能共享信息和文件、能发布站点、能实现文件上传和下载等功能的局域网络，给大家提供方便的同时也出现了一些问题：设置的默认空白网页被篡改成别的网页、病毒在网上传播、IP 地址冲突、网速突然变慢等。因此李勇同学希望构建一个安全解决方案，同时希望每位同学都提高网络安全防范意识，保障网络通畅运行和工作效率。

项目分解

仔细分析该项目后发现，李勇同学所面临的问题是：

(1) 网络使用过程中出现了一些问题。

(2) 构建安全解决方案解决这些问题。

那么，李勇同学首先要解决 IE 安全设置，然后解决电子邮件安全，扫描查杀已经存在的病毒，然后构建网络安全预防方案，分析后发现需要具体执行的任务如表 12-1 所示。

表 12-1 执行任务情况表

任务序号	任务描述
任务 12-1	IE 浏览器安全设置
任务 12-2	电子邮件安全设置
任务 12-3	防病毒软件的使用

任务实施

李勇根据遇到的这些网络问题进行分析归纳，发现个人网络常常面临的问题主要有以下几类。

(1) 账号密码被窃取

经常发现在邮箱中出现不是发送给自己的邮件，或者长期收不到信件等异常现象，则有可能电子邮件的账号和密码已经被窃取。

(2) 垃圾邮件

经常发现邮件中有很多垃圾邮件，如莫名其妙的信息和广告等，这可能是电子邮件受到了攻击。

(3) 网络病毒

在网上上传和下载文件时，文件携带有病毒。

从以上现象分析，可以从4个方面考虑防御措施。浏览器是连接网络的门户，Internet的安全性主要就是指连接到Internet的用户能安全共享网上资源和相互通信；电子邮件保护和设置好账号和密码；查杀已经感染的病毒；对设置好的安全的网络环境进行保护。

任务 12-1　IE 浏览器的安全设置

任务 12-1-1　安全区域安全级别设置

> 安全区域设置：IE浏览器将Internet按区域根据安全性从低到高划分为Internet区域、本地Intranet区域、受信任的站点区域和受限制的站点区域，用户可以根据安全性的要求将Web站点分配到适当安全级的区域中。

每个安全区域都有自己默认的安全级别，系统默认的安全级别分别是Internet区域为中、本地Intranet区域为中低、受信任的站点区域为高和受限制的站点区域为低，通常不需要进行修改，但当出现某些特殊情况如网上银行需要ActiveX控件才能正常操作，又不希望降低安全级别时最好的解决办法就是把该站点放入“本地Intranet”区域，具体操作步骤如下。

1. 不同区域安全级别设置

步骤1：在IE浏览器窗口的菜单栏中选择“工具”→“Internet选项”命令，弹出如图12-1所示的“Internet选项”对话框。

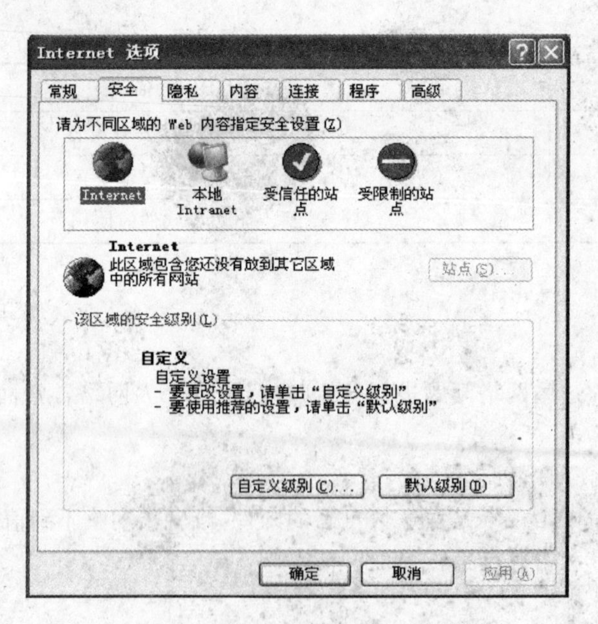

图12-1　“Internet选项”对话框

步骤2：选择“安全”选项卡，在“请为不同区域的Web内容指定安全设置”列表框中选择要设置的安全区域，如Internet区域。

步骤3：在“该区域的安全级别”选项组中单击“默认级别”按钮，并拖动滑块以选择需要设定的安全级别，如图12-2所示。

步骤4：如果需要自定义安全级别(如在安装ActiveX控件时)，则单击“自定义级别”按钮，弹出如图12-3所示的“安全设置”对话框。针对各选项选择相应的单选项。

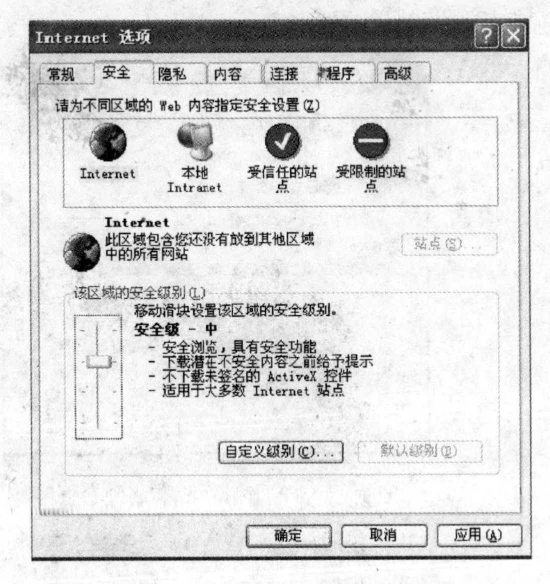

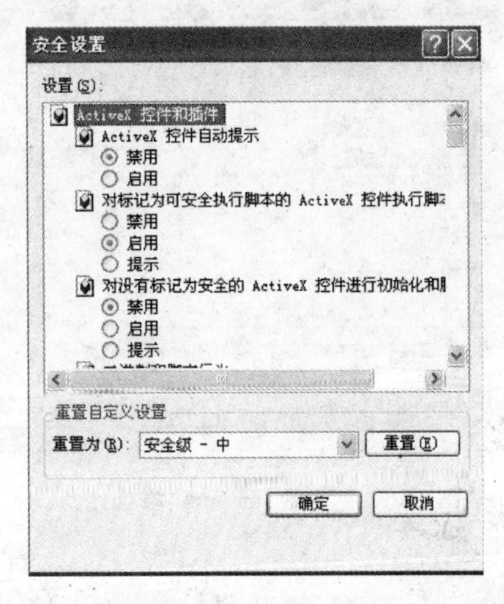

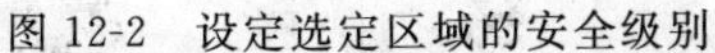
图12-2　设定选定区域的安全级别

图12-3　“安全设置”对话框

2. 将Internet站点添加到不同安全区域

步骤1：在IE浏览器窗口的菜单栏中选择“工具”→“Internet选项”命令，弹出“Internet选项”对话框，切换到“安全”选项卡。

步骤2：在“请为不同区域的Web内容指定安全设置”列表框中选择某个安全区域，如本地Intranet区域，单击“安全”选项卡中的“站点”按钮，弹出如图12-4所示的“本地Intranet”对话框。

步骤3：单击“高级”按钮，弹出如图12-5所示的“本地Intranet”添加站点对话框。

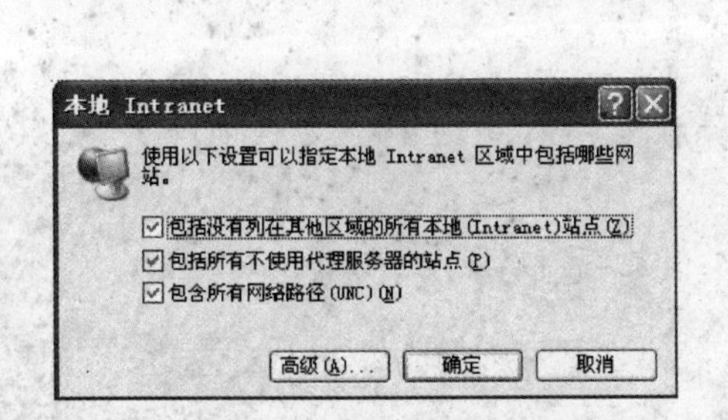

图12-4　“本地Intranet”对话框

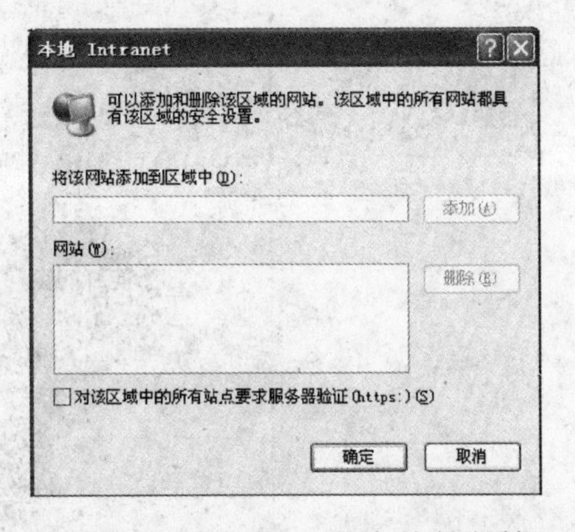

图12-5　“本地Intranet”添加站点对话框

步骤 4：在“将该网站添加到区域中”文本框中输入需要添加的站点，右侧“添加”按钮变成黑色。单击“添加”按钮，将该站点添加到“网站”文本框中，单击“确定”按钮完成新站点的添加，如图 12-6 所示。

如果要删除已有的 Web 站点，则先从网站列表框中选择 Web 站点，“删除”按钮由灰色变成黑色，如图 12-7 所示，即可单击“删除”按钮进行删除操作。

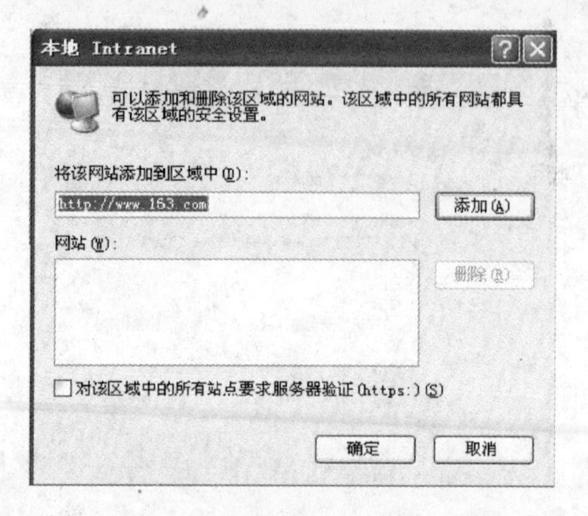

图 12-6 “本地 Intranet”添加站点图

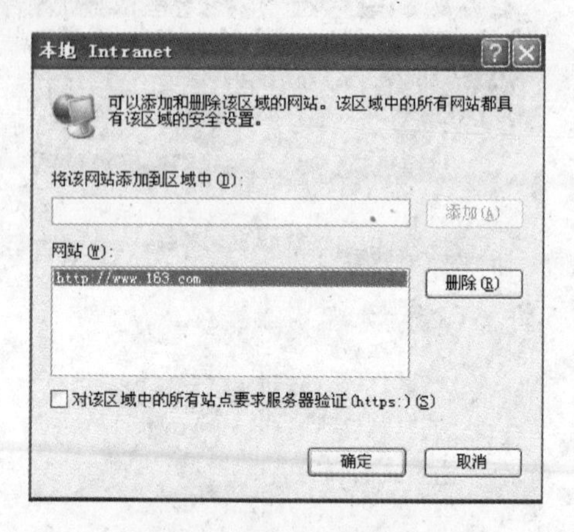

图 12-7 “本地 Intranet”删除站点图

任务 12-1-2 隐私策略设置

隐私设置：在使用网络过程中尤其要注意保护自己的隐私，保障个人信息的安全性。在 IE 浏览器中可以进行隐私保密策略设置。

步骤 1：在 IE 浏览器窗口的菜单栏中选择“工具”→“Internet 选项”命令，弹出“Internet 选项”对话框，切换到“隐私”选项卡，如图 12-8 所示。

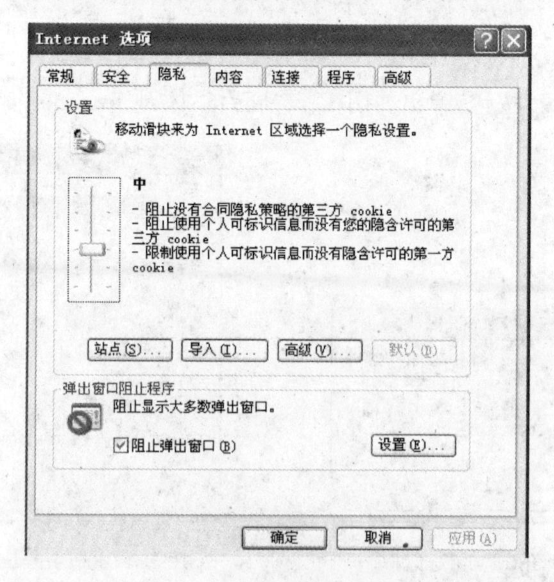

图 12-8 “Internet 选项”对话框的“隐私”选项卡

步骤 2：在“设置”区域中，用户可以拖动滑块设置隐私的保密程度。单击“站点”按钮，弹出如图 12-9 所示“每站点的隐私操作”对话框。

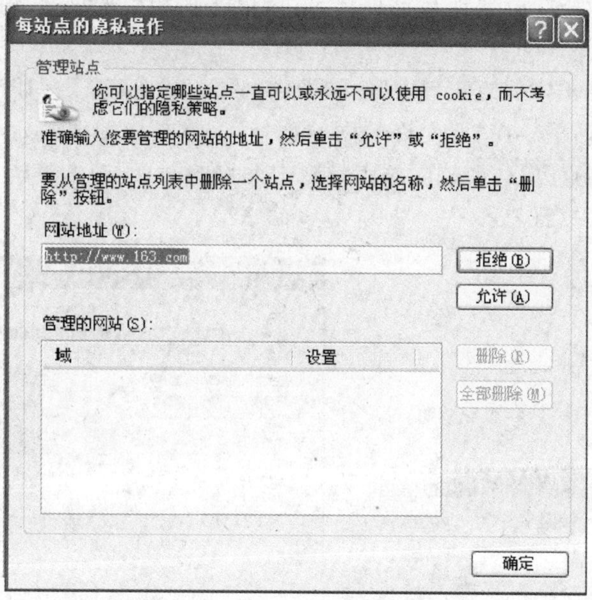

图 12-9　“每站点的隐私操作”对话框

在该对话框中，用户可在“网站地址”文本框中输入要拒绝或允许使用的 cookie，单击“拒绝”或“允许”按钮，可将其添加到“管理的网站”列表框中。选择“管理的网站”列表框中站点地址，单击“删除”按钮，可删除选择的单个站点地址；单击“全部删除”按钮，可将“管理的网站”中所有的站点地址全部删除。

步骤 3：在“Internet 选项”对话框中，单击图 12-8 所示的“导入”按钮，弹出如图 12-10 所示“隐私导入”对话框。选择需要打开的文件，单击“打开”按钮。

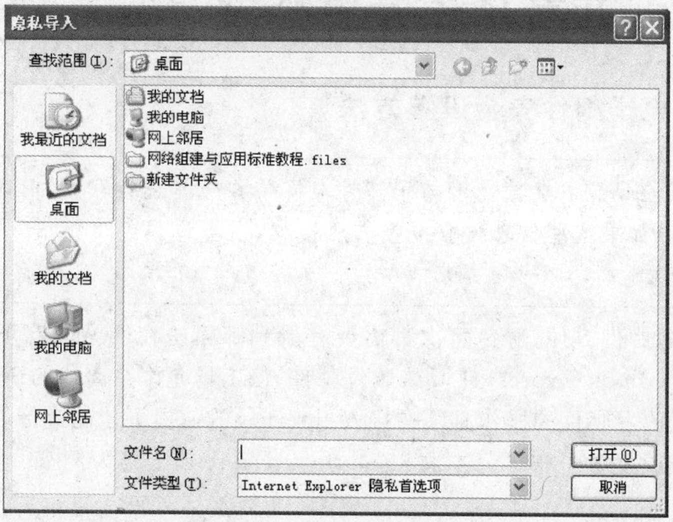

图 12-10　“隐私导入”对话框

步骤 4：在“Internet 选项”对话框中，单击图 12-8 所示的“高级”按钮，弹出如图 12-11 所示“高级隐私策略设置”对话框。对用户隐私信息进行高级设置，选择“覆盖自动 cookie 处理”复选框，下方的所有单选项都呈现黑色，可以选择相应选项，设置完成后单击“确定”按钮。

步骤 5：单击“弹出窗口阻止程序”区域中的“设置”按钮，弹出如图 12-12 所示“弹出窗口阻止程序设置”对话框。在“要允许的网站地址”文本框中输入特定网站，单击“添加”按钮，添加到“允许的站点”中。要删除站点，则从“允许的站点”中选择需要删除的站点，单击“删除”或“全部删除”按钮。

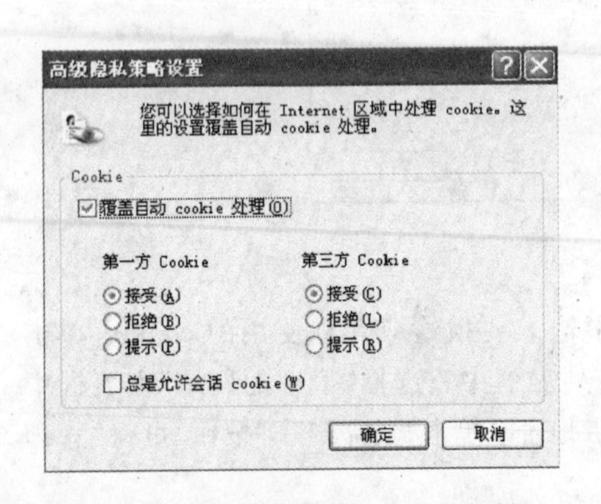

图 12-11 “高级隐私策略设置”对话框

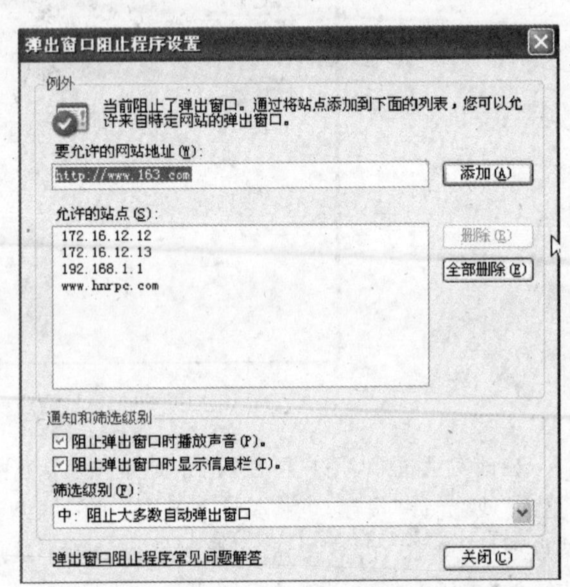

图 12-12 “弹出窗口阻止程序设置”对话框

任务 12-2　电子邮件安全设置

任务 12-2-1　电子邮件安全设置方法

> 电子邮件安全设置：李勇使用电子邮件与同学和外界进行联系，有时在邮件中会包含很重要的信息，如果这些信息被非接收方所接收，则会造成经济损失。因此，电子邮件的安全性非常重要。

李勇为了接收邮件方便，避免每次都需要登录到邮箱所在网站的麻烦，使用 Windows XP 系统自带的 Outlook Express 工具来收发邮件，该工具允许在离线的情况下编写电子邮件。而 Web 方式收发邮件的操作必须在接入 Internet 的前提下才能进行，否则不能登录电子邮箱，因此不能收发电子邮件。本文以 Outlook Express 工具为例来介绍电子邮件的安全保护方法。

1. 查看 Outlook Express 的默认设置

(1) 默认设置

Windows XP Service Pack 2 (SP2)提供的电子邮件程序 Outlook Express 的默认设置旨在帮助保护计算机免受病毒和蠕虫的攻击,并有助于减少收到的垃圾邮件的数量。这些设置具有以下功能:有助于避免查看电子邮件中令人厌恶的内容,减少收到的垃圾邮件的数量,并且降低通过电子邮件收到危险内容的风险。

(2) 查看 Outlook Express 安全设置

① 打开 Outlook Express 工具,打开"工具"下拉菜单,如图 12-13 所示。

② 单击"选项"命令,弹出"选项"对话框,如图 12-14 所示。

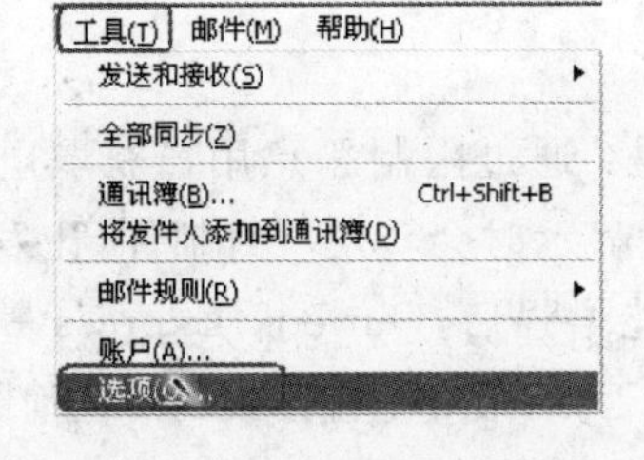

图 12-13　"工具"菜单项

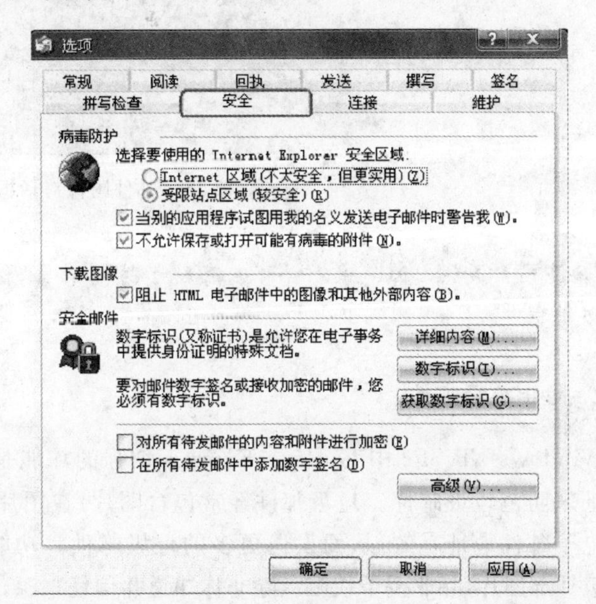

图 12-14　"选项"对话框

③ 在如图 12-14 所示的"选项"对话框中选择"安全"选项卡,本选项卡中包括"病毒防护"、"下载图像"、"安全邮件"等功能设置项。病毒防护设置具体说明如下。

在网上冲浪、下载文件或打开电子邮件附件时可能会感染病毒或蠕虫。任何电子邮件(甚至是那些看起来很安全的电子邮件)都可能会携带病毒,这些病毒可能会破坏数据或计算机。现在,Outlook Express 具有几种不同的防范病毒和蠕虫的方式。

- 选择要使用的 Internet Explorer 安全区域:这项设置的默认选项是"受限站点区域",建议选择该选项。
- 当别的应用程序试图用我的名义发送电子邮件时警告我:建议选中此复选框,以帮助防止病毒或其他 Internet 入侵者控制计算机程序并发送电子邮件(好像是自己亲自发送的一样)。
- 不允许保存或打开可能有病毒的附件:默认情况下选中此复选框,以帮助防范可能通过电子邮件传播的病毒和蠕虫。在以前版本的 Windows XP 中,可能会关闭这项设置,因为此设置会阻止需要查看的安全 Office 文档。随 SP2 提供的附件管理器

解决了这一问题，并且默认将其设置为阻止与已知可能有危险的文件类型相符的附件。

如果 Outlook Express 无法确定附件的安全性，就会看到如图 12-15 所示的消息，含义是要打开的文件中有些文件可能会影响到计算机，如果这些文件信息看起来可疑或者不能完全相信这些资源的话，请不要打开这个文件。

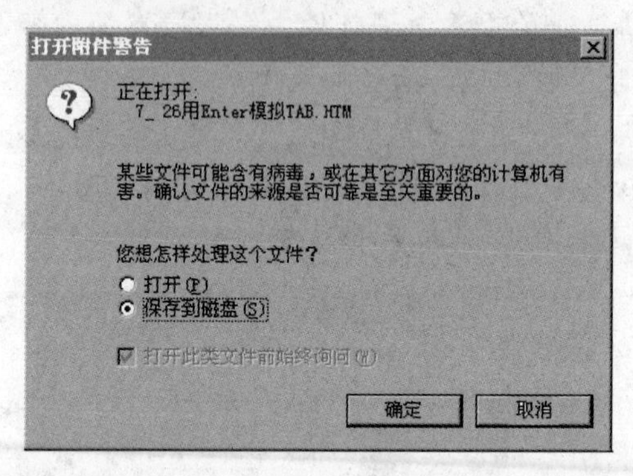

图 12-15　邮件附件对话框

注意：虽然 Outlook Express 有助于防范病毒，但这些防范措施并不能替代最新的病毒防护程序。

2. 阻止垃圾邮件

Windows XP SP2 中 Outlook Express 增强的功能是：通过限制恶意用户获取电子邮件地址来防范垃圾邮件。垃圾邮件经常包含图片，在图片显示时会转发一封邮件，让发送者知道电子邮件地址有效，从而发送更多的垃圾邮件。功能增强后，Outlook Express 默认阻止加载外部图片，除非授予权限。除非你知道并信任来源，否则，最好阻止接收到的任何图片。

具体操作步骤如下。

(1) 打开 Outlook Express，然后打开该电子邮件。

(2) 如果邮件中有被阻止的图片，就会看到以下消息：阻止了部分图片以帮助防止发送者识别您的计算机。单击此处下载图片，如图 12-16 所示，查看从可信来源收到的电子邮件中的图片。

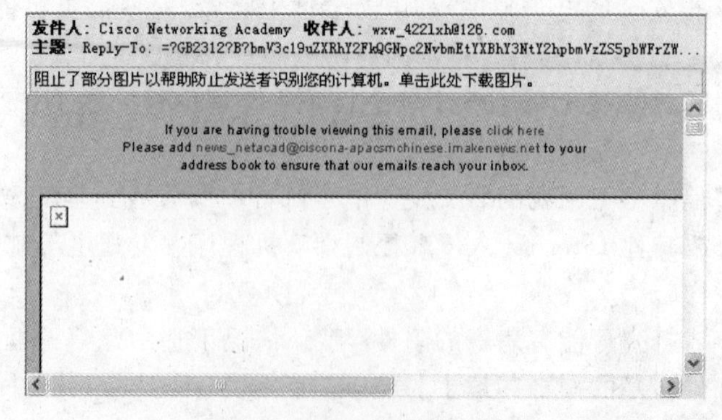

图 12-16　阻止图片情况

3. 邮件加密

在 Outlook Express 中，可使用数字标识来加密邮件以保护个人隐私。要发送加密邮件，通信簿必须包含收件人的数字标识，这样就可以使用对方的公用密钥来加密邮件，当收件人收到加密邮件后，用他们的私钥来对邮件进行解密才能阅读，阅读同样需获得数字标识。

(1) 获得数字标识

获得数字标识的具体步骤如下。

选择“工具”→“选项”命令，打开“选项”对话框，选择“安全”选项卡，在“安全邮件”区域内单击“获取数字标识”按钮来获得数字标识。

(2) 查看数字标识信息

单击“数字标识”按钮，打开“证书”对话框，如图 12-17 所示。

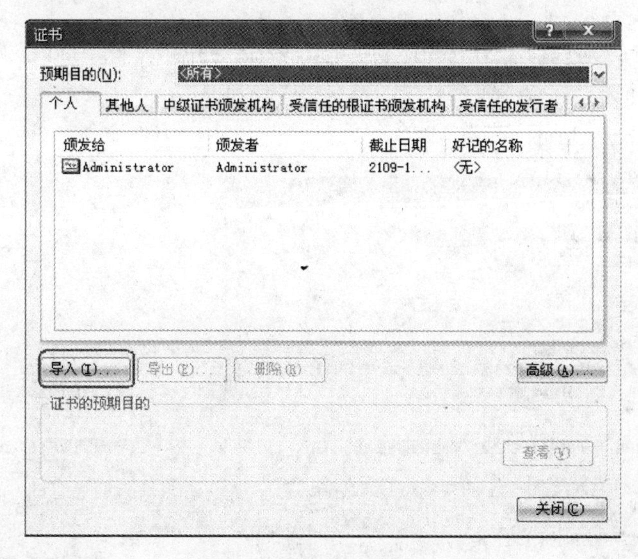

图 12-17　“证书”对话框

单击“导入”按钮，进入如图 12-18 所示“证书导入向导”对话框，将前面获得的数字标识加入到 Outlook Express 中，这样就可以看到数字标识的信息了。

也可以单击“选项”对话框中的“高级”按钮，弹出如图 12-19 所示的“高级安全设置”对话框，设置“加密邮件”、“数字签名的邮件”、“撤销检查”等相关选项。

然后单击“确定”按钮，返回“选项”对话框中的“安全”选项卡，选中下方的两个加密功能复选框，如图 12-20 所示，然后单击“确定”按钮，设置生效。

4. 备份邮件和邮件账号

计算机可能会遇到各种不可预测的情况，因此随时要做好备份，邮件和账号也不例外。

(1) 备份邮件

具体步骤：

① 打开 Outlook Express，进入要备份的信箱，如收件箱。

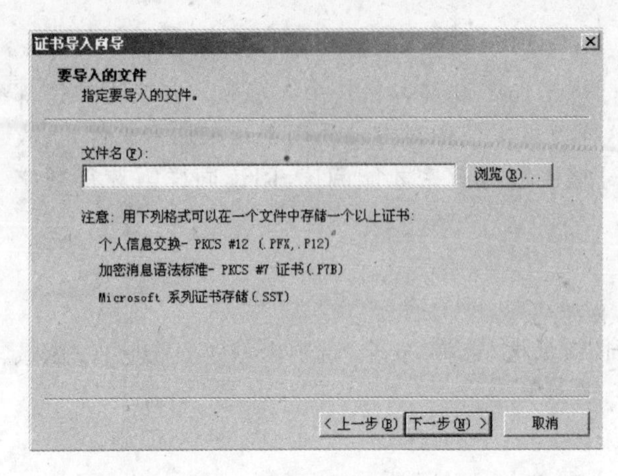

图 12-18 “证书导入向导”对话框

图 12-19 “高级安全设置”对话框

② 选择要备份的邮件。按住 Shift 键，单击第一封和最后一封邮件可全选；按住 Ctrl 键，单击所需邮件可选择多个邮件。

③ 选择如图 12-21 所示“转发”命令。

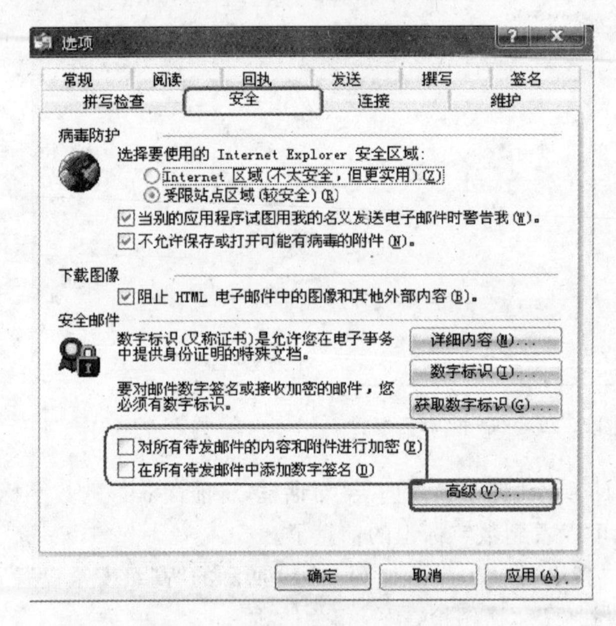

图 12-20 “安全邮件”加密复选框

图 12-21 选择“转发”命令

此时，你刚才所选的邮件被作为附件，夹在新邮件中。

④ 在“新邮件”对话框中选择“文件”菜单中的“另存为”命令，然后为此邮件取个文件名即可，如图 12-22 所示。

(2) 备份邮件账户

邮件账户太多或者避免遗忘而需备份邮件账户，有两种方法：

方法一：选择“工具”菜单上“账户”命令，打开如图 12-23 所示“Internet 账户”对话框。单击“邮件”选项卡，选择要导出的账户；单击“导出”按钮，在打开的对话框中选择文件

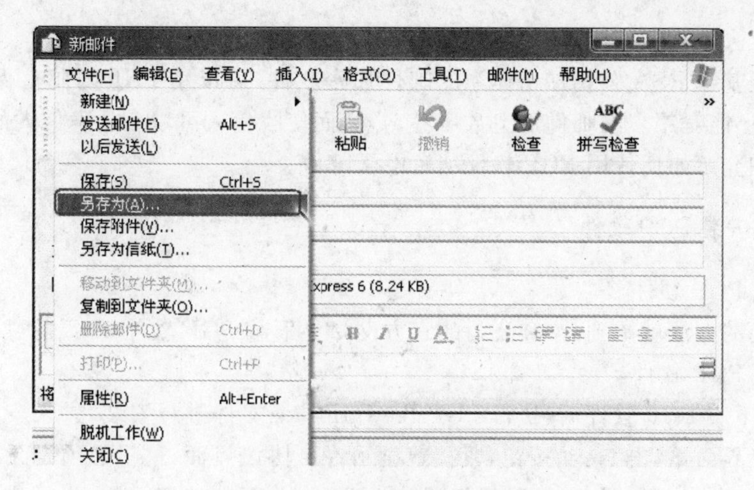

图 12-22　选择"另存为"命令

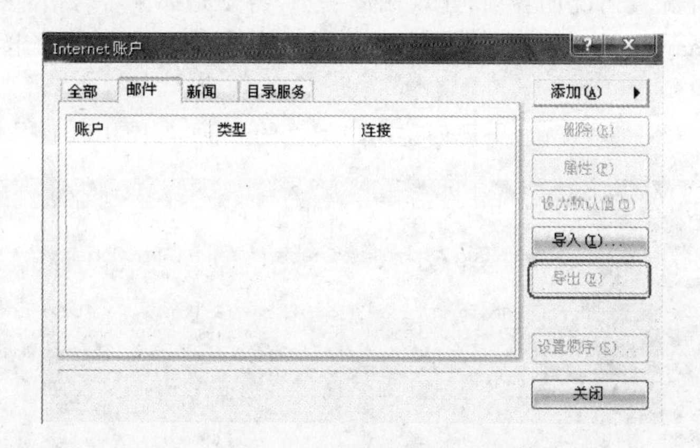

图 12-23　"Internet 账户"对话框邮件标签

夹账户名称，最后单击"保存"按钮即可。

方法二：先运行 Regedit 打开注册表，找到以下目录：HKEY_CURRENT_USER\SOFTWARE\Microsoft\InternetAccountManager\Accounts 这里保存了所有的账号设置。将鼠标单击 Accounts，在菜单中选择"导出注册表文件"命令，在"导出范围"中选择"选择的分支"，单击"确定"按钮就可以了。以后恢复时只需单击备份文件加入注册表即可。

任务 12-2-2　电子邮件安全应用

> 电子邮件安全应用：安全设置可以尽量避免电子邮件被别人获取，但如何能进一步提高电子邮件的安全性，即使邮件被别人获取了他所得到的也仅仅是一些乱码，不能获取到任何有用的信息，这就是电子邮件加密。

Windows 有自带的加密方法，而且形形色色的加密软件非常多，在这些软件中，除了一些公共的发证机构颁发的证书外，较流行的一种加密和数字签名软件是 PGP(Pretty Good Privacy)，该软件是一款完全免费的软件，可以到 PGP 公司的官方网站 www.pgp.com.cn

的中文版本上去下载。

该软件是基于RSA公钥加密体系的邮件加密软件，可以用PGP对邮件保密以防止非授权者阅读，还能对用户的邮件加上数字签名，从而使收信人可以确认发信人的身份。

下面详细介绍如何使用PGP软件加密电子邮件。

1. 下载、安装PGP软件

(1) 下载PGP软件

简单方便的办法就是到PGP公司的官方网站上下载PGP软件30天的试用版。

(2) 安装PGP软件

步骤1：下载PGP软件后，执行PGPfreeware.exe文件进行安装，进入安装界面，首先显示欢迎信息界面，单击Next按钮，紧接着显示许可协议界面，这里必须是无条件接受的，英文水平高的、有兴趣的朋友，可以仔细阅读一下，单击Yes按钮，进入提示安装PGP所需要的系统以及软件配置情况的界面，建议阅读一下，特别是那条警告信息Warning：Export of this software may be restricted by the U.S. Government（该软件的出口受美国政府的限制）。

步骤2：单击"下一步"按钮，出现创建用户类型的界面，如图12-24所示。

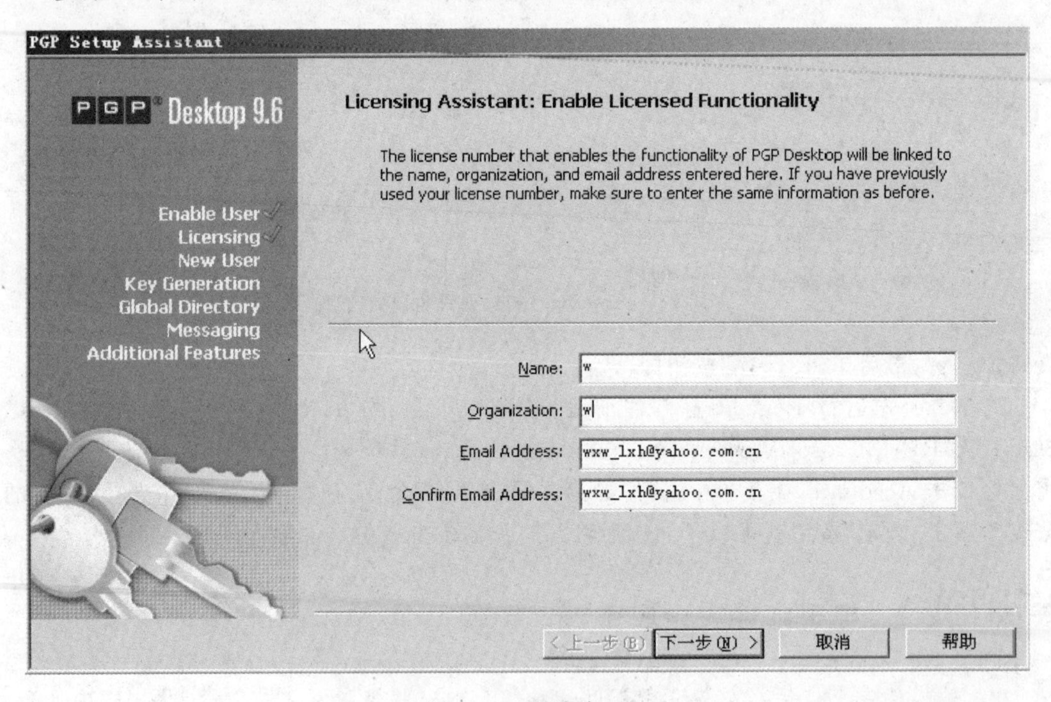

图12-24 证书启用

步骤3：单击"下一步"按钮，进入Name and E-mail Assignment（用户名和电子邮件分配）界面，在Full Name（全名）文本框中输入你想要创建的用户名，Primary E-mail文本框中输入用户所对应的电子邮件地址，单击more按钮，可同时添加多个邮箱；单击Less按钮，可减少邮箱，如图12-25所示。

步骤4：输入相应信息后，单击Advanced按钮，打开如图12-26所示对话框，设置各项

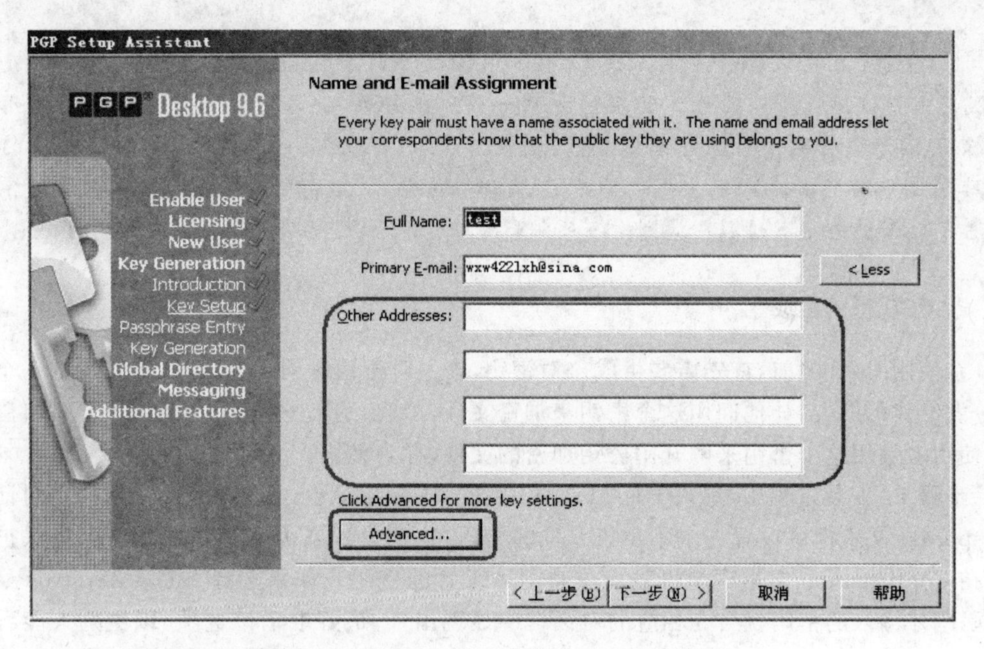

图 12-25 Name and E-mail Assignment 对话框

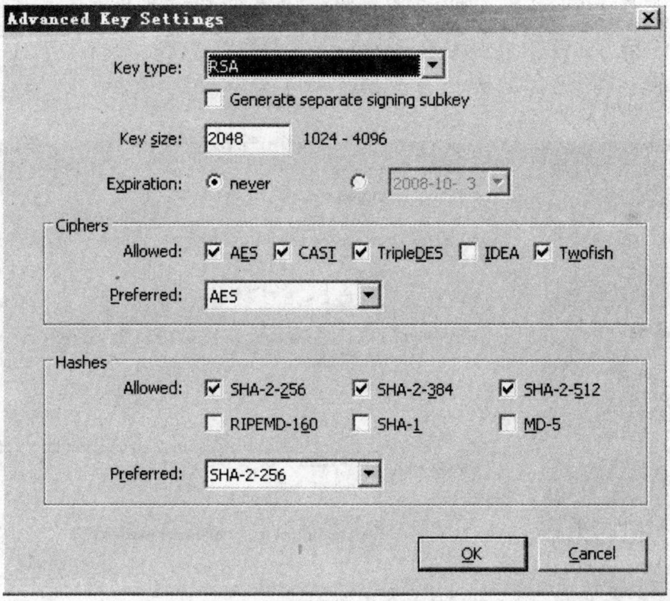

图 12-26 Advanced Key Settings 对话框

内容(Key type 密钥类型；Key size 密钥长度；Expiration 过期；Ciphers 支持的密码；Hashes 支持的哈希算法类型，在这些算法中 SHA-1 和 MD-5 是目前最常用的)，设置完后单击 OK 按钮。

步骤 5：一直单击 Next 按钮，如果只用到邮件和文档的加密，可以取消选择 PGPnet Personal Firewall/IDS/VPN 选项。然后继续单击 Next 按钮，一直到程序提示重新启动计算机。重新启动计算机后，PGP 软件安装成功。

注意：在安装PGP软件的过程中，如果没有序列号则只有最基本的功能，即使是试用版也需要试用版的序列号。其获得方法如下：在PGP公司官方网站上下载了试用版后，到其网站上填写一些相关信息，提交这些信息后，会收到一封包含试用版序列号的邮件，到这封邮件的附件PDF文件中去寻找，找到licence or grant number字样，把后面的字符串记下来，然后在安装过程中遇到输入序列号时将其输入，则能顺利完成所有功能的安装。

2. PGP密钥生成

在使用PGP之前，首先需要生成一对密钥，这一对密钥是同时生成的，将其中的一个密钥分发给你的朋友，让他们用这个密钥来加密文件，即“公钥”。另一个密钥由使用者自己保存，使用者是用这个密钥来解开用公钥加密的文件，称为私钥。

步骤1：安装过程中，进入Passphrase Assignment对话框，如图12-27所示。在对话框Passphrase文本框中设置一个不少于8位的密码，这项设置是为密钥中的私钥配置保护密码，在Confirmation文本框中再输入一遍刚才设置的密码。如果选择Show keystrokes复选框，刚才输入的密码就会在相应的对话框中显现出来，最好取消该选项，以免别人能看到你的密码。

注意：在Passphrase文本框中设置的这个密码非常重要，使用密钥时通过这个密码来验证身份的合法性，因此不能太简单，也不能丢失或忘记，如果获取了这个密码就有可能获取密钥对中的私钥，这样就会轻易地把你的密文解密。

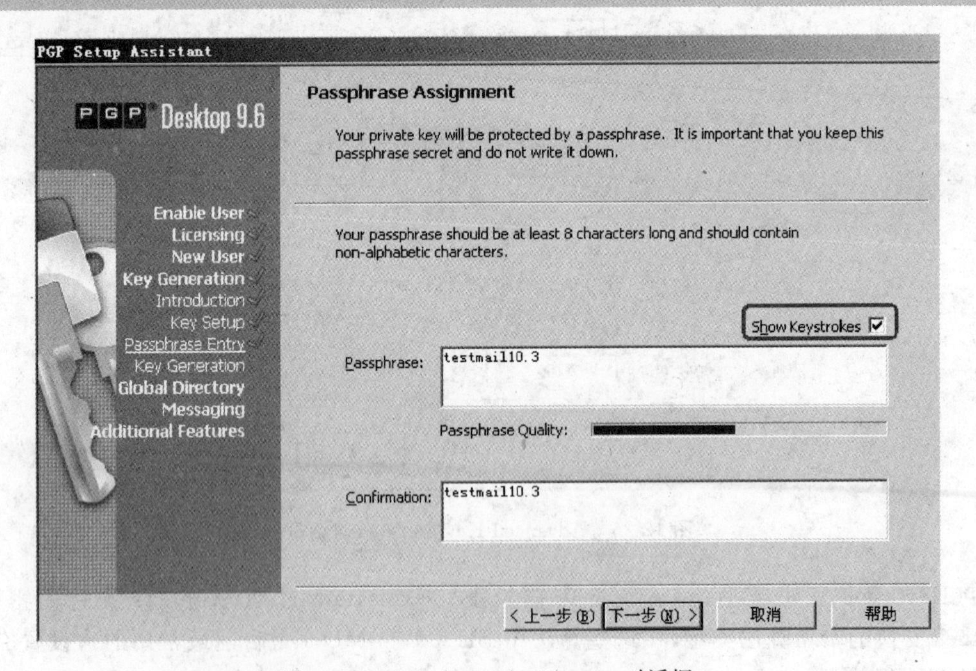

图12-27　Passphrase Assignment对话框

步骤2：单击“下一步”按钮进入Key Generation Progress（密钥生成进程）对话框，等待主密钥(Key)和次密钥(Subkey)生成完毕（出现完成）。单击“下一步”按钮完成密钥生成向导，

如图 12-28 所示。

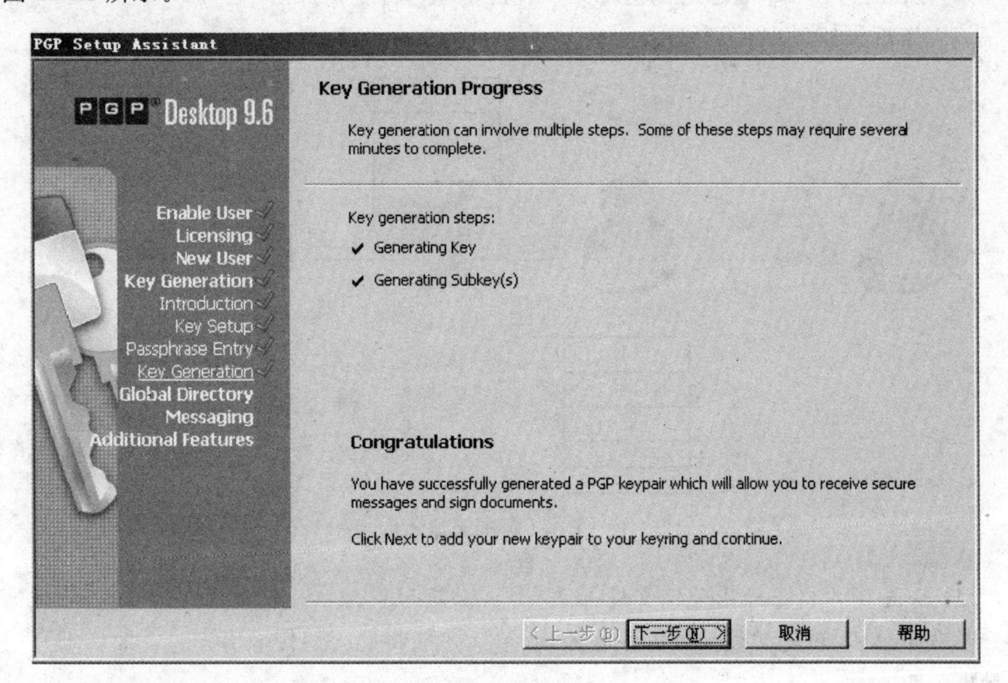

图 12-28　Key Generation Progress 对话框

步骤 3：单击“下一步”按钮，会进入 PGP Global Directory Assistant 对话框，可单击 SKIP 按钮跳过，直到 Congratulation 对话框出现，单击“完成”按钮，整个设置向导完成。

注意：PGP Global Directory Assistant 是提示用户是否需要把自己的密钥加入到 PGP 公司的全球目录中，如果加入则所得到的密钥将可以在全球的 PGP 用户中都有效。

步骤 4：查看“开始”→“程序”→PGP 程序，如图 12-29 所示，并在主窗口任务栏右侧出现图标，说明 PGP 安装成功。

图 12-29　查看安装结果图

3. PGP 密钥发布

PGP 使用两个密钥来管理数据：一个用以加密，称为公钥(Public Key)；另一个用以解密，称为私钥(Private Key)。公钥和私钥是紧密联系在一起的，公钥只能用来加密需要安全传输的数据，却不能解密加密后的数据；相反，私钥只能用来解密，却不能加密数据。

在项目中为了安全的需要，传输的文档需要加密，则需要进行如下操作。

(1) 强胜公司 Star 老总首先要把自己的公钥发布给未来公司的老板 Green。

(2) 未来公司的老板 Green 用 Star 老总发过来的公钥对文档进行加密。

(3) 未来公司的老板 Green 将加密文件发送给强胜公司 Star 老总。

(4) 强胜公司 Star 老总用私钥将文件解密，读取文件内容。

该工作流程如图 12-30 所示。

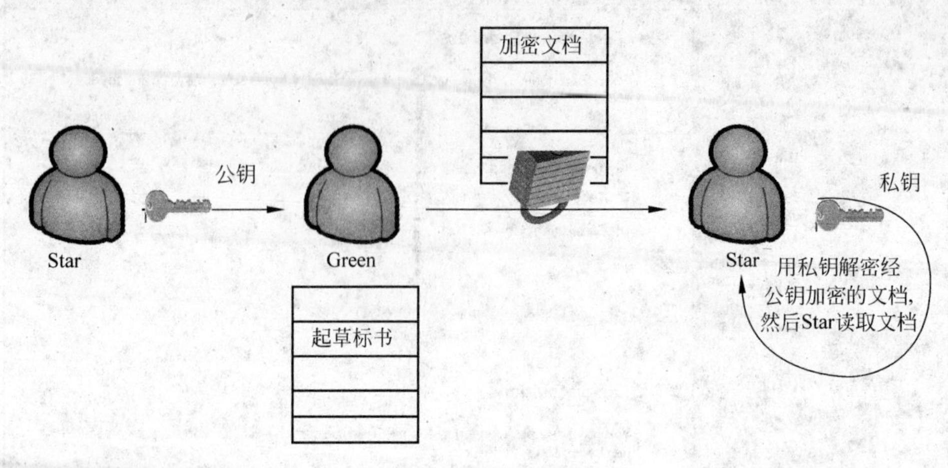

图 12-30　标书传递流程

(1) Star 用户自己导出公钥文件

要发布公钥，首先必须从证书中将公钥导出，才能将此公钥传输出去。下面详细介绍如何导出公钥。

步骤 1：Star 老总右击选中用来发送加密电子邮件的证书，在弹出的快捷菜单中选择 Export 命令，如图 12-31 所示。

步骤 2：弹出如图 12-32 所示对话框，将扩展名为. asc 的 test. asc 文件导出。选择一个目录，再单击“保存”按钮，即可导出你的公钥，扩展名为. asc。

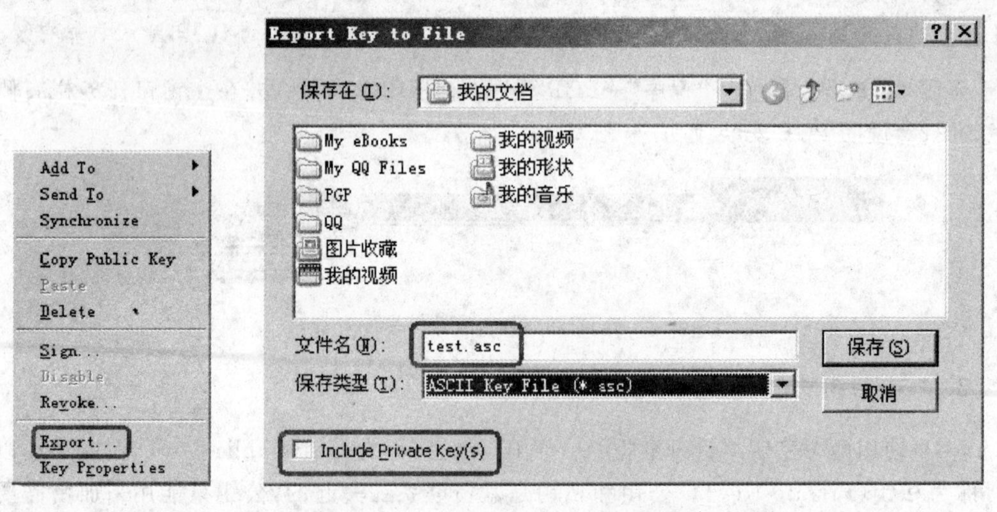

图 12-31　导出密钥　　　　图 12-32　保存 *. asc 文件对话框

注意：如果选择了 Include Private Key(s)复选框，则会同时导出私钥。但是私钥不能让别人知道，因此在导出用来发送给邮件接收者的公钥中不要包含私钥，故不要选择该复选框。

导出后，就可以将此公钥放在自己的网站上(如果有的话)，或者将扩展名为.asc的test.asc文件直接发给朋友。这样做一能防止被人窃取后阅读而看到一些个人隐私或者商业机密的东西；二是能防止病毒邮件，一旦看到没有用PGP加密过的文件，或者是无法用私钥解密的文件或邮件，就能更有针对性地操作了，比如删除或者杀毒。

(2) Green导入公钥文件

步骤1：将来自Star用户的公钥下载到自己的计算机上，双击对方发给你的扩展名为.asc的公钥，进入"选择密钥"窗口(见图12-33)，可看到该公钥的基本属性，便于了解是否应该导入此公钥。如Validity(有效性，PGP系统检查是否符合要求，如符合，就显示为绿色)、Trust(信任度)、Size(大小)、Description(描述)、Key ID(密钥ID)、Creation(创建时间)、Expiration(到期时间)等(如果没有那这么多信息，使用VIEW(查看)菜单，并选中里面的全部选项)。

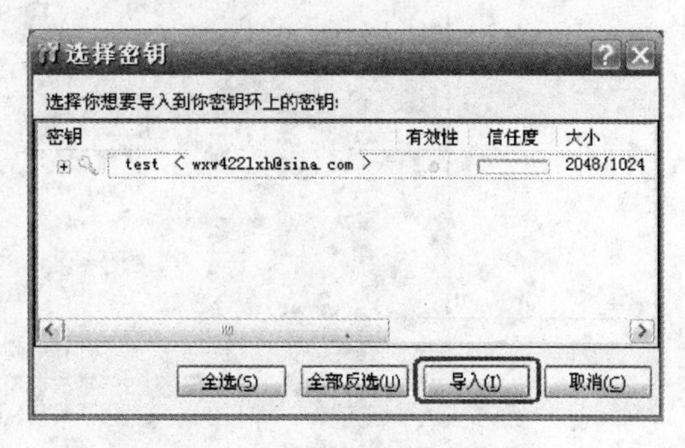

图12-33　"选择密钥"对话框

步骤2：选中需要导入的公钥(也就是PGP中显示出的对方的E-mail地址)，单击Import(导入)按钮，即可导入好友的公钥。

步骤3：选中导入的公钥，右击，如图12-34所示，选择Sign命令，弹出PGP Sign Key(PGP密钥签名)对话框，如图12-35所示。

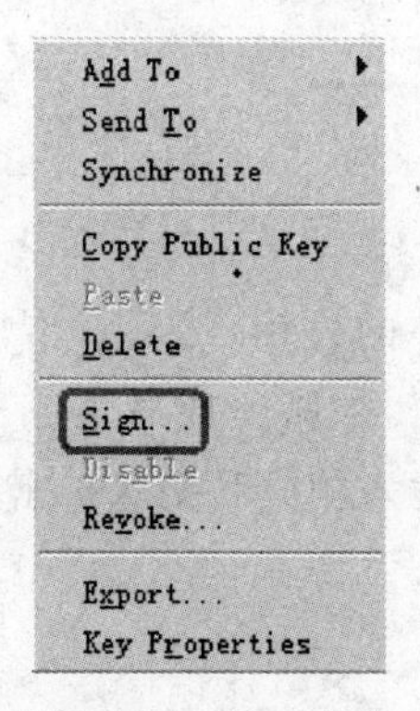

图12-34　Sign命令

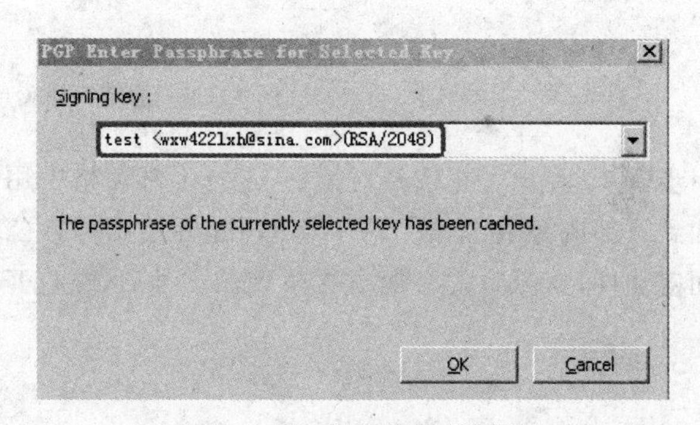

图12-35　密钥签名对话框

步骤4：单击OK按钮，弹出要求为该公钥输入Passphrase的对话框，输入设置用户时的那个密码短语，然后单击OK按钮，即完成签名操作。查看密码列表里该公钥的属性，在Validity(有效性)栏显示为绿色时，表示该密钥有效。

步骤5：选中导入的公钥，右击选择Key Properties命令，弹出如图12-36所示的对话框。Trust(信任度)处就不再是灰色了，说明这个公钥被PGP加密系统正式接受，可以投入使用了。

4. PGP加密文件

步骤1：选中要加密的文件pgp.doc，右击，在安装有PGP程序后，快捷菜单中会出现PGP相应程序名，选择"使用密钥保护'pgp.doc'"命令，如图12-37所示。

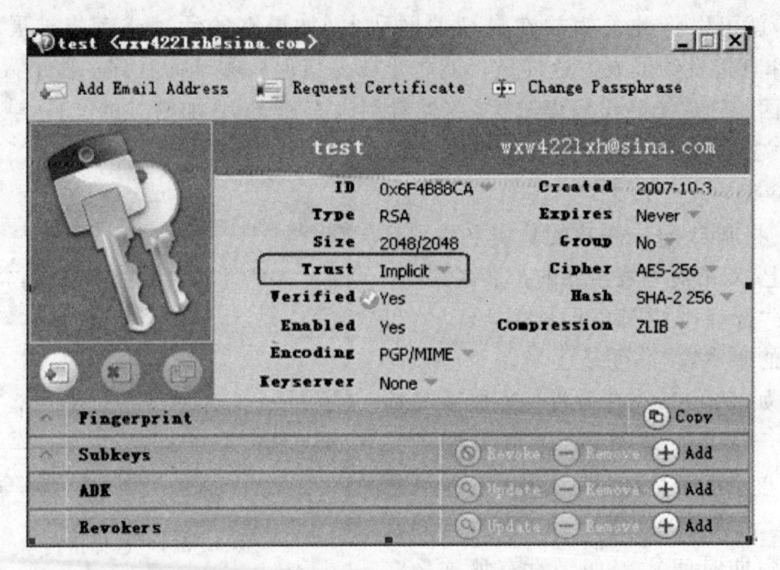

图 12-36　公钥属性设置

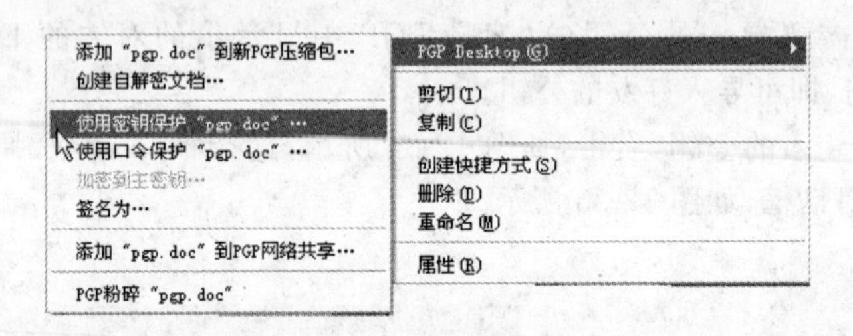

图 12-37　加密快捷菜单项

步骤 2：弹出密钥选择对话框，选择上部窗格中用于加密文件的公钥，然后双击该公钥添加到下部窗格中，单击"下一步"按钮，开始用对方公钥进行加密，加密完成后生成一个新的加密文件，图标为▣。对方接收到该文件后，在打开时会要求输入相应私钥保护密码。

5. **测试**

步骤 1：发送加密的邮件

重新启动 Outlook Express，在工具栏中会出现 Encrypt(加密)、Sign(签名)等几个按钮。如果没有，选择"查看"→"工具栏"→"自定义"命令设置。写一封测试信，单击工具栏中的 Encrypt 和 Sign 按钮，再单击"发送"按钮，出现填写密码的对话框，在对话框中输入密钥设置的正确密码，单击 OK 按钮，可发送一封加密的邮件。

步骤 2：接收邮件

邮件接收者在接到刚才发送的测试邮件时看到的是一堆乱码。

步骤 3：解密邮件

收到邮件后，双击加密的信件，在工具栏按钮中单击 Decrypt(解密)按钮，在 Passphrase of Signing Key 对话框中输入前面设置的密码，单击 OK 按钮，即可对加密的信件进行解密，正常看到了信件的原文。

步骤 4：卸载(可选)

如果不需要再使用，则可将该软件卸载。单击图 12-38 所示的“卸载”图标，进入卸载操作。

PGP ▸ 卸载PGP Desktop

图 12-38 “卸载”选项

任务 12-3 防病毒软件的使用

网络应用越来越广泛，网络安全应该受到足够重视。病毒是网络使用过程中遇到的一个重要的安全问题，防病毒软件是保证网络安全必备的工具之一，使用方便、不需要用户过多干预。

防病毒软件的种类很多，不同保护对象所需要的软件不一样，个人计算机主要考虑杀毒软件对操作系统的影响，如是否会明显减慢操作系统的速度等；而企业级别的杀毒软件所需要考虑的内容包括整个网络监控、统一升级、集中管理等方面。根据保护对象不同，可以将杀毒软件分为单机版和网络版杀毒软件。

任务 12-3-1 单机版杀毒软件的使用

> 单机版杀毒软件的使用：李勇的安全意识非常强，在使用计算机的过程中进行了安全策略、数据备份、电子邮件加密等安全措施的设置，为了防范网络上的病毒，他决定采用防病毒软件实时防范病毒并定期杀毒。

个人用户一般选择单机版杀毒软件，而且这是上网用户所必备的工具之一，因此单机版杀毒软件对用户来说并不是很陌生。

目前常用的单机版杀毒软件主要有瑞星、江民、金山毒霸、驱逐舰、Dr. Web 大蜘蛛、微点主动防御、卡巴斯基、ESET NOD32、McAfee Virus Scan Plus、趋势(PC-cillin)、Norton AntiVirus、AVG(捷克)、AntiVir(德国的小红伞)、360 安全卫士等。下面主要介绍 360 杀毒软件的安装和使用。

1. 360 杀毒软件的安装

360 杀毒软件的安装非常简单，在前面安装了 360 安全卫士的基础上，单击“杀毒”按钮，展开 360 安装向导，然后根据使用的实际情况选择安装的文件夹，可以选用默认的，也可以更改，单击“下一步”按钮，进入安装界面，如图 12-39 所示。

在图中有一个别的杀毒软件所没有的“最小化”按钮，这是在安装过程中为了节省资源加快下载速度而设计的，单击该按钮则能达到少占用资源的目的。

等到进度条完成的时候，整个杀毒软件的安装也就完成，在桌面上显示图标。而且不需要重新启动计算机，就能开始使用该杀毒软件。

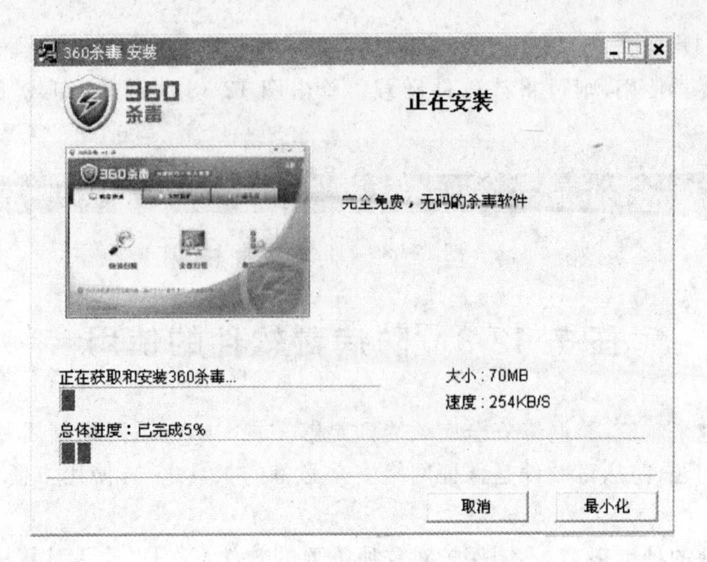

图 12-39 “360 杀毒 安装”界面

2. 360 杀毒软件的使用

(1) 双击 360 杀毒快捷方式(或者依次选择“开始”→“程序”→“360 杀毒”命令)打开 360 杀毒主界面,如图 12-40 所示。

图 12-40 360 杀毒主界面

(2) 病毒查杀中有三种不同的查杀方式,即“快速扫描”、“全盘扫描”、“指定位置扫描”。

- “快速扫描”:单击该按钮则迅速进入扫描状态,直到扫描结束报告扫描结果。如果在扫描状态下选择“自动处理扫描出的病毒威胁”复选框,当扫描到病毒时系统就会自动处理,而不需要另外再进行清除。
- “全盘扫描”:与快速扫描类似,不同的在于快速扫描只扫描系统盘,而全盘扫描则包括整个硬盘。

- “指定位置扫描”：单击该按钮，则会弹出如图 12-41 所示“选择扫描目录”对话框，在对话框中选定需要扫描的对象，然后单击“扫描”按钮开始扫描目标对象。

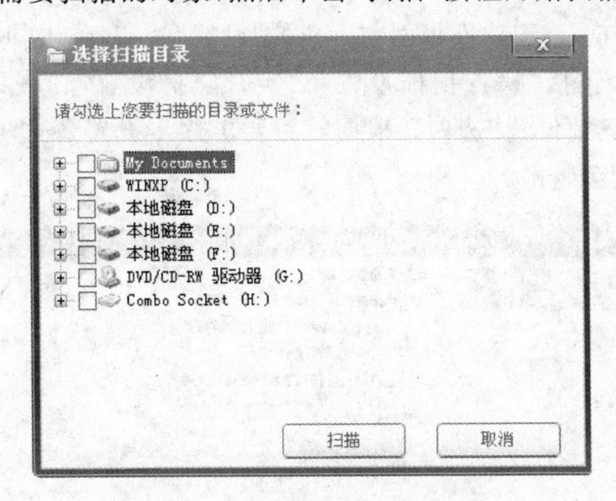

图 12-41　“选择扫描目录”对话框

这三种扫描方式在扫描的过程中都可以暂停或停止，只需要单击“暂停”或“停止”按钮即可。

(3) 主界面上的 360杀毒实时防护未开启，电脑存在安全风险。 立即开启 警告信息提示还没有开启 360 实时防护，在桌面右下角会显示警告标志，可以单击“立即开启”链接开启，或者单击界面主菜单的“实时防护”命令，打开如图 12-42 所示的“实时防护”界面。在该界面中移动级别设置滚动条到对应的防护级别就可以了。

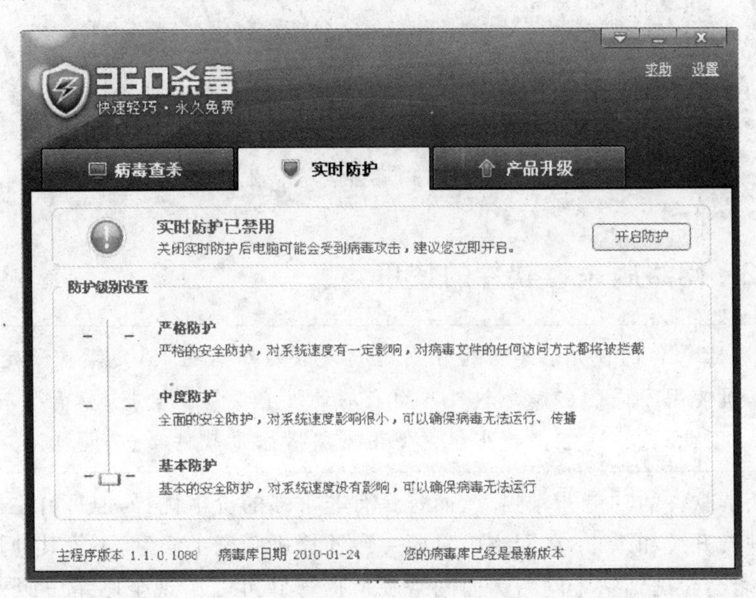

图 12-42　“实时防护”界面

(4) 病毒库更新。杀毒软件的病毒查杀功能强弱主要依赖于其病毒库，病毒库越新查杀病毒能力就越强，病毒库中的病毒特征码越多查杀病毒的种类就越多。因此病毒库需要定时更新升级。

360杀毒的病毒库更新有一个非常方便的途径，单击“产品升级”按钮进行病毒库更新就可以。

(5) 设置。单击360杀毒软件界面右上角的“设置”按钮，弹出如图12-43所示“设置”对话框。在该对话框中，包括“病毒扫描设置”、“实时防护设置”、“嵌入式扫描”、“白名单设置”、“免打扰模式”、“其他设置”选项。根据使用要求逐步设置各选项。当然设置扫描的内容越多，则扫描的速度会越慢。

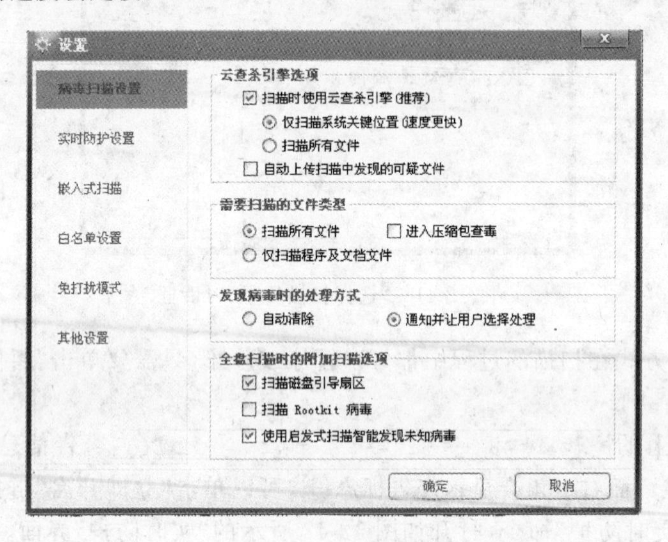

图12-43 “设置”对话框

注意：选择杀毒软件不仅要看其查杀病毒的能力，还要考虑该杀毒软件所消耗的系统资源大小，所支持的操作系统、误报率、查杀病毒时处理方式的灵活性等方面。另外，在一台主机上，只要符合杀毒软件在引擎方面不冲突的要求，可根据不同杀毒软件的特征在同一台主机上安装两款或多款杀毒软件，各显其能，优势互补

任务12-3-2 网络版杀毒软件的使用

网络版杀毒软件的使用：李勇担任网络模块兴趣小组组长，定期或不定期地组织活动，每台计算机使用不同的防病毒软件甚至有的还没有使用安全措施，需要单台维护和更新，非常烦琐，因此，他决定在兴趣小组内使用网络版杀毒软件，统一管理。

单机版杀毒软件的功能非常强大，而且具有非常强的价格优势，但每台主机上的杀毒软件都要分别进行升级和杀毒，在网络中只要一台计算机感染了病毒，不管其他计算机是否杀毒，病毒也可能会蔓延到整个网络。而网络版杀毒软件可以实现全网络中服务器和客户端杀毒软件的同步更新和杀毒。因此，在一个拥有10个以上用户的网络中，采用网络版杀毒软件还是比较好的。

常见的网络版杀毒软件包括江民KV网络版、瑞星网络版、金山毒霸网络版、ESET NOD32、趋势网络版等。本项目以瑞星网络版杀毒软件为例详细介绍。

1. 网络版杀毒软件服务器端的安装

在安装网络版杀毒软件前，确认一下系统是否安装有 MSDE(Microsoft SQL Server Desktop Engine)环境，如果之前曾经安装过 SQL Server 2000，则只要在安装过程中定义一下数据库名称即可。如果没有安装 MSDE 也没有 SQL，瑞星网络版的安装文件中已经集成了 MSDE，则在安装杀毒软件的过程中安装即可。

注意：安装系统中心组件只能安装在服务器操作系统中，如 Windows Server 2003 等，而在 Windows XP 系统下是无法启动此项安装的。服务器端适用的操作系统如：Windows NT Server、Windows Server 2000/Advanced Server、Windows Server 2003。

(1) 双击运行下载后的文件，此时将出现安装界面，如图 12-44 所示。

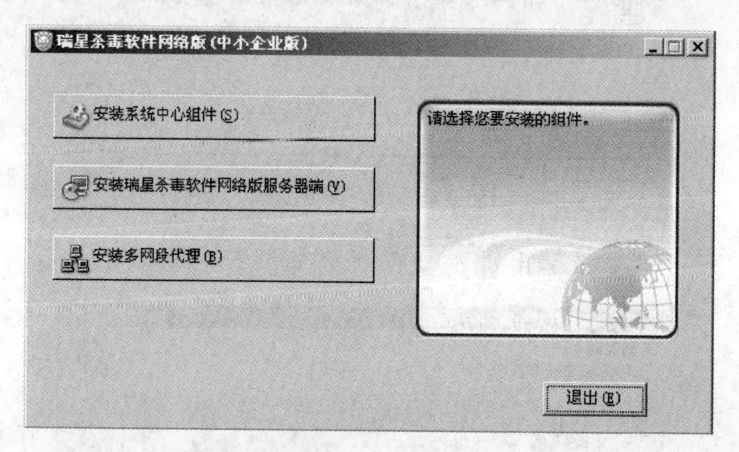

图 12-44　“瑞星杀毒软件网络版(中小企业版)”主界面

(2) 单击如图 12-44 所示界面上的“安装系统中心组件”按钮，弹出如图 12-45 所示的“瑞星欢迎您”对话框。

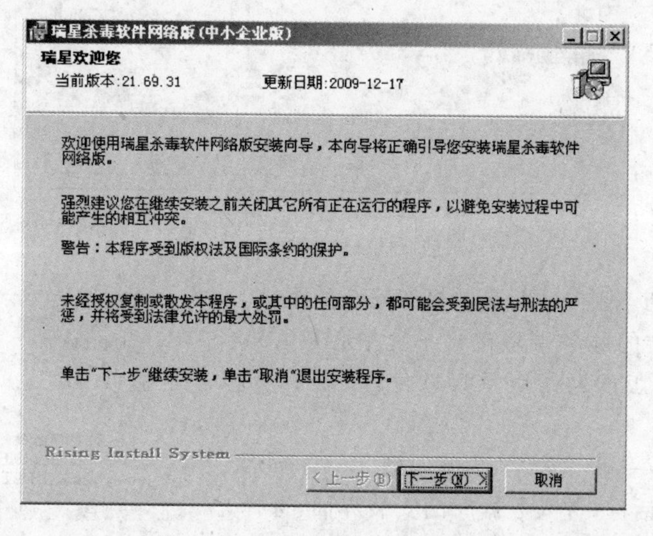

图 12-45　“瑞星欢迎您”对话框

(3) 单击“下一步”按钮，弹出如图 12-46 所示“最终用户许可协议”对话框，选择“我接受”单选项。

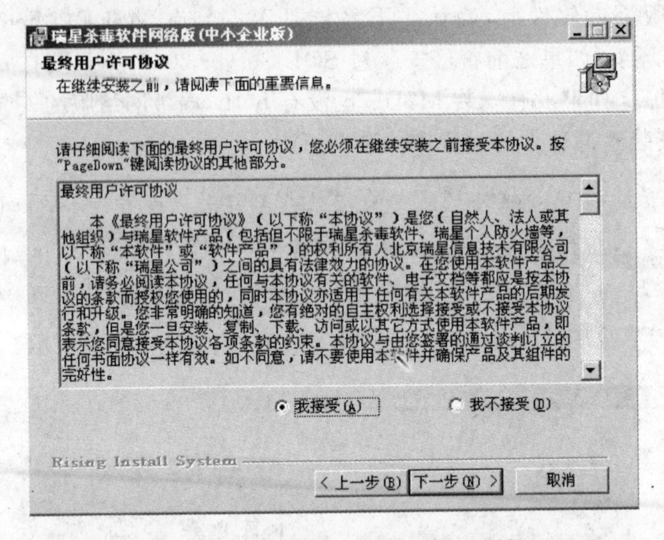

图 12-46 “最终用户许可协议”对话框

(4) 单击“下一步”按钮，弹出如图 12-47 所示“定制安装”对话框。

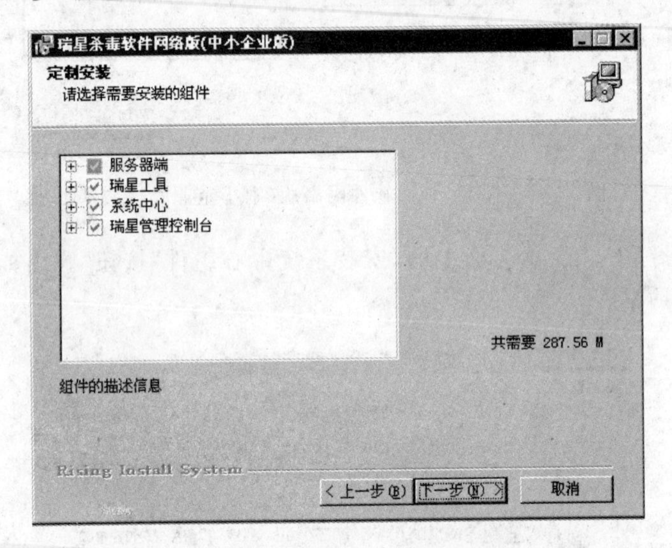

图 12-47 “定制安装”对话框

在接下来的步骤中，可以选择相应安装的组件，默认情况下，安装的服务端将包含系统中心核心组件和一个服务器版的网络版杀毒软件，如图 12-48 所示。

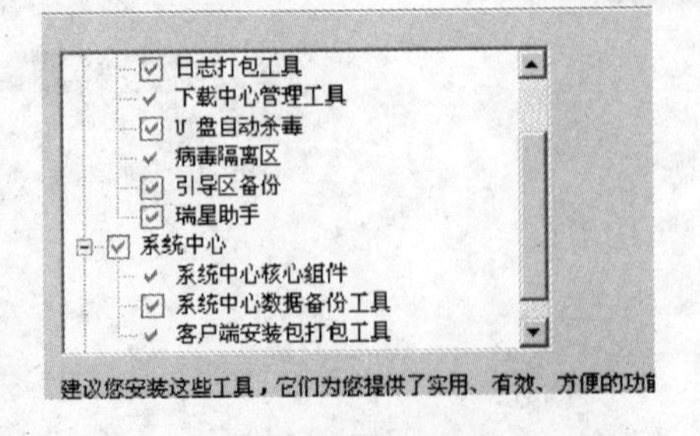

图 12-48 安装组件详细对话框

(5) 单击“下一步”按钮，弹出如图 12-49 所示“数据库选项”对话框，进入数据库的安装界面，选择数据库的类型及相关参数。有三种数据库类型可供

选择，分别为“在本机上安装 MSDE”、“正在运行的 MS SQL SERVER”和“已经存在的 MSDE 数据库”。默认设置为“在本机上安装 MSDE”，若网络中没有 SQL SERVER，在磁盘空间许可的情况下建议选择此项，如果已经安装了 SQL SERVER，就只需要选择数据库的名字就可以了。

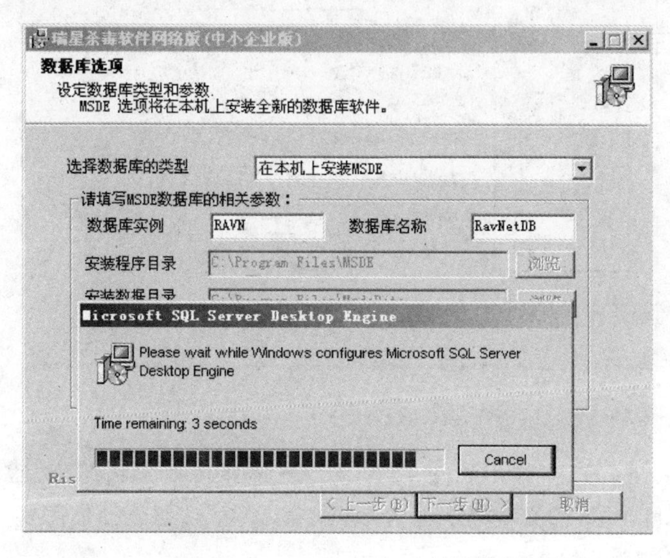

图 12-49　“数据库选项”对话框

(6) 待数据库安装完成以后，单击“下一步”按钮，弹出如图 12-50 所示“验证产品序列号”对话框。

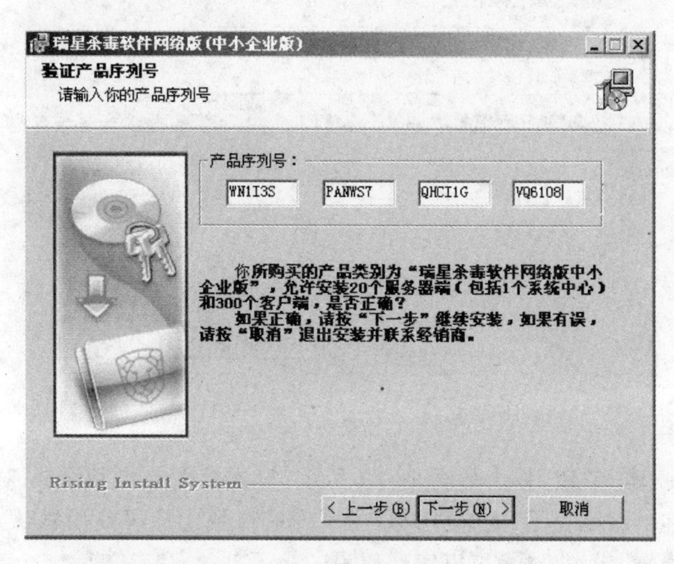

图 12-50　“验证产品序列号”对话框

(7) 输入产品序列号，确认无误后单击“下一步”按钮，弹出如图 12-51 所示“网络参数设置”对话框，设置好系统中心的各参数，其中系统中心的 IP 地址非常重要，会影响到后面的客户端能否正常升级。

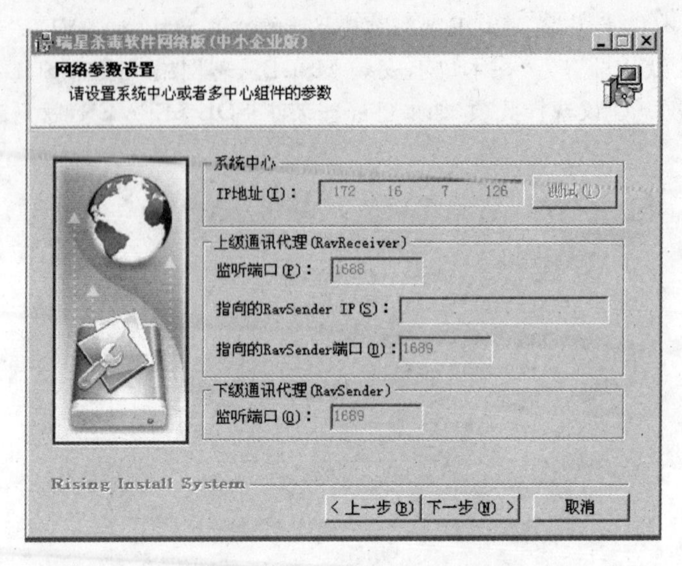

图 12-51 “网络参数设置”对话框

(8) 单击“下一步”按钮,弹出如图 12-52 所示“选择目标文件夹”对话框。可以直接在“安装瑞星软件到目录”下的文本框中输入,或单击“浏览”按钮选择你需要安装软件的目录。

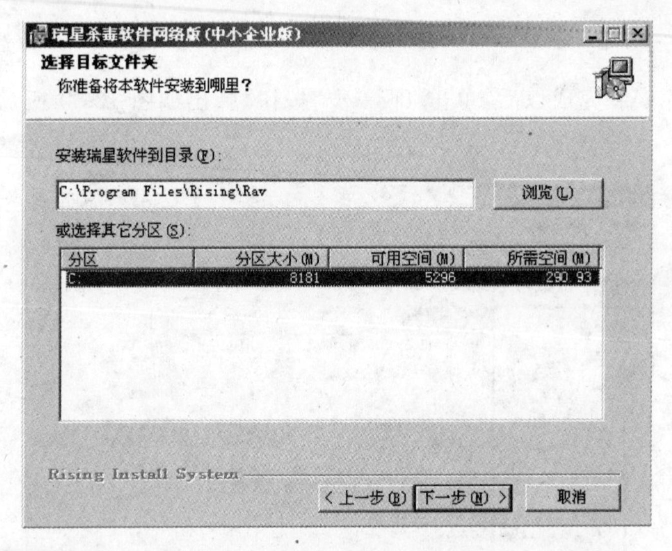

图 12-52 “选择目标文件夹”对话框

(9) 单击“下一步”按钮,弹出如图 12-53 所示“设置补丁包共享目录”对话框,设置提供客户端下载补丁包的共享目录和共享名称,为了安装方便用户可使用默认名称。文件夹的选择同上一步的设置,设置好后,可以实现瑞星的补丁自动安装功能。

(10) 单击“下一步”按钮,弹出如图 12-54 所示“瑞星杀毒系统密码”对话框,设置好系统管理员密码和客户端保护密码。需要保证客户端保护密码的复杂性和安全性,该密码被破解会造成管理上的很多不便,甚至服务端的形同虚设。

(11) 单击“下一步”按钮,弹出如图 12-55 所示“选择开始菜单文件夹”对话框。

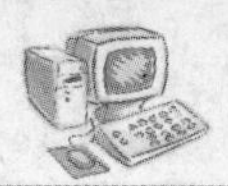

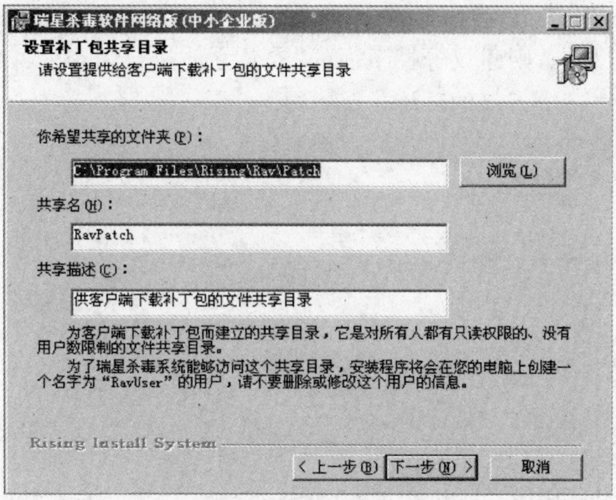

瑞星杀毒软件网络版(中小企业版)
设置补丁包共享目录
请设置提供给客户端下载补丁包的文件共享目录
你希望共享的文件夹(P)：
C:\Program Files\Rising\Rav\Patch
浏览(L)
共享名(H)：
RavPatch
共享描述(C)：
供客户端下载补丁包的文件共享目录
为客户端下载补丁包而建立的共享目录，它是对所有人都有只读权限的、没有用户数限制的文件共享目录。
为了瑞星杀毒系统能够访问这个共享目录，安装程序将会在您的电脑上创建一个名字为“RavUser”的用户，请不要删除或修改这个用户的信息。
Rising Install System
< 上一步(B)
下一步(N) >
取消

图 12-53　“设置补丁包共享目录”对话框

瑞星杀毒软件网络版(中小企业版)
瑞星杀毒系统密码
输入瑞星杀毒系统默认的管理员密码和客户端保护码。
瑞星杀毒系统管理员密码：
管理员账号
admin
管理员密码(A)
***
确认密码(C)
***
瑞星客户端保护密码：
保护密码(P)
***
确认密码(F)
***
SMTP服务器
E-mail
w@126.com
详细
Rising Install System
< 上一步(B)
下一步(N) >
取消

图 12-54　“瑞星杀毒系统密码”对话框

瑞星杀毒软件网络版(中小企业版)
选择开始菜单文件夹
选择你需要在开始菜单文件夹中创建的程序快捷方式，然后单击“下一步”。
开始菜单文件夹：
瑞星杀毒软件网络版
现有的开始菜单文件夹(E)：
附件
管理工具
启动
放置瑞星图标到桌面(D)
放置瑞星图标到快速启动工具条(Q)
Rising Install System
< 上一步(B)
下一步(N) >
取消

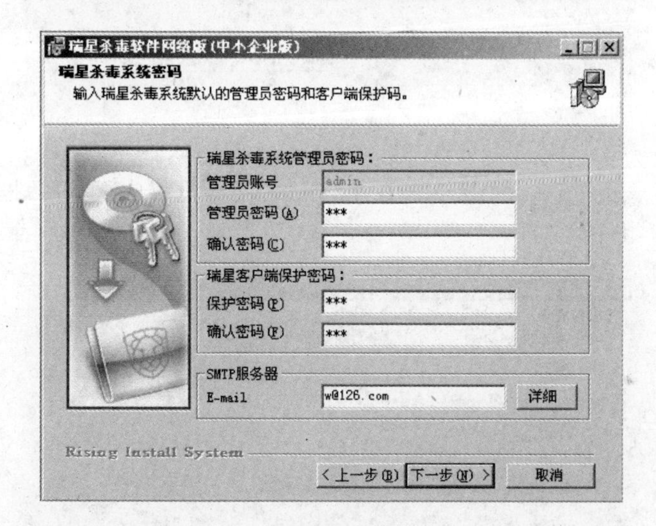

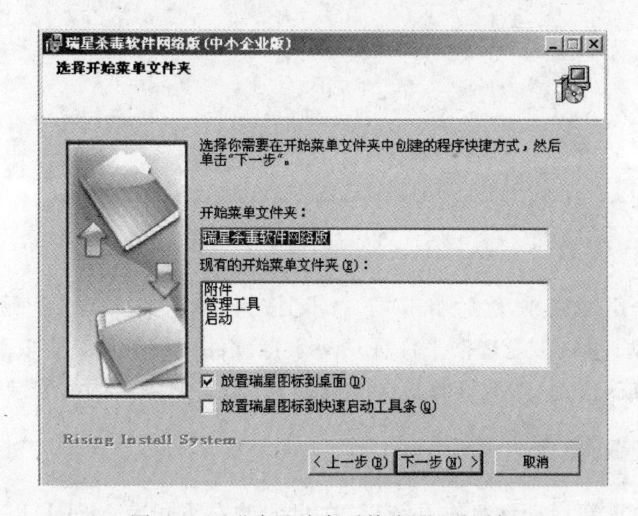

图 12-55　“瑞星杀毒系统密码”对话框

(12) 单击“下一步”按钮，弹出如图 12-56 所示“安装准备完成”对话框。如果不确信当前系统是否处于无毒状态，则建议选择下面的“安装之前执行内存病毒扫描”复选框，查看并清除内存并毒，给软件一个无毒的环境。

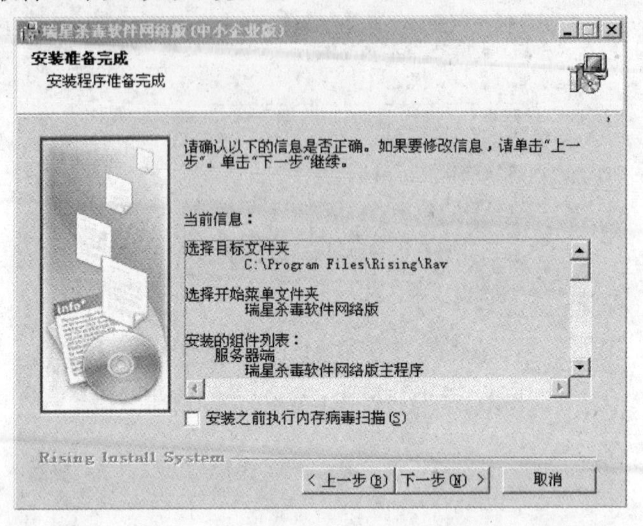

图 12-56 “安装准备完成”对话框

(13) 单击“下一步”按钮，弹出如图 12-57 所示“安装过程中...”对话框。安装瑞星杀毒软件网络版的所有组件。

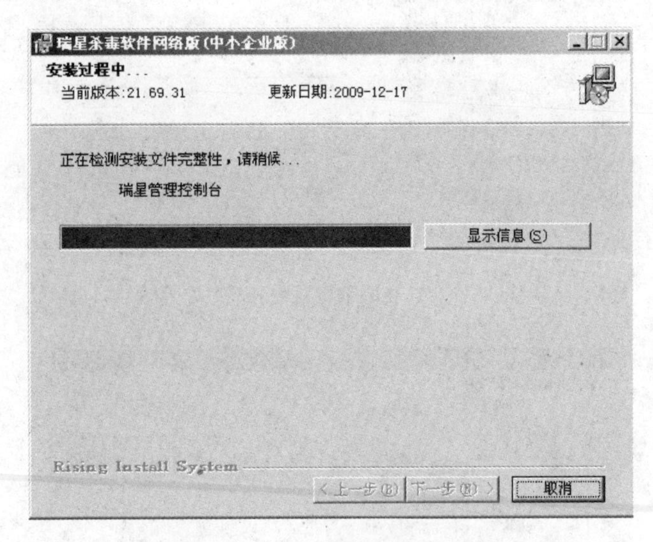

图 12-57 “安装过程中...”对话框

(14) 等待各个组件完成，然后单击“下一步”按钮，弹出如图 12-58 所示“结束”对话框。最好选择“重新启动计算机”复选框来保证瑞星杀毒软件网络版的完全安装。

(15) 单击“完成”按钮，然后计算机会重新启动，整个服务器端的安装就完成了。

2. 服务器端配置、使用

(1) 安装完毕，重新启动计算机系统后，在桌面的右下角有 MSDE 以及瑞星杀毒、瑞星

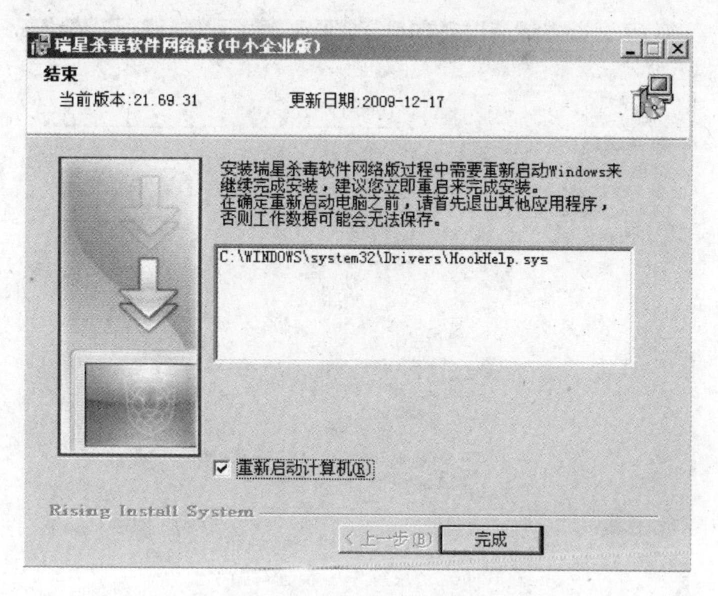

图 12-58　“结束”对话框

杀毒监控端，如图标 [图标] 所示。

(2) 双击打开桌面上的“管理控制台”快捷方式 [图标]，或者依次单击“开始”→“程序”→“瑞星杀毒软件网络版”→“管理控制台”，打开如图 12-59 所示瑞星网络版控制台登录窗口。输入之前设置的用户密码进行登录，以配置服务端信息。

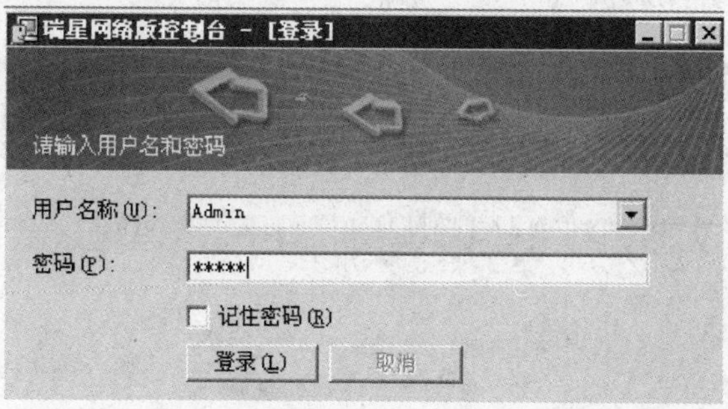

图 12-59　瑞星网络版控制台登录窗口

使用控制台登录后，首先设置用户信息，如果仅仅是使用序列号注册，却不注册用户信息，那么，服务端将不可自动升级。依次单击“管理”→“设置本中心用户信息” →“设置用户ID” →“申请用户 ID”，在弹出的网页中输入序列号以及公司的一些联系信息，就弹出了用户 ID。将该 ID 填入刚才的“设置用户 ID”中即可。

在“系统中心设置”的升级设置中，设置一下用户 ID，就可以实现自动升级了，如图 12-60 所示。

瑞星网络杀毒版安装完毕后有个瑞星工具，可以利用这些工具对服务器端和客户端进行相应的配置。

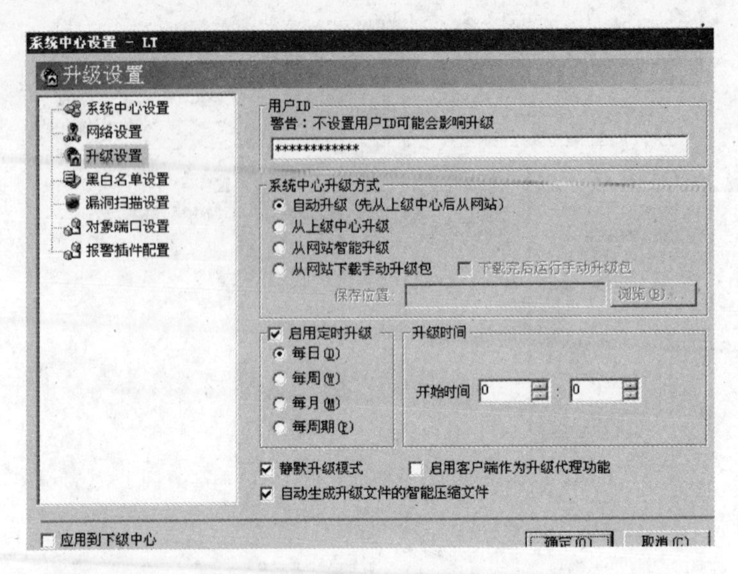

图 12-60 “系统中心设置”对话框

3. 客户端安装

(1) 双击运行下载后的文件，此时将出现安装界面，单击第二项“安装瑞星杀毒软件客户端”，此时将出现最终用户许可协议，单击“我接受”单选项，然后将弹出如图 12-61 所示的“选择 IP 地址”（有些用户在安装过程中可能不出现这步，无须理会，继续下一步即可）对话框，选择以服务器端系统中心的 IP 地址。

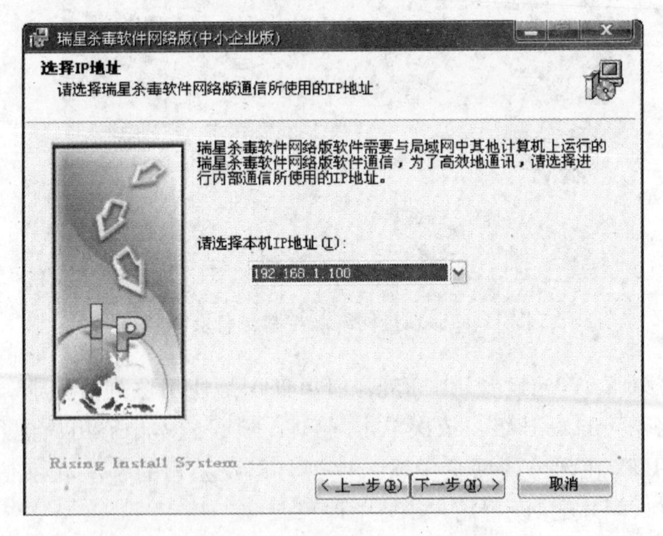

图 12-61 “选择 IP 地址”对话框

(2) 单击“下一步”按钮，弹出如图 12-62 所示选择需要安装的组件界面。

(3) 单击“下一步”按钮，弹出如图 12-63 所示的“网络参数设置”对话框，填写系统中心 IP 地址，此步非常重要，系统中心 IP 地址填写错误将不能升级杀毒软件。

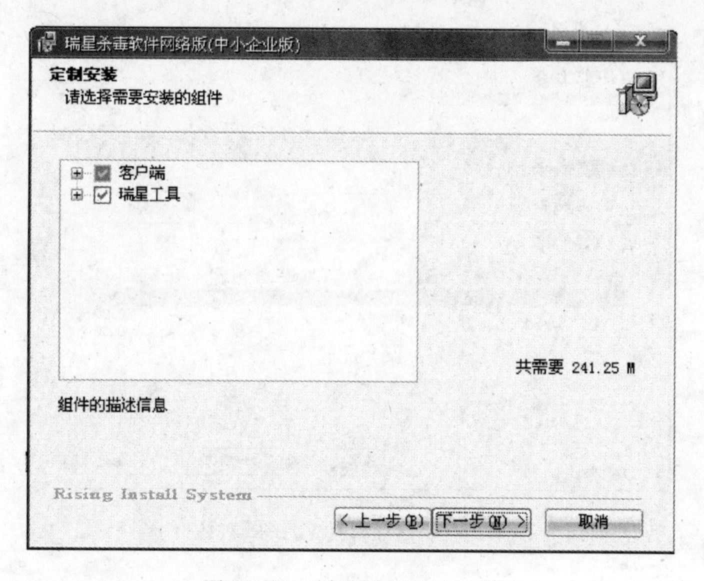

图 12-62　“定制安装”对话框

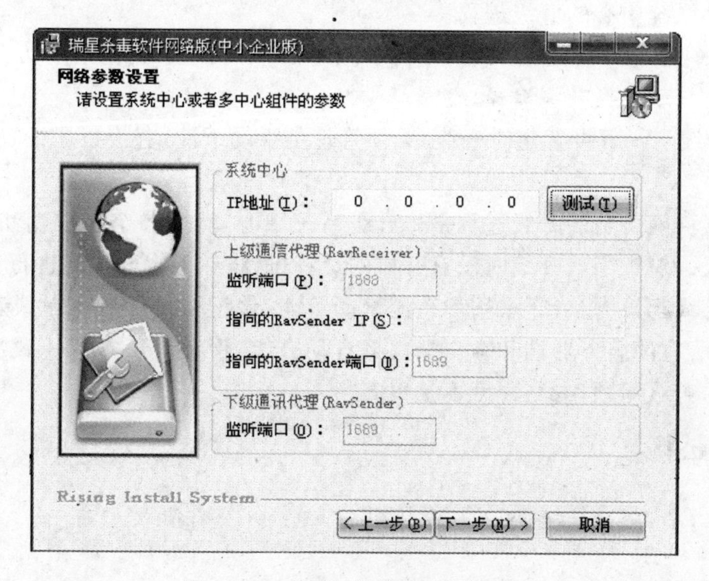

图 12-63　“网络参数设置”对话框

(4) 单击“下一步”按钮，弹出如图 12-64 所示的“选择目标文件夹”对话框，此时将出现选择安装路径的界面，一般用默认目录即可，单击“下一步”按钮进行程序的安装。后面的安装过程与单机版的安装相同。

4. 升级管理

对新病毒的快速反应能力和快速升级能力是衡量一个杀毒软件优劣的重要指标，网络管理员可根据方便程度和网络环境选择直接从瑞星网站升级还是手动下载升级包定时升级。

瑞星网络版升级模块的特点如下：

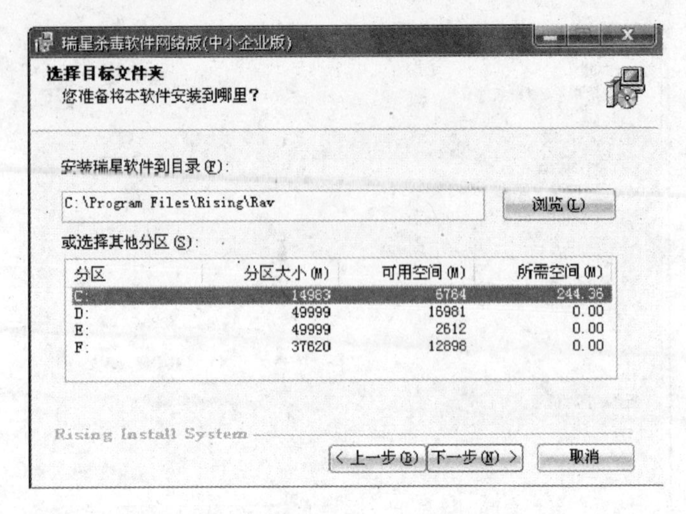

图 12-64 “选择目标文件夹”对话框

(1) 立即升级功能——管理员在控制台使用立即升级功能，将根据管理员的升级和网络配置立即启动系统中心的升级进程。

(2) 升级途径多——可通过网站、升级系统中心、下载手动升级包等方式进行升级，还可以由系统中心自动选择升级途径。

(3) 定时升级——可设置定时升级，无须管理员手动干涉，直接根据设置的时间和方式全自动完成。

瑞星杀毒软件网络版的升级过程是先升级系统中心，然后各个客户端和服务器端从系统中心进行升级。对于当前升级时没有开机的计算机，将在下次开机时进行升级，将客户端和服务器端的升级都设为自动，采用均衡流量的策略，保证软件的版本是最新的，只要系统中心升级完毕，所有的服务器端和客户端都将自动升级，保证了版本的一致性，管理员只需关心系统中心的升级问题，参与程度不是很高。

知识链接

【知识链接 1】 网络安全概念和基本特征

1. 网络安全概念

网络安全是指网络系统的硬件、软件及其系统中的数据受到保护，不因偶然的或者恶意的原因而遭受到破坏、更改、泄露，系统连续可靠正常地运行，网络服务不中断。网络安全从其本质上来讲就是网络上的信息安全。从广义来说，凡是涉及网络上信息的保密性、完整性、可用性、真实性和可控性的相关技术和理论都是网络安全的研究领域。

2. 网络安全基本特征

网络安全应具有以下五个方面的特征。

(1) 保密性：信息不泄露给非授权用户、实体或过程，或供其利用的特性。

(2) 完整性：数据未经授权不能进行改变的特性。即信息在存储或传输过程中保持不

被修改、不被破坏和丢失的特性。

(3) 可用性：可被授权实体访问并按需求使用的特性。即当需要时能否存取所需的信息。例如网络环境下拒绝服务、破坏网络和有关系统的正常运行等都属于对可用性的攻击。

(4) 可控性：对信息的传播及内容具有控制能力。

(5) 可审查性：出现的安全问题时提供依据与手段。

【知识链接2】 邮件加密与邮件签名

1. 邮件加密

(1) 邮件加密作用

可以将邮件以加密的形式在网络中传输，防止敏感及机密信息泄露。

(2) 邮件加密工作原理

邮件加密是利用PKI的公钥加密技术，以电子邮件证书作为公钥的载体，发件人使用邮件接收者的数字证书中的公钥对电子邮件的内容和附件进行加密，加密后的邮件只能由接收者持有的私钥才能解密，因此只有邮件接收者才能阅读，其他人截获该邮件看到的只是加密后的乱码信息，确保电子邮件在传输过程中不被他人阅读，防止机密信息的泄露，具体原理图如图12-65所示。

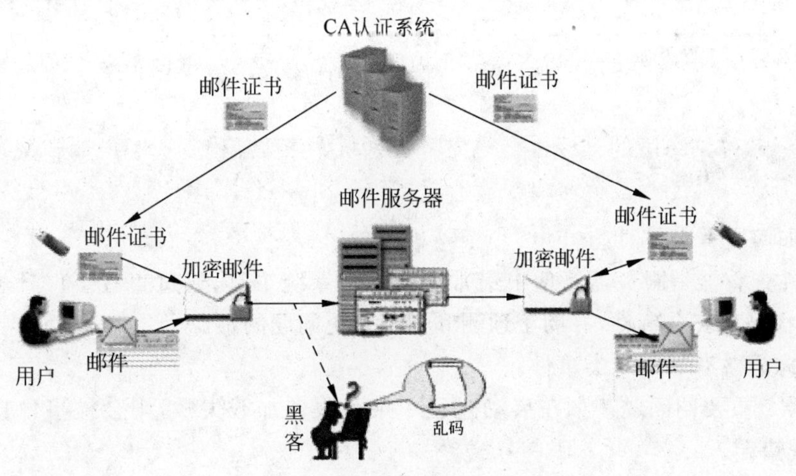

图12-65 邮件加密工作原理图

2. 邮件签名

(1) 邮件签名作用

邮件签名可以帮助用户识别发信人的身份，确认邮件信息是否被恶意篡改。

(2) 邮件签名工作原理

邮件签名是利用PKI的私钥签名技术，以电子邮件证书作为私钥的载体，邮件发送者使用自己数字证书的私钥对电子邮件进行数字签名，邮件接收者通过验证邮件的数字签名以及签名者的证书，来验证邮件是否被篡改，并判断发送者的真实身份，确保电子邮件的真实性和完整性，其工作原理如图12-66所示。

启用了邮件加密和数字签名功能后，发送信件如图12-67所示。

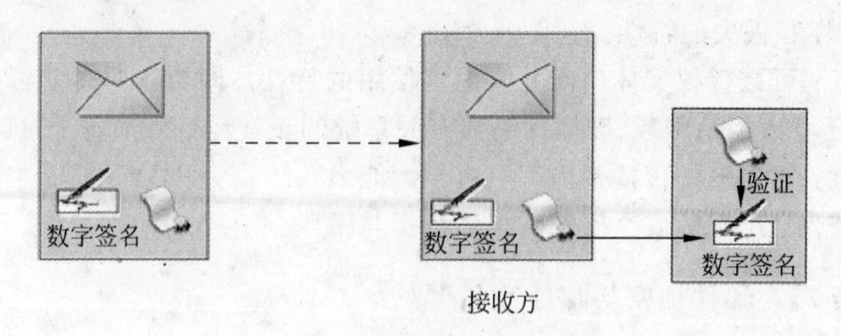

图 12-66　邮件签名工作原理图

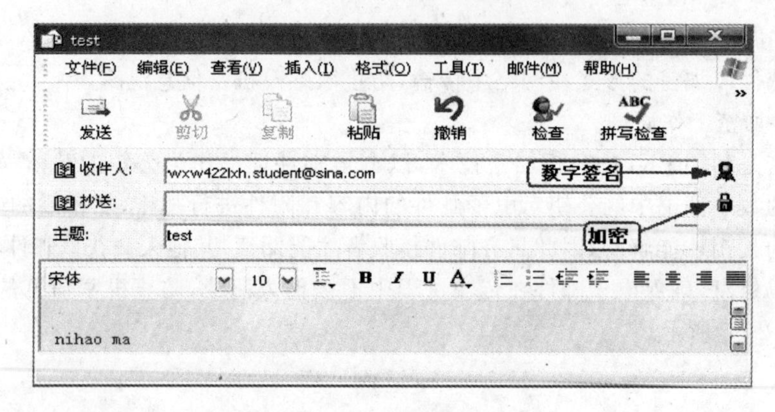

图 12-67　邮件签名和加密图

疑难解析

疑难：如何查看事件日志？

答：事件查看器是服务器管理中最常用的一个系统工具，通过查看事件日志可了解服务器的运行状况和安全事件，有助于预测和识别系统问题的根源。

事件日志记录有如下 5 类事件。

(1) 错误：重要的问题。如在启动过程中某个服务加载失败，则会被事件日志记录下来，显示出现错误。

(2) 警告：并不是非常重要的问题，但有可能说明将来潜在问题的事件。如磁盘空间不足时，将会记录警告。

(3) 失败审核：失败的审核安全登录尝试。如用户试图访问网络驱动器并失败时，则该尝试将会作为失败审核事件记录下来。如网络服务加载失败时，会在事件日志中记录一个信息事件。

(4) 成功审核：成功的审核安全访问尝试。如用户试图登录系统并成功时会被事件日志作为成功审核事件记录下来。

(5) 信息：描述了应用程序、驱动程序或服务的成功操作事件。

要查看事件日志，可通过如下步骤实现。

步骤 1：单击“开始”按钮，单击“管理工具”按钮，再单击“事件查看器(本地)”按钮，打开如图 12-68 所示“事件查看器”对话框。

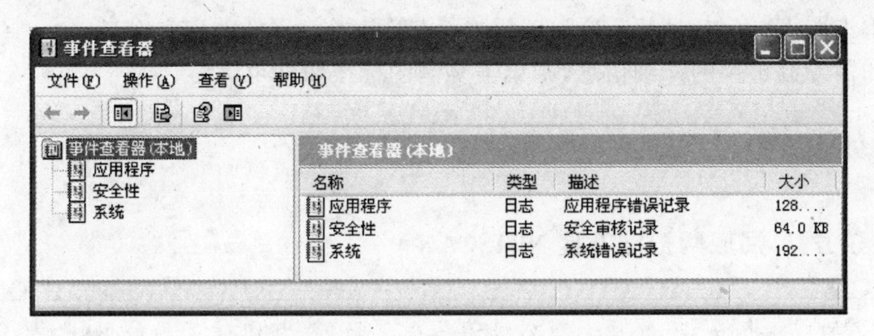

图 12-68　“事件查看器”对话框

在“事件查看器”对话框中显示有应用程序日志、安全日志和系统日志 3 个方面的事件。

步骤 2：要详细了解某个事件的详细信息，应先在左边窗格中选择日志类型，如应用程序，则在右边窗格中显示所用的应用程序日志，如图 12-69 所示。

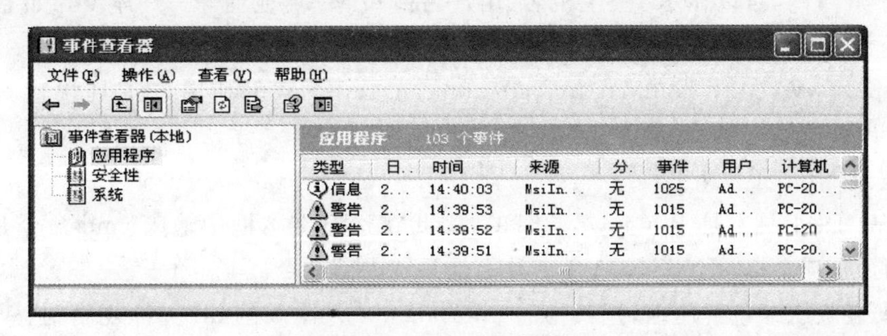

图 12-69　“应用程序”日志

要查看某个应用程序日志的详细信息，则右击该事件(或者双击该事件)，在弹出的菜单中选择“属性”，弹出如图 12-70 所示“信息 属性”对话框，显示该事件的详细信息。

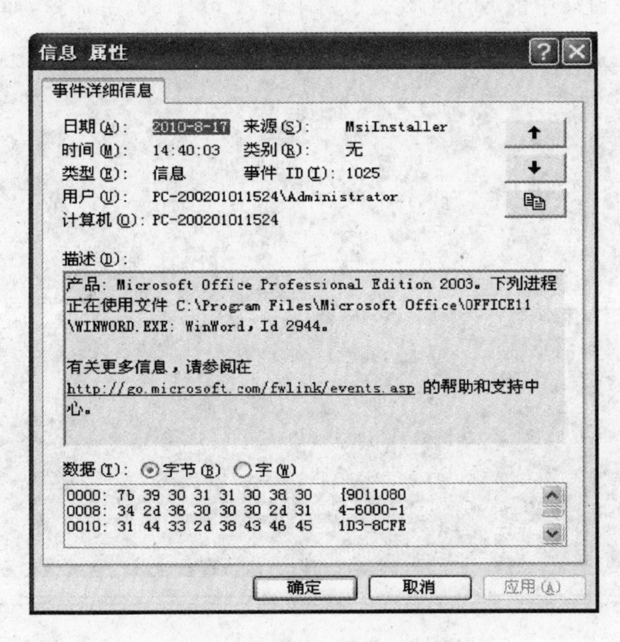

图 12-70　“信息 属性”对话框

通过单击图 12-71 中的上下箭头按钮，可以查看当前事件的前一个或下一个事件的详细信息。如需复制事件的详细信息，则单击复制图标按钮即可。

课外拓展

【拓展任务】 局域网扫描工具 NBTSCAN

在很多的应用场合，不管是大型公司还是小型部门，都组建了局域网，如果只在局域网内需要了解当前 ARP 病毒的入侵情况，则可以使用一些简单便捷的工具，如 NBTSCAN 等。

NBTSCAN 是一个扫描 Windows 网络 NetBIOS 信息的小工具，身材娇小，简单快速。但只能用于局域网，可以显示 IP、主机名、用户名称和 MAC 地址等。具体步骤如下。

(1) 下载 NBTSCAN 工具

到 http://www.utt.com.cn/upload/nbtscan.rar 下载。利用该工具快速查找进入 BIOS 设置计算机的真实 IP 地址和 MAC 地址。

(2) 安装 NBTSCAN 工具

NBTSCAN 工具不是 Windows 自带的，因此在运行文本框中输入 cmd 命令是不能调出该工具的，系统会提示 NBTSCAN 工具不是系统内部命令。

将非安装版压缩包解压缩，把其中的 nbtscan.exe 及附属的 dll 文件复制到\Windows\system32 下，然后运行 cmd，就可以使用 NBTSCAN 了。

(3) 获取帮助信息

依次单击 Windows 的"开始"→"运行"→"打开"菜单，在运行文本框中输入 cmd 命令，进入 cmd 窗口，在该窗口中的 MSDOS 提示符下输入 nbtscan/? 命令，如图 12-71 所示。

```
C:\WINNT\System32\cmd.exe

C:\>nbtscan/?
Error: /c is not an IP address or address range.
Usage:
nbtscan [-v] [-d] [-e] [-l] [-t timeout] [-b bandwidth] [-r] [-q] [-s sep
 [-m retransmits] (-f filename)|(<scan_range>)
        -v                verbose output. Print all names received
                          from each host
        -d                dump packets. Print whole packet contents.
        -e                Format output in /etc/hosts format.
        -l                Format output in lmhosts format.
                          Cannot be used with -v, -s or -h options.
        -t timeout        wait timeout milliseconds for response.
                          Default 1000.
        -b bandwidth      Output throttling. Slow down output
                          so that it uses no more that bandwidth bps.
                          Useful on slow links, so that ougoing queries
                          don't get dropped.
        -r                use local port 137 for scans. Win95 boxes
                          respond to this only.
                          You need to be root to use this option on Unix.
        -q                Suppress banners and error messages,
        -s separator      Script-friendly output. Don't print
                          column and record headers, separate fields with s
r.
```

图 12-71　cmd 窗口

（4）使用命令查看 IP 地址与 MAC 地址的对应关系

“nbtscan-r 192.168.16.0/24”（搜索整个 192.168.16.0/24 网段，即 192.168.16.1 到 192.168.16.254）；或“nbtscan 192.168.16.25 到 127”搜索 192.168.16.25 到 137 网段，即 192.168.16.25 到 192.168.16.137。输出结果第一列是 IP 地址，最后一列是 MAC 地址。

假设查找一台已知 MAC 地址的病毒主机，具体操作如下：

① 在 MSDOS 窗口中输入：C:\>nbtscan-r 172.16.7.125-163（这里是根据用户实际网段输入，本例的含义为在 125 至 163 的网段中查找），按 Enter 键之后显示如图 12-72 所示。

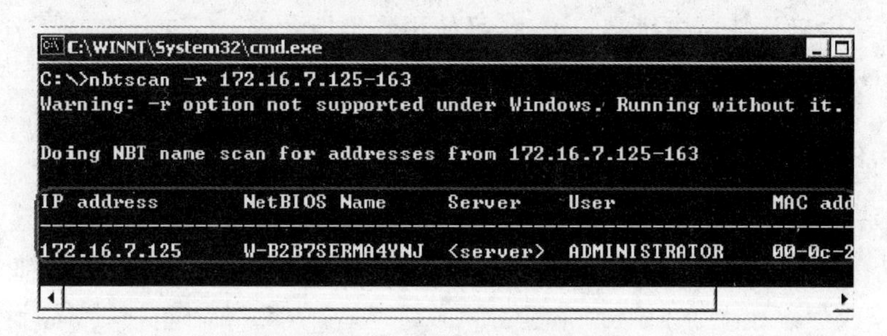

图 12-72　nbtscan 命令使用

② 通过查询 IP--MAC 对应表，查出已知 MAC 地址的病毒主机对应的 IP 地址。

课后练习

一、填空题

1. 如果网关或远程主机的名字（IP 地址）正确，但不能 ping 通，可能是________、________、________。

2. 网络安全是指网络系统的硬件、软件及________受到保护，不会由于偶然或________的原因而遭到破坏、更改、泄露，系统连续、可靠、正常地运行，________不中断。

3. 网络安全包括________、________、________和________等几个部分。

4. 网络安全的基本目标是实现信息的________、________、________和________，这也是基本的信息安全目标。

二、选择题

1. 下面描述错误的是（　　）。

A. 防病毒系统可以检测、清除文件型、宏病毒等

B. 防病毒系统可以查实特洛伊木马

C. 防病毒系统可以防范基于网络的攻击行为

D. 防病毒系统检测清除所有的病毒

2. 某网络公司 15 台计算机组成一个局域网，为了保证每台计算机都能正常进行游戏操作，不耽误攻打装备的时间，该公司的负责人希望选择一款合适的杀毒软件，你认为该选（　　）。

A. 网络版杀毒软件　　　　B. 单机版杀毒软件

C. 不用杀毒软件　　D. 装款防火墙就行

3. 可通过(　　)命令来显示当前的 ARP 列表情况。

A. arp-d　　B. arp-r　　C. arp-a　　D. arp-s

4. 网络版杀毒软件的(　　)是面向网络中所有客户机而设计的病毒防护执行段，所安装的操作系统常为(　　)。

A. 客户端　网络操作系统　　B. 服务端　网络操作系统

C. 服务端　个人操作系统　　D. 客户端　个人操作系统

5. 在网络中确认特定主机是否可达，可使用(　　)命令。

A. Netstat　　B. ping　　C. Nebstat　　D. arp

6. 下面(　　)时段是安装网络操作系统补丁的最佳时段。

A. 星期一早上 7 点　　B. 星期五下午 2 点

C. 星期天凌晨 1 点　　D. 随便什么时间都行

7. 可以获取主机配置信息，如 IP 地址、子网掩码、默认网关、MAC 地址等的命令是(　　)。

A. ipconfig/all　　B. ipconfig/batch

C. ipconfig/release_all　　D. 没有这样的命令

8. 显示所有活动的 TCP 连接已经计算机侦听的 TCP 和 UDP 端口的是(　　)。

A. netstat-a　　B. netstat-e

C. netstat-n　　D. netstat-i

三、操作题

设置杀毒软件，操作要求如下：

(1) 每天中午 12：00 开始定时查杀病毒；

(2) 将 Office 程序加入白名单；

(3) 病毒查杀时将检测所有的文件；

(4) 发现病毒后提交用户处理。

参考文献

[1] 刘文毓，郭永红，何焱，王巨松，徐志刚. 计算机网络基础与实训教程. 北京：研究出版社，2010
[2] 吕振凯，谢树新. Internet 实用技术. 大连：大连理工大学出版社，2009
[3] 姚永翘. 网络基础及 Internet 实用技术. 北京：清华大学出版社，2003
[4] 孙芳. Internet 实用技术与网页制作. 北京：清华大学出版社，2005
[5] 王殿复，孙小东. Internet 实用技术. 北京：清华大学出版社，2009